Java Web

程序设计

慕课版

明日科技·出品

◎ 梁永先 李树强 朱林 主编 ◎ 杨帆 副主编

人民邮电出版社

北京

图书在版编目（CIP）数据

Java Web程序设计 ： 慕课版 / 梁永先，李树强，朱林主编. -- 北京 ： 人民邮电出版社，2016.4（2019.6重印）
ISBN 978-7-115-41842-5

Ⅰ. ①J… Ⅱ. ①梁… ②李… ③朱… Ⅲ. ①JAVA语言－程序设计 Ⅳ. ①TP312

中国版本图书馆CIP数据核字(2016)第033703号

内 容 提 要

本书作为Java Web程序设计的教程，系统全面地介绍了有关Java Web程序开发所涉及的各类知识。全书共分14章，内容包括Web应用开发简介，网页前端开发基础，JavaScript脚本语言，Java EE开发环境，JSP技术，Servlet技术，数据库技术，程序日志组件，Struts 2框架，Hibernate技术，Hibernate高级应用，Spring框架，Spring与Struts 2、Hibernate框架的整合，开发天下淘网络商城。全书每章内容都与实例紧密结合，有助于学生理解知识、应用知识，达到学以致用的目的。

本书是慕课版教材，各章节主要内容配备了以二维码为载体的微课，并在人邮学院（www.ptpedu.com.cn）平台上提供了在线慕课。本书还提供书中所有实例、上机指导、综合案例和课程设计的源代码，制作精良的电子课件PPT，自测试卷等内容，读者也可在人邮学院下载。其中，源代码全部经过精心测试，能够在Windows 7、Windows 8、Windows 10系统下编译和运行。

◆ 主　　编　梁永先　李树强　朱　林
副 主 编　杨　帆
责任编辑　刘　博
责任印制　沈　蓉　彭志环

◆ 人民邮电出版社出版发行　　北京市丰台区成寿寺路11号
邮编　[illegible]00164　　电子邮件　315@ptpress.com.cn
[illegible] [illegible]www.ptpress.com.cn
固[illegible]限公司印刷

◆ 开本：787×1092[illegible]6
印张：22.75　　2016年4月第1版
字数：592千字　　2019年6月河北第9次印刷

[illegible]定价：49.80元

读者服务热线：（010）8[illegible]055256　印装质量热线：（010）81055316
反盗版热线：（010）81055315

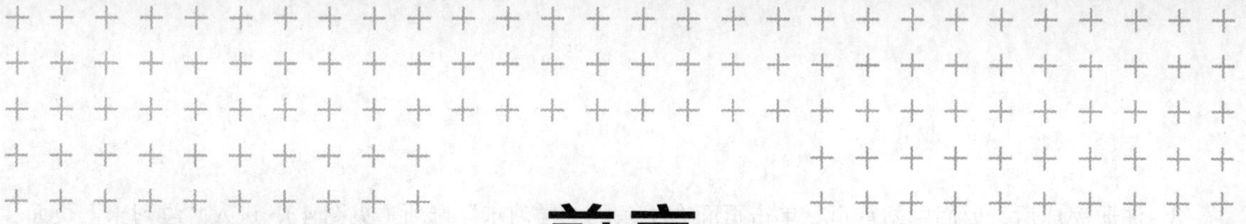

前言 Foreword

为了让读者能够快速且牢固地掌握 Java Web 开发技术，人民邮电出版社充分发挥在线教育方面的技术优势、内容优势、人才优势，潜心研究，为读者提供一种“纸质图书+在线课程”相配套，全方位学习 Java Web 开发的解决方案。读者可根据个人需求，利用图书和“人邮学院”平台上的在线课程进行系统化、移动化的学习，以便快速全面地掌握 Java Web 开发技术。

一、如何学习慕课版课程

本课程依托人民邮电出版社自主开发的在线教育慕课平台——人邮学院（www.rymooc.com），该平台为学习者提供优质、海量的课程，课程结构严谨，用户可以根据自身的学习程度，自主安排学习进度，并且平台具有完备的在线“学习、笔记、讨论、测验”功能。人邮学院为每一位学习者，提供完善的一站式学习服务（见图 1）。

图 1　人邮学院首页

为了使读者更好地完成慕课的学习，现将本课程的使用方法介绍如下。

1. 用户购买本书后，找到粘贴在书封底上的刮刮卡，刮开，获得激活码（见图 2）。
2. 登录人邮学院网站（www.rymooc.com），或扫描封面上的二维码，使用手机号码完成网站注册。

图 2　激活码

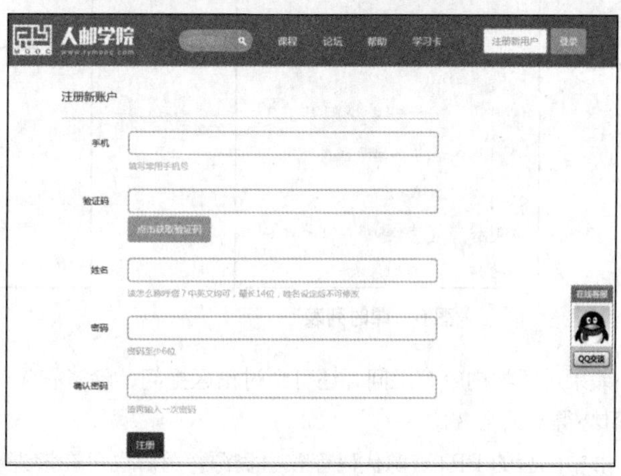

图 3　注册人邮学院网站

3. 注册完成后，返回网站首页，单击页面右上角的“学习卡”选项（见图 4），进入“学习卡”页面（见图 5），输入激活码，即可获得该慕课课程的学习权限。

图 4　单击“学习卡”选项

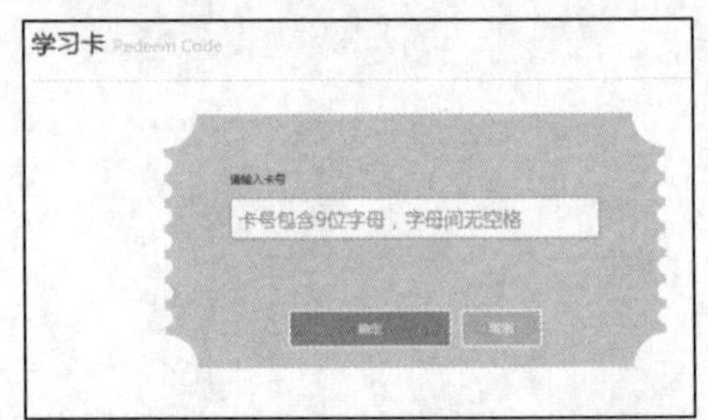

图 5　在“学习卡”页面输入激活码

4. 输入激活码后，即可获得该课程的学习权限。可随时随地使用计算机、平板电脑、手机学习本课程的任意章节，根据自身情况自主安排学习进度（见图 6）。

5. 在学习慕课课程的同时，阅读本书中相关章节的内容，巩固所学知识。本书既可与慕课课程配合使用，也可单独使用，书中主要章节均放置了二维码，用户扫描二维码即可在手机上观看相应章节的视频讲解。

6. 学完一章内容后，可通过精心设计的在线测试题，查看知识掌握程度（见图 7）。

图 6　课时列表

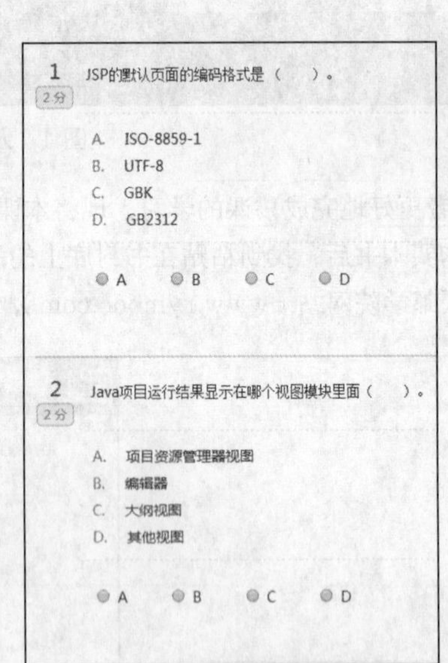

图 7　在线测试题

7. 如果对所学内容有疑问，还可到讨论区提问，除了有大牛导师答疑解惑以外，同学之间也可互相交流学习心得（见图 8）。

8. 书中配套的 PPT、源代码等教学资源，用户也可在该课程的首页找到相应的下载链接（见图 9）。

图 8　讨论区

资料区

文件名	描述	课时	时间
素材.rar		课时1	2015/1/26 0:00:00
效果.rar		课时1	2015/1/26 0:00:00
讲义.ppt		课时1	2015/1/26 0:00:00

图 9　配套资源

关于人邮学院平台使用的任何疑问，可登录人邮学院咨询在线客服，或致电：010-81055236。

二、本书特点

Java 是 Sun 公司（现在属于 Oracle 公司）推出的能够跨越多平台的、可移植性最高的一种面向对象的编程语言，也是目前最先进、特征最丰富、功能最强大的计算机语言。利用 Java 可以编写桌面应用程序、Web 应用程序、分布式系统、嵌入式系统应用程序等，从而使其成为应用范围最广泛的开发语言，特别是在 Web 程序开发方面。

在当前的教育体系下，实例教学是计算机语言教学的最有效的方法之一，本书将 Java Web 开发知识和实用的实例有机结合起来，一方面，跟踪 Java 语言的发展，适应市场需求，精心选择内容，突出重点，强调实用，使知识讲解全面、系统；另一方面，全书通过“案例贯穿”的形式，始终围绕最后的综合案例——天下淘商城设计实例，将实例融入知识讲解中，使知识与案例相辅相成，既有利于读者学习知识，又有利于指导实践。另外，除第 14 章外，本书在每一章的后面都提供了上机指导和习题，方便读者及时验证自己的学习效果（包括动手实践能力和理论知识）。

本书作为教材使用时，课堂教学建议 75～81 学时，上机指导教学建议 28～33 学时。各章主要内容和学时建议分配如下，老师可以根据实际教学情况进行调整。

章	主要内容	课堂学时	上机指导
第 1 章	Web 应用开发简介，包括网络程序开发体系结构、Web 技术简介	1	1
第 2 章	网页前端开发基础，包括 HTML 和 CSS 样式表两大内容	4	2
第 3 章	JavaScript 脚本语言，包括 JavaScript 简介、JavaScript 语言基础、函数、事件和事件处理程序、常用对象、Ajax 技术、jQuery 技术	8	2
第 4 章	Java EE 开发环境，包括 JDK 的安装与使用、Eclipse 的安装与使用	2	1
第 5 章	走进 JSP，包括 JSP 概述、JSP 技术特征、JSP 常用资源、指令标签、嵌入 Java 代码、注释、JSP 的常用对象等内容	8	2
第 6 章	Servlet 技术，包括 Servlet 基础、Servlet 开发、常用的接口和类、Servlet 过滤器	8	2
第 7 章	数据库技术，包括 MySQL 数据库介绍、JDBC 概述、JDBC 中的常用接口、连接数据库等内容	4	2
第 8 章	程序日志组件，包括日志的简介、Log4j 的使用方法	2	1
第 9 章	Struts 2 框架，包括 MVC 设计模式、Struts 2 框架概述、Action 对象、Struts 2 的配置、Struts 2 的标签库、Struts 2 的开发模式、Struts 2 的拦截器	8	4
第 10 章	Hibernate 技术，包括 Hibernate 简介、Hibernate 数据持久化、Hibernate 的缓存	4	4
第 11 章	Hibernate 高级应用，包括关联关系映射、HQL 检索方式	4	4

续表

章	主要内容	课堂学时	上机指导
第 12 章	Spring 框架，包括 Spring 概述、Spring IoC、AOP 概述、Aspect、Spring 持久化	8	4
第 13 章	Spring 与 Struts 2、Hibernate 框架的整合，包括框架整合的优势分析、SSH2 架构分析、如何构建 SSH2 框架、SSH2 实例程序部署	4	4
第 14 章	综合案例——天下淘商城，包括需求分析、总体设计、数据库设计、公共类设计、系统主要模块开发、运行项目	16	

本书由明日科技出品。梁永先、李树强、朱林任主编，杨帆任副主编。其中，梁永先编写第 1～4 章，李树强编写第 5～8 章，朱林编写第 9～11 章，杨帆编写第 12～14 章。

编　者

2016 年 1 月

目录
Contents

第 8 章 程序日志组件 161

第三篇 Java Web 开发框架的使用

第 9 章 Struts 2 框架 172

第四篇　综合案例

第一篇

Web 前端开发

PART01

第1章

Web应用开发简介

本章要点：

- 了解C/S结构和B/S结构
- 理解Web应用程序的工作原理
- 了解有Web引用的客户端应用技术
- 了解Web应用的服务器端应用技术

■ 随着网络技术的迅猛发展，国内外的信息化建设已经进入基于 Web 应用为核心的阶段。与此同时，Java 语言也是在不断完善优化，使自己更适合开发 Web 应用。为此，越来越多的程序员或是编程爱好者走上了 Java Web 应用开发之路。

1.1 网络程序开发体系结构

网络程序开发体系结构

随着网络技术的不断发展，单机的软件程序将难以满足网络计算的需要。为此，各种各样的网络程序开发体系结构应运而生。其中，运用最多的网络应用程序开发体系结构可以分为两种，一种是基于浏览器/服务器的B/S结构，另一种是基于客户端/服务器的C/S结构。下面进行详细介绍。

1.1.1 C/S体系结构介绍

C/S（Client/Server）即客户端/服务器结构。在这种结构中，服务器通常采用高性能的PC或工作站，并采用大型数据库系统（如Oracle或SQL Server），客户端则需要安装专用的客户端软件，如图1-1所示。这种结构可以充分利用两端硬件环境的优势，将任务合理分配到客户端和服务器，从而降低了系统的通信开销。在2000年以前，C/S结构占据网络程序开发领域的主流。

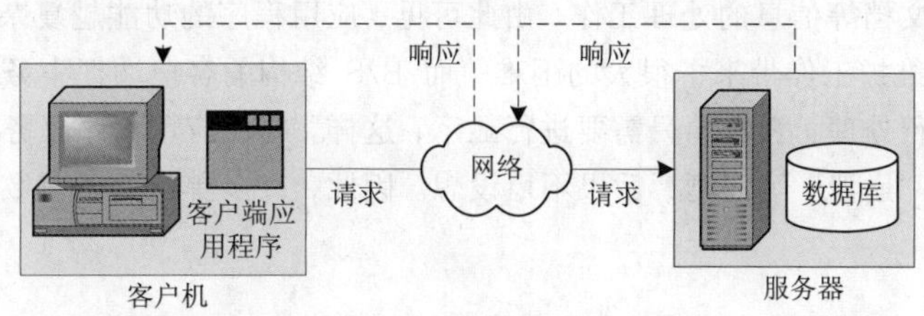

图1-1 C/S体系结构

1.1.2 B/S体系结构介绍

B/S（Brower/Server）即浏览器/服务器结构。在这种结构中，客户端不需要开发任何用户界面，而统一采用如IE和火狐等浏览器，通过Web浏览器向Web服务器发送请求，由Web服务器进行处理，并将处理结果逐级传回客户端，如图1-2所示。这种结构利用不断成熟和普及的浏览器技术实现原来需要复杂专用软件才能实现的强大功能，从而节约了开发成本，是一种全新的软件体系结构。这种体系结构已经成为当今应用软件的首选体系结构。

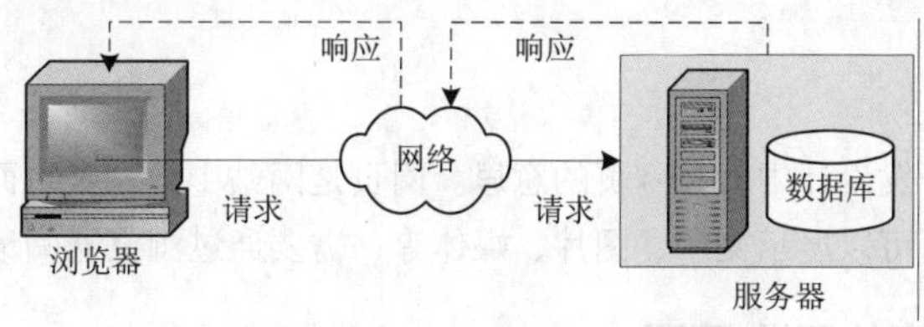

图1-2 B/S体系结构

B/S由美国微软公司研发，C/S由美国Borland公司最早研发。

1.1.3 两种体系结构的比较

C/S结构和B/S结构是当今世界网络程序开发体系结构的两大主流。目前，这两种结构都有自己的市场份额和客户群。但是，这两种体系结构又各有各的优点和缺点，下面将从以下 3 个方面进行比较说明。

1. 开发和维护成本方面

C/S 结构的开发和维护成本都比 B/S 高。采用 C/S 结构时，对于不同客户端要开发不同的程序，而且软件的安装、调试和升级均需要在所有的客户机上进行。例如，如果一个企业共有 10 个客户站点使用一套 C/S 结构的软件，则这 10 个客户站点都需要安装客户端程序。当这套软件进行了哪怕很微小的改动后，系统维护员都必须将客户端原有的软件卸载，再安装新的版本并进行配置，最可怕的是客户端的维护工作必须不折不扣地进行 10 次。若某个客户端忘记进行这样的更新，则该客户端将会因软件版本不一致而无法工作。而 B/S 结构的软件则不必在客户端进行安装及维护。如果我们将前面企业的 C/S 结构的软件换成 B/S 结构的，这样在软件升级后，系统维护员只需要将服务器的软件升级到最新版本，对于其他客户端，只要重新登录系统就可以使用最新版本的软件了。

2. 客户端负载

C/S 的客户端不仅负责与用户的交互，收集用户信息，而且还需要完成通过网络向服务器请求对数据库、电子表格或文档等信息的处理工作。由此可见，应用程序的功能越复杂，客户端程序也就越庞大，这也给软件的维护工作带来了很大的困难。而 B/S 结构的客户端把事务处理逻辑部分交给了服务器，由服务器进行处理，客户端只需要进行显示，这样，将使应用程序服务器的运行数据负荷较重，一旦发生服务器“崩溃”等问题，后果不堪设想。因此，许多单位都备有数据库存储服务器，以防万一。

3. 安全性

C/S 结构适用于专人使用的系统，可以通过严格的管理派发软件，达到保证系统安全的目的，这样的软件相对来说安全性比较高。而对于 B/S 结构的软件，由于使用的人数较多，且不固定，相对来说安全性就会低些。

由此可见，B/S 相对于 C/S 具有更多的优势，现今大量的应用程序开始转移到应用 B/S 结构，许多软件公司也争相开发 B/S 版的软件，也就是 Web 应用程序。随着 Internet 的发展，基于 HTTP 协议和 HTML 标准的 Web 应用呈几何数量级增长，而这些 Web 应用又是由各种 Web 技术所开发。

1.2 Web 简介

1.2.1 什么是 Web

Web 简介

Web 在计算机网页开发设计中就是网页的意思。网页是网站中的一个页面，通常是 HTML 格式的。网页可以展示文字、图片、媒体等，需要通过浏览器阅读。

1.2.2 Web 应用程序的工作原理

Web 应用程序大体上可以分为两种，即静态网站和动态网站。早期的 Web 应用主要是静态页面的浏览，即静态网站。这些网站使用 HTML 来编写，放在 Web 服务器上，用户使用浏览器通过 HTTP 协议请求服务器上的 Web 页面，服务器上的 Web 服务器将接收到的用户请求处理后，再发送给客户端浏览器，显示给用户。整个过程如图 1-3 所示。

随着网络的发展，很多线下业务开始向网上发展，基于 Internet 的 Web 应用也变得越来越复杂，用户所访问的资源已不能只是局限于服务器上保存的静态网页，更多的内容需要根据用户的请求动态生成页面信息，即动态网站。这些网站通常使用 HTML 和动态脚本语言（如 JSP、ASP 或是 PHP 等）编写，并将编写后的程序部署到 Web 服务器上，由 Web 服务器对动态脚本代码进行处理，并转化为浏览器可以解析的 HTML 代码，返回给客户端浏览器，显示给用户。整个过程如图 1-4 所示。

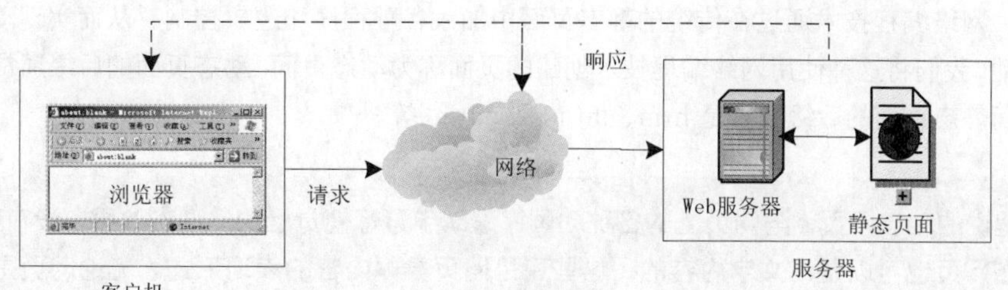

图 1-3　静态网站的工作流程

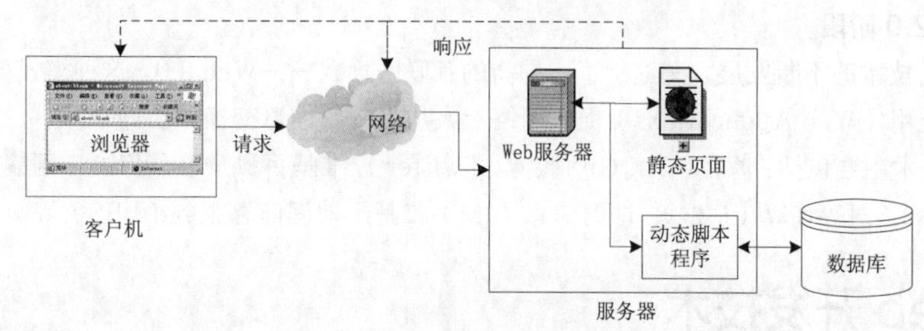

图 1-4　动态网站的工作流程

初学者经常会错误地认为带有动画效果的网页就是动态网页。其实不然，动态网页是指具有交互性、内容可以自动更新，并且内容会根据访问的时间和访问者而改变的网页。这里所说的交互性是指网页可以根据用户的要求动态改变或响应。

由此可见，静态网站类似于 10 年前研制的手机。这种手机只能使用出厂时设置的功能和铃声，用户自己并不能对其铃声进行添加和删除等；而动态网站则类似于现在研制的手机，用户在使用这些手机时，不再只能使用手机中默认的铃声，而是可以根据自己的喜好任意设置。

1.2.3　Web 的发展历程

自从 1989 年由 Tim Berners-Lee（蒂姆·伯纳斯·李）发明了 World Wide Web 以来，Web 主要经历了 3 个阶段，分别是静态文档阶段（指代 Web 1.0）、动态网页阶段（指代 Web 1.5）和 Web 2.0 阶段。下面将对这 3 个阶段进行介绍。

1. 静态文档阶段

处理静态文档阶段的 Web，主要是用于静态 Web 页面的浏览。用户通过客户端的 Web 浏览器可以访问 Internet 上各个 Web 站点。在每个 Web 站点上，保存着提前编写好的 HTML 格式的 Web 页，以及各 Web 页之间可以实现跳转的超文本链接。通常情况下，这些 Web 页都是通过 HTML 语言编写的。由于受低版本 HTML 语言和旧式浏览器的制约，Web 页面只能包括单纯的文本内容，浏览器也只能显示呆板的文字信息，不过这已经基本满足了建立 Web 站点的初衷，实现了信息资源共享。

随着互联网技术的不断发展及网上信息呈几何级数的增加，人们逐渐发现手工编写包含所有信息和内容的页面，对人力和物力都是一种极大的浪费，而且几乎变得难以实现。另外，这样的页面也无法实现各种动态的交互功能。这就促使 Web 技术进入了发展的第二阶段——动态网页阶段。

2. 动态网页阶段

为了克服静态页面的不足，人们将传统单机环境下的编程技术与 Web 技术相结合，从而形成新的网络编程技术。网络编程技术通过在传统的静态页面中加入各种程序和逻辑控制，从而实现动态和个性化的交流与互动。我们将这种使用网络编程技术创建的页面称为动态页面。动态页面的后缀通常是.jsp、.php 和.asp 等，而静态页面的后缀通常是.htm、.html 和.shtml 等。

这里说的动态网页，与网页上的各种动画、滚动字幕等视觉上的“动态效果”没有直接关系。动态网页也可以是纯文字内容的，这些只是网页具体内容的表现形式。无论网页是否具有动态效果，采用动态网络编程技术生成的网页都称为动态网页。

3. Web 2.0 阶段

随着互联网技术的不断发展，又提出了一种新的互联网模式——Web 2.0。这种模式更加以用户为中心，通过网络应用（Web Applications）促进网络上人与人间的信息交换和协同合作。

Web 2.0 技术主要包括：博客（BLOG）、微博（Twitter）、维基百科全书（Wiki）、网摘（Delicious）、社会网络（SNS）、对等计算（P2P）、即时信息（IM）和基于地理信息服务（LBS）等。

1.3 Web 开发技术

在开发 Web 应用程序时，通常需要应用客户端和服务器两方面的技术。其中，客户端应用的技术主要用于展现信息内容，而服务器端应用的技术则主要用于进行业务逻辑的处理和与数据库的交互等。下面进行详细介绍。

1.3.1 客户端应用技术

进行 Web 应用开发，离不开客户端技术的支持。目前，比较常用的客户端技术包括 HTML、CSS 样式、Flash 和客户端脚本技术。下面进行详细介绍。

客户端应用技术

1. HTML

HTML 是客户端技术的基础，主要用于显示网页信息，它不需要编译，由浏览器解释执行。HTML 简单易用，它在文件中加入标签，使其可以显示各种各样的字体、图形及闪烁效果，还增加了结构和标记，如头元素、文字、列表、表格、表单、框架、图像和多媒体等，并且提供了与 Internet 中其他文档的超链接。例如，在一个 HTML 页中，应用图像标记插入一个图片，可以使用如图 1-5 所示的代码，该 HTML 页运行后的效果如图 1-6 所示。

HTML 不区分大小写，这一点与 Java 不同，例如，图 1-5 中的 HTML 标记<body></body>标记也可以写为<BODY></BODY>。

2. CSS 样式

CSS 样式就是一种叫作样式表（style sheet）的技术，也有人称之为层叠样式表（Cascading Style Sheet）。在制作网页时，采用 CSS 样式，可以有效地对页面的布局、字体、颜色、背景和其他效果实现更加精确的控制；只要对相应的代码做一些简单修改，就可以改变整个页面的风格。CSS 大大提高了开发者对信息展现格式的控制能力，特别是在目前比较流行的 CSS+DIV 布局的网站中，CSS 的作用更是举足轻重了。例如，在“心之语许愿墙”网站中，如果将程序中的 CSS 代码删除，将显示图 1-7 所示的效果，而添加 CSS 代码后，将显示图 1-8 所示的效果。

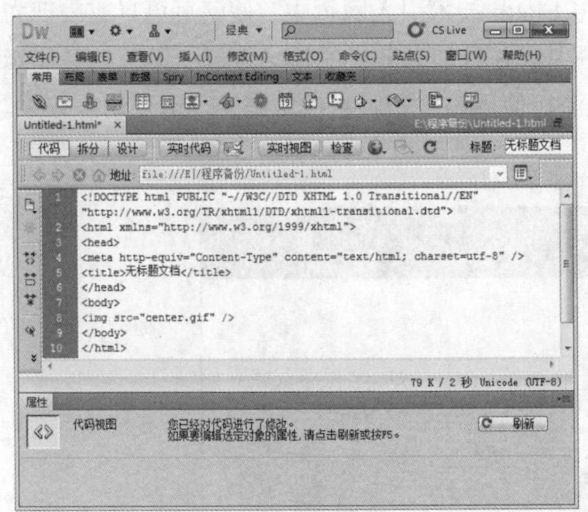

图 1-5　HTML 文件

图 1-6　运行结果

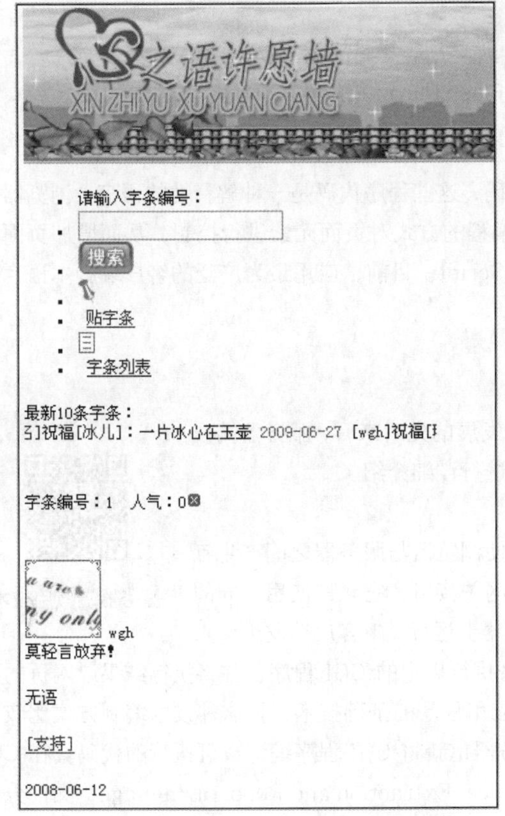

图 1-7　没有添加 CSS 样式的页面效果

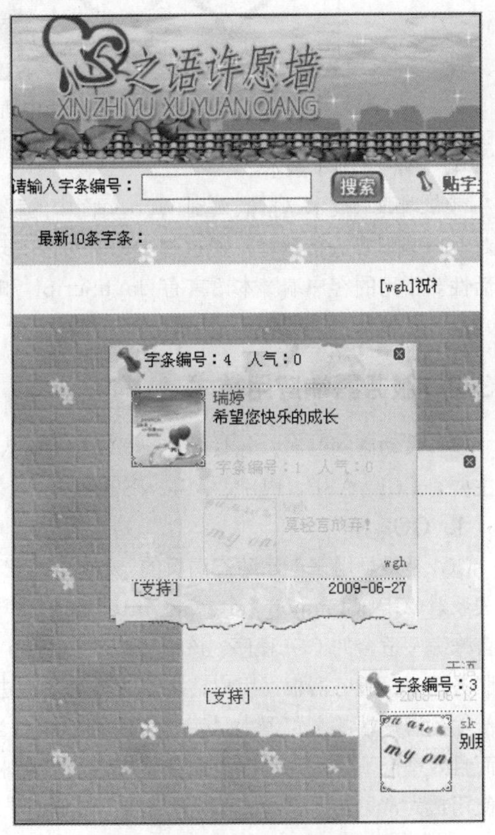

图 1-8　添加 CSS 样式的页面效果

在网页中使用 CSS 样式不仅可以美化页面，而且可以优化网页速度。因为 CSS 样式表文件只是简单的文本格式，不需要安装额外的第三方插件；另外，由于 CSS 提供了很多滤镜效果，从而避免使用大量的图片，这样将大大缩小文件的体积，提高下载速度。

3. Flash

Flash 是一种交互式矢量动画制作技术，它可以包含动画、音频、视频及应用程序，而且 Flash 文件比较小，非常适合在 Web 上应用。很多 Web 开发者都将 Flash 技术引入网页中，使网页更具有表现力。特别是应用 Flash 技术可实现动态播放网站广告或新闻图片，并且加入随机的转场效果，如图 1-9 所示。但因为 Flash 技术是一个比较早期的技术，所以现在更流行使用客户端脚本技术来实现网页动态效果。不过 Flash Player 则依旧是各大网站的主流视频插件。

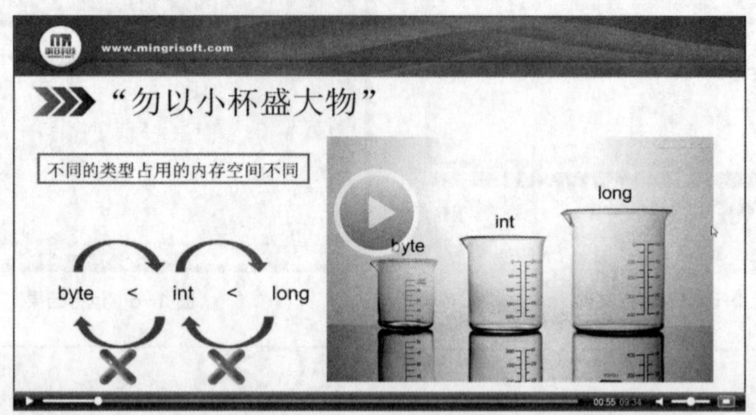

图 1-9 在网页中插入的 Flash Player 播放器

4. 客户端脚本技术

客户端脚本技术是指嵌入到 Web 页面中的程序代码，这些程序代码是一种解释性的语言，浏览器可以对客户端脚本进行解释。通过脚本语言可以实现以编程的方式对页面元素进行控制，从而增加页面的灵活性。常用的客户端脚本语言有 JavaScript 和 VBScript。目前，应用最为广泛的客户端脚本语言是 JavaScript 脚本。

1.3.2 服务器端应用技术

在开发动态网站时，离不开服务器端技术。从技术发展的先后来看，服务器端技术主要有 CGI、ASP、PHP、ASP.NET 和 JSP。下面进行详细介绍。

服务器端应用技术

1. CGI

CGI 是最早用来创建动态网页的一种技术，它可以使浏览器与服务器之间产生互动关系。CGI（Common Gateway Interface）即通用网关接口，它允许使用不同的语言来编写适合的 CGI 程序，该程序被放在 Web 服务器上运行。当客户端发出请求给服务器时，服务器根据用户请求建立一个新的进程来执行指定的 CGI 程序，并将执行结果以网页的形式传输到客户端的浏览器上显示。CGI 可以说是当前应用程序的基础技术，但这种技术编制方式比较困难而且效率低下，因为每次页面被请求时，都要求服务器重新将 CGI 程序编译成可执行的代码。在 CGI 中使用最为常见的语言为 C/C++、Java 和 Perl（Practical Extraction and Report Language，文件分析报告语言）。

2. ASP

ASP（Active Server Page）是一种使用很广泛的开发动态网站的技术。它通过在页面代码中嵌入 VBScript 或 JavaScript 脚本语言来生成动态的内容，服务器端必须安装了适当的解释器后，才可以通过调用此解释器来执行脚本程序，然后将执行结果与静态内容部分结合并传送到客户端浏览器上。对于一些复杂的操作，ASP 可以调用存在于后台的 COM 组件来完成，所以说 COM 组件无限扩充了 ASP 的能力，正因如此依赖本地的 COM 组件，使得它主要用于 Windows NT 平台中，所以 Windows 本身存在的问题都会映射到它的身上。当然该技术也存在很多优点，简单易学，并且 ASP 是与微软的 IIS 捆绑在一起，在安装 Windows 操作系统的同时安装上 IIS 就可以运行 ASP 应用程序了。

3. PHP

PHP 来自于 Personal Home Page 一词，但现在的 PHP 已经不再表示名词的缩写，而是一种开发动态网页技术的名称。PHP 语法类似于 C，并且混合了 Perl、C++和 Java 的一些特性。它是一种开源的 Web 服务器脚本语言，与 ASP 一样可以在页面中加入脚本代码来生成动态内容，对于一些复杂的操作可以封装到函数或类中。PHP 提供了许多已经定义好的函数，例如，提供的标准的数据库接口，使得数据库连接方便、扩展性强。PHP 可以被多个平台支持，但被广泛应用于 UNIX/Linux 平台。由于 PHP 本身的代码对外开放，又经过许多软件工程师的检测，因此到目前为止该技术具有公认的安全性能。

4. ASP.NET

ASP.NET 是一种建立动态 Web 应用程序的技术。它是.NET 框架的一部分，可以使用任何.NET 兼容的语言来编写 ASP.NET 应用程序。使用 Visual Basic .NET，C#，J#，ASP.NET 页面（Web Forms）进行编译，可以提供比脚本语言更出色的性能表现。Web Forms 允许在网页基础上建立强大的窗体。当建立页面时，可以使用 ASP.NET 服务端控件来建立常用的 UI 元素，并对它们编程来完成一般的任务。这些控件允许开发者使用内建可重用的组件和自定义组件来快速建立 Web Form，使代码简单化。

5. JSP

Java Server Page（JSP）是以 Java 为基础开发的，所以它沿用了 Java 强大的 API 功能。JSP 页面中的 HTML 代码用来显示静态内容部分；嵌入页面中的 Java 代码与 JSP 标记用来生成动态的内容部分。JSP 允许程序员编写自己的标签库来完成应用程序的特定要求。JSP 可以被预编译，提高了程序的运行速度。另外，JSP 开发的应用程序经过一次编译后，便可随时随地运行。所以在绝大部分系统平台中，代码无需做修改就可以在支持 JSP 的任何服务器中运行。

小 结

本章首先介绍了网络程序开发的体系结构，对两种体系结构进行了比较，并说明 Web 应用开发所采用的体系结构，然后详细介绍了静态网站和动态网站的工作流程，对 Web 应用技术进行了简要介绍，使读者对 Web 应用开发所需的技术有所了解。

习 题

1. 什么是 C/S 结构？什么是 B/S 结构？它们各有哪些优缺点？
2. 举一些常见的 C/S 结构和 B/S 结构的例子。
3. Web 客户端技术有哪些？服务器技术有哪些？

PART 02

第2章

网页前端开发基础

本章要点：

- 掌握HTML文档的基本结构
- 运用HTML的各种文本标记
- 使用CSS样式表控制页面

■ HTML 是一种在因特网上常见的网页制作标注性语言，但并不能算作一种程序设计语言，因为它相对于程序设计语言来说缺少了其所应有的特征。HTML 是通过浏览器的翻译，将网页中内容呈现给用户。对于网站设计人员来说，光使用 HTML 是不够的，需要在页面中引入 CSS 样式。HTML 与 CSS 的关系是“内容”与“形式”的关系，由 HTML 确定网页的内容，CSS 来实现页面的表现形式。HTML 与 CSS 的完美搭配使页面更加美观、大方、容易维护。

2.1 HTML

在浏览器的地址栏中输入一个网址，就会展示出相应的网页内容。在网页中包含有很多内容，例如，文字、图片、动画，以及声音和视频等。网页的最终目的是为访问者提供有价值的信息。提到网页设计不得不提到超文本标记语言（Hypertext Markup Language，HTML）。HTML 用于描述超文本中内容的显示方式。使用 HTML 可以实现在网页中定义一个标题、文本或者表格等。本节将为大家详细介绍 HTML 标记语言。

什么是 HTML？

HTML 是一种超文本语言，在因特网上常见的网页制作标注性语言。HTML 是通过浏览器的翻译，将网页中内容呈现给用户。

2.1.1 创建第一个 HTML 文件

编写 HTML 文件可以通过两种方式，一种是手工编写 HTML 代码，另一种是借助一些开发软件，如 Adobe 公司的 Dreamweaver 或者微软公司的 Expression Web 这样的网页制作软件。在 Windows 操作系统中，最简单的文本编辑软件就是记事本。

下面为大家介绍应用记事本编写第一个 HTML 文件。HTML 文件的创建方法非常简单，具体步骤如下。

（1）单击“开始”菜单，依次选择“程序/附件/记事本”命令。

（2）在打开的记事本窗体中编写代码，如图 2-1 所示。

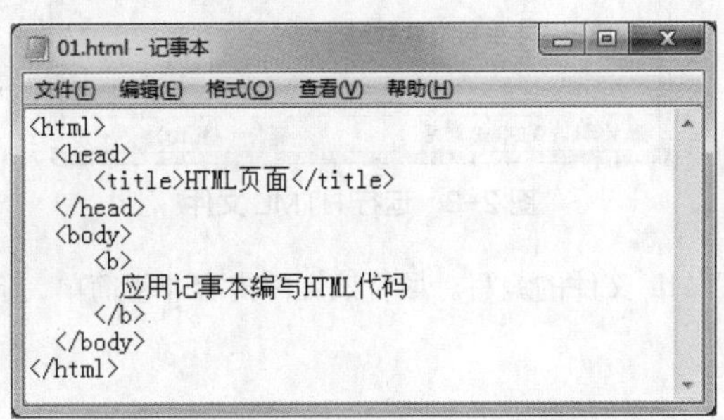

图 2-1　在记事本中输入 HTML 文件内容

（3）编写完成之后，需要将其保存为 HTML 格式文件，具体步骤为：选择记事本菜单栏中的“文件/ 另存为”命令，在弹出的另存为对话框中，首先在“保存类型”下拉列表中选择“所有文件”选项，然后在“文件名”文本框中输入一个文件名，需要注意的是，文件名的后缀应该是“.htm”或者“.html”，如图 2-2 所示。

如果没有修改记事本的“保存类型”，那么记事本会自动将文件保存为“.txt”文件，即普通的文本文件，而不是网页类型的文件。

（4）设置完成后，单击“保存”按钮，则成功保存了 HTML 文件。此时，双击该 HTML 文件，就会显示页面内容，效果如图 2-3 所示。

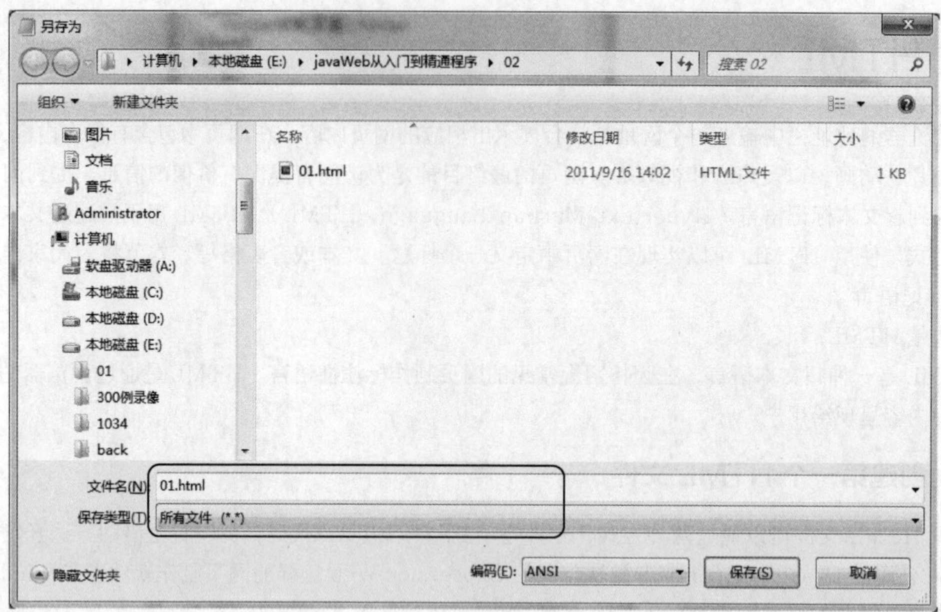

图 2-2　保存 HTML 文件

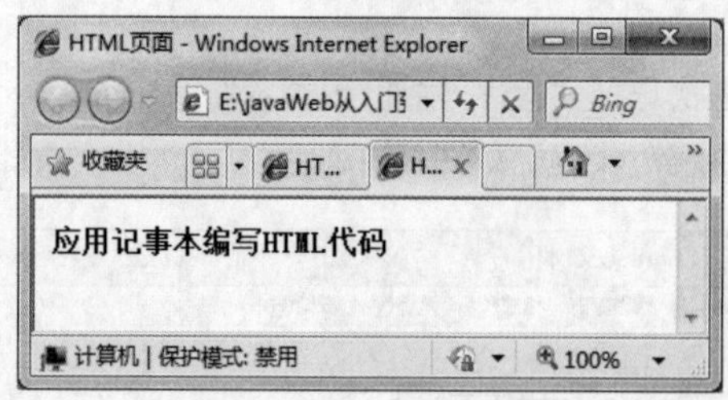

图 2-3　运行 HTML 文件

这样就完成了第一个 HTML 文件的编写。尽管该文件内容非常简单，但是却体现了 HTML 文件的特点。

在浏览器的显示页面中，单击鼠标右键选择“查看源代码”命令，这时会自动打开记事本程序，里面显示的则为 HTML 源文件。

2.1.2　HTML 文档结构

HTML 文档由 4 个主要标记组成，这 4 个标记主要有<html>、<head>、<title>、<body>。上节中为大家介绍的实例中，就包含了这 4 个标记，这 4 个标记构成了 HTML 页面最基本的元素。

HTML 文档结构

1. <html>标记

<html>标记是 HTML 文件的开头。所有 HTML 文件都是以<html>标记开头，以</html>标记结束。HTML 页面的所有标记都要放置在<html>与</html>标记中，<html>标记并没有实质性的功能。但却是 HTML 文件不可缺少的内容。

HTML 标记是不区分大小写的。

2. <head>标记

<head>标记是 HTML 文件的头标记，作用是放置 HTML 文件的信息。如定义 CSS 样式代码可放置在<head>与</head>标记之中。

3. <title>标记

<title>标记为标题标记。可将网页的标题定义在<title>与</title>标记之中。例如，在 2.1.1 小节中定义的网页标题为“HTML 页面”，如图 2-4 所示。<title>标记被定义在<head>标记中。

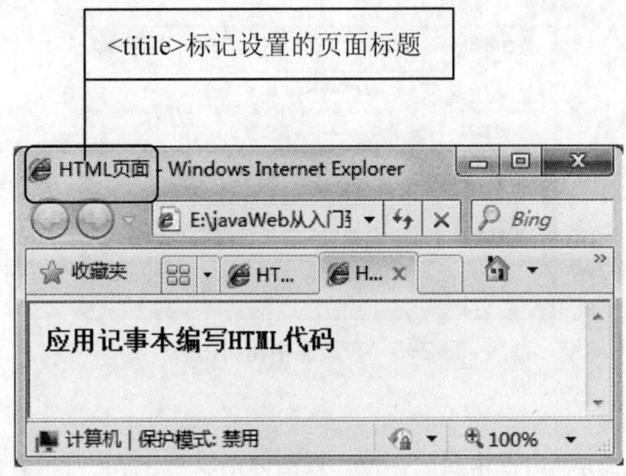

图 2-4 <title>标记定义页面标题

4. <body>标记

<body>是 HTML 页面的主体标记。页面中的所有内容都定义在<body>标记中。<body>标记也是成对使用的。以<body>标记开头，</body>标记结束。<body>标记本身也具有控制页面的一些特性，如控制页面的背景图片和颜色等。

本节中介绍的是 HTML 页面的最基本的结构。要深入学习 HTML 语言，创建更加完美的网页，必须学习 HTML 语言的其他标记。

2.1.3 HTML 文本标记

HTML 中提供了很多标记，可以用来设计页面中的文字、图片，定义超链接等。这些标记的使用可以使页面更加生动。下面为大家介绍 HTML 中的文本标记。

HTML 文本标记

1. 换行标记

要让网页中的文字实现换行，在 HTML 文件中输入换行符（Enter 键）是没有用的，如果要让页面中的文字实现换行，就必须用一个标记告诉浏览器在哪里要实现换行操作。在 HTML 语言中，换行标记为“
”。

与前面为大家介绍的 HTML 标记不同，换行标记是一个单独标记，不是成对出现的。下面通过实例为大家介绍换行标记的使用。

【例 2-1】 创建 HTML 页面，实现在页面中输出一首古诗。

```
<html>
```

```
    <head>
        <title>应用换行标记实现页面文字换行</title>
    </head>
    <body>
        <b>
          黄鹤楼送孟浩然之广陵
        </b><br>
          故人西辞黄鹤楼，烟花三月下扬州。<br>
          孤帆远影碧空尽，唯见长江天际流
    </body>
</html>
```

运行本实例，效果如图 2-5 所示。

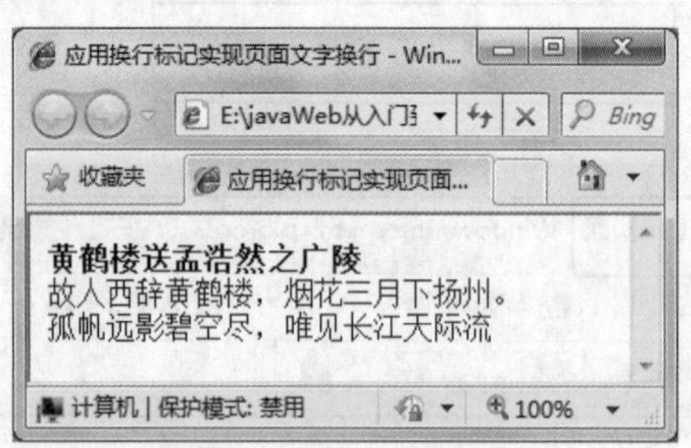

图 2-5　在页面中输出古诗

2. 段落标记

HTML 中的段落标记也是一个很重要的标记，段落标记以<p>标记开头，以</p>标记结束。段落标记在段前和段后各添加一个空行，而定义在段落标记中的内容不受该标记的影响。

3. 标题标记

在 Word 文档中，可以很轻松地实现不同级别的标题。如果要在 HTML 页面中创建不同级别的标题，可以使用 HTML 语言中的标题标记。在 HTML 标记中，设定了 6 个标题标记，分别为<h1>至<h6>，其中<h1>代表 1 级标题，<h2>代表 2 级标题，<h6>代表 6 级标题等。数字越小，表示级别越高，文字的字体也就越大。

【例 2-2】 在 HTML 页面中定义文字，并通过标题标记和段落标记设置页面布局。

```
<html>
    <head>
     <title>设置标题标记</title>
    </head>
    <body>
     <h1>java开发的3个方向</h1>
     <h2>Java SE</h2>
     <p>主要用于桌面程序的开发。它是学习Java EE和Java ME的基础，也是本书的重点内容。</p>
     <h2>Java EE</h2>
     <p>主要用于网页程序的开发。随着互联网的发展，越来越多的企业使用Java语言来开发自己的官方网站，其中不乏世界500强企业。</p>
     <h2>Java ME</h2>
     <p>主要用于嵌入式系统程序的开发。</p>
   </body>
</html>
```

运行本实例，结果如图 2-6 所示。

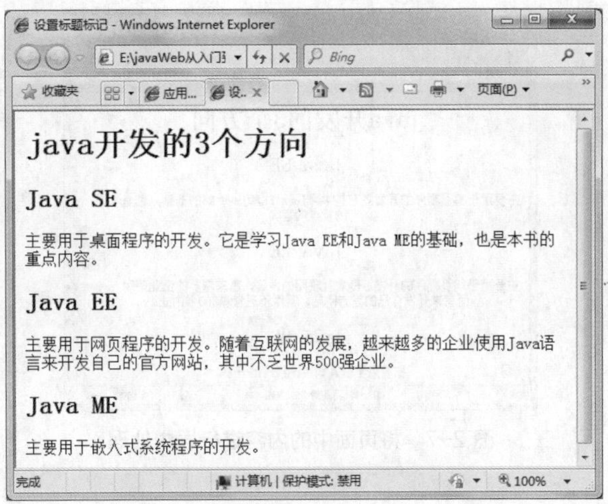

图 2-6 使用标题标记和段落标记设计页面

4. 居中标记

HTML 页面中的内容有一定的布局方式，默认的布局方式是从左到右依次排序。如果要想让页面中的内容在页面的居中位置显示，可以使用 HTML 中的<center>标记。<center>居中标记以<center>标记开头，以</center>标记结尾。标记之中的内容为居中显示。

将例 2-2 中的代码进行修改，使用居中标记，将页面内容居中。

【例 2-3】 使用居中标记对页面中的内容进行居中处理。

```
<html>
    <head>
      <title>设置标题标记</title>
    </head>
    <body>
     <center>
     <h1>java开发的3个方向</h1>
     <h2>Java SE</h2>
     <p>主要用于桌面程序的开发。它是学习Java EE和Java ME的基础，也是本书的重点内容。</p>
     <h2>Java EE</h2>
     <center>
     <p>主要用于网页程序的开发。随着互联网的发展，越来越多的企业使用Java语言来开发自己的官方网站，
其中不乏世界500强企业。</p>
     </center>
     <h2>Java ME</h2>
     <center>
     <p>主要用于嵌入式系统程序的开发。</p>
     </center>
   </body>
</html>
```

将页面中的内容进行居中后的效果如图 2-7 所示。

5. 文字列表标记

HTML 语言中提供了文字列表标记，文字列表标记可以将文字以列表的形式依次排列。通过这种形

式可以更加方便网页的访问者。HTML 中的列表标记主要有无序的列表和有序的列表两种。

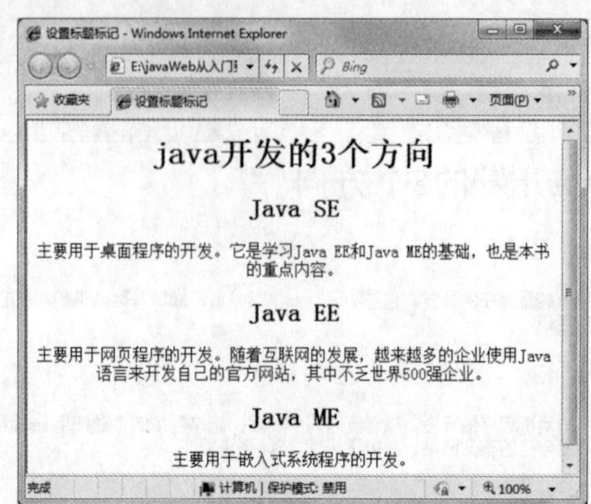

图 2-7　将页面中的内容进行居中处理

（1）无序列表

无序列表是在每个列表项的前面添加一个圆点符号。通过符号<ul>可以创建一组无序列表，其中每一个列表项以<li>表示。下面的实例为大家演示了无序列表的应用。

【例 2-4】 使用无序列表对页面中的文字进行排序。

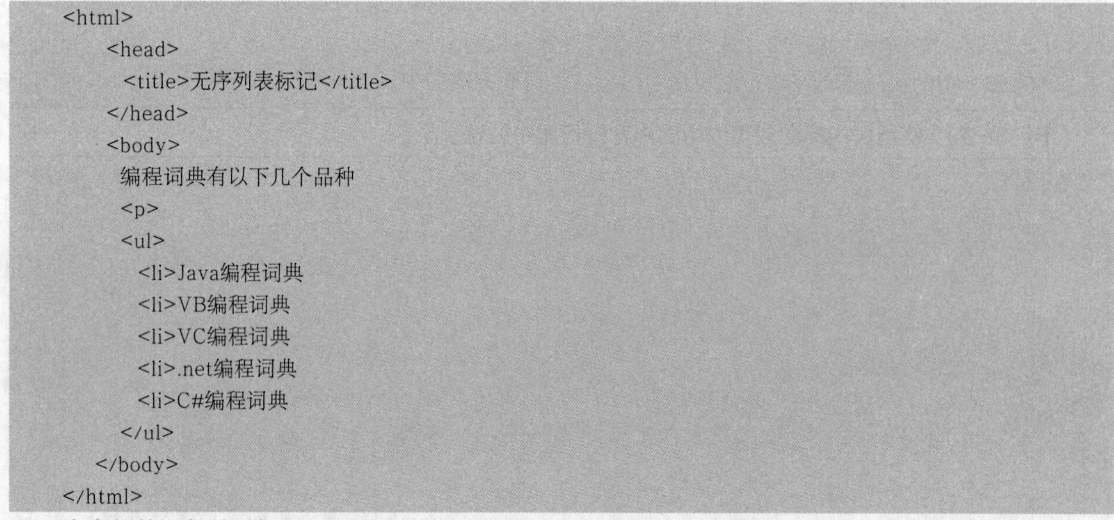

```
<html>
    <head>
      <title>无序列表标记</title>
    </head>
    <body>
      编程词典有以下几个品种
      <p>
      <ul>
        <li>Java编程词典
        <li>VB编程词典
        <li>VC编程词典
        <li>.net编程词典
        <li>C#编程词典
      </ul>
   </body>
</html>
```

本实例的运行结果如图 2-8 所示。

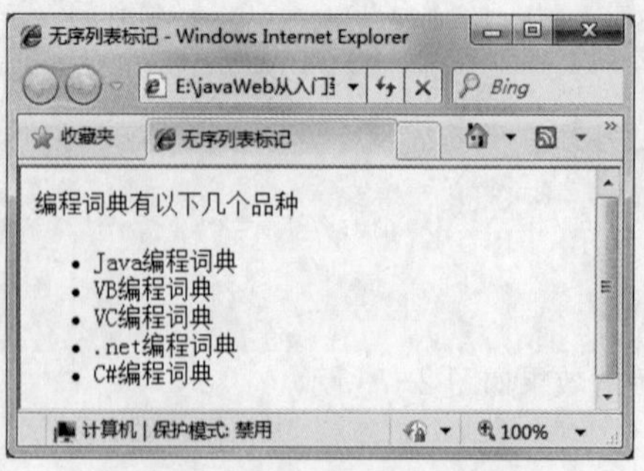

图 2-8　在页面中使用无序列表

（2）有序列表

有序列表和无序列表的区别是，使用有序列表标记可以将列表项进行排号。有序列表的标记为<ol>，每一个列表项前使用<li>。有序列表中项目项是有一定的顺序的。下面将例 2-4 进行修改，使用有序列表进行排序。

【例 2-5】 使用有序列表对页面中的文字进行排序。

```
<html>
    <head>
      <title>无序列表标记</title>
    </head>
    <body>
 编程词典有以下几个品种
 <p>
 <ol>
   <li>Java编程词典
   <li>VB编程词典
   <li>VC编程词典
   <li>.net编程词典
   <li>C#编程词典
 </ol>
    </body>
</html>
```

运行本实例，结果如图 2-9 所示。

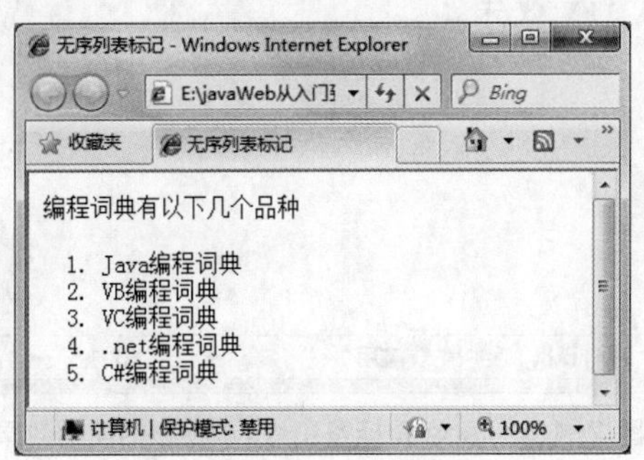

图 2-9　在页面中插入有序列的列表

6. 区域标记

<span>标签是用来组合文档中的行内元素。它本身是没有固定的格式的，对它应用样式时，它将会对划好的区域进行渲染。

<div>标签与<span>标签类似，但两者的区别是：<span>标签是行内元素，而<div>则是块元素，<div>的作用范围比<span>更大。

【例 2-6】 使用<span>和<div>标签为指定区域添加样式。

```
<html>
<head>
</head>
<style>
#right {
    float: right;
```

```
        color: blue;
    }
    #center {
        font-family: 宋体;
        font-size: 24px;
        color: red;
    }
    </style>
    <body>
        <a><span id="right">span效果</span></a>
        <div id="center">
            <a>div效果1</a><br /> <a>div效果2</a>
        </div>
    </body>
    </html>
```

运行本实例，结果如图 2-10 所示。

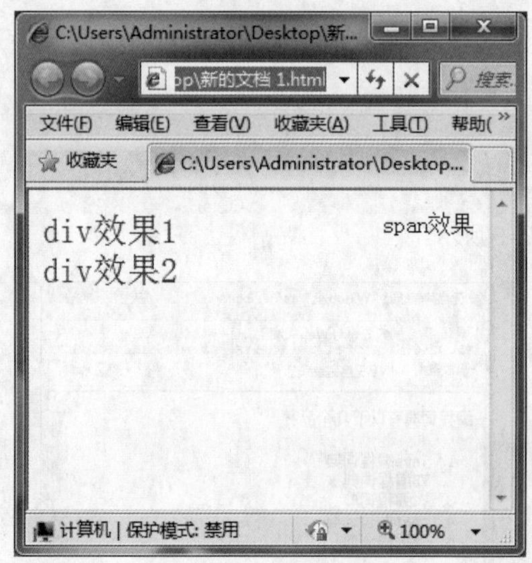

图 2-10 <span>标签和<div>标签的使用效果

2.1.4 表格标记

表格是网页中十分重要的组成元素。表格用来存储数据。表格包含标题、表头、行和单元格。在 HTML 中，表格标记使用符号<table>表示。定义表格只使用<table>是不够的，还需要定义表格中的行、列、标题等内容。在 HTML 页面中定义表格，需要学会以下几个标记。

表格标记

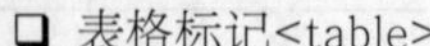

❑ 表格标记<table>

<table>...</table>标记表示整个表格。<table>标记中有很多属性，例如，width 属性用来设置表格的宽度，border 属性用来设置表格的边框，align 属性用来设置表格的对齐方式，bgcolor 属性用来设置表格的背景色等。

❑ 标题标记<caption>

标题标记以<caption>开头，以</caption>结束。标题标记也有一些属性，例如，align、valign 等。

❑ 表头标记<th>

表头标记以<th>开头，以</th>结束，也可以通过 align、background、colspan、valign 等属性来设置表头。

❑ 表格行标记<tr>

表格行标记以<tr>开头，以</tr>结束，一组<tr>标记表示表格中的一行。<tr>标记要嵌套在<table>标记中使用，该标记也具有 align、background 等属性。

❑ 单元格标记<td>

单元格标记<td>又称为列标记，一个<tr>标记中可以嵌套若干个<td>标记。该标记也具有 align、background、valign 等属性。

【例 2-7】 在页面中定义学生成绩表。

```
<body>
<table width="318" height="167" border="1" align="center">
  <caption>学生考试成绩单</caption>
  <tr>
    <td align="center" valign="middle">姓名</td>
    <td align="center" valign="middle">语文</td>
    <td align="center" valign="middle">数学</td>
    <td align="center" valign="middle">英语</td>
  </tr>
  <tr>
    <td align="center" valign="middle">张三</td>
    <td align="center" valign="middle">89</td>
    <td align="center" valign="middle">92</td>
    <td align="center" valign="middle">87</td>
  </tr>
  <tr>
    <td align="center" valign="middle">李四</td>
    <td align="center" valign="middle">93</td>
    <td align="center" valign="middle">86</td>
    <td align="center" valign="middle">80</td>
  </tr>
  <tr>
    <td align="center" valign="middle">王五</td>
    <td align="center" valign="middle">85</td>
    <td align="center" valign="middle">86</td>
    <td align="center" valign="middle">90</td>
  </tr>
</table>
</body>
```

运行本实例，结果如图 2-11 所示。

表格不仅可以用于显示数据，在实际开发中，也常常会用于设计页面。在页面中创建一个表格，并设置没有边框，之后通过该表格将页面划分几个区域，分别对几个区域进行设计。这是一种非常方便的设计页面的方式。

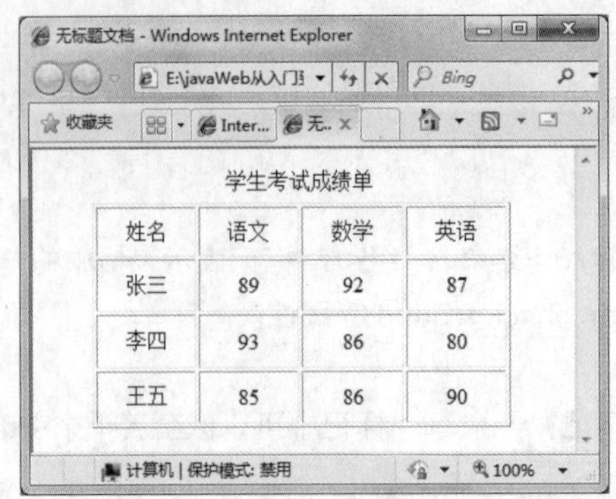

图 2-11　在页面中定义学生成绩表

2.1.5　HTML 表单标记

经常上网的人对网站中的登录等页面肯定不会感到陌生。在登录页面中，网站会提供给用户用户名文本框与密码文本框以供访客输入信息。这里的用户名文本框与密码文本框就属于 HTML 中的表单元素。表单在 HTML 页面中起着非常重要的作用，是用户与网页交互信息的重要手段。

<form>...<form>表单标记

1. <form>...</form>表单标记

表单标记以<form>标记开头，以</form>标记结尾。在表单标记中，可以定义处理表单数据程序的 URL 地址等信息。<form>标记的基本语法如下：

```
<form action = "url" method = "get'|"post" name = "name" onSubmit = "" target ="">
</form>
```

<form>标记的各属性说明如下。

- action 属性：用来指定处理表单数据程序的 URL 地址。
- method 属性：用来指定数据传送到服务器的方式。该属性有两种属性值，分别为 get 与 post。get 属性值表示将输入的数据追加在 action 指定的地址后面，并传送到服务器。当属性值为 post 时，会将输入的数据按照 HTTP 协议中 post 传输方式传送到服务器。
- name 属性：指定表单的名称，该属性值程序员可以自定义。
- onSubmit 属性：onSubmit 属性用于指定当用户单击提交按钮时触发的事件。
- target 属性：target 属性指定输入数据结果显示在哪个窗口中，该属性的属性值可以设置为"_blank""_self""_parent""_top"。其中"_blank"表示在新窗口中打开目标文件，"_self"表示在同一个窗口中打开，这项一般不用设置，"_parent"表示在上一级窗口中打开。一般使用框架页时经常使用，"_top"表示在浏览器的整个窗口中打开，忽略任何框架。

下面的例子为创建表单，设置表单名称为 form，当用户提交表单时，提交至 action.html 页面进行处理，代码如下。

【例 2-8】 定义表单元素，代码如下：

```
<form id="form1" name="form" method="post" action="action.html" target= "_blank">
</form>
```

2. <input>表单输入标记

<input>表单输入标记

表单输入标记是使用最频繁的表单标记，通过这个标记可以向页面中添加单行文本、多行文本、按钮等。<input>标记的语法格式如下：

```
<input    type="image"    disabled="disabled"    checked="checked"    width="digit"
```

```
height="digit" maxlength= "digit" readonly="" size="digit" src="uri" usemap="uri" alt="" name="checkbox" value="checkbox">
```

<input>标记的属性见表 2-1。

表 2-1 <input>标记的属性

属性	描述
type	用于指定添加的是哪种类型的输入字段，共有 10 个可选值，见表 2-2
disabled	用于指定输入字段不可用，即字段变成灰色。其属性值可以为空值，也可以指定为 disabled
checked	用于指定输入字段是否处于被选中状态,用于 type 属性值为 radio 和 checkbox 的情况下。其属性值可以为空值，也可以指定为 checked
width	用于指定输入字段的宽度，用于 type 属性值为 image 的情况下
height	用于指定输入字段的高度，用于 type 属性值为 image 的情况下
maxlength	用于指定输入字段可输入文字的个数，用于 type 属性值为 text 和 password 的情况下，默认没有字数限制
readonly	用于指定输入字段是否为只读。其属性值可以为空值，也可以指定为 readonly
size	用于指定输入字段的宽度，当 type 属性为 text 和 password 时，以文字个数为单位，当 type 属性为其他值时，以像素为单位
src	用于指定图片的来源，只有当 type 属性为 image 时有效
usemap	为图片设置热点地图，只有当 type 属性为 image 时有效。属性值为 URI，URI 格式为“#+<map>标记的 name 属性值”。例如，<map>标记的 name 属性值为 Map，该 URI 为#Map
alt	用于指定当图片无法显示时显示的文字，只有当 type 属性为 image 时有效
name	用于指定输入字段的名称
value	用于指定输入字段默认数据值，当 type 属性为 checkbox 和 radio 时，不可省略此属性，为其他值时，可以省略。当 type 属性为 button、reset 和 submit 时，指定的是按钮上的显示文字；当 type 属性为 checkbox 和 radio 时，指定的是数据项选定时的值

type 属性是<input>标记中非常重要的内容，决定了输入数据的类型。该属性值的可选项见表 2-2。

表 2-2 type 属性的属性值

可选值	描述	可选值	描述
text	文本框	submit	提交按钮
password	密码域	reset	重置按钮
file	文件域	button	普通按钮
radio	单选按钮	hidden	隐藏域
checkbox	复选按钮	image	图像域

【例 2-9】 在该文件中首先应用<form>标记添加一个表单，将表单的 action 属性设置为 register_deal.jsp，method 属性设置为 post，然后应用<input>标记添加获取用户名和 E-mail 的文本框、获取密码和确认密码的密码域、选择性别的单选按钮、选择爱好的复选按钮、提交按钮、重置按钮。关键代码如下：

```
<body><form action="" method="post" name="myform">
    用 户 名：<input name="username" type="text" id="UserName4" maxlength="20">
    密码：<input name="pwd1" type="password" id="PWD14" size="20" maxlength="20">
    确认密码：<input name="pwd2" type="password" id="PWD25" size="20" maxlength="20">
    性别：<input name="sex" type="radio" class="noborder" value="男" checked>
            男 
            <input name="sex" type="radio" class="noborder" value="女">
            女
    爱好：<input name="like" type="checkbox" id="like" value="体育">
          体育
          <input name="like" type="checkbox" id="like" value="旅游">
          旅游
          <input name="like" type="checkbox" id="like" value="听音乐">
          听音乐
          <input name="like" type="checkbox" id="like" value="看书">
          看书
     E-mail：<input name="email" type="text" id="PWD224" size="50">
         <input name="Submit" type="submit" class="btn_grey" value="确定保存">
         <input name="Reset" type="reset" class="btn_grey" id="Reset" value="重新填写">
         <input type="image" name="imageField" src="images/btn_bg.jpg">
</form>
```

完成在页面中添加表单元素后，即形成了网页的雏形。页面运行结果如图 2-12 所示。

图 2-12　博客网站的注册页面

3. <select>…</select>下拉菜单标记

<select>标记可以在页面中创建下拉列表，此时的下拉列表是一个空的列表，要使用<option>标记向列表中添加内容。<select>标记的语法格式如下：

<select>…<select>
下拉菜单标记

```
<select name="name" size="digit" multiple="multiple" disabled="disabled">
</select>
```

<select>标记的属性说明见表 2-3。

表 2-3　<select>标记的属性

属性	描述
name	用于指定列表框的名称
size	用于指定列表框中显示的选项数量，超出该数量的选项可以通过拖动滚动条查看
disabled	用于指定当前列表框不可使用（变成灰色）
multiple	用于让多行列表框支持多选

【例 2-10】 在页面中应用<select>标记和<option>标记添加下拉列表框和多行下拉列表框，关键代码如下：

下拉列表框：

```
<select name="select">
  <option>数码相机区</option>
  <option>摄影器材</option>
  <option>MP3/MP4/MP5</option>
  <option>U盘/移动硬盘</option>
</select>
  多行列表框（不可多选）：
<select name="select2" size="2">
  <option>数码相机区</option>
  <option>摄影器材</option>
  <option>MP3/MP4/MP5</option>
  <option>U盘/移动硬盘</option>
</select>
  多行列表框（可多选）：
<select name="select3" size="3" multiple>
  <option>数码相机区</option>
  <option>摄影器材</option>
  <option>MP3/MP4/MP5</option>
  <option>U盘/移动硬盘</option>
</select>
```

运行本程序，可发现在页面中添加了下拉列表如图 2-13 所示。

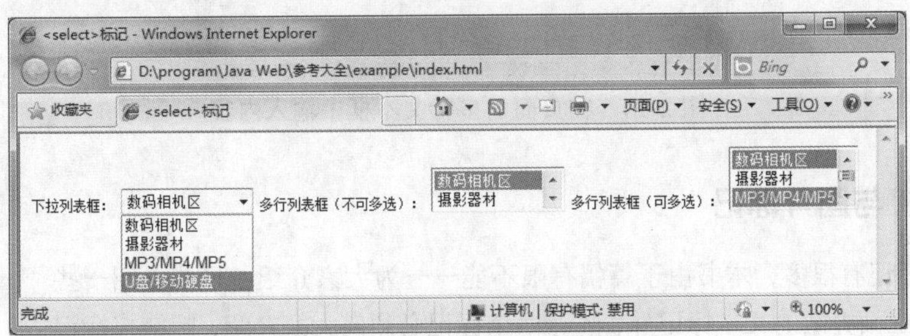

图 2-13　在页面中添加的下拉列表

4．<textarea>多行文本标记

<textarea>多行文本标记

<textarea>为多行文本标记，与单行文本相比，多行文本可以输入更多的内容。通常情况下，<textarea>标记出现在<form>标记的标记内容中。<textrare>标记的语法格式如下：

```
<textarea cols="digit" rows="digit" name="name" disabled="disabled" readonly
="readonly" wrap="value">默认值</textarea>
```

<textarea>标记的属性说明见表 2-4。

表 2-4　<textarea>标记属性说明

属性	描述
name	用于指定多行文本框的名称，当表单提交后，在服务器端获取表单数据时应用
cols	用于指定多行文本框显示的列数（宽度）

续表

属性	描述
rows	用于指定多行文本框显示的行数（高度）
disabled	用于指定当前多行文本框不可使用（变成灰色）
readonly	用于指定当前多行文本框为只读
wrap	用于设置多行文本中的文字是否自动换行

【例 2-11】在页面中创建表单对象，并在表单中添加一个多行文本框，文本框的名称为 content，文字换行方式为 hard，关键代码如下：

```
<form name="form1" method="post" action="">
        <textarea name="content" cols="30" rows="5" wrap="hard"></textarea>
</form>
```

运行本实例，在页面中的多行文本框中可输入任意内容，运行结果如图 2-14 所示。

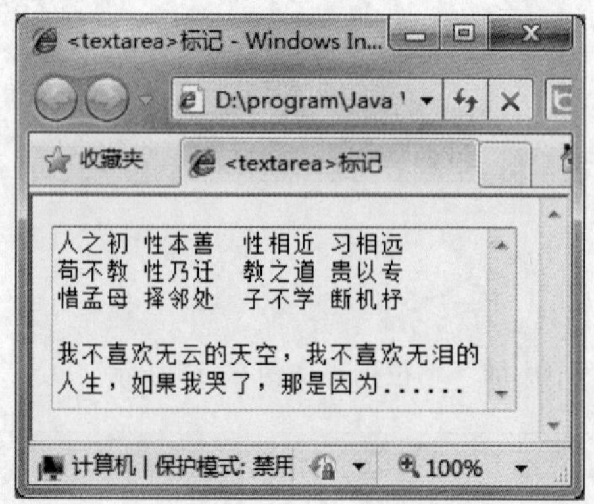

图 2-14　在页面的多行文本框中输入内容

2.1.6　超链接与图片标记

HTML 的标记有很多，本书由于篇幅有限不能一一为大家介绍，只能介绍一些文本标记。除了上面介绍的文本标记外，还有两个标记必须向大家介绍，超链接标记与图片标记。

超链接与图片标记

1. 超链接标记<a>

超链接标记是页面中非常重要的元素，在网站中实现从一个页面跳转到另一个页面，这个功能就是通过超链接标记来完成。超链接标记的语法非常简单。语法如下：

```
<a href = ""></a>
```

属性 href 用来设定连接到哪个页面中。

2. 图像标记

大家在浏览网站中通常会看到各式各样漂亮的图片，在页面中添加的图片是通过<img>标记来实现的。<img>标记的语法格式如下：

```
<img src="url" width="value" height="value" border="value" alt="提示文字" >
```

这里的 url 是以当前项目的 WebContent 目录作为默认的根目录，例如，WebContent 文件夹下有一个子文件夹 images，其中有一个显示成功的图片，该图片访问路径就是“images/success.jpg”。

<img>标记的属性说明见表 2-5。

表 2-5　<img>标记的常用属性

属性	描述
src	用于指定图片的来源
width	用于指定图片的宽度
height	用于指定图片的高度
border	用于指定图片外边框的宽度，默认值为 0
alt	用于指定当图片无法显示时显示的文字

下面给出具体实例，为读者演示超链接和图像标记的使用。

【例 2-12】 在页面中添加表格，在表格中插入图片和超链接。

```
<table width="409" height="523" border="1" align="center">
  <tr>
    <td width="199" height="208">
     <img src="images/ASP.NET.jpg" />
    </td>
    <td width="194">
     <img src="images/C#.jpg"/>
    </td>
  </tr>
  <tr>
    <td height="35" align="center" valign="middle"><a href="message.html">查看详情</a></td>
    <td align="center" valign="middle"><a href="message.html">查看详情</a></td>
  </tr>
  <tr>
    <td height="227"><img src="images/Java .jpg"/></td>
    <td><img src="images/VB.jpg"/></td>
  </tr>
  <tr>
    <td height="35" align="center" valign="middle"><a href="message.html">查看详情</a></td>
    <td align="center" valign="middle"><a href="message.html">查看详情</a></td>
  </tr>
</table>
```

运行本实例，结果如图 2-15 所示。

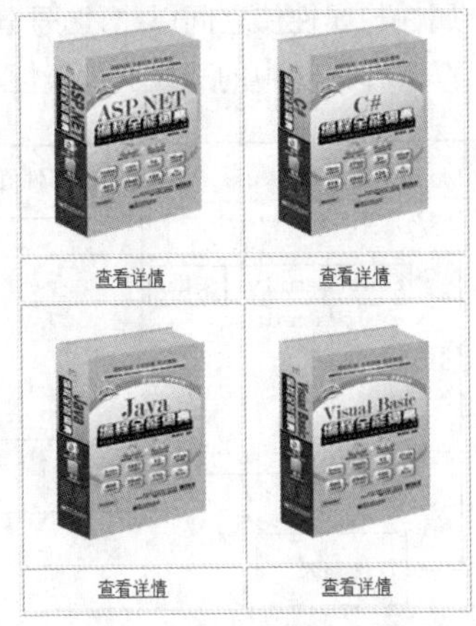

图 2-15　页面中添加图片和超链接

页面中的“查看详情”为超链接，当用户单击该超链接后，将转发至 message.html 页面，如图 2-16 所示。

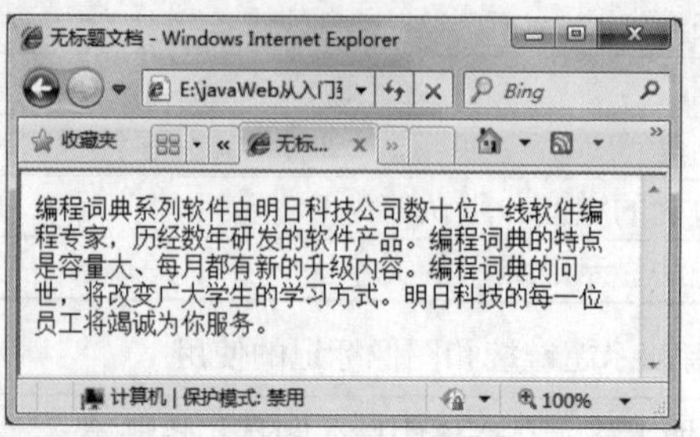

图 2-16 message.html 页面的运行结果

2.2 CSS 样式表

CSS（Cascading Style Sheet）是 W3C 协会为弥补 HTML 在显示属性设定上的不足而制定的一套扩展样式标准。CSS 标准中重新定义了 HTML 中原来的文字显示样式，增加了一些新概念，如类、层等，可以对文字重叠、定位等。在 CSS 还没有引入到页面设计之前，传统的 HTML 语言要实现页面美化在设计上是十分麻烦的，例如，要设计页面中文字的样式，如果使用传统的 HTML 语句来设计页面就不得不在每个需要设计的文字上都定义样式。CSS 的出现改变了这一传统模式。

2.2.1 CSS 规则

在 CSS 样式表中包括 3 部分内容：选择符、属性和属性值。语法格式为：

选择符{属性：属性值;}

语法说明如下。

CSS 规则

- 选择符：又称选择器，是 CSS 中很重要的概念，所有 HTML 语言中的标记都是通过不同的 CSS 选择器进行控制的。
- 属性：主要包括字体属性、文本属性、背景属性、布局属性、边界属性、列表项目属性、表格属性等内容。其中一些属性只有部分浏览器支持，因此使 CSS 属性的使用变得更加复杂。
- 属性值：为某属性的有效值。属性与属性值之间以“:”号分隔。当有多个属性时，使用“;”分隔。图 2-17 所示为大家标注了 CSS 语法中的选择器、属性与属性值。

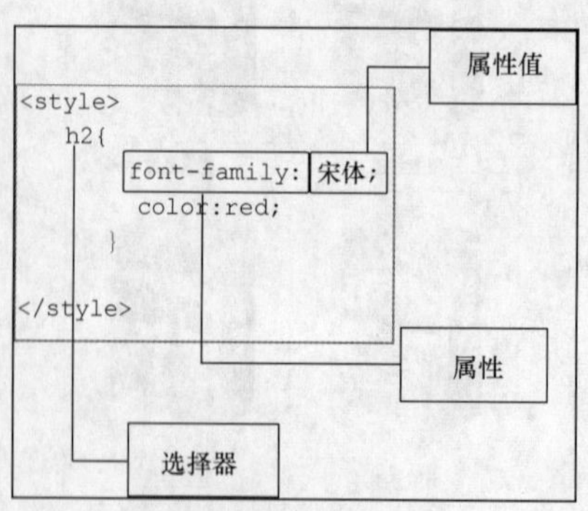

图 2-17 CSS 语法

2.2.2 CSS 选择器

CSS 选择器

CSS 选择器常用的是标记选择器、类别选择器、包含选择器、ID 选择器等。使用选择器即可对不同的 HTML 标签进行控制，从而实现各种效果。下面对各种选择器进行详细介绍。

1. 标记选择器

大家知道 HTML 页面是由很多标记组成，例如，图片标记<img>、超链接标记<a>、表格标记<table>等。而 CSS 标记选择器就是声明页面中哪些标记采用哪些 CSS 样式。例如，a 选择器，就是用于声明页面中所有<a>标记的样式风格。

【例 2-13】 定义 a 标记选择器，在该标记选择器中定义超链接的字体与颜色。

```
<style>
    a{
    font-size:9px;
    color:#F93;
    }
</style>
```

2. 类别选择器

使用标记选择器非常快捷，但是会有一定的局限性，页面如果声明标记选择器，那么页面中所有该标记内容会有相应的变化。假如页面中有 3 个<h2>标记，如果想要每个<h2>的显示效果都不一样，使用标记选择器就无法实现了，这时就需要引入类别选择器。

类别选择器的名称由用户自己定义，并以“.”号开头，定义的属性与属性值也要遵循 CSS 规范。要应用类别选择器的 HTML 标记，只需使用 class 属性来声明即可。

【例 2-14】 使用类别选择器控制页面中字体的样式。

```
<!--以下为定义的CSS样式-->
<style>
  .one{                             <!--定义类名为one的类别选择器-->
        font-family:宋体;           <!--设置字体-->
        font-size:24px;             <!--设置字体大小-->
        color:red;                  <!--设置字体颜色-->
    }
   .two{
        font-family:宋体;
        font-size:16px;
        color:red;
      }
    .three{
        font-family:宋体;
        font-size:12px;
        color:red;
      }
</style>
</head>
<body>
  <h2 class="one"> 应用了选择器one </h2><!--定义样式后页面会自动加载样式-->
  <p> 正文内容1      </p>
```

```
    <h2 class="two">应用了选择器two</h2>
    <p>正文内容2 </p>
    <h2 class="three">应用了选择器three </h2>
    <p>正文内容3 </p>
</body>
```

在上面的代码中，页面中的第一个<h2>标记应用了 one 选择器，第二个<h2>标记应用了 two，第三个<h2>标记应用了 three 选择器，运行结果如图 2-18 所示。

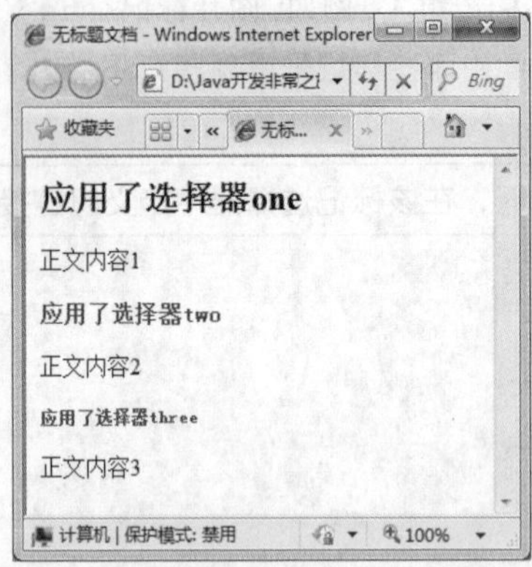

图 2-18　类别选择器控制页面文字样式

在 HTML 标记中，不仅可以应用一种类别选择器，也可以应用多种类别选择器，这样可使 HTML 标记同时加载多个类别选择器的样式。在使用多种类别选择器之间用空格进行分割即可。例如，“<h2 class="size color">”。

3. ID 选择器

ID 选择器是通过 HTML 页面中的 ID 属性来进行选择增添样式，与类别选择器的基本相同，但需要注意的是，由于 HTML 页面中不能包含有两个相同的 ID 标记，因此定义的 ID 选择器也就只能被使用一次。

命名 ID 选择器要以“#”号开始，后加 HTML 标记中的 ID 属性值。

【例 2-15】 使用 ID 选择器控制页面中字体的样式。

```
<style>                    <!--定义ID选择器-->
  #first{
      font-size:18px
    }
  #second{
     font-size:24px
    }
   #three{
     font-size:36px
    }
</style>
<body>
    <p id="first">ID选择器</p>                    <!--在页面定义标记，则自动应用样式-->
    <p id="second">ID选择器2</p>
```

```
    <p id="three">ID选择器3</p>
</body>
```

运行本段代码，结果如图 2-19 所示。

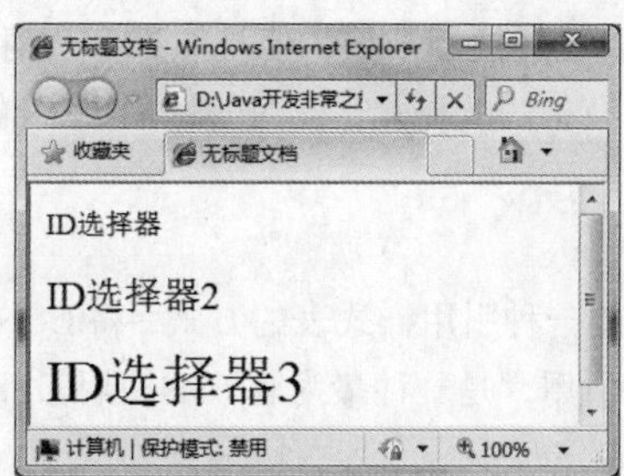

图 2-19　使用 ID 选择器控制页面文字大小

2.2.3　在页面中包含 CSS

在页面中包含 CSS

在对 CSS 有了一定了解后，下面为大家介绍如何实现在页面中包含 CSS 样式的几种方式，其中包括行内样式、内嵌式、链接式和导入式。

1. 行内样式

行内样式是比较直接的一种样式，直接定义在 HTML 标记之内，通过 style 属性来实现。这种方式也是比较容易令初学者接受，但是灵活性不强。

【例 2-16】 通过行内定义样式的形式，实现控制页面文字的颜色和大小。

```
<table width="200" border="1" align="center">            <!--在页面中定义表格-->
<tr>
<td><p style="color:#F00; font-size:36px;">行内样式一</p></td><%--在页面文字中定义CSS样式--%>
</tr>
<tr>
 <td><p style="color:#F00; font-size:24px;">行内样式二</p></td>
</tr>
<tr>
<td><p style="color:#F00; font-size:18px;">行内样式三</p></td>
</tr>
<tr>
 <td><p style="color:#F00; font-size:14px;">行内样式四</p></td>
</tr>
</table>
```

运行本实例，运行结果如图 2-20 所示。

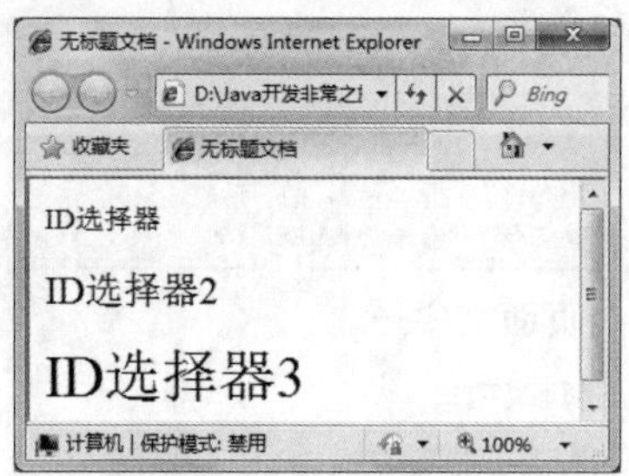

图 2-20　定义行内样式

2. 内嵌式样式表

内嵌式样式表就是在页面中使用<style></style>标记将 CSS 样式包含在页面中。本章中的例 2-14 就是使用这种内嵌样式表的模式。内嵌式样式表的形式没有行内标记表现的直接，但是能够使页面更加规整。

与行内样式相比，内嵌式样式表更加便于维护，但是如果每个网站都不可能由一个页面构成，而每个页面中相同的 HTML 标记都要求有相同的样式，此时使用内嵌式样式表就显得比较笨重，而用链接式样式表解决了这一问题。

3. 链接式样式表

链接外部 CSS 样式表是最常用的一种引用样式表的方式，将 CSS 样式定义在一个单独的文件中，然后在 HTML 页面中通过<link>标记引用，是一种最为有效的使用 CSS 样式的方式。

<link>标记的语法结构如下：

```
<link rel='stylesheet' href='path' type='text/css'>
```

参数说明如下。

- rel：定义外部文档和调用文档间的关系。
- href：CSS 文档的绝对或相对路径。
- type：指的是外部文件的 MIME 类型。

【例 2-17】 通过链接式样式表的形式在页面中引入 CSS 样式。

（1）创建名称为 css.css 的样式表，在该样式表中定义页面中<h1>、<h2>、<h3>、<p>标记的样式，代码如下：

```
h1,h2,h3{                                        /*定义CSS样式 */
      color:#6CFw;
      font-family:"Trebuchet MS", Arial, Helvetica, sans-serif;
}
p{
 color:#F0Cs;                                    /*定义颜色*/
 font-weight:200;
 font-size:24px;                                 /*设置字体大小*/
}
```

（2）在页面中通过<link>标记将 CSS 样式表引入到页面中，此时 CSS 样式表定义的内容将自动加载到页面中，代码如下：

```
<title>通过链接形式引入CSS样式</title>
<link href="css.css"/>              <!--页面引入CSS样式表-->
</head>
<body>
     <h2>页面文字一</h2>            <!--在页面中添加文字-->
     <p>页面文字二</p>
</body>
```

运行程序，结果如图 2-21 所示。

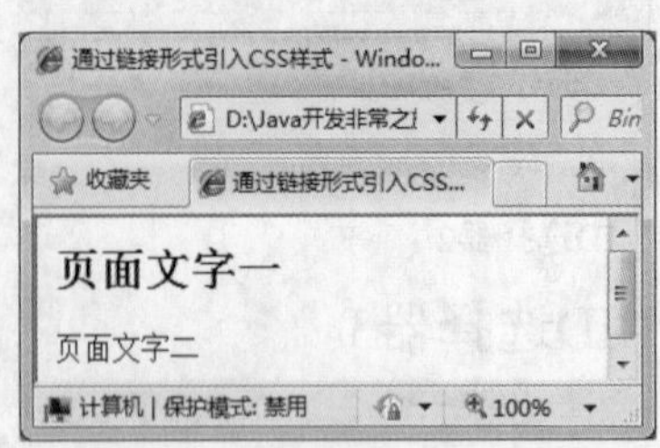

图 2-21 使用链接式引入样式表

在这 3 种样式同时作用于同一个区域时，浏览器会优先执行行内样式，其次是内嵌样式，最后才是链接式样式。

小 结

本章为大家介绍的是网页设计中不可缺少的内容：HTML 标记与 CSS 样式。HTML 是构成网页的灵魂，对于制作一般的网页，尤其是静态网页来说，HTML 完全可以胜任，但如果要制作漂亮的网页，CSS 是不可缺少的。本章对 HTML 与 CSS 样式表的基础内容进行讲解外，以此来带领广大读者进入 Web 学习之旅。

上机指导

创建 HTML 页面，并在页面中添加表格，实现在浏览网站信息时，当鼠标经过表格的某个单元格时，会显示相关的提示信息。效果如图 2-22 所示。

收藏夹 C:\Users\Administrator\Desktop\3.html

单元格1	单元格2	单元格3
单元格4	单元格5	单元格6
单元格7	单元格8	单元格9

单元格1

图 2-22 鼠标经过弹出提示的效果

开发步骤如下。

（1）在桌面创建一个 txt 文件，写入如下代码：

```
<html>
<head>
<meta http-equiv="Content-Type" content="text/html; charset=utf-8" />
</head>
<body>
<table width="98%" height="114" border="0" cellpadding="0" cellspacing="1" bgcolor="#666666">
    <tr>
        <td bgcolor="#FFFFFF" title="单元格1">单元格1</td>
        <td bgcolor="#FFFFFF" title="单元格2">单元格2</td>
        <td bgcolor="#FFFFFF" title="单元格3">单元格3</td>
    </tr>
    <tr>
        <td bgcolor="#FFFFFF" title="单元格4">单元格4</td>
        <td bgcolor="#FFFFFF" title="单元格5">单元格5</td>
        <td bgcolor="#FFFFFF" title="单元格6">单元格6</td>
    </tr>
    <tr>
        <td bgcolor="#FFFFFF" title="单元格7">单元格7</td>
```

```
        <td bgcolor="#FFFFFF" title="单元格8">单元格8</td>
        <td bgcolor="#FFFFFF" title="单元格9">单元格9</td>
    </tr>
</table>
</body>
</html>
```

（2）保存文件，修改文件后缀名，将.txt 修改成.html，用浏览器打开即可看到效果。

习 题

1. HTML 是由哪几部分组成的？
2. HTML 有哪些文本标记？都有什么作用？
3. <input>标记有哪几种输入类型？
4. 什么是 CSS 样式表？CSS 样式表有哪些效果？
5. 如何为一个 HTML 页面添加 CSS 效果？

PART03

第3章

JavaScript脚本语言

本章要点：

- 了解JavaScript，以及JavaScript的主要特点
- 了解JavaScript与Java的区别
- 掌握在Web页面中使用JavaScript的两种方法
- 了解Ajax技术
- 了解jQuery技术

■ JavaScript 是 Web 页面中一种比较流行的脚本语言，它由客户端浏览器解释执行，可以应用在 JSP、PHP、ASP 等网站中。同时，随着 Ajax 进入 Web 开发的主流市场，JavaScript 已经被推到了舞台的中心，因此，熟练掌握并应用 JavaScript 对于网站开发人员来说非常重要。本章将详细介绍 JavaScript 的基本语法、常用对象及 DOM 技术。

3.1 了解 JavaScript

3.1.1 什么是 JavaScript

了解 JavaScript

JavaScript 是一种基于对象和事件驱动并具有安全性能的解释型脚本语言，在Web 应用中得到了非常广泛的应用。它不需要进行编译，而是直接嵌入在 HTTP 页面中，把静态页面转变成支持用户交互并响应应用事件的动态页面。在 Java Web 程序中，经常应用 JavaScript 进行数据验证、控制浏览器，以及生成时钟、日历和时间戳文档等。

3.1.2 JavaScript 的主要特点

JavaScript 适用于静态或动态网页，是一种被广泛使用的客户端脚本语言。它具有解释性、基于对象、事件驱动、安全性和跨平台等特点，下面进行详细介绍。

1. 解释性

JavaScript 是一种脚本语言，采用小程序段的方式实现编程。和其他脚本语言一样，JavaScript 也是一种解释性语言，它提供了一个简易的开发过程。

2. 基于对象

JavaScript 是一种基于对象的语言。它可以应用自己已经创建的对象，因此许多功能来自于脚本环境中对象的方法与脚本的相互作用。

3. 事件驱动

JavaScript 可以以事件驱动的方式直接对客户端的输入做出响应，无需经过服务器端程序。

事件驱动就是用户进行某种操作（例如，按下鼠标、选择菜单等），计算机随之做出相应的响应。这里的某种操作称之为事件，而计算机做出的响应称之为事件响应。

4. 安全性

JavaScript 具有安全性。它不允许访问本地硬盘，不能将数据写入到服务器上，并且不允许对网络文档进行修改和删除，只能通过浏览器实现信息浏览或动态交互，从而有效地防止数据的丢失。

5. 跨平台

JavaScript 依赖于浏览器本身，与操作系统无关，只要浏览器支持 JavaScript，JavaScript 的程序代码就可以正确执行。

3.1.3 JavaScript 与 Java 的区别

虽然 JavaScript 与 Java 的名字中都有 Java，但是它们之间除了语法上有一些相似之处外，两者毫不相干。JavaScript 与 Java 的区别主要表现在以下几个方面。

1. 基于对象和面向对象

JavaScript 是一种基于对象和事件驱动的脚本语言，它本身提供了非常丰富的内部对象供设计人员使用；而 Java 是一种真正的面向对象的语言，即使是开发简单的程序，也必须设计对象。

2. 解释和编译

JavaScript 是一种解释性编程语言，其源代码在发往客户端执行之前不需经过编译，而是将文本格式的字符代码发送给客户端由浏览器解释执行；而 Java 的源代码在传递到客户端执行之前，必须经过编译才可以执行。

3. 弱变量和强变量

JavaScript 采用弱变量，即变量在使用前无需声明，解释器在运行时将检查其数据类型；而 Java 则使用强类型变量检查，即所有变量在编译之前必须声明。

3.2 在 Web 页面中使用 JavaScript

通常情况下，在 Web 页面中使用 JavaScript 有以下两种方法，一种是在页面中直接嵌入 JavaScript，另一种是链接外部 JavaScript。下面分别介绍。

在 Web 页面中使用 JavaScript

3.2.1 在页面中直接嵌入 JavaScript

在 Web 页面中，可以使用<script>...</script>标记对封装脚本代码，当浏览器读取到<script>标记时，将解释执行其中的脚本。

在使用<script>标记时，还需要通过其 language 属性指定使用的脚本语言。例如，在<script>中指定使用 JavaScript 脚本语言的代码如下：

```
<script language="javascript">...</script>
```

【例 3-1】在页面中直接嵌入 JavaScript 代码，实现弹出欢迎访问网站的对话框。在需要弹出欢迎对话框的页面的<head>...</head>标记中间插入以下 JavaScript 代码，用于实现在用户访问网页时，弹出提示系统时间及欢迎信息的对话框。

```
<script language="javascript">
    var now=new Date();                          //获取Date对象的一个实例
    var hour=now.getHours();                     //获取小时数
    var minu=now.getMinutes();                   //获取分钟数
    alert("您好！现在是"+hour+":"+minu+"\r欢迎访问我公司网站！");    //弹出提示对话框
</script>
```

<script>标记可以放在 Web 页面的<head></head>标记中，也可以放在<body></body>标记中，其中最常用的是放在<head></head>标记中。

运行程序，将显示图 3-1 所示的欢迎对话框。

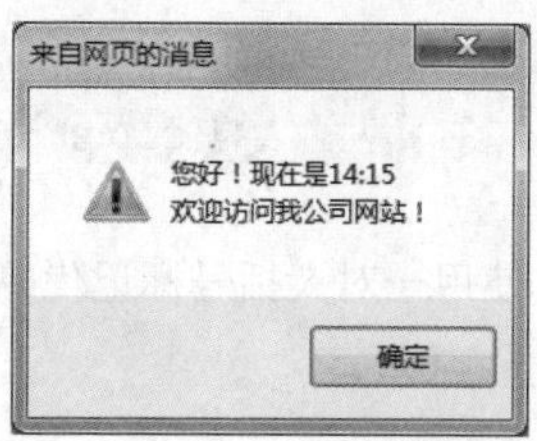

图 3-1 弹出的欢迎对话框

3.2.2 链接外部 JavaScript

在 Web 页面中引入 JavaScript 的另一种方法是采用链接外部 JavaScript 文件的形式。如果脚本代码比较复杂或是同一段代码可以被多个页面所使用，则可以将这些脚本代码放置在一个单独的文件中（该文件的扩展名为.js），然后在需要使用该代码的 Web 页面中链接该 JavaScript 文件即可。

在 Web 页面中链接外部 JavaScript 文件的语法格式如下：

```
<script language="javascript" src="javascript.js"></script>
```

在外部 JS 文件中，不需要将脚本代码用<script>和</script>标记括起来。

3.3 JavaScript 语言基础

3.3.1 JavaScript 的语法

JavaScript 与 Java 在语法上有些相似，但也不尽相同。下面将结合 Java 语言对编写 JavaScript 代码时需要注意的事项进行详细介绍。

JavaScript 的语法

（1）JavaScript 区分大小写

JavaScript 区分大小写，这一点与 Java 语言是相同的。例如，变量 username 与变量 userName 是两个不同的变量。

（2）每行结尾的分号可有可无

与 Java 语言不同，JavaScript 并不要求必须以分号（;）作为语句的结束标记。如果语句的结束处没有分号，JavaScript 会自动将该行代码的结尾作为语句的结尾。

例如，下面的两行代码都是正确的。

```
alert("您好！欢迎访问我公司网站！")
alert("您好！欢迎访问我公司网站！");
```

最好的代码编写习惯是在每行代码的结尾处加上分号，这样可以保证每行代码的准确性。

（3）变量是弱类型的

与 Java 语言不同，JavaScript 的变量是弱类型的。因此在定义变量时，只使用 var 运算符，就可以将变量初始化为任意的值。例如，通过以下代码可以将变量 username 初始化为 mrsoft，而将变量 age 初始化为 20。

```
var username="mrsoft";                    //将变量username初始化为mrsoft
var age=20;                               //将变量age初始化为20
```

（4）使用大括号标记代码块

与 Java 语言相同，JavaScript 也是使用一对大括号标记代码块，被封装在大括号内的语句将按顺序执行。

（5）注释

在 JavaScript 中，提供了两种注释，即单行注释和多行注释，下面详细介绍。

单行注释使用双斜线“//”开头，在“//”后面的文字为注释内容，在代码执行过程中不起任何作用。例如，在下面的代码中，“获取日期对象”为注释内容，在代码执行时不起任何作用。

```
var now=new Date();                       //获取日期对象
```

多行注释以“/*”开头，以“*/”结尾，在“/*”和“*/”之间的内容为注释内容，在代码执行过程中不起任何作用。

例如，在下面的代码中，“功能……”“参数……”“时间……”和“作者……”等为注释内容，在代码执行时不起任何作用。

```
/*
 * 功能：获取系统日期函数
 * 参数：指定获取的系统日期显示的位置
 * 时间：2009-05-09
 * 作者：wgh
*/
function getClock(clock){
    …                                           //此处省略了获取系统日期的代码
    clock.innerHTML="系统公告："+time              //显示系统日期
}
```

3.3.2 JavaScript 中的关键字

JavaScript 中的关键字

JavaScript 中的关键字是指在 JavaScript 中具有特定含义的、可以成为 JavaScript 语法中一部分的字符。与其他编程语言一样，JavaScript 中也有许多关键字，JavaScript 中的关键字见表 3-1。

表 3-1 JavaScript 中的关键字

abstract	continue	finally	instanceof	private	this
boolean	default	float	int	public	throw
break	do	for	interface	return	typeof
byte	double	function	long	short	true
case	else	goto	native	static	var
catch	extends	implements	new	super	void
char	false	import	null	switch	while
class	final	in	package	synchronized	with

JavaScript 中的关键字不能用作变量名、函数名及循环标签。

3.3.3 了解 JavaScript 的数据类型

了解 JavaScript 的数据类型

JavaScript 的数据类型比较简单，主要有数值型、字符型、布尔型、转义字符、空值（null）和未定义值 6 种，下面分别介绍。

1. 数值型

JavaScript 的数值型数据又可以分为整型和浮点型两种，下面分别进行介绍。

（1）整型

JavaScript 的整型数据可以是正整数、负整数和 0，并且可以采用十进制、八进制或十六进制来表示。例如：

```
729                          //表示十进制的729
```

```
071                          //表示八进制的71
0x9405B                      //表示十六进制的9405B
```

以 0 开头的数为八进制数；以 0x 开头的数为十六进制数。

（2）浮点型

浮点型数据由整数部分加小数部分组成，只能采用十进制，但是可以使用科学记数法或是标准方法来表示。例如：

```
3.1415926                    //采用标准方法表示
1.6E5                        //采用科学记数法表示，代表1.6*10⁵
```

2. 字符型

字符型数据是使用单引号或双引号括起来的一个或多个字符。

单引号括起来的一个或多个字符，代码如下：

```
'a'
'保护环境从我做起'
```

双引号括起来的一个或多个字符，代码如下：

```
"b"
"系统公告："
```

JavaScript 与 Java 不同，它没有 char 数据类型，要表示单个字符，必须使用长度为 1 的字符串。

单引号定界的字符串中可以含有双引号，代码如下：

```
'<td width="25%" align="center" bgcolor="#F0F0F0">注册时间</td>'
```

双引号定界的字符串中可以含有单引号，代码如下：

```
"<td bgcolor='#FFFFFF'>"
```

以反斜杠开头的不可显示的特殊字符通常称为控制字符，也被称为转义字符。通过转义字符可以在字符串中添加不可显示的特殊字符，或者防止引号匹配混乱的问题。JavaScript 常用的转义字符见表 3-2。

表 3-2　JavaScript 常用的转义字符

转义字符	描述	转义字符	描述
\b	退格	\n	换行
\f	换页	\t	Tab 符
\r	回车符	\'	单引号
\"	双引号	\\	反斜杠
\xnn	十六进制代码 nn 表示的字符	\unnnn	十六进制代码 nnnn 表示的 Unicode 字符
\0nnn	八进制代码 nnn 表示的字符		

例如，在网页中弹出一个提示对话框，并应用转义字符“\r”将文字分为两行显示的代码如下：

```
var hour=13;
var minu=10;
alert("您好！现在是"+hour+":"+minu+"\r欢迎访问我公司网站！");
```

上面代码的执行结果如图 3-2 所示。

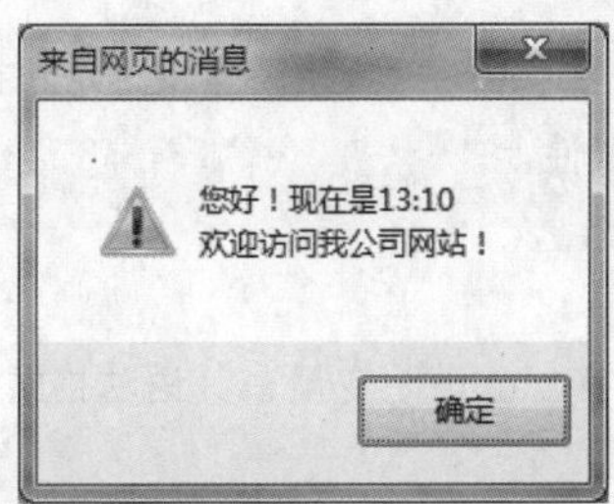

图 3-2　弹出提示对话框

在 document.writeln();语句中使用转义字符时，只有将其放在格式化文本块中才会起作用，所以输出的带转义字符的内容必须在<pre>和</pre>标记内。

3. 布尔型

布尔型数据只有两个值，即 true 或 false，主要用来说明或代表一种状态或标志。在 JavaScript 中，也可以使用整数 0 表示 false，使用非 0 的整数表示 true。

4. 空值

JavaScript 中有一个空值（null），用于定义空的或不存在的引用。如果试图引用一个没有定义的变量，则返回一个 null 值。

空值不等于空的字符串（""）或 0。

5. 未定义值

当使用了一个并未声明的变量，或者使用了一个已经声明但没有赋值的变量时，将返回未定义值（undefined）。

JavaScript 中还有一种特殊类型的数字常量 NaN，即“非数字”。当在程序中由于某种原因发生计算错误后，将产生一个没有意义的数字，此时 JavaScript 返回的数字值就是 NaN。

3.3.4　变量的定义及使用

变量是指程序中一个已经命名的存储单元，其主要作用就是为数据操作提供存放信息的容器。在使用变量前，必须明确变量的命名规则、变量的声明方法及变量的作用域。

变量的定义及使用

1. 变量的命名规则

JavaScript 变量的命名规则如下。

① 变量名由字母、数字或下划线组成，但必须以字母或下划线开头。

② 变量名中不能有空格、加号、减号或逗号等符号。

③ 不能使用 JavaScript 中的关键字。

JavaScript 的变量名是严格区分大小写的。例如，arr_week 与 arr_Week 代表两个不同的变量。

虽然 JavaScript 的变量可以任意命名，但是在实际编程时，最好使用便于记忆、且有意义的变量名，以便增加程序的可读性。

2. 变量的声明

在 JavaScript 中，可以使用关键字 var 声明变量，其语法格式如下：

```
var variable;
```

variable：用于指定变量名，该变量名必须遵守变量的命名规则。

在声明变量时需要遵守以下规则。

可以使用一个关键字 var 同时声明多个变量。例如：

```
var now,year,month,date;
```

可以在声明变量的同时对其进行赋值，即初始化。例如：

```
var now="2009-05-12",year="2009", month="5",date="12";
```

如果只是声明了变量，但未对其赋值，则其默认值为 undefined。

当给一个尚未声明的变量赋值时，JavaScript 会自动用该变量名创建一个全局变量。在一个函数内部，通常创建的只是一个仅在函数内部起作用的局部变量，而不是一个全局变量。要创建一个全局变量，则必须使用 var 关键字进行变量声明。

由于 JavaScript 采用弱类型，所以在声明变量时不需要指定变量的类型，而变量的类型将根据变量的值来确定。例如，声明以下变量：

```
var number=10                                                     //数值型
var info="欢迎访问我公司网站！\rhttp://www.mingribook.com";          //字符型
var flag=true                                                     //布尔型
```

3. 变量的作用域

变量的作用域是指变量在程序中的有效范围。在 JavaScript 中，根据变量的作用域可以将变量分为全局变量和局部变量两种。全局变量是定义在所有函数之外，作用于整个脚本代码的变量；局部变量是定义在函数体内，只作用于函数体内的变量。例如，下面的代码将说明变量的有效范围。

```
<script language="javascript">
    var company="明日科技";                    //该变量在函数外声明，作用于整个脚本代码
    function send(){
        var url="www.mingribook.com";          //该变量在函数内声明，只作用于该函数体
        alert(company+url);
    }
</script>
```

3.3.5 运算符的应用

运算符是用来完成计算或者比较数据等一系列操作的符号。常用的 JavaScript 运算符按类型可分为赋值运算符、算术运算符、比较运算符、逻辑运算符、条件运算符和字符串运算符 6 种。

运算符的应用

1. 赋值运算符

JavaScript 中的赋值运算可以分为简单赋值运算和复合赋值运算。简单赋值运算是将赋值运算符（=）右边表达式的值保存到左边的变量中；而复合赋值运算混合了其他操作（算术运算操作、位操作等）和赋值操作。例如：

```
sum+=i;                //等同于sum=sum+i;
```

JavaScript 中的赋值运算符见表 3-3。

表 3-3　JavaScript 中的赋值运算符

运算符	描述	示例
=	将右边表达式的值赋给左边的变量	userName="mr"
+=	将运算符左边的变量加上右边表达式的值赋给左边的变量	a+=b　//相当于 a=a+b
-=	将运算符左边的变量减去右边表达式的值赋给左边的变量	a-=b　//相当于 a=a-b
*=	将运算符左边的变量乘以右边表达式的值赋给左边的变量	a*=b　//相当于 a=a*b
/=	将运算符左边的变量除以右边表达式的值赋给左边的变量	a/=b　//相当于 a=a/b
%=	将运算符左边的变量用右边表达式的值求模，并将结果赋给左边的变量	a%=b　//相当于 a=a%b
&=	将运算符左边的变量与右边表达式的值进行逻辑与运算，并将结果赋给左边的变量	a&=b　//相当于 a=a&b
|=	将运算符左边的变量与右边表达式的值进行逻辑或运算，并将结果赋给左边的变量	a|=b　//相当于 a=a|b
^=	将运算符左边的变量与右边表达式的值进行异或运算，并将结果赋给左边的变量	a^=b　//相当于 a=a^b

2. 算术运算符

算术运算符用于在程序中进行加、减、乘、除等运算。在 JavaScript 中常用的算术运算符见表 3-4。

表 3-4　JavaScript 中的算术运算符

运算符	描述	示例
+	加运算符	4+6　//返回值为 10
-	减运算符	7-2　//返回值为 5
*	乘运算符	7*3　//返回值为 21
/	除运算符	12/3　//返回值为 4
%	求模运算符	7%4　//返回值为 3
++	自增运算符。该运算符有两种情况：i++（在使用 i 之后，使 i 的值加 1）；++i（在使用 i 之前，先使 i 的值加 1）	i=1; j=i++　//j 的值为 1，i 的值为 2 i=1; j=++i　//j 的值为 2，i 的值为 2
--	自减运算符。该运算符有两种情况：i--（在使用 i 之后，使 i 的值减 1）；--i（在使用 i 之前，先使 i 的值减 1）	i=6; j=i--　//j 的值为 6，i 的值为 5 i=6; j=--i　//j 的值为 5，i 的值为 5

注意

执行除法运算时，0 不能用作除数。如果 0 用作除数，返回结果则为 Infinity。

【例 3-2】 编写 JavaScript 代码，应用算术运算符计算商品金额。

```
<script language="javascript">
    var price=992;                //定义商品单价
    var number=10;                //定义商品数量
    var sum=price*number;         //计算商品金额
    alert(sum);                   //显示商品金额
</script>
```

运行结果如图 3-3 所示。

图 3-3　显示商品金额

3. 比较运算符

比较运算符的基本操作过程是：首先对操作数进行比较，这个操作数可以是数字也可以是字符串，然后返回一个布尔值 true 或 false。在 JavaScript 中常用的比较运算符见表 3-5。

表 3-5　JavaScript 中的比较运算符

运算符	描述	示例
<	小于	1<6　//返回值为 true
>	大于	7>10　//返回值为 false
<=	小于等于	10<=10　//返回值为 true
>=	大于等于	3>=6　//返回值为 false
==	等于。只根据表面值进行判断，不涉及数据类型	"17"==17　//返回值为 true
===	绝对等于。根据表面值和数据类型同时进行判断	"17"===17　/返回值为 false
!=	不等于。只根据表面值进行判断，不涉及数据类型	"17"!=17　//返回值为 false
!==	不绝对等于。根据表面值和数据类型同时进行判断	"17"!==17　//返回值为 true

4. 逻辑运算符

逻辑运算符通常和比较运算符一起使用，用来表示复杂的比较运算，常用于 if、while 和 for 语句中，其返回结果为一个布尔值。JavaScript 中常用的逻辑运算符见表 3-6。

表 3-6　JavaScript 中的逻辑运算符

运算符	描述	示例
!	逻辑非。否定条件，即!假 = 真，!真 = 假	!true　　//值为 false
&&	逻辑与。只有当两个操作数的值都为 true 时，值才为 true	true && flase　//值为 false
||	逻辑或。只要两个操作数其中之一为 true，值就为 true	true || false　//值为 true

5. 条件运算符

条件运算符是 JavaScript 支持的一种特殊的三目运算符，其语法格式如下：

操作数?结果 1:结果 2

如果“操作数”的值为 true，则整个表达式的结果为“结果 1”，否则为“结果 2”。

例如，应用条件运算符计算两个数中的最大数，并赋值给另一个变量。代码如下：

```
var a=26;
var b=30;
var m=a>b?a:b        //m的值为30
```

6. 字符串运算符

字符串运算符是用于两个字符型数据之间的运算符，除了比较运算符外，还可以是+和+=运算符。其中，+运算符用于连接两个字符串，而+=运算符则连接两个字符串，并将结果赋给第一个字符串。

例如，在网页中弹出一个提示对话框，显示进行字符串运算后变量 a 的值。代码如下：

```
var a="One "+"world ";              //将两个字符串连接后的值赋值给变量a
a+="One Dream"                      //连接两个字符串，并将结果赋给第一个字符串
alert(a);
```

上述代码的执行结果如图 3-4 所示。

图 3-4　弹出提示对话框

3.4　函数

函数实质上就是可以作为一个逻辑单元对待的一组 JavaScript 代码。使用函数可以使代码更为简洁，提高重用性。在 JavaScript 中，大约 95%的代码都是包含在函数中的。由此可见，函数在 JavaScript 中是非常重要的。

3.4.1　函数的定义

函数是由关键字 function、函数名加一组参数，以及置于大括号中需要执行的一段代码定义的。定义函数的基本语法如下：

```
function functionName([parameter 1, parameter 2,……]){
    statements;
    [return expression;]
}
```

① functionName：必选，用于指定函数名。在同一个页面中，函数名必须是唯一的，并且区分大小写。

② parameter：可选，用于指定参数列表。当使用多个参数时，参数间使用逗号进行分隔。一个函数最多可以有 255 个参数。

③ statements：必选，是函数体，用于实现函数功能的语句。

④ expression：可选，用于返回函数值。expression 为任意的表达式、变量或常量。

例如，定义一个用于计算商品金额的函数 account()，该函数有两个参数，用于指定单价和数量，返

回值为计算后的金额。具体代码如下：

```
function account(price,number){
    var sum=price*number;                //计算金额
    return sum;                          //返回计算后的金额
}
```

3.4.2 函数的调用

函数的调用比较简单，如果要调用不带参数的函数，使用函数名加上括号即可；如果要调用的函数带参数，则在括号中加上需要传递的参数；如果包含多个参数，各参数间用逗号分隔。

如果函数有返回值，则可以使用赋值语句将函数值赋给一个变量。

例如，3.4.1 节的函数 account()可以通过以下代码进行调用。

```
account(7.6,10);
```

在 JavaScript 中，由于函数名区分大小写，在调用函数时也需要注意函数名的大小写。

【例 3-3】 定义一个 JavaScript 函数 checkRealName()，用于验证输入的字符串是否为汉字。

（1）在页面中添加用于输入真实姓名的表单及表单元素。具体代码如下：

```
<form name="form1" method="post" action="">
请输入真实姓名：<input name="realName" type="text" id="realName" size="40">
<br><br>
<input name="Button" type="button" class="btn_grey" value="检测">
</form>
```

（2）编写自定义的 JavaScript 函数 checkRealName()，用于验证输入的真实姓名是否正确，即判断输入的内容是否为两个或两个以上的汉字。checkRealName()函数的具体代码如下：

```
<script language="javascript">
    function checkRealName(){
        var str=form1.realName.value;                    //获取输入的真实姓名
        if(str==""){                                     //当真实姓名为空时
            alert("请输入真实姓名！");form1.realName.focus();return;
        }else{                                           //当真实姓名不为空时
            var objExp=/[\u4E00-\u9FA5]{2,}/;            //创建RegExp对象
            if(objExp.test(str)==true){                  //判断是否匹配
                alert("您输入的真实姓名正确！");
            }else{
                alert("您输入的真实姓名不正确！");
            }
        }
    }
</script>
```

正确的真实姓名由两个以上的汉字组成，如果输入的不是汉字，或是只输入一个汉字，都将被认为是不正确的真实姓名。

（3）在“检测”按钮的 onClick 事件中调用 checkRealName()函数。具体代码如下：

```
<input name="Button" type="button" class="btn_grey" onClick="checkRealName()" value="检测">
```

运行程序，输入真实姓名“wgh”，单击“检测”按钮，将弹出图 3-5 所示的对话框；输入真实姓名“王语”，单击“检测”按钮，将弹出图 3-6 所示的对话框。

图 3-5　输入的真实姓名不正确

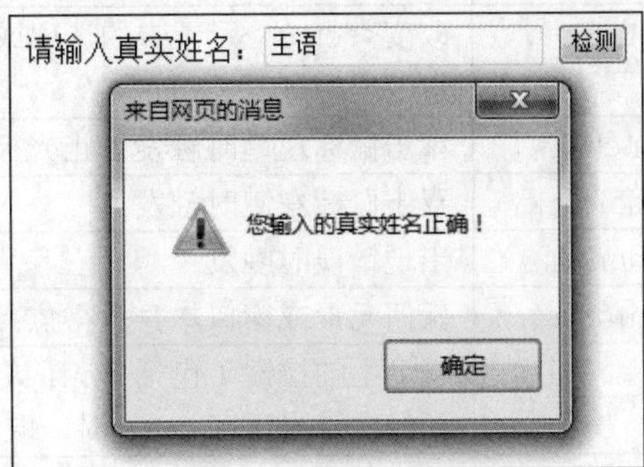

图 3-6　输入的真实姓名正确

3.4.3　匿名函数

匿名函数的语法和 function 语句非常相似，只不过它被用作表达式，而不是用作语句，而且也无需指定函数名。定义匿名函数的语法格式如下：

```
var func=function([parameter 1,parameter 2,……]){ statements;};
```

① parameter：可选，用于指定参数列表。当使用多个参数时，参数间使用逗号进行分隔。

② statements：必选，是函数体，用于实现函数功能的语句。

例如，当页面载入完成后，调用无参数的匿名函数，弹出一个提示对话框。代码如下：

```
window.onload=function(){
	alert("页面载入完成");
}
```

3.5　事件和事件处理程序

通过前面的学习，我们知道 JavaScript 可以以事件驱动的方式直接对客户端的输入做出响应，无需经过服务器端程序。也就是说，JavaScript 是事件驱动的，它可以使在图形界面环境下的一切操作变得简单化。下面将对事件及事件处理程序进行详细介绍。

事件和事件处理程序

3.5.1　什么是事件和事件处理程序

JavaScript 与 Web 页面之间的交互是通过用户操作浏览器页面时触发相关事件来实现的。例如，在页面载入完毕时将触发 onload（载入）事件、当用户单击按钮时将触发按钮的 onclick 事件等。事件处理程序则是用于响应某个事件而执行的处理程序。事件处理程序可以是任意 JavaScript 语句，但通常使用特定的自定义函数（Function）来对事件进行处理。

3.5.2　JavaScript 的常用事件

多数浏览器内部对象都拥有很多事件，下面将以表格的形式给出常用的事件及何时触发这些事件。JavaScript 的常用事件见表 3-7。

表 3-7　JavaScript 的常用事件

事件	何时触发
onabort	对象载入被中断时触发
onblur	元素或窗口本身失去焦点时触发
onchange	改变<select>元素中的选项或其他表单元素失去焦点，并且在其获取焦点后内容发生过改变时触发
onclick	单击鼠标左键时触发。当光标的焦点在按钮上，并按下回车键时，也会触发该事件
ondblclick	双击鼠标左键时触发
onerror	出现错误时触发
onfocus	任何元素或窗口本身获得焦点时触发
onkeydown	键盘上的按键（包括 Shift 或 Alt 等键）被按下时触发，如果一直按着某键，则会不断触发。当返回 false 时，取消默认动作
onkeypress	键盘上的按键被按下，并产生一个字符时发生。也就是说，当按下 Shift 或 Alt 等键时不触发。如果一直按下某键时，会不断触发。当返回 false 时，取消默认动作
onkeyup	释放键盘上的按键时触发
onload	页面完全载入后，在 Window 对象上触发；所有框架都载入后，在框架集上触发；<img>标记指定的图像完全载入后，在其上触发；或<object>标记指定的对象完全载入后，在其上触发
onmousedown	单击任何一个鼠标按键时触发
onmousemove	鼠标在某个元素上移动时持续触发
onmouseout	将鼠标从指定的元素上移开时触发
onmouseover	鼠标移到某个元素上时触发
onmouseup	释放任意一个鼠标按键时触发
onreset	单击重置按钮时，在<form>上触发
onresize	窗口或框架的大小发生改变时触发
onscroll	在任何带滚动条的元素或窗口上滚动时触发
onselect	选中文本时触发
onsubmit	单击提交按钮时，在<form>上触发
onunload	页面完全卸载后，在 Window 对象上触发；或者所有框架都卸载后，在框架集上触发

3.5.3　事件处理程序的调用

在使用事件处理程序对页面进行操作时，最主要的是如何通过对象的事件来指定事件处理程序。指定方式主要有以下两种。

1. 在 JavaScript 中

在 JavaScript 中调用事件处理程序，首先需要获得要处理对象的引用，然后将要执行的处理函数赋值给对应的事件。例如，下面的代码：

```
<input name="bt_save" type="button" value="保存">
  <script language="javascript">
    var b_save=document.getElementById("bt_save");
    b_save.onclick=function(){
        alert("单击了保存按钮");
    }
```

```
  </script>
```

在页面中加入上面的代码并运行，当单击“保存”按钮时，将弹出“单击了保存按钮”对话框。

上面的实例也可以通过以下代码来实现：

```
<input name="bt_save" type="button" value="保存">
  <script language="javascript">
     form1.bt_save.onclick=function(){
          alert("单击了保存按钮");
     }
  </script>
```

在 JavaScript 中指定事件处理程序时，事件名称必须小写，才能正确响应事件。

2. 在 HTML 中

在 HTML 中分配事件处理程序，只需要在 HTML 标记中添加相应的事件，并在其中指定要执行的代码或是函数名即可。例如：

```
<input name="bt_save" type="button" value="保存" onclick="alert('单击了保存按钮');">
```

在页面中加入上面的代码并运行，当单击“保存”按钮时，将弹出“单击了保存按钮”对话框。

上面的实例也可以通过以下代码来实现：

```
<input name="bt_save" type="button" value="保存" onclick="clickFunction();">
function clickFunction(){
     alert("单击了保存按钮");
}
```

3.6 常用对象

通过前面的学习，我们知道 JavaScript 是一种基于对象的语言，它可以应用自己已经创建的对象，因此许多功能来自于脚本环境中对象的方法与脚本的相互作用。下面将对 JavaScript 的常用对象进行详细介绍。

3.6.1 String 对象

String 对象是动态对象，需要创建对象实例后才能引用其属性和方法。但是，由于在 JavaScript 中可以将用单引号或双引号括起来的一个字符串当作一个字符串对象的实例，所以可以直接在某个字符串后面加上点“.”去调用 String 对象的属性和方法。下面对 String 对象的常用属性和方法进行详细介绍。

String 对象

1. 属性

String 对象最常用的属性是 length，该属性用于返回 String 对象的长度。length 属性的语法格式如下：

```
string.length
```

返回值：一个只读的整数，它代表指定字符串中的字符数，每个汉字按一个字符计算。

例如：

```
"flowre的哭泣".length;                    //值为9
"wgh".length;                            //值为3
```

2. 方法

String 对象提供了很多用于对字符串进行操作的方法。下面对比较常用的方法进行详细介绍。

（1）indexOf()方法

indexOf()方法用于返回 String 对象内第一次出现子字符串的字符位置。如果没有找到指定的子字符串，则返回-1。其语法格式如下：

```
string.indexOf(subString[, startIndex])
```

① subString：必选项。要在 String 对象中查找的子字符串。

② startIndex：可选项。该整数值指出在 String 对象内开始查找索引。如果省略，则从字符串的开始处查找。

例如，从一个邮箱地址中查找@所在的位置，可以用以下的代码：

```
var str="wgh717@sohu.com";
var index=str.indexOf('@');              //返回的索引值为6
var index=str.indexOf('@',7);            //返回值为-1
```

由于在 JavaScript 中，String 对象的索引值是从 0 开始的，所以此处返回的值为 6，而不是 7。String 对象各字符的索引值如图 3-7 所示。

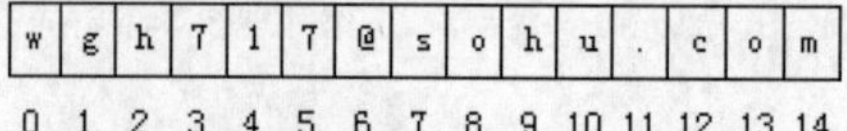

图 3-7　String 对象各字符的索引值

String 对象还有一个 lastIndexOf()方法，该方法的语法格式同 indexOf()方法类似，所不同的是 indexOf()从字符串的第一个字符开始查找，而 lastIndexOf()方法则从字符串的最后一个字符开始查找。

例如，下面的代码将演示 indexOf()方法与 lastIndexOf()方法的区别。

```
var str="2009-05-15";
var index=str.indexOf('-');                    //返回的索引值为4
var lastIndex=str.lastIndexOf('-');            //返回的索引值为7
```

（2）substr()方法

substr()方法用于返回指定字符串的一个子串。其语法格式如下：

```
string.substr(start[,length])
```

① start：用于指定获取子字符串的起始下标，如果是一个负数，那么表示从字符串的尾部开始算起的位置。即-1 代表字符串的最后一个字符，-2 代表字符串的倒数第二个字符，依此类推。

② length：可选，用于指定子字符串中字符的个数。如果省略该参数，则返回从 start 开始位置到字符串结尾的子串。

例如，使用 substr()方法获取指定字符串的子串，代码如下：

```
var word= "One World One Dream!";
var subs=word.substr(10,9);              //subs的值为One Dream
```

（3）substring()方法

substring()方法用于返回指定字符串的一个子串。其语法格式如下：

```
string.substr(from[,to])
```

① from：用于指定要获取子字符串的第一个字符在 string 中的位置。

② to：可选，用于指定要获取子字符串的最后一个字符在 string 中的位置。

由于 substring()方法在获取子字符串时，是从 string 中的 from 处到 to-1 处复制，所以 to 的值应该是要获取子字符串的最后一个字符在 string 中的位置加 1。如果省略该参数，则返回从 from 开始到字符串结尾处的子串。

例如，使用 substring()方法获取指定字符串的子串，代码如下：

```
var word= "One World One Dream!";
var subs=word.substring(10,19);          //subs的值为One Dream
```

（4）replace()方法

replace()方法用于替换一个与正则表达式匹配的子串。其语法格式如下：

```
string.replace(regExp,substring);
```

① regExp：一个正则表达式。如果正则表达式中设置了标志 g，那么该方法将用替换字符串替换检索到的所有与模式匹配的子串，否则只替换所检索到的第一个与模式匹配的子串。

② substring：用于指定替换文本或生成替换文本的函数。如果 substring 是一个字符串，那么每个匹配都将由该字符串替换，但是在 substring 中的“$”字符具有特殊的意义，见表 3-8。

表 3-8　substring 中的“$”字符的意义

字符	替换文本
$1，$2，…，$99	与 regExp 中的第 1 ~ 99 个子表达式匹配的文本
$&	与 regExp 相匹配的子串
$`	位于匹配子串左侧的文本
$'	位于匹配子串右侧的文本
$$	直接量——$符号

【例 3-4】 去掉字符串中的首尾空格。

在页面中添加用于输入原字符串和显示转换后的字符串的表单及表单元素，具体代码如下；

```
<form name="form1" method="post" action="">
原字符串：
<textarea name="oldString" cols="40" rows="4"></textarea>
转换后的字符串：
<textarea name="newString" cols="40" rows="4"></textarea>
<input name="Button" type="button" class="btn_grey" value="去掉字符串的首尾空格">
</form>
```

编写自定义的 JavaScript 函数 trim()，在该函数中应用 String 对象的 replace()方法去掉字符串中的首尾空格。trim()函数的具体代码如下：

```
<script language="javascript">
    function trim(){
        var str=form1.oldString.value;                    //获取原字符串
        if(str==""){                                      //当原字符串为空时
            alert("请输入原字符串");form1.oldString.focus();return;
```

```
    }else{                                        //当原字符串不为空时，去掉字符串中的首尾空格
        var objExp=/(^\s*)|(\s*$)/g;              //创建regExp对象
        str=str.replace(objExp,"");               //替换字符串中的首尾空格
    }
    form1.newString.value=str;                    //将转换后的字符串写入"转换后的字符串"文本框中
  }
</script>
```

在“去掉字符串的首尾空格”按钮的 onClick 事件中调用 trim()函数，具体代码如下：

```
<input name="Button" type="button" class="btn_grey" onClick="trim()" value="去掉字符串的首尾空格">
```

运行程序，输入原字符串，单击“去掉字符串的首尾空格”按钮，将去掉字符串中的首尾空格，并显示到“转换后的字符串”文本框中，如图 3-8 所示。

图 3-8　去掉字符串的首尾空格

（5）split()方法

split()方法用于将字符串分割为字符串数组。其语法格式如下：

```
string.split(delimiter,limit);
```

① delimiter：字符串或正则表达式，用于指定分隔符。

② limit：可选项，用于指定返回数组的最大长度。如果设置了该参数，返回的子串不会多于这个参数指定的数字，否则整个字符串都会被分割，而不考虑其长度。

③ 返回值：一个字符串数组，该数组是通过 delimiter 指定的边界将字符串分割成的字符串数组。

在使用 split()方法分割数组时，返回的数组不包括 delimiter 自身。

例如，将字符串“2009-05-15”以“-”为分隔符分割成数组，代码如下：

```
var str="2009-05-15";
var arr=str.split("-");          //分割字符串数组
document.write("字符串“"+str+"”使用分隔符“-”进行分割后得到的数组为：<br>");
//通过for循环输出各个数组元素
for(i=0;i<arr.length;i++){
    document.write("arr["+i+"]："+arr[i]+"<br>");
}
```

上面代码运行结果如图 3-9 所示。

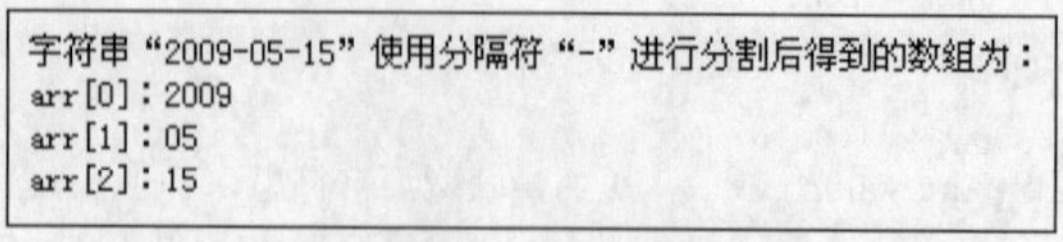

```
字符串“2009-05-15”使用分隔符“-”进行分割后得到的数组为：
arr[0]：2009
arr[1]：05
arr[2]：15
```

图 3-9　运行结果

3.6.2 Math对象

Math对象

Math对象提供了大量的数学常量和数学函数。在使用Math对象时，不能使用new关键字创建对象实例，而应直接使用“对象名.成员”的格式来访问其属性或方法。下面将对Math对象的属性和方法进行介绍。

1. Math对象的属性

Math对象的属性是数学中常用的常量，见表3-9。

表3-9　Math对象的属性

属性	描述	属性	描述
E	欧拉常量（2.718281828459045）	LOG2E	以2为底数的e的对数(1.4426950408889633）
LN2	2的自然对数（0.6931471805599453）	LOG10E	以10为底数的e的对数(0.4342944819032518）
LN10	10的自然对数（2.3025850994046）	PI	圆周率常数π（3.141592653589793）
SQRT2	2的平方根（1.4142135623730951）	SQRT1-2	0.5的平方根（0.7071067811865476）

2. Math对象的方法

Math对象的方法是数学中常用的函数，见表3-10。

表3-10　Math对象的方法

属性	描述	示例
abs(x)	返回x的绝对值	Math.abs(-10);　//返回值为10
ceil(x)	返回大于或等于x的最小整数	Math.ceil(1.05);　//返回值为2 Math.ceil(-1.05);　//返回值为-1
cos(x)	返回x的余弦值	Math.cos(0);　//返回值为1
exp(x)	返回e的x乘方	Math.exp(4);　//返回值为54.598150033144236
floor(x)	返回小于或等于x的最大整数	Math.floor(1.05);　//返回值为1 Math.floor(-1.05);　//返回值为-2
log(x)	返回x的自然对数	Math.log(1);　//返回值为0
max(x,y)	返回x和y中的最大数	Math.max(2,4);　//返回值为4
min(x,y)	返回x和y中的最小数	Math.min(2,4);　//返回值为2
pow(x,y)	返回x对y的次方	Math.pow(2,4);　//返回值为16
random()	返回0和1之间的随机数	Math.random();　//返回值为类似 0.8867056997839715的随机数
round(x)	返回最接近x的整数，即四舍五入函数	Math.round(1.05);　//返回值为1 Math.round(-1.05);　//返回值为-1
sqrt(x)	返回x的平方根	Math.sqrt(2);　//返回值为1.4142135623730951

3.6.3 Date对象

Date对象

在Web程序开发过程中，可以使用JavaScript的Date对象来对日期和时间进行操作。例如，如果想在网页中显示计时的时钟，就可以使用Date对象来获取当前系统的时间，并按照指定的格式进行显示。下面将对Date对象进行详细介绍。

1. 创建 Date 对象

Date 对象是一个有关日期和时间的对象。它具有动态性，即必须使用 new 运算符创建一个实例。创建 Date 对象的语法格式如下：

```
dateObj=new Date()
dateObje=new Date(dateValue)
dateObj=new Date(year,month,date[,hours[,minutes[,seconds[,ms]]]])
```

① dateValue：如果是数值，则表示指定日期与 1970 年 1 月 1 日午夜间全球标准时间相差的毫秒数；如果是字符串，则 dateValue 按照 parse 方法中的规则进行解析。

② year：一个 4 位数的年份。如果输入的是 0～99 之间的值，则给它加上 1900。

③ month：表示月份，值为 0～11 之间的整数，即 0 代表 1 月份。

④ date：表示日，值为 1～31 之间的整数。

⑤ hours：表示小时，值为 0～23 之间的整数。

⑥ minutes：表示分，值为 0～59 之间的整数。

⑦ seconds：表示秒，值为 0～59 之间的整数。

⑧ ms：表示毫秒，值为 0～999 之间的整数。

例如，创建一个代表当前系统日期的 Date 对象的代码如下：

```
var now = new Date();              //代表的日期为Mon May 18 09:00:37 UTC+0800 2009
```

例如，创建一个代表 2009 年 5 月 18 日的 Date 对象的代码如下：

```
var now=new Date(2009,4,18);  //代表的日期为Mon May 18 00:00:00 UTC+0800 2009
```

在上面的代码中，第二个参数应该是当前月份-1，而不能是当前月份 5，如果是 5 则表示 6 月份。

2. Date 对象的方法

Date 对象没有提供直接访问的属性，只具有获取、设置日期和时间的方法。Date 对象的常用方法见表 3-11。

表 3-11　Date 对象的常用方法

方法	描述	示例
get[UTC]FullYear()	返回 Date 对象中的年份，用 4 位数表示，采用本地时间或世界时	new Date().getFullYear(); //返回值为 2009
get[UTC]Month()	返回 Date 对象中的月份（0～11），采用本地时间或世界时	new Date().getMonth(); /返回值为 4
get[UTC]Date()	返回 Date 对象中的日（1～31），采用本地时间或世界时	new Date().getDate(); //返回值为 18
get[UTC]Day()	返回 Date 对象中的星期（0～6），采用本地时间或世界时	new Date().getDay(); //返回值为 1
get[UTC]Hours()	返回 Date 对象中的小时数（0～23），采用本地时间或世界时	new Date().getHours(); //返回值为 9
get[UTC]Minutes()	返回 Date 对象中的分钟数（0～59），采用本地时间或世界时	new Date().getMinutes(); //返回值为 39

续表

方法	描述	示例
get[UTC]Seconds()	返回 Date 对象中的秒数（0～59），采用本地时间或世界时	new Date().getSeconds(); //返回值为 43
get[UTC]Milliseconds()	返回 Date 对象中的毫秒数，采用本地时间或世界时	new Date().getMilliseconds();//返回值为 281
getTimezoneOffset()	返回日期的本地时间和 UTC 表示之间的时差，以分钟为单位	new Date().getTimezoneOffset(); //返回值为-480
getTime()	返回 Date 对象的内部毫秒表示。注意，该值独立于时区，所以没有单独的 getUTCtime()方法	new Date().getTime(); //返回值为 1242612357734
set[UTC]FullYear()	设置 Date 对象中的年份，用 4 位数表示，采用本地时间或世界时	new Date().setFullYear("2008"); //设置为 2008 年
set[UTC]Month()	设置 Date 对象的月，采用本地时间或世界时	new Date().setMonth(5); //设置为 6 月
set[UTC]Date()	设置 Date 对象的日，采用本地时间或世界时	new Date().setDate(17); //设置为 17 日
set[UTC]Hours()	设置 Date 对象的小时，采用本地时间或世界时	new Date().setHours(10); //设置为 10 时
set[UTC]Minutes()	设置 Date 对象的分钟，采用本地时间或世界时	new Date().setMinutes(15); //设置为 15 分
set[UTC]Seconds()	设置 Date 对象的秒数，采用本地时间或世界时	new Date().setSeconds(17); //设置为 17 秒
set[UTC]Milliseconds()	设置 Date 对象中的毫秒数，采用本地时间或世界时	new Date().setMilliseconds(17); //设置为 17 毫秒
toDateString()	返回日期部分的字符串表示，采用本地时间	new Date().toDateString(); //返回值为 Mon May 18 2009
toUTCString()	将 Date 对象转换成一个字符串，采用世界时	new Date().toUTCString(); //返回值为 Mon, 18 May 2009 02:22:31 UTC
toLocaleDateString()	返回日期部分的字符串，采用本地日期	new Date().toLocaleDateString(); //返回值为星期一 2009 年 5 月 18 日
toLocaleTimeString()	返回时间部分的字符串，采用本地时间	new Date().toLocaleTimeString(); //返回值为 10:23:34
toTimeString()	返回时间部分的字符串表示，采用本地时间	new Date().toTimeString(); //返回值为 10:23:34 UTC +0800
valueOf()	将 Date 对象转换成其内部毫秒格式	new Date().valueOf(); //返回值为 1242613489906

【例 3-5】 实时显示系统时间。

（1）在页面的合适位置添加一个 id 为 clock 的<div>标记，关键代码如下：

```
<div id="clock"></div>
```

（2）编写自定义的 JavaScript 函数 realSysTime()，在该函数中使用 Date 对象的相关方法获取系统日期。realSysTime()函数的具体代码如下：

```
<script language="javascript">
function realSysTime(clock){
    var now=new Date();                                  //创建Date对象
    var year=now.getFullYear();                          //获取年份
    var month=now.getMonth();                            //获取月份
    var date=now.getDate();                              //获取日期
    var day=now.getDay();                                //获取星期
    var hour=now.getHours();                             //获取小时
    var minu=now.getMinutes();                           //获取分
    var sec=now.getSeconds();                            //获取秒
    month=month+1;
    var arr_week=new Array("星期日","星期一","星期二","星期三","星期四","星期五","星期六");
    var week=arr_week[day];                              //获取中文的星期
    var time=year+"年"+month+"月"+date+"日 "+week+" "+hour+":"+minu+":"+sec; //组合系统时间
    clock.innerHTML="当前时间："+time;                    //显示系统时间
}
</script>
```

（3）在页面的载入事件中每隔 1 秒调用一次 realSysTime()函数实时显示系统时间，具体代码如下：

```
window.onload=function(){
    window.setInterval("realSysTime(clock)",1000);          //实时获取并显示系统时间
}
```

实例运行结果如图 3-10 所示。

当前时间：2009年5月18日 星期一 10:38:38

图 3-10 实时显示系统时间

3.6.4 Window 对象

Window 对象即浏览器窗口对象，是一个全局对象，是所有对象的顶级对象，在 JavaScript 中起着举足轻重的作用。Window 对象提供了许多属性和方法，这些属性和方法被用来操作浏览器页面的内容。Window 对象同 Math 对象一样，也不需要使用 new 关键字创建对象实例，而是直接使用“对象名.成员”的格式来访问其属性或方法。下面将对 Window 对象的属性和方法进行介绍。

Window 对象

1. Window 对象的属性

Window 对象的常用属性见表 3-12。

表 3-12 Window 对象的常用属性

属性	描述
document	对窗口或框架中含有文档的 Document 对象的只读引用
defaultStatus	一个可读写的字符，用于指定状态栏中的默认消息
frames	表示当前窗口中所有 Frame 对象的集合
location	用于代表窗口或框架的 Location 对象。如果将一个 URL 赋予该属性，则浏览器将加载并显示该 URL 指定的文档

续表

属性	描述
length	窗口或框架包含的框架个数
history	对窗口或框架的 history 对象的只读引用
name	用于存放窗口对象的名称
status	一个可读写的字符，用于指定状态栏中的当前信息
top	表示最顶层的浏览器窗口
parent	表示包含当前窗口的父窗口
opener	表示打开当前窗口的父窗口
closed	一个只读的布尔值，表示当前窗口是否关闭。当浏览器窗口关闭时，表示该窗口的 Window 对象并不会消失，不过其 closed 属性被设置为 true
self	表示当前窗口
screen	对窗口或框架的 screen 对象的只读引用，提供屏幕尺寸、颜色深度等信息
navigator	对窗口或框架的 navigator 对象的只读引用，通过 navigator 对象可以获得与浏览器相关的信息

2. Window 对象的方法

Window 对象的常用方法见表 3-13。

表 3-13　Window 对象的常用方法

方法	描述
alert()	弹出一个警告对话框
confirm()	显示一个确认对话框，单击“确认”按钮时返回 true，否则返回 false
prompt()	弹出一个提示对话框，并要求输入一个简单的字符串
blur()	将键盘焦点从顶层浏览器窗口中移走。在多数平台上，这将使窗口移到最后面
close()	关闭窗口
focus()	将键盘焦点赋予顶层浏览器窗口。在多数平台上，这将使窗口移到最前边
open()	打开一个新窗口
scrollTo(x,y)	把窗口滚动到 x,y 坐标指定的位置
scrollBy(offsetx,offsety)	按照指定的位移量滚动窗口
setTimeout(timer)	在经过指定的时间后执行代码
clearTimeout()	取消对指定代码的延迟执行
moveTo(x,y)	将窗口移动到一个绝对位置
moveBy(offsetx,offsety)	将窗口移动到指定的位移量处
resizeTo(x,y)	设置窗口的大小
resizeBy(offsetx,offsety)	按照指定的位移量设置窗口的大小
print()	相当于浏览器工具栏中的“打印”按钮
setInterval()	周期执行指定的代码
clearInterval()	停止周期性地执行代码

由于 Window 对象使用十分频繁，又是其他对象的父对象，所以在使用 Window 对象的属性和方法时，JavaScript 允许省略 Window 对象的名称。

例如，在使用 Window 对象的 alert()方法弹出一个提示对话框时，可以使用下面的语句：

```
window.alert("欢迎访问明日科技网站!");
```

也可以使用下面的语句：

```
alert("欢迎访问明日科技网站!");
```

由于 Window 对象的 open()方法和 close()方法在实际网站开发中经常用到，下面将对其进行详细的介绍。

（1）open()方法

open()方法用于打开一个新的浏览器窗口，并在该窗口中装载指定 URL 地址的网页。open()方法的语法格式如下：

```
windowVar=window.open(url,windowname[,location]);
```

① windowVar：当前打开窗口的句柄。如果 open()方法执行成功，则 windowVar 的值为一个 Window 对象的句柄，否则 windowVar 的值是一个空值。

② url：目标窗口的 URL。如果 URL 是一个空字符串，则浏览器将打开一个空白窗口，允许用 write()方法创建动态 HTML。

③ windowname：用于指定新窗口的名称，该名称可以作为<a>标记和<form>的 target 属性的值。如果该参数指定了一个已经存在的窗口，那么 open()方法将不再创建一个新的窗口，而只是返回对指定窗口的引用。

④ location：对窗口属性进行设置，其可选参数见表 3-14。

表 3-14　对窗口属性进行设置的可选参数

参数	描述
width	窗口的宽度
height	窗口的高度
top	窗口顶部距离屏幕顶部的像素数
left	窗口左端距离屏幕左端的像素数
scrollbars	是否显示滚动条，值为 yes 或 no
resizable	设定窗口大小是否固定，值为 yes 或 no
toolbar	浏览器工具栏，包括后退及前进按钮等，值为 yes 或 no
menubar	菜单栏，一般包括文件、编辑及其他菜单项，值为 yes 或 no
location	定位区，也叫地址栏，是可以输入 URL 的浏览器文本区，值为 yes 或 no

当 Window 对象赋给变量后，也可以使用打开窗口句柄的 close()方法关闭窗口。

例如，打开一个新的浏览器窗口，在该窗口中显示 bbs.htm 文件，设置打开窗口的名称为 bbs，并设置窗口的顶边距、左边距、宽度和高度。代码如下：

```
window.open("bbs.htm","bbs","width=531,height=402,top=50,left=20");
```

（2）close()方法

close()方法用于关闭当前窗口。其语法格式如下：

```
window.close()
```

当 Window 对象赋给变量后，也可以使用以下方法关闭窗口：

打开窗口的句柄.close();

【例 3-6】应用 Window 对象的 open()方法打开显示公告信息的窗口，并设置该窗口在 10 秒后自动关闭。

（1）编写 bbs.htm 文件，在该文件中显示公告信息（这里为一张图片），并且设置该窗口 10 秒后自动关闭。bbs.htm 文件的关键代码如下：

```
<html>
<head><title>明日科技公告</title></head>
<body onLoad="window.setTimeout('window.close()',5000)" style=" margin:0px">
<img src="images/bbs.jpg" width="531" height="402"> <!--显示公告信息-->
</body>
```

（2）编写 index.jsp 文件，在该文件的<head>标记中添加以下代码，用于打开新窗口显示公告信息。

```
<script language="javascript">
 window.open("bbs.htm","bbs","width=531,height=402,top=50,left=20");     //打开新窗口显示公告信息
</script>
```

运行程序，将打开如图 3-11 所示的新窗口显示公告信息，并且在 10 秒后该窗口将自动关闭。

图 3-11　实例运行结果

在应用 Window 对象的 close()方法关闭 IE 主窗口时，将会弹出一个“您查看的网页正在试图关闭窗口。是否关闭此窗口？”的询问对话框，如果不想显示该询问对话框，可以应用以下代码关闭 IE 主窗口：

```
<a href="#" onClick="window.opener=null;window.close();">关闭</a>
```

3.7　Ajax 技术

3.7.1　什么是 Ajax

Ajax 技术

Ajax 是 Asynchronous JavaScript and XML 的缩写，意思是异步的 JavaScript 与 XML。Ajax 并不是一门新的语言或技术，它是 JavaScript、XML、CSS、DOM 等多种已有技术的组合，可以实现客户端的异步请求操作，进而在不需要刷新页面的情况下与服务器进行通信，减少了用户的等待时间，减轻了服务器和带宽的负担，提供更好的服务响应。

Ajax 使用的技术中，最核心的技术就是 XMLHttpRequest。它是一个具有应用程序接口的 JavaScript 对象，能够使用超文本传输协议（HTTP）连接一个服务器。XMLHttpRequest 是微软公司为了满足开发者的需要，于 1999 年在 IE 5.0 浏览器中率先推出的。现在许多浏览器都对其提供了支持，不过实现方式与 IE 有所不同。

通过 XMLHttpRequest 对象，Ajax 可以像桌面应用程序一样只同服务器进行数据层面的交换，而不用每次都刷新页面，也不用每次都将数据处理的工作交给服务器来完成，这样既减轻了服务器负担，又加快了响应速度、缩短了用户等待的时间。

3.7.2 Ajax 的开发模式

在传统的 Web 应用模式中，页面中用户的每一次操作都将触发一次返回 Web 服务器的 HTTP 请求，服务器进行相应的处理（获得数据、运行与不同的系统会话）后，返回一个 HTML 页面给客户端，如图 3-12 所示。

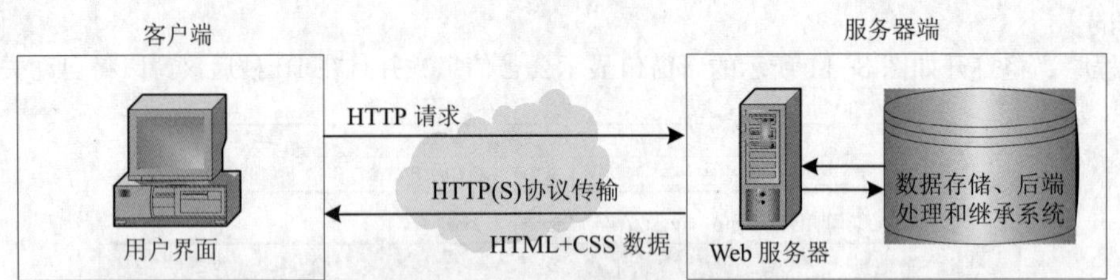

图 3-12 Web 应用的传统模型

而在 Ajax 应用中，页面中用户的操作将通过 Ajax 引擎与服务器端进行通信，然后将返回结果提交给客户端页面的 Ajax 引擎，再由 Ajax 引擎来决定将这些数据插入到页面的指定位置，如图 3-13 所示。

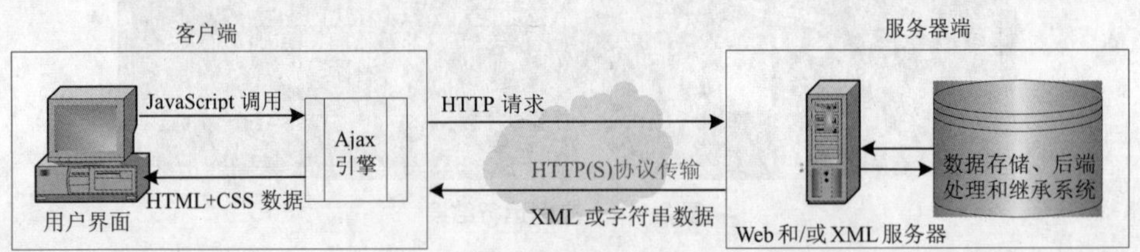

图 3-13 Web 应用的 Ajax 模型

从图 3-12 和图 3-13 中可以看出，对于每个用户的行为，在传统的 Web 应用模型中，将生成一次 HTTP 请求，而在 Ajax 应用开发模型中，将变成对 Ajax 引擎的一次 JavaScript 调用。在 Ajax 应用开发模型中，通过 JavaScript 实现了在不刷新整个页面的情况下对部分数据进行更新，从而降低了网络流量，给用户带来了更好的体验。

3.7.3 Ajax 的优点

与传统的 Web 应用不同，Ajax 在用户与服务器之间引入一个中间媒介（Ajax 引擎），从而消除了网络交互过程中的处理—等待—处理—等待的缺点。使用 Ajax 的优点具体表现在以下几个方面。

（1）减轻服务器的负担。Ajax 的原则是“按需求获取数据”，这可以最大程度地减少冗余请求和响应对服务器造成的负担。

（2）可以把一部分以前由服务器负担的工作转移到客户端，利用客户端闲置的资源进行处理，减轻服务器和带宽的负担，节约空间和成本。

（3）无刷新更新页面，从而使用户不用再像以前一样在服务器处理数据时，只能在死板的白屏前焦急地等待。Ajax 使用 XMLHttpRequest 对象发送请求并得到服务器响应，在不需要重新载入整个页面的情况下，就可以通过 DOM 及时将更新的内容显示在页面上。

（4）可以调用 XML 等外部数据，进一步促进页面显示和数据的分离。

（5）基于标准化的并被广泛支持的技术不需要下载插件或者小程序。

3.8 传统 Ajax 工作流程

3.8.1 发送请求

传统 Ajax 工作流程

Ajax 可以通过 XMLHttpRequest 对象实现采用异步方式在后台发送请求。

通常情况下，Ajax 发送请求有两种，一种是发送 GET 请求，另一种是发送 POST 请求。但是无论发送哪种请求，都需要经过以下 4 个步骤。

（1）初始化 XMLHttpRequest 对象。为了提高程序的兼容性，需要创建一个跨浏览器的 XMLHttpRequest 对象，并且判断 XMLHttpRequest 对象的实例是否成功，如果不成功，则给予提示。具体代码如下：

```
http_request = false;
if (window.XMLHttpRequest) {                              //Mozilla等非IE浏览器
    http_request = new XMLHttpRequest();
} else if (window.ActiveXObject) {                        //IE浏览器
    try {
        http_request = new ActiveXObject("Msxml2.XMLHTTP");
    } catch (e) {
        try {
            http_request = new ActiveXObject("Microsoft.XMLHTTP");
        } catch (e) {}
    }
}
if (!http_request) {
    alert("不能创建XMLHttpRequest对象实例！");
    return false;
}
```

（2）为 XMLHttpRequest 对象指定一个回调函数，用于对返回结果进行处理。具体代码如下：

```
http_request.onreadystatechange = getResult;        //调用回调函数
```

注意

使用 XMLHttpRequest 对象的 onreadystatechange 属性指定回调函数时，不能指定要传递的参数。如果要指定传递的参数，可以应用以下方法。

http_request.onreadystatechange = function(){getResult(param)};

（3）创建一个与服务器的连接。在创建时，需要指定发送请求的方式（即 GET 或 POST），以及设置是否采用异步方式发送请求。

例如，采用异步方式发送 GET 请求的具体代码如下：

```
http_request.open('GET', url, true);
```

例如，采用异步方式发送 POST 请求的具体代码如下：

```
http_request.open('POST', url, true);
```

open()方法中的 url 参数可以是一个 JSP 页面的 URL 地址，也可以是 Servlet 的映射地址。也就是说，请求处理页可以是一个 JSP 页面，也可以是一个 Servlet。

在指定 URL 参数时，最好将一个时间戳追加到该 URL 参数的后面，这样可以防止因浏览器缓存结果而不能实时得到最新的结果。例如，可以指定 URL 参数为以下代码：

```
String url="deal.jsp?nocache="+new Date().getTime();
```

（4）向服务器发送请求。利用 XMLHttpRequest 对象的 send()方法可以实现向服务器发送请求，该方法需要传递一个参数，如果发送的是 GET 请求，可以将该参数设置为 null；如果发送的是 POST 请求，可以通过该参数指定要发送的请求参数。

向服务器发送 GET 请求的代码如下：

```
http_request.send(null);
```

向服务器发送 POST 请求的代码如下：

```
//组合参数
var param="user="+form1.user.value
+"&pwd="+form1.pwd.value+"&email="+form1.email.value
+"&question="+form1.question.value+"&answer="+form1.answer.value
+"&city="+form1.city.value;        http_request.send(param);
```

需要注意的是，在发送 POST 请求前，还需要设置正确的请求头。具体代码如下：

```
http_request.setRequestHeader("Content-Type","application/x-www-form-urlencoded");
```

上面的这句代码需要添加在“http_request.send(param);”语句之前。

3.8.2 处理服务器响应

当向服务器发送请求后，接下来就需要处理服务器响应了。在不同的条件下，服务器对同一个请求也可能有不同的响应结果。例如，网络不通畅，就会返回一些错误结果。因此，根据响应状态的不同，应该采取不同的处理方式。

在 3.8.1 节向服务器发送请求时，已经通过 XMLHttpRequest 对象的 onreadystatechange 属性指定了一个回调函数，用于处理服务器响应。在这个回调函数中，首先需要判断服务器的请求状态，保证请求已完成，然后再根据服务器的 HTTP 状态码，判断服务器对请求的响应是否成功，如果成功，则获取服务器的响应反馈给客户端。

XMLHttpRequest 对象提供了两个用来访问服务器响应的属性：一个是 responseText 属性，返回字符串响应；另一个是 responseXML 属性，返回 XML 响应。

1. 处理字符串响应

字符串响应通常应用在响应不是特别复杂的情况下。例如，将响应显示在提示对话框中，或者响应只是显示成功或失败的字符串。

将字符串响应显示到提示对话框中的回调函数的具体代码如下：

```
function getResult() {
    if (http_request.readyState == 4) {              //判断请求状态
        if (http_request.status == 200) {            //请求成功，开始处理响应
            alert(http_request.responseText);        //弹出提示对话框显示响应结果
        } else {                                     //请求页面有错误
            alert("您所请求的页面有错误！ ");
        }
    }
}
```

如果需要将响应结果显示到页面的指定位置，也可以先在页面的合适位置添加一个<div>或<span>标记，设置该标记的 id 属性，例如，div_result，然后在回调函数中应用以下代码显示响应结果：

```
document.getElementById("div_result").innerHTML=http_request.responseText;
```

2. 处理 XML 响应

如果在服务器端需要生成特别复杂的响应，那么就需要应用 XML 响应。应用 XMLHttpRequest 对象的 responseXML 属性，可以生成一个 XML 文档，而且当前浏览器已经提供了很好的解析 XML 文档对象的方法。

在回调函数中遍历保存留言信息的 XML 文档，并显示到页面中。代码如下：

```
<script language="javascript">
function getResult() {
    if (http_request.readyState == 4) {                      //判断请求状态
        if (http_request.status == 200) {                    //请求成功，开始处理响应
                var xmldoc = http_request.responseXML;
                var msgs="";
                for(i=0;i<xmldoc.getElementsByTagName("board").length;i++){
                var board = xmldoc.getElementsByTagName("board").item(i);
                msgs=msgs+board.getAttribute("name")+"的留言："+
                board.getElementsByTagName('msg')[0].firstChild.data+"<br>";
}
                document.getElementById("msg").innerHTML=msgs;        //显示留言内容
        } else {                                                       //请求页面有错误
            alert("您所请求的页面有错误！");
        }
    }
}
</script>
<div id="msg"></div>
```

要遍历的 XML 文档的结构如下：

```
<?xml version="1.0" encoding="UTF-8"?>
<boards>
<board name="wgh">
        <msg>你现在好吗？</msg>
</board>
<board name="无语">
        <msg>恒则成</msg>
</board>
</boards>
```

3.9 jQuery 技术

jQuery 技术

通过前面的介绍，我们可以知道在 Web 中应用 Ajax 的工作流程比较烦琐，每次都需要编写大量的 JavaScript 代码。不过应用目前比较流行的 jQuery 可以简化 Ajax。下面将具体介绍如何应用 jQuery 实现 Ajax。

3.9.1 jQuery 简介

jQuery 是一套简洁、快速、灵活的 JavaScript 脚本库，它是由 John Resig 于 2006

年创建的，它帮助我们简化了 JavaScript 代码。JavaScript 脚本库类似于 Java 的类库，我们将一些工具方法或对象方法封装在类库中，方便用户使用。jQuery 因为它的简便易用，已被大量的开发人员推崇。

要在自己的网站中应用 jQuery 库，需要下载并配置它。

3.9.2 下载和配置 jQuery

jQuery 是一个开源的脚本库，可以在它的官方网站（http://jquery.com）中下载到最新版本的 jQuery 库。

将 jQuery 库下载到本地计算机后，还需要在项目中配置 jQuery 库。即将下载后的 jquery-1.7.2.min.js 文件放置到项目的指定文件夹中，通常放置在 JS 文件夹中，然后在需要应用 jQuery 的页面中使用下面的语句，将其引用到文件中。

```
<script language="javascript" src="JS/jquery-1.7.2.min.js"></script>
```

或者

```
<script src="JS/jquery-1.7.2.min.js" type="text/javascript"></script>
```

3.9.3 jQuery 的工厂函数

在 jQuery 中，无论我们使用哪种类型的选择符都需要从一个“$”符号和一对“()”开始。在“()”中通常使用字符串参数，参数中可以包含任何 CSS 选择符表达式。下面介绍几种比较常见的用法。

（1）在参数中使用标记名

$("div")：用于获取文档中全部的<div>。

（2）在参数中使用 ID

$("#username")：用于获取文档中 ID 属性值为 username 的一个元素。

（3）在参数中使用 CSS 类名

$(".btn_grey")：用于获取文档中使用 CSS 类名为 btn_grey 的所有元素。

3.9.4 一个简单的 jQuery 脚本

【例 3-7】 应用 jQuery 弹出一个提示对话框。

（1）在 Eclipse 中创建动态 Web 项目，并在该项目的 WebContent 节点下创建一个名称为 JS 的文件夹，将 jquery-1.7.2.min.js 复制到该文件夹中。

默认情况下，在 Eclipse 创建的动态 Web 项目中，添加 jQuery 库以后，将出现红 X，标识有语法错误，但是程序仍然可以正常运行。解决该问题的方法是：首先在 Eclipse 的主菜单中选择“窗口/首选项”菜单项，将打开“首选项”对话框，并在“首选项”对话框的左侧选择“JavaScript/Validator/Errors/Warnings”节点，然后将右侧的“Enable JavaScript Semantic Validation”复选框取消选取状态，并应用，接下来再找到项目的.project 文件，将其中的以下代码删除：

```
<buildCommand>
<name>org.eclipse.wst.jsdt.core.javascriptValidator</name>
<arguments>
</arguments>
</buildCommand>
```

并保存该文件，最后刷新项目并重新添加 jQuery 库就可以了。

（2）创建一个名称为 index.jsp 的文件，在该文件的<head>标记中引用 jQuery 库文件，关键代码如下：

```
<script type="text/javascript" src="JS/jquery-1.7.2.min.js"></script>
```

（3）在<body>标记中，应用 HTML 的<a>标记添加一个空的超链接，关键代码如下：

```
<a href="#">弹出提示对话框</a>
```

（4）编写 jQuery 代码，实现在单击页面中的超链接时，弹出一个提示对话框，具体代码如下：

```
<script>
$(document).ready(function(){
    //获取超链接对象，并为其添加单击事件
    $("a").click(function(){
       alert("我的第一个jQuery脚本！");
 });
});
</script>
```

运行本实例，单击页面中的“弹出提示对话框”超链接，将弹出图 3-14 所示的提示对话框。

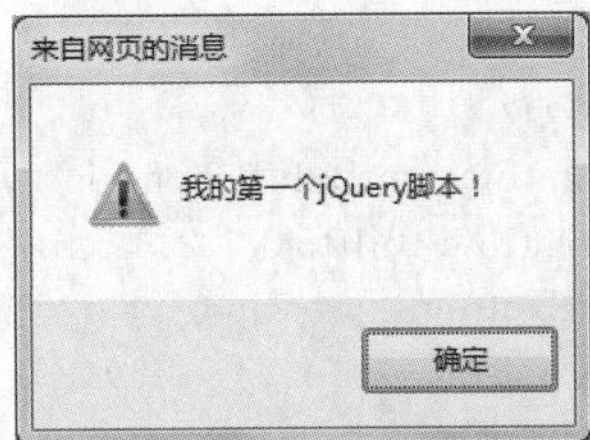

图 3-14　弹出的提示对话框

小　结

本章首先对什么是 JavaScript、JavaScript 的主要特点，以及 JavaScript 与 Java 的区别做了简要介绍；然后介绍了如何在 Web 页面中使用 JavaScript，以及 JavaScript 的基本语法；接下来又对 JavaScript 的常用对象做了详细介绍，其中应用正则表达式进行模式匹配需要读者重点掌握，在以后的编程中经常会用到；最后对 Ajax 技术和 jQuery 进行了介绍。在开发 Web 应用时，这部需要分内容经常用到，因此，读者需要重点掌握。

上机指导

创建一个用户注册的页面，让用户输入用户名、密码、电话和邮箱，使用 Javascript 脚本完成密码校验、电话号码校验、邮箱校验和空内容校验。

开发步骤如下。

（1）创建一个项目命名为 CheckInformation，在 WebContent 文件夹下创建一 index.jsp 文件，代码如下：

```
<%@ page language="java" import="java.util.*" pageEncoding="UTF-8"%>
<html>
   <head>
```

```
    <title>检测表单元素是否为空</title>
     <script language="javascript">
     function checkNull(form){
         /*判断是否有空内容*/
         for(i=0;i<form.length;i++){
             if(form.elements[i].value == ""){ //form的属性elements的首字e要小写
                 alert("很抱歉，"+form.elements[i].title + "不能为空!");
                 form.elements[i].focus();                          //当前元素获取焦点
                 return false;
             }
         }
         /*判断两次密码是否一致*/
         var pwd1=document.getElementById("pwd1_id").value;
         var pwd2=document.getElementById("pwd2_id").value;
         if(pwd1!=pwd2){
             alert("两次密码不一致，请确认！");
             return false;
         }
         /*判断电话号码是否有效*/
        var phone = document.getElementById("phone_id").value;
        var regExpression = /^(86)?((13\d{9})|(15[0,1,2,3,5,6,7,8,9]\d{8})|(18[0,5,6,7,8,9]\d{8}))$/;
         var objExp = new RegExp(regExpression);     //创建正则表达式对象
         if(objExp.test(phone)==false){
             alert("您输入的手机号码有误！");
             return false;
         }
         /*判断电子邮箱是否有效*/
         var email = document.getElementById("email_id").value;
         var regExpression = /\w+([-+.]\w+)*@\w+([-.]\w+)*\.\w+([-.]\w+)*/;
         var objExp = new RegExp(regExpression);     //创建正则表达式对象
         if(objExp.test(email)==false){ //通过 test()函数测试字符串是否与表达式的模式匹配
             alert("您输入的E-mail地址不正确！");
             return false;
         }
    }
    </script>
  </head>

  <body>
  <form name="form1" method="post" action="" onSubmit="return checkNull(form1)">
  <table   width="296"   border="0"   align="center"   cellpadding="0"   cellspacing="1"
bgcolor="#333333">
    <tr>
      <td colspan="2" bgcolor="#eeeeee">・用户注册</td>
    </tr>
    <tr>
      <td width="200" align="center" bgcolor="#FFFFFF">用户名：</td>
      <td  width="384"  bgcolor="#FFFFFF"><input  name="user"  type="text"  id="user_id"
title="用户名">
      *</td>
```

```
        </tr>
        <tr>
          <td align="center" bgcolor="#FFFFFF">密  码：</td>
          <td bgcolor="#FFFFFF"><input name="pwd" type="password" id="pwd1_id" title="密码
">
          *</td>
        </tr>
          <tr>
          <td align="center" bgcolor="#FFFFFF">确认密码：</td>
          <td bgcolor="#FFFFFF"><input name="pwd2" type="password" id="pwd2_id" title="确认
密码">
          *</td>
        </tr>
          <tr>
          <td align="center" bgcolor="#FFFFFF">电话：</td>
          <td bgcolor="#FFFFFF"><input name="phone" type="text" id="phone_id" title="电话">
          *</td>
        </tr>
          <tr>
          <td align="center" bgcolor="#FFFFFF">邮箱：</td>
          <td bgcolor="#FFFFFF"><input name="email" type="text" id="email_id" title="邮箱">
          *</td>
        </tr>
        <tr>
          <td bgcolor="#FFFFFF"> </td>
          <td bgcolor="#FFFFFF"><input name="Submit" type="submit" class="btn_grey" value="
提交">
           
          <input name="Submit2" type="reset" class="btn_grey" value="重置"></td>
        </tr>
      </table>
      </form>
      </body>
    </html>
```

（2）将项目部署到服务器中，启动服务器，访问地址 http://localhost:8080/CheckInformation/，查看页面效果如图 3-15 和图 3-16 所示。

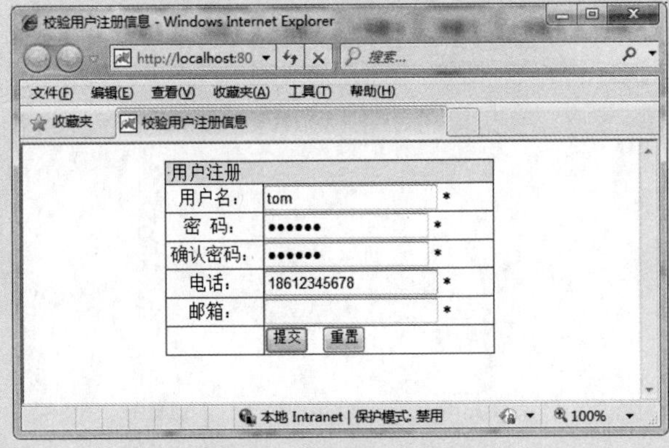

图 3-15　用户注册页面

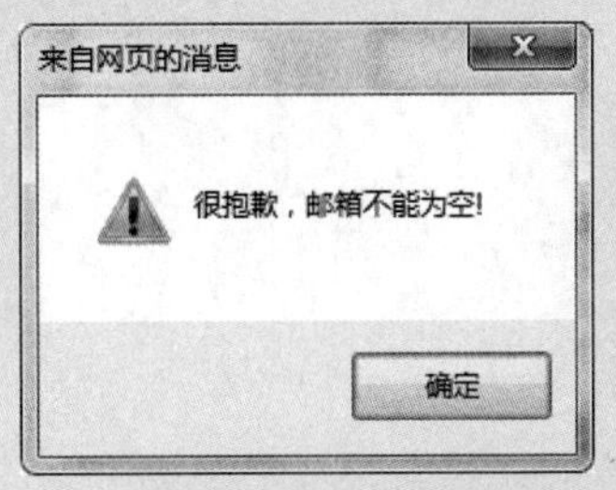

图 3-16　没填写邮箱的提示

习题

1. 什么是 JavaScript？JavaScript 与 Java 是什么关系？
2. JavaScript 脚本如何调用？JavaScript 有哪些常用的属性和方法？
3. 如何使用 JavaScript 给一个按钮添加事件？
4. 什么是 Ajax?如何用 Ajax 实时更新前台页面的数据？
5. 什么是 jQuery？$(document).ready()是干什么用的？

PART04

第4章

Java EE开发环境

本章要点：

- 掌握Tomcat服务器的各种配置方法
- 掌握Eclipse开发工具的下载与安装
- 掌握如何在Eclipse中创建及发布Web程序

■ 在进行 Java Web 应用开发前，需要把整个开发环境搭建好，例如，需要安装 Java 开发工具包 JDK、Web 服务器（本章为大家介绍的是 Tomcat）和 IDE 开发工具。

4.1 JDK 的下载、安装与使用

4.1.1 下载

JDK 的下载、安装与使用

Java 的 JDK 又称 Java SE（以前称 J2SE），是 Sun 公司的产品，由于 Sun 公司已经被 Oracle 收购，因此 JDK 可以在 Oracle 公司的官方网站（http://www.oracle.com/index.html）下载。

下面以 JDK 7 为例介绍下载 JDK 的方法，具体步骤如下。

（1）打开 IE 浏览器，输入网址“http://www.oracle.com/technetwork/java/javase/downloads/index.html”，打开 Oracle 官方下载地址。将页面向下拉，找到 Java SE 7 版本的 JDK，单击右侧“JDK Download”按钮，如图 4-1 所示。

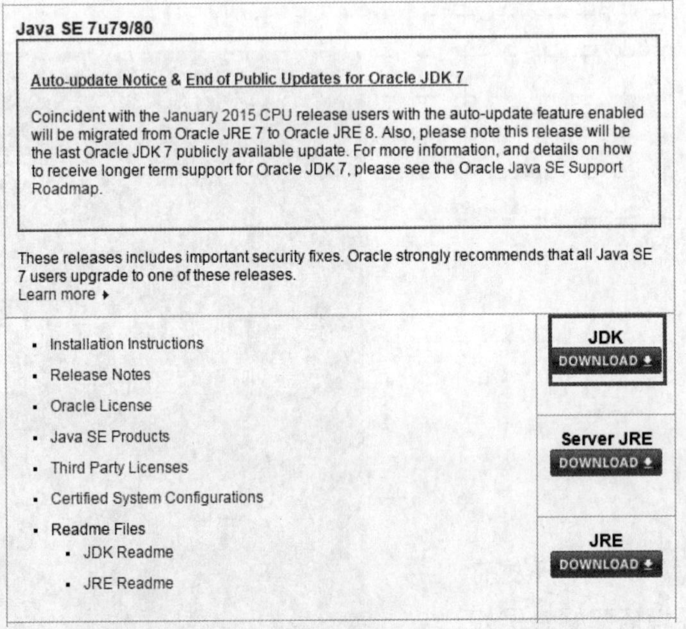

图 4-1 Oracle 主页

（2）在进入的新页面中，需要先选中同意协议的单选按钮，这时将显示图 4-2 所示的页面，否则单击要下载的超链接将不能下载。

这里下载时要选择适合自己操作系统平台的安装文件，如 Windows 系统平台是无法运行 Linux 系统平台的安装文件的。

Windows x86 是 32 位的 JDK，Windows x64 是 64 位的 JDK。

（3）在下载列表中，可以根据计算机硬件和系统而选择适当的版本进行下载。如果是 32 位的 Windows 操作系统，那么需要下载“jdk-7u3-windows-i586.exe”文件，直接在页面单击该文件的超链接即可。

Java SE Development Kit 7u79

You must accept the Oracle Binary Code License Agreement for Java SE to download this software.

Accept License Agreement　Decline License Agreement

Product / File Description	File Size	Download
Linux x86	130.4 MB	jdk-7u79-linux-i586.rpm
Linux x86	147.6 MB	jdk-7u79-linux-i586.tar.gz
Linux x64	131.69 MB	jdk-7u79-linux-x64.rpm
Linux x64	146.4 MB	jdk-7u79-linux-x64.tar.gz
Mac OS X x64	196.89 MB	jdk-7u79-macosx-x64.dmg
Solaris x86 (SVR4 package)	140.79 MB	jdk-7u79-solaris-i586.tar.Z
Solaris x86	96.66 MB	jdk-7u79-solaris-i586.tar.gz
Solaris x64 (SVR4 package)	24.67 MB	jdk-7u79-solaris-x64.tar.Z
Solaris x64	16.38 MB	jdk-7u79-solaris-x64.tar.gz
Solaris SPARC (SVR4 package)	140 MB	jdk-7u79-solaris-sparc.tar.Z
Solaris SPARC	99.4 MB	jdk-7u79-solaris-sparc.tar.gz
Solaris SPARC 64-bit (SVR4 package)	24 MB	jdk-7u79-solaris-sparcv9.tar.Z
Solaris SPARC 64-bit	18.4 MB	jdk-7u79-solaris-sparcv9.tar.gz
Windows x86	138.31 MB	jdk-7u79-windows-i586.exe
Windows x64	140.06 MB	jdk-7u79-windows-x64.exe

Java SE Development Kit 7u79 Demos and Samples Downloads

You must accept the Oracle BSD License to download this software.

Accept License Agreement　Decline License Agreement

Product / File Description	File Size	Download
Linux x86	19.9 MB	jdk-7u79-linux-i586-demos.rpm
Linux x86	19.85 MB	jdk-7u79-linux-i586-demos.tar.gz
Linux x64	19.97 MB	jdk-7u79-linux-x64-demos.rpm
Linux x64	19.92 MB	jdk-7u79-linux-x64-demos.tar.gz
Mac OS X	18.5 MB	jdk-7u79-macosx-x86_64-demos.tar.gz
Solaris x86	23.04 MB	jdk-7u79-solaris-i586-demos.tar.Z
Solaris x86	16.06 MB	jdk-7u79-solaris-i586-demos.tar.gz
Solaris x64	1.24 MB	jdk-7u79-solaris-x64-demos.tar.Z
Solaris x64	0.83 MB	jdk-7u79-solaris-x64-demos.tar.gz
Solaris SPARC	23.04 MB	jdk-7u79-solaris-sparc-demos.tar.Z

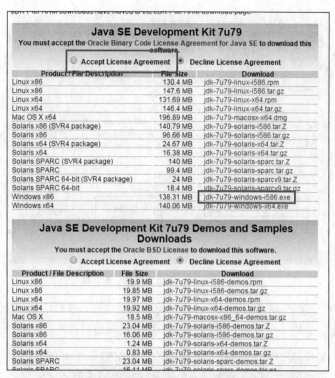

图 4-2　JDK 7 Update 3 的下载列表

4.1.2　安装

下载 Windows 平台的 JDK 安装文件后，安装步骤如下。

（1）双击刚刚下载的安装文件，将弹出图 4-3 所示的欢迎对话框，会要求接受 Sun 公司的许可协议，单击“接受”按钮。

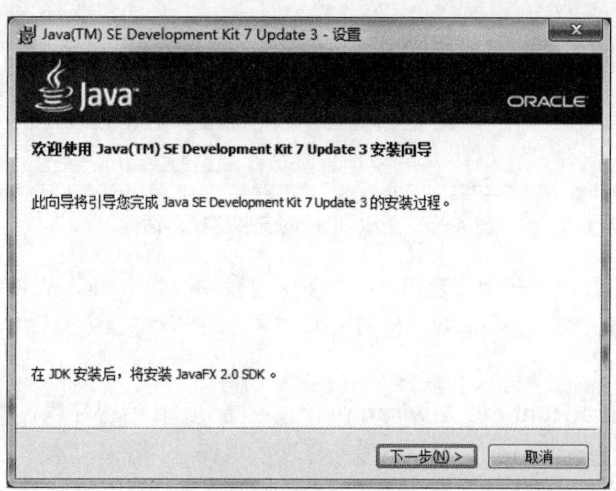

图 4-3　欢迎对话框

（2）单击“下一步”按钮，将弹出“自定义安装”对话框，在该对话框中，可以选择安装的功能组件，这里选择默认设置，如图 4-4 所示。

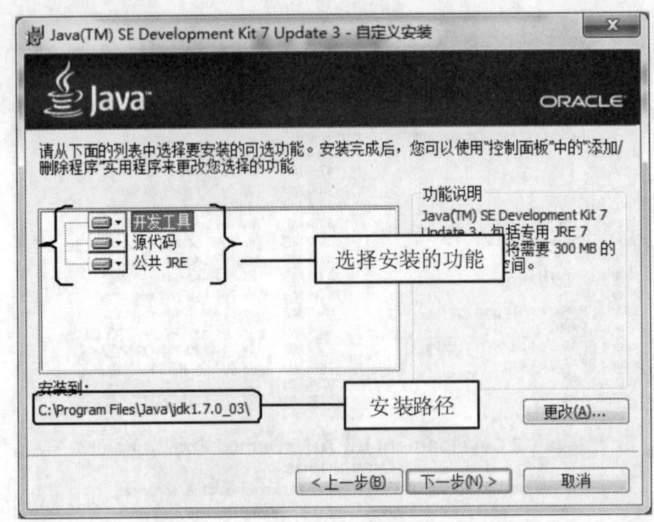

图 4-4 JDK“自定义安装”对话框

（3）单击“更改”按钮，将弹出更改文件夹的对话框，在该对话框中将 JDK 的安装路径更改为 C:\Java\jdk1.7.0_03\，如图 4-5 所示，单击“确定”按钮，将返回到自定义安装对话框中。

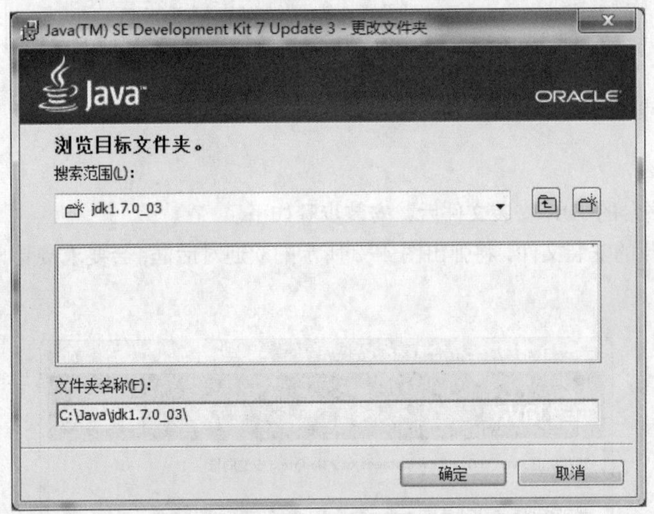

图 4-5 更改 JDK 的安装路径对话框

（4）单击“下一步”按钮，开始安装 JDK。在安装过程中会弹出 JRE 的“目标文件夹”对话框，这里更改 JRE 的安装路径为 C:\Java\jre7\，然后单击“下一步”按钮，安装向导会继续完成安装进程。

JRE 全称为 Java Runtime Environment，它是 Java 运行环境，主要负责 Java 程序的运行，而 JDK 包含了 Java 程序开发所需要的编译、调试等工具，另外还包含了 JDK 的源代码。

（5）安装完成后，将弹出图 4-6 所示的对话框，单击“继续”按钮，将安装 JavaFX SDK。如果不想安装，可以单击“取消”按钮，取消 JavaFX 的安装。

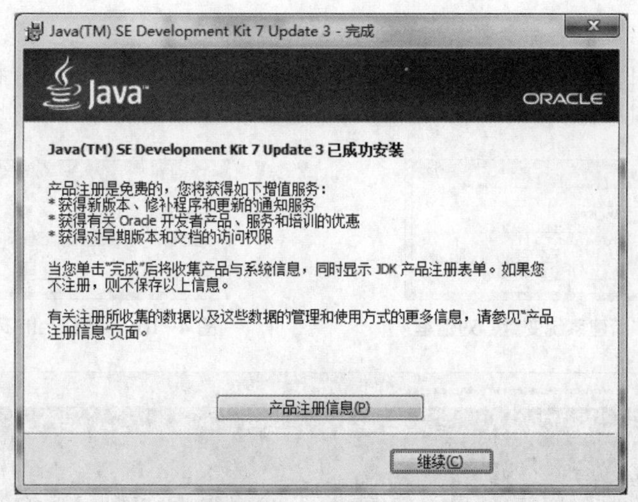

图 4-6　完成对话框

4.1.3　配置环境变量

在 Windows 7 系统中配置环境变量的步骤如下。

（1）在“开始”菜单的“计算机”图标上单击鼠标右键，在弹出的快捷菜单中选择“属性”命令，在弹出的“属性”对话框左侧单击“高级系统设置”超链接，将出现图 4-7 所示的“系统属性”对话框。

（2）单击“环境变量”按钮，将弹出“环境变量”对话框，如图 4-8 所示，单击“系统变量”栏中的“新建”按钮，创建新的系统变量。

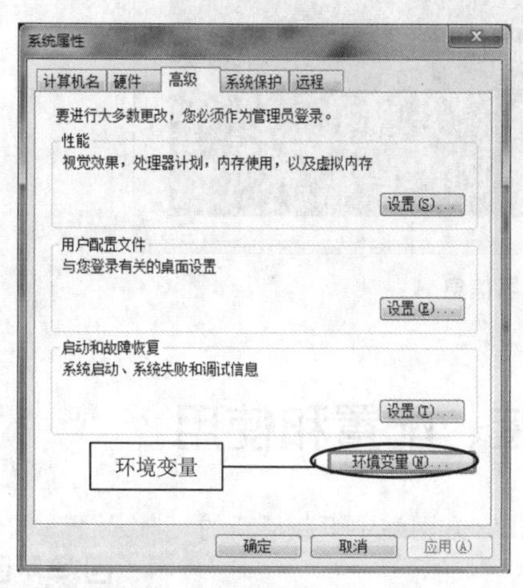

图 4-7　“系统属性”对话框

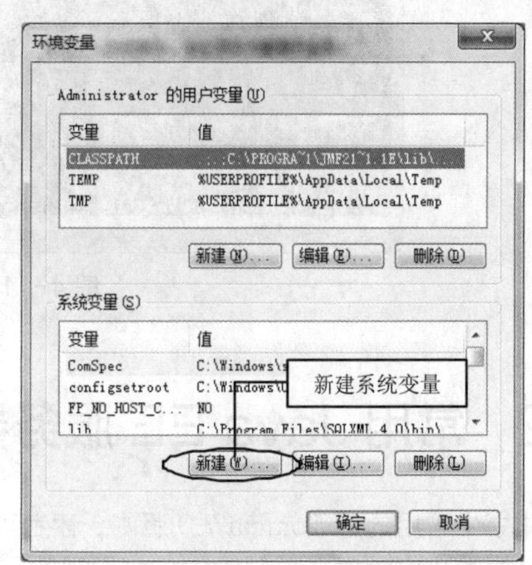

图 4-8　“环境变量”对话框

（3）弹出“新建系统变量”对话框，分别输入变量名“JAVA_HOME”和变量值（即 JDK 的安装路径），其中变量值是笔者的 JDK 安装路径，读者需要根据自己的计算机环境进行修改，如图 4-9 所示。单击“确定”按钮，关闭“新建系统变量”对话框。

（4）在如图 4-8 所示的“环境变量”对话框中双击 Path 变量对其进行修改，在原变量值后添加“%JAVA_ HOME%\bin;”变量值，如图 4-10 所示。单击“确定”按钮完成环境变量的设置。

（5）JDK 安装成功之后必须确认环境配置是否正确。在 Windows 系统中测试 JDK 环境需要选择“开始/运行”命令（没有“运行”命令可以按 Windows+R 组合键），然后在“运行”对话框中输入“cmd”并单击“确定”按钮启动控制台。在控制台中输入“javac”命令，按 Enter 键，将输出图 4-11 所示的 JDK 的编译器信息，其中包括修改命令的语法和参数选项等信息。这说明 JDK 环境搭建成功。

图 4-9 “新建系统变量”对话框

图 4-10 设置 Path 环境变量值

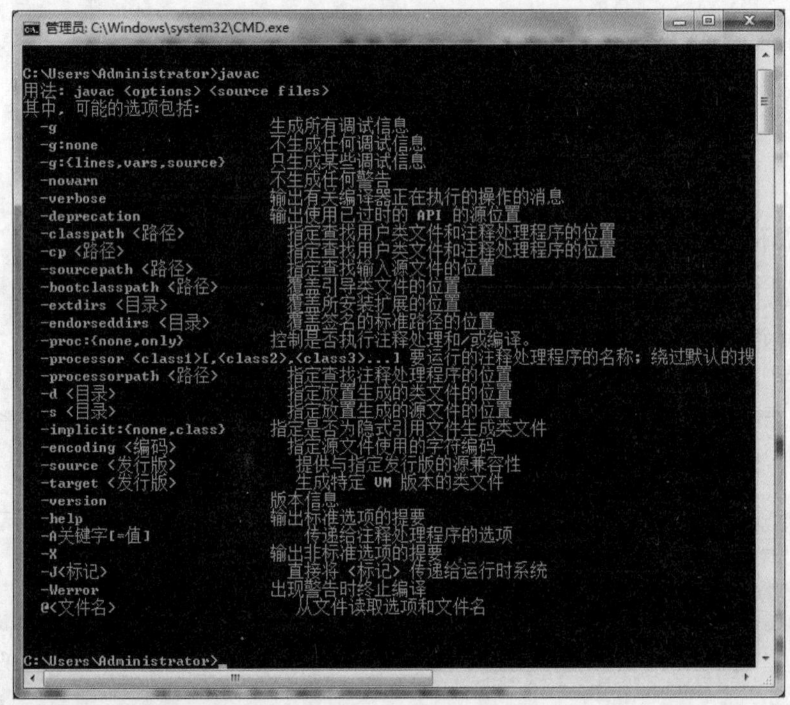

图 4-11 JDK 的编译器信息

4.2 常用 Java EE 服务器的安装、配置和使用

本书中采用的是 Tomcat 7.0 版本，读者可以到 Tomcat 官方网站中下载最新的版本，下面将以 Tomcat 7 下载的具体步骤。

（1）在 IE 地址栏中输入 http://tomcat.apache.org，进入 Tomcat 官方网站，如图 4-12 所示。

（2）在左侧的 Download 列表中，有 Tomcat 的各种版本，单击 Tomcat 7.0 超链接，进入到 Tomcat 7 下载页面中，如图 4-13 所示。

常用 Java EE 服务器的安装、配置和使用

（3）在图 4-13 中，在 Core 节点下包含了 Tomcat 7 服务器安装文件的不同平台下的不同版本，此处选择的是“32-bit Windows zip(pgp,md5)”超链接，单击该超链接将打开文件下载对话框，在该对话框中，单击“保存”按钮，即可将 Tomcat 的安装文件下载到本地计算机中。

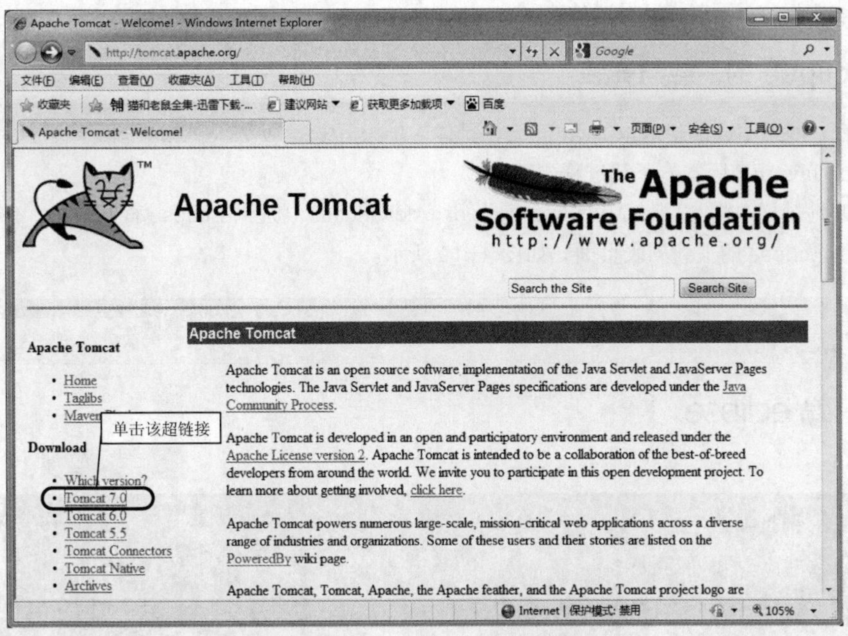

图 4-12 Tomcat 官方网站首页

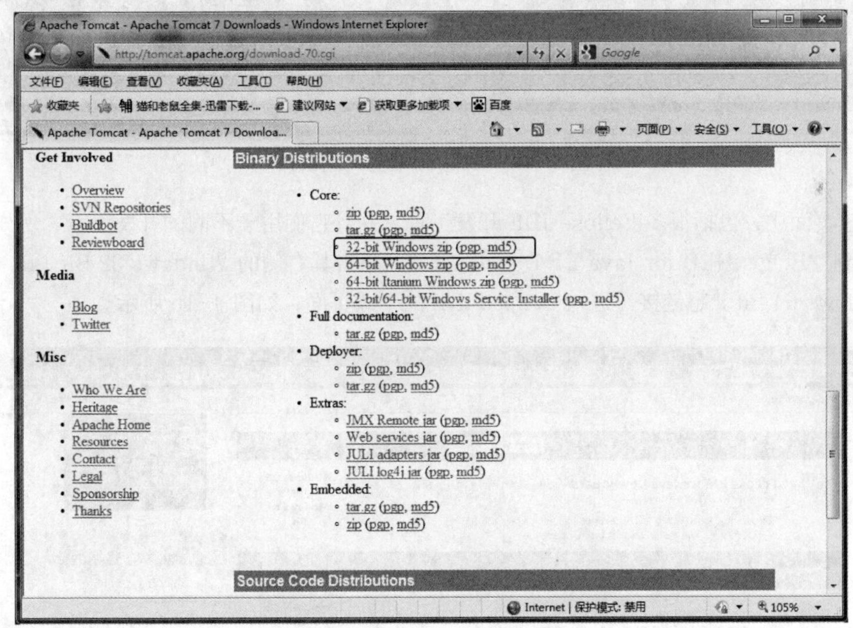

图 4-13 Tomcat 7 的下载页面

4.3 Eclipse 开发工具的安装与使用

要进行 Java Web 应用开发，选择好的开发工具非常重要，而 Eclipse 开发工具正是很多 Java 开发者的首选。对于 Java 应用程序开发来说，可以下载普通的 Java SE 版本，而对于 Java Web 程序开发者来说，需要使用 Java EE 版本的 Eclipse。Eclipse 是完全免费的工具，使用起来简单方便，深受广大开发者的热爱。

4.3.1 Eclipse 的下载与安装

可以从官方网站下载最新版本的 Eclipse，具体网址为 http://www.eclipse.org。下面为大家详细介绍 Eclipse for Java EE 版本的下载过程。

（1）在 IE 地址栏中输入 http://www.eclipse.org/downloads/，进入 Eclipse 官方网站，单击 Download 超链接，进入 Eclipse 的下载列表页面，如图 4-14 所示。

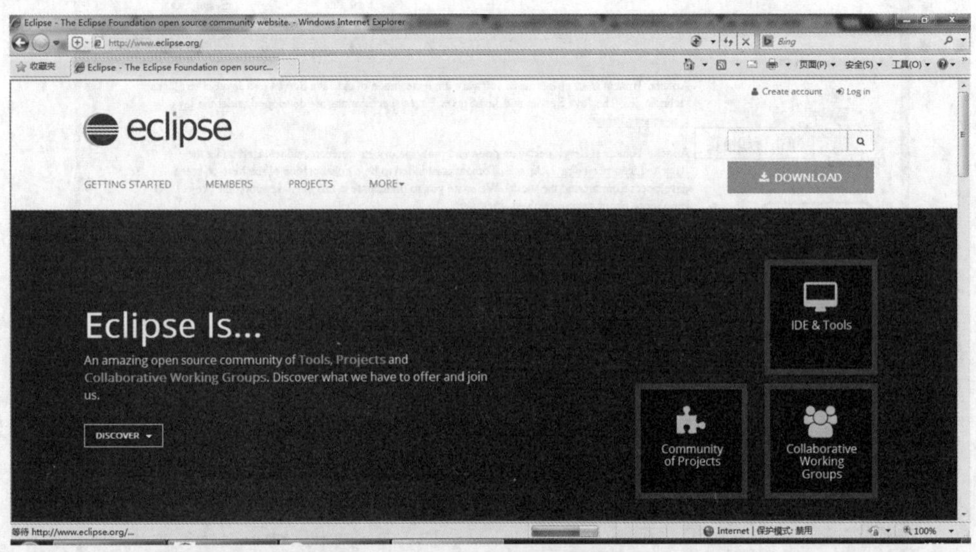

图 4-14　Eclipse 官方网站首页

（2）在该页面中，包括很多 Eclipse IDE 开发工具，并且它们用于不同的开发语言，例如，C/C++、PHP 等。找到"Eclipse IED for Java EE Developers"，单击其右侧的 Windows 32 Bit（64 位操作系统请选择 Windows 64 Bit）超链接，进入 Eclipse IDE 的下载页面，如图 4-15 所示。

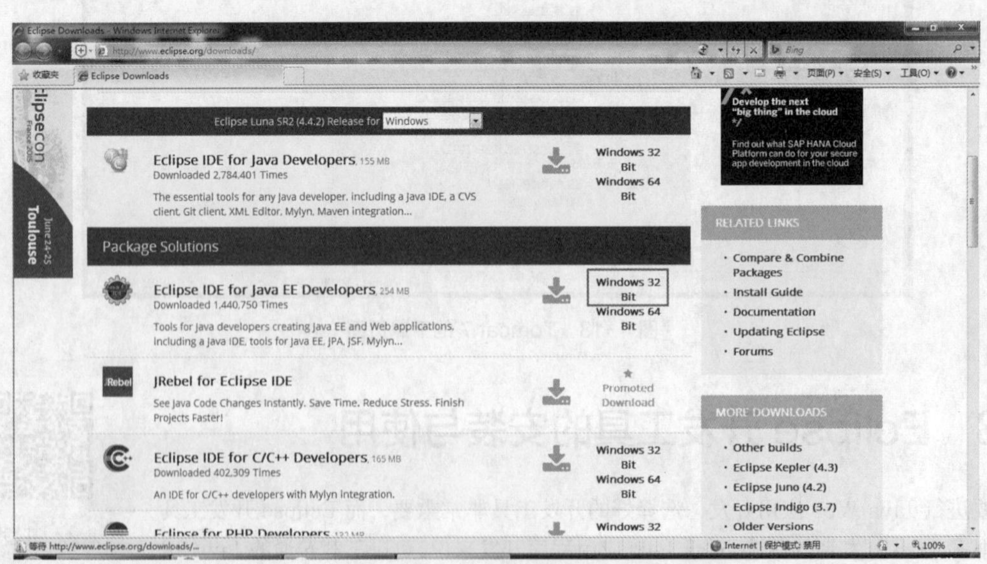

图 4-15　Eclipse 下载列表页面

（3）在该页面中，系统会自动选择最适合的下载服务器。如果推荐的下载地址无法下载，可以选择其他的下载链接。这里单击推荐的下载超链接，如图 4-16 所示。

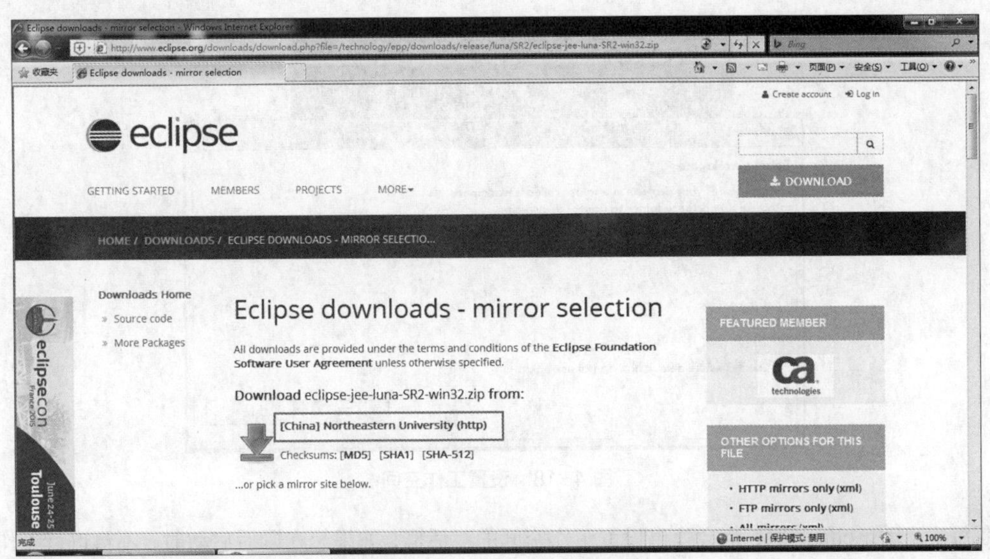

图 4-16　Eclipse IDE 的下载页面

（4）单击网页中间的“click here”超链接，直接下载 Eclipse，如图 4-17 所示。

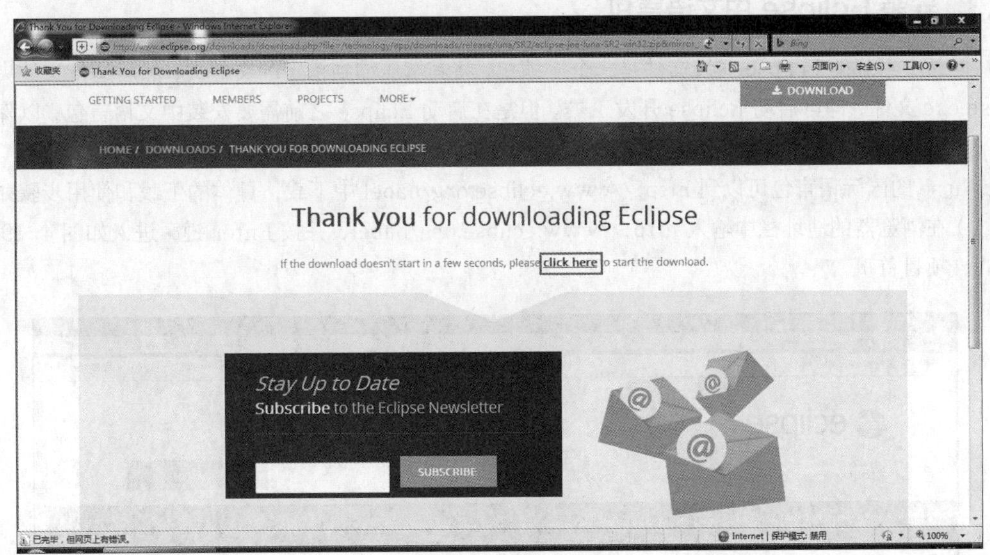

图 4-17　下载链接

打开文件下载对话框，在该对话框中，单击“保存”按钮，即可将 Eclipse 的安装文件下载到本地计算机中。

（5）Eclipse 下载完成后，将解压后的文件放置在自己想要设置的路径下，即可完成 Eclipse 的安装。

4.3.2 启动 Eclipse

Eclipse 安装完成后，就可以启动 Eclipse 了。双击 Eclipse 安装目录下的 eclipse.exe 文件，即可启动 Eclipse。在初次启动 Eclipse 时，需要设置工作空间，这里将工作空间设置在 Eclipse 根目录的 workspace 目录下，如图 4-18 所示。

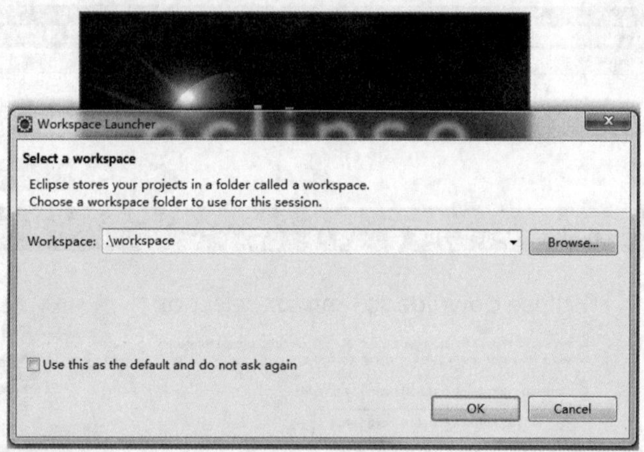

图 4-18 设置工作空间

在每次启动 Eclipse 时，都会弹出设置工作空间的对话框，如果想在以后启动时，不再进行工作空间设置，可以勾选“Use this as the default and do not ask again”复选框。单击“OK”按钮后，即可启动 Eclipse。

4.3.3 安装 Eclipse 中文语言包

从网站中下载的 Eclipse 安装文件是一个压缩包，将其解压缩到指定的文件夹，然后运行文件夹中的 Eclipse.exe 文件，即可启动 Eclipse 开发工具。但是在启动 Eclipse 之前需要安装中文语言包，以降低读者的学习难度。但在本书中还是以稳定的英文版作为实例开发环境。

Eclipse 的国际语言包可以到 http://www.eclipse.org/babel 中下载，具体的下载和使用步骤如下。

（1）在浏览器的地址栏中输入 http://www.eclipse.org/babel，并按 Enter 键，进入如图 4-19 所示的 Babel 项目首页。

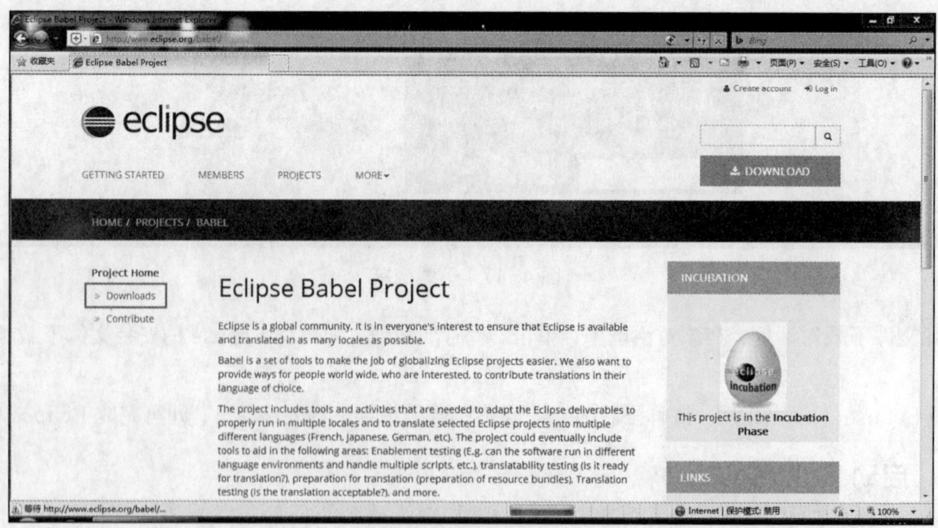

图 4-19 Babel 项目首页

（2）单击页面左侧导航中的 Download 超链接或者单击页面下方的绿色箭头都可以进入语言包的下载页面。

注意

下载 Eclipse 多国语言包时，一定要注意语言包所匹配的 Eclipse 版本，否则可能无法实现 Eclipse 的国际化。

（3）在下载页面的 Babel Language Packs 标题下选择对应 Eclipse 版本的超链接下载语言包，本书使用的 Eclipse 版本名称是 Luna，所以单击该超链接，如图 4-20 所示，进入 Eclipse 的 Babel 语言包下载页面，在该页面中包含了对应各国语言的资源包，而每个语言的资源包又按插件与功能模块分为多个 Zip 压缩包。

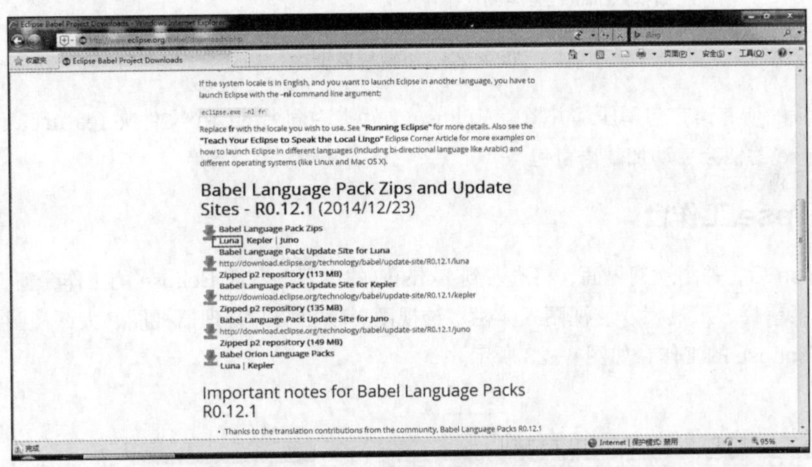

图 4-20　Babel 语言包下载页面

（4）在页面中找到简体中文的语言包分类，如图 4-21 所示，可以单独选择 Eclipse 的语言包下载，也可以下载全部语言包。例如，单独下载 Eclipse 的简体中文语言包，可以找到“Language: Chinese (Simplified)”标签，单击“BabelLanguagePack-eclipse-zh_4.4.0.v20141223043836.zip (87.12%)”超链接，如图 4-22 所示。

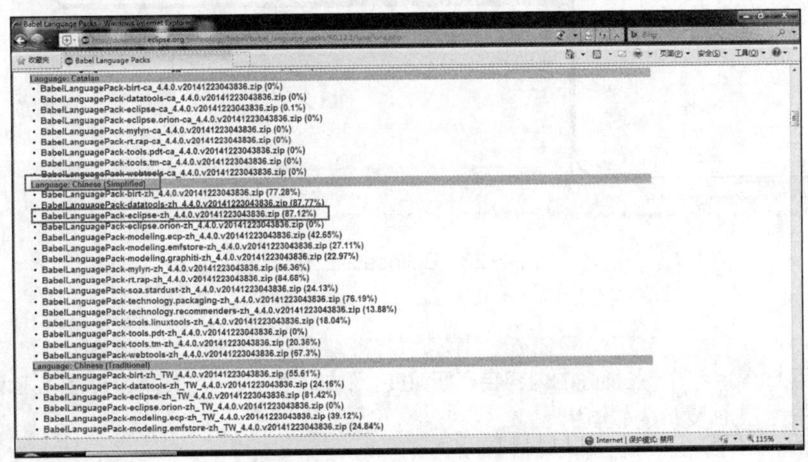

图 4-21　中文语言包下载分类

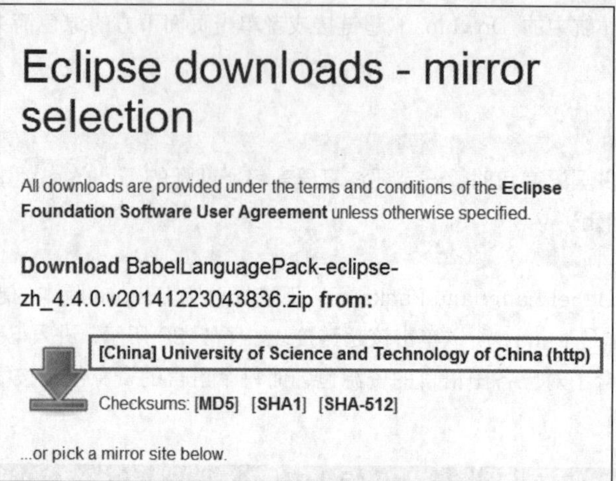
Eclipse downloads - mirror selection

All downloads are provided under the terms and conditions of the **Eclipse Foundation Software User Agreement** unless otherwise specified.

Download BabelLanguagePack-eclipse-zh_4.4.0.v20141223043836.zip **from:**

[China] University of Science and Technology of China (http)

Checksums: **[MD5]** **[SHA1]** **[SHA-512]**

...or pick a mirror site below.

图 4-22　下载镜像链接

（5）将下载的所有语言包解压缩并覆盖 Eclipse 文件夹中同名的两个文件夹 features 和 plugins，这样在启动 Eclipse 时便会自动加载语言包。

4.3.4　Eclipse 工作台

启动 Eclipse 后，关闭欢迎界面，将进入到 Eclispe 的主界面，即 Eclipse 的工作台窗口。Eclipse 的工作台主要由菜单栏、工具栏、透视图工具栏、透视图、项目资源管理器视图、大纲视图、编辑器和其他视图组成。Eclipse 的工作台如图 4-23 所示。

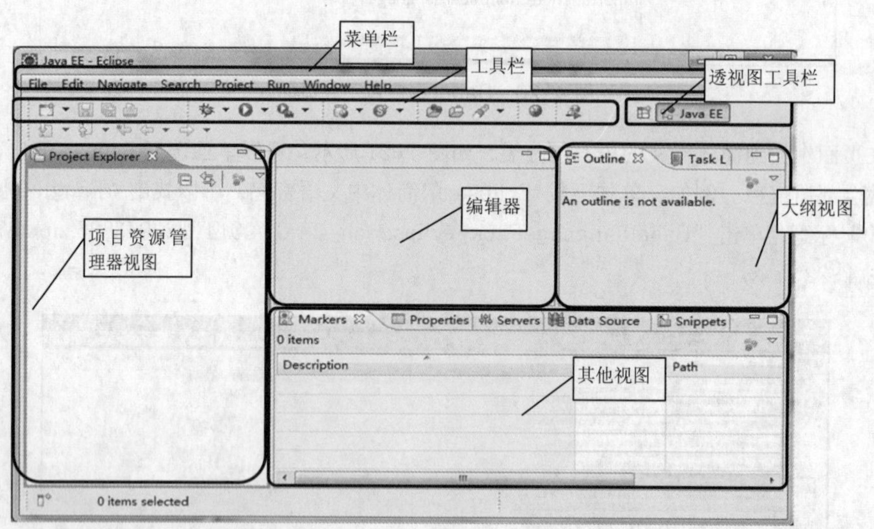

图 4-23　Eclipse 的工作台

在应用 Eclipse 时，各视图的内容会有所改变，例如，打开一个 JSP 文件后，在大纲视图中，将显示该 JSP 文件的节点树。

4.3.5 配置 Web 服务器

1. 配置 Tomcat 服务器

配置 Web 服务器

在发布和运行项目前，需要先配置 Web 服务器，如果已经配置好 Web 服务器，就不需要再重新配置了。也就是说，本节的内容不是每个项目开发时所必须经过的步骤。配置 Web 服务器的具体步骤如下。

（1）在 Eclipse 工作台的其他视图中，选中“服务器”视图，在该视图的空白区域单击鼠标右键，在弹出的快捷菜单中选择“New/Server”菜单项，将打开“New Server”对话框，在该对话框中，展开 Apache 节点，选中该节点下的“Tomcat v7.0 Server”子节点（当然也可以选择其他版本的服务器），其他采用默认，如图 4-24 所示。

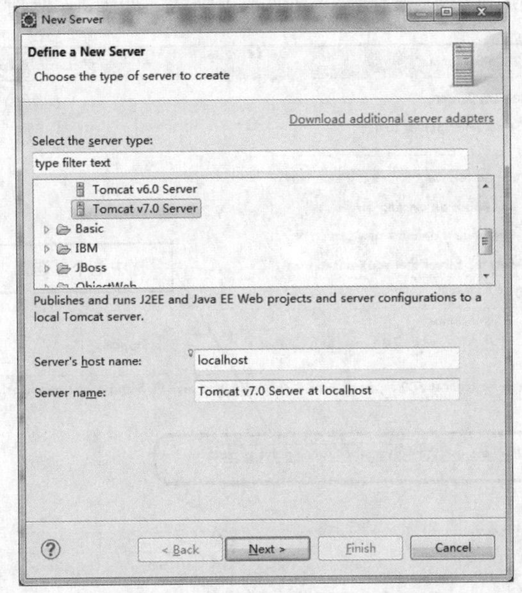

图 4-24 “New Server”对话框

（2）单击“Next”按钮，将打开指定 Tomcat 服务器安装路径的对话框，单击“浏览（Browse）”按钮，选择 Tomcat 的安装路径，其他采用默认，如图 4-25 所示。

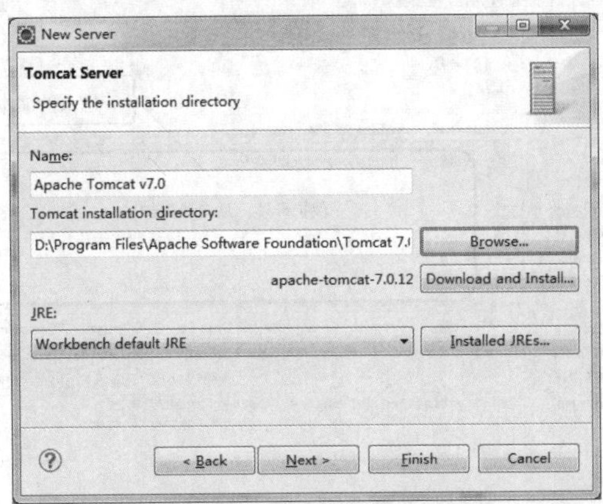

图 4-25 指定 Tomcat 服务器安装路径的对话框

（3）单击“完成”按钮，完成 Tomcat 服务器的配置。这时在“服务器”视图中，将显示一个“Tomcat v6.0 服务器 @ localhost [已停止]”节点。这时表示 Tomcat 服务器没有启动。

在“服务器”视图中，选中服务器节点，单击“”按钮，可以启动服务器。服务器启动后，可以单击“”按钮，停止服务器。

Java Web 项目创建完成后，就可以将项目发布到 Tomcat 并运行该项目了。下面将介绍具体的方法。

（1）在“项目资源管理器”中选择项目名称节点，在工具栏上单击“”按钮中的黑三角，在弹出的快捷菜单中选择“运行方式（Run As）/在服务器上运行（Run on Server）”菜单项，将打开“在服务器上运行（Run On Server）”对话框，在该对话框中，选中“将服务器设置为缺省值（Always use this Server when running this project）”复选框，其他采用默认，如图 4-26 所示。

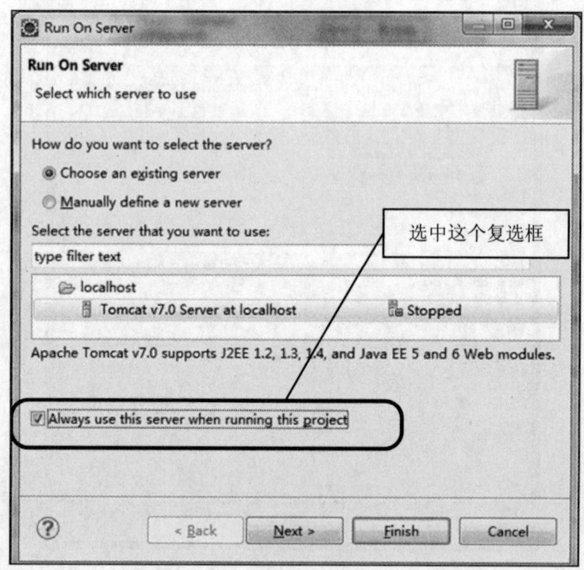

图 4-26 “在服务器上运行”对话框

（2）单击“完成（Finish）”按钮，即可通过 Tomcat 运行该项目，运行后的效果如图 4-27 所示。

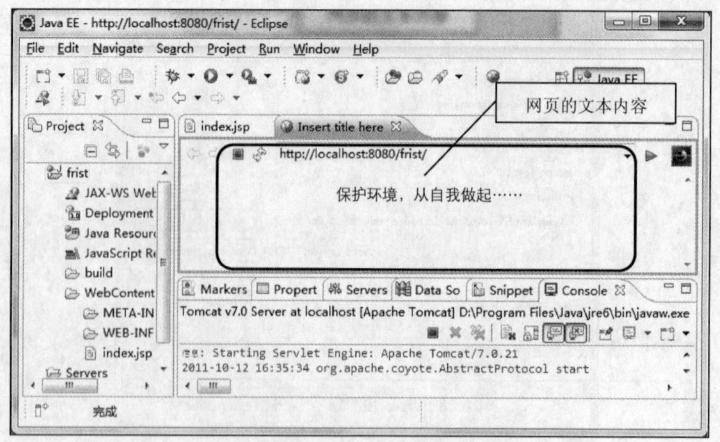

图 4-27 运行 firstProject 项目

如果想要在 IE 浏览器中运行该项目，可以将图 4-27 中的 URL 地址复制到 IE 地址栏中，并按 Enter 键运行即可。

2. 配置其他服务器

除了 Tomcat 服务器，还有很多服务器可以在 Eclipse 中使用。

最新版本的 Eclipse for Java EE 集成了这个服务器，使用起来非常简单。在没有配置 Tomcat 的环境下，可以使用这个服务器。

配置 Java EE Preview 服务器过程如下。

（1）选择“Window→Preferences→Server→Runtime Environments”，单击窗口右侧“Add”按钮，如图 4-28 所示。

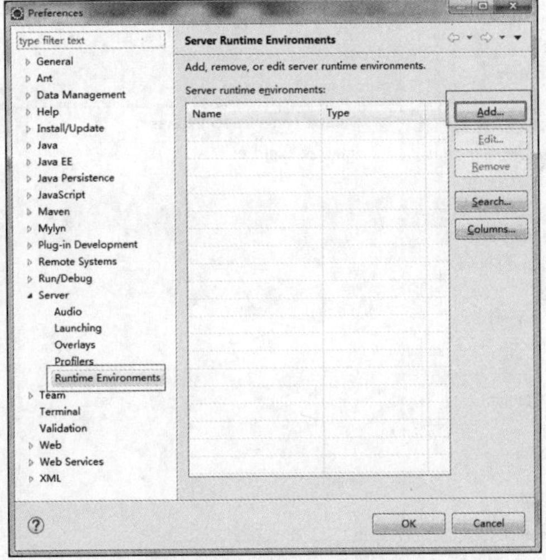

图 4-28　添加服务器窗口

（2）选择 Basic 下的“J2EE Previe 20”，单击“Finish”按钮完成配置，如图 4-29 所示。

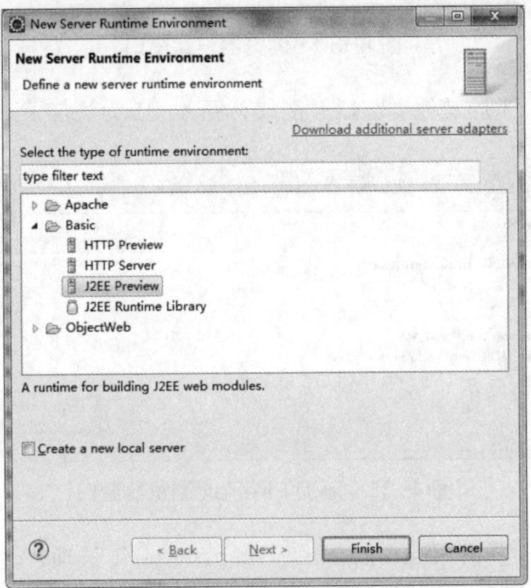

图 4-29　完成配置 J2EE Preview 服务器

4.3.6 指定 Web 浏览器

指定 Web 浏览器

Eclipse 在调试 Web 程序的时候使用的是系统中自带的浏览器，但 Eclipse 也支持使用其他浏览器。

（1）打开菜单“Window→Preferences→General→Web Brower”，如图 4-30 所示。

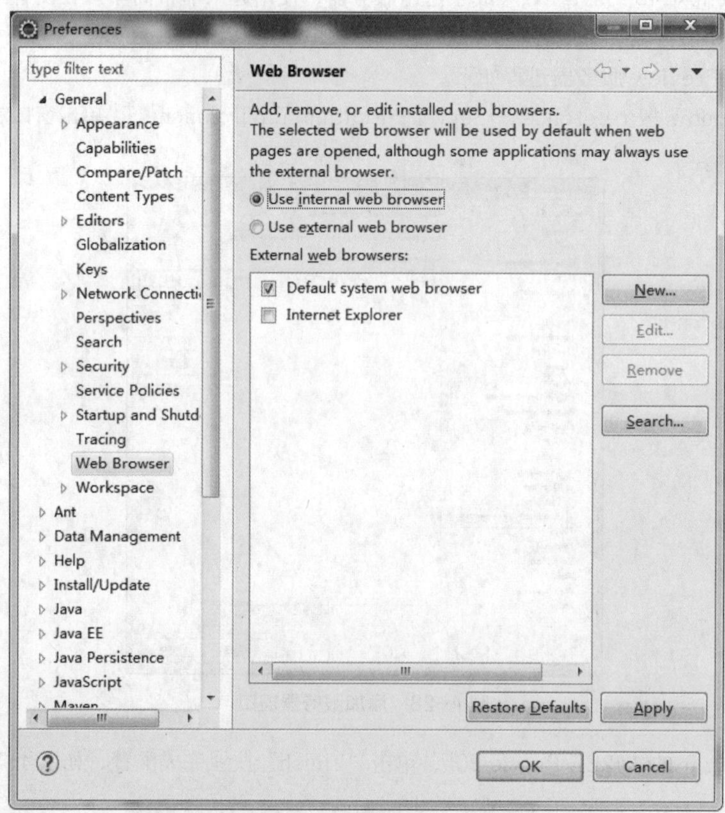

图 4-30 浏览器设置窗口

（2）单击“New”按钮，添加其他浏览器。例如，图 4-31 为添加 FireFox 浏览器窗口。

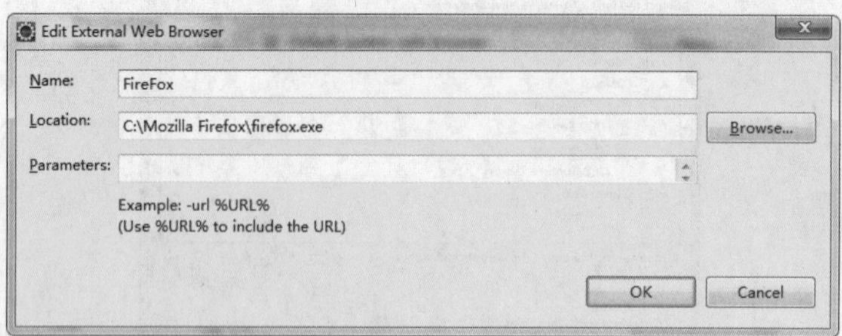

图 4-31 添加 FireFox 浏览器窗口

（3）添加完浏览器之后，选择“Use external web browser”选项，然后勾选新添加的“FireFox”，单击“OK”按钮，就完成了将 FireFox 设置成 Eclipse 默认浏览器的操作，如图 4-32 所示。

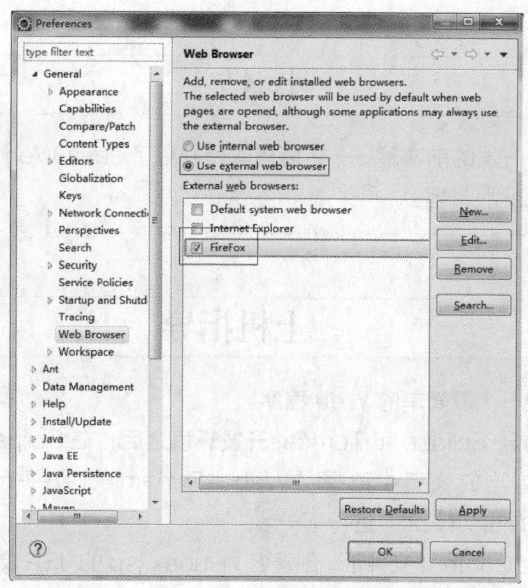

图 4-32　将 FireFox 浏览器设置为默认浏览器

4.3.7　设置 JSP 页面编码格式

设置 JSP 页面编码格式

使用 Eclipse 编程的时候，很多 JSP 的默认编码都是 ISO-8859-1，但我们更常用的是 UTF-8 编码，为了避免每次创建修改编码，Eclipse 就提供了修改 JSP 默认编码的功能。

打开菜单“Window→Preferences→Web→JSP Files”，右侧窗口中的 Encoding 下拉框就是 Eclipse 中 JSP 页面的默认编码了，如图 4-33 所示。

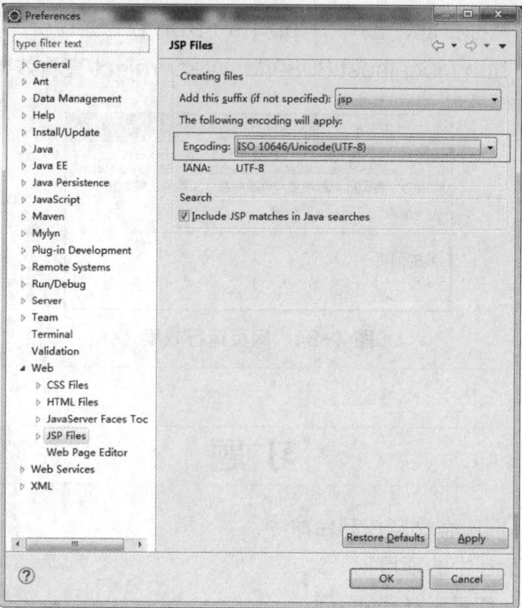

图 4-33　将 JSP 页面默认编码设置成 UTF-8

小 结

本章是 JavaWeb 开发的前奏篇——环境搭建，介绍了 Java Web 应用所需的开发环境，如何安装和配置 Tomcat 服务器。

上机指导

使用 Eclipse 创建一个最简单的 Web 程序。

（1）在安装完 JDK、Eclipse 和 Tomcat 开发环境之后，在 Eclipse 菜单中选择“File→New→Other”，在弹出的窗口中选择“Web→DynamicWeb Project”，项目命名为 MyJavaWbProject，单击“Next”进行下一步。

（2）在项目的 WebContent 文件下，创建名为 index.jsp 的 JSP 文件，JSP 中代码如下：

```
<%@ page language="java" contentType="text/html; charset=UTF-8"
    pageEncoding="UTF-8"%>
<!DOCTYPE html PUBLIC "-//W3C//DTD HTML 4.01 Transitional//EN" "http://www.w3.org/TR/html4/loose.dtd">
<html>
<head>
<meta http-equiv="Content-Type" content="text/html; charset=UTF-8">
<title>Insert title here</title>
</head>
<body>
    我的网页
</body>
</html>
```

（3）在项目上单击鼠标右键，选择“Run As→Run on Server”，当服务器启动完毕之后，在浏览器输入网址 http://localhost:8080/MyWebProject/查看效果，如图 4-34 所示。

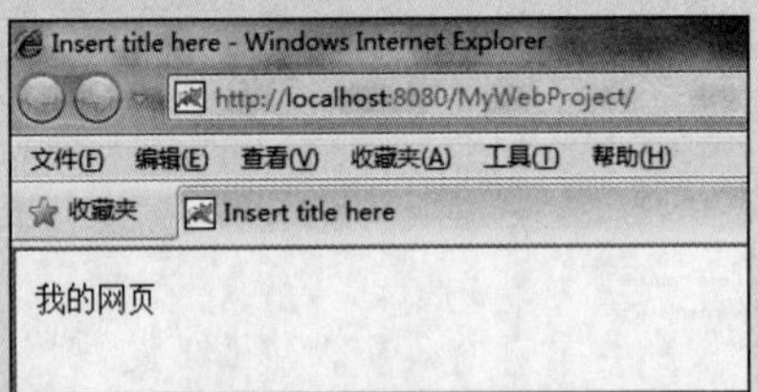

图 4-34 网页运行效果

习 题

1. 什么是 JDK？JDK 有哪些控制台命令？
2. 如何运行 Eclipse 中的项目？
3. 如何用 Eclipse 配置服务器？

第二篇

服务器端开发

PART05

第5章

走进JSP

本章要点：

- 了解什么是JSP
- 了解JSP的工作原理
- 掌握学习JSP技术的方法
- 掌握如何搭建JSP开发环境
- 了解JSP程序的编写步骤

■ 本章将带领读者走进 JSP 开发领域，开始学习 Java 语言的 Web 开发技术。JSP 的全称是 Java Server Pages，它主要用于开发企业级 Web 应用，属于 Java EE 技术范围。

5.1 JSP 概述

5.1.1 什么是 JSP

JSP（Java Server Pages）是由 Sun 公司倡导、许多公司参与而建立的动态网页技术标准。它在 HTML 代码中嵌入 Java 代码片段（Scriptlet）和 JSP 标签，构成了 JSP 网页。在接收到用户请求时，服务器会处理 Java 代码片段，然后生成处理结果的 HTML 页面返回给客户端，客户端的浏览器将呈现最终页面效果。其工作原理如图 5-1 所示。

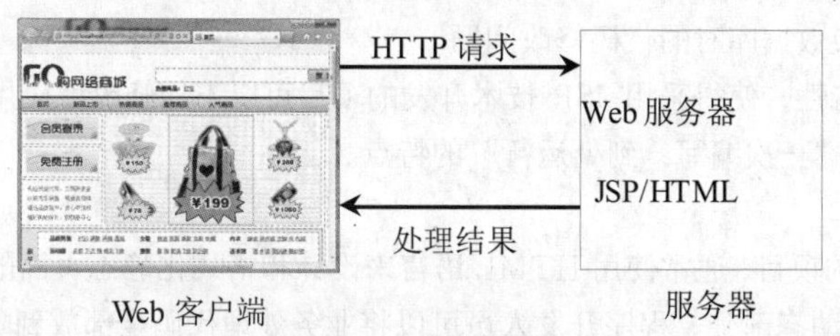

图 5-1 JSP 工作原理

5.1.2 如何学好 JSP

学好 JSP 技术就是掌握 Java Web 网站程序开发的能力。其实，每种 Web 开发技术的学习方法都大同小异，需要注意的主要有以下几点。

① 了解 Web 设计流程与工作原理，能根据工作流程分析程序的运行过程，这样才能分析问题所在，快速进行程序调试。

② 了解 MVC 设计模式。开发程序必须编写程序代码，这些代码必须具有高度的可读性，这样编写的程序才有调试、维护和升级的价值。学习一些设计模式，能够更好地把握项目的整体结构。

③ 多实践，多思考，多请教。只读懂书本中的内容和技术是不行的，必须动手编写程序代码，并运行程序、分析其结构，从而对学习的内容有个整体的认识和肯定。在此过程中，可用自己的方式思考问题，逐步总结提高编程思想。遇到技术问题，多请教别人，加强沟通，提高自己的技术和见识。

④ 不要急躁。遇到技术问题，必须冷静对待，不要让自己的大脑思绪混乱，保持清醒的头脑才能分析和解决各种问题，可以尝试听歌、散步等活动放松自己。

⑤ 遇到问题，首先尝试自己解决，这样可以提高自己的程序调试能力，并对常见问题有一定的了解，明白出错的原因，甚至举一反三，解决其他关联的错误问题。

⑥ 多查阅资料。可以经常到 Internet 上搜索相关资料或者解决问题的办法，网络上已经摘录了很多人遇到的问题和不同的解决办法，分析这些解决问题的方法，从中找出最好、最适合自己的。

⑦ 多阅读别人的源代码，不但要看懂，还要分析编程者的编程思想和设计模式，并融为己用。

⑧ HTML、CSS、JavaScript 技术是网页页面布局和动态处理的基础，必须熟练掌握，才能够设计出完美的网页。

⑨ 掌握主流的框架技术，如 Struts、Hibernate 和 Spring 等。各种开源的框架很多，它们能够提高 JSP 程序的开发和维护效率，并减少错误代码，使程序结构更加清晰。

⑩ 掌握 SQL 和 JDBC 对关系型数据库的操作。企业级程序开发离不开数据库，作为一名合格的程序开发人员，必须拥有常用数据库的管理能力，掌握 SQL 标准语法或者本书介绍的 Hibernate 框架。

⑪ 要熟悉常用的 Web 服务器的管理，如 Tomcat，并且了解如何在这些服务器中部署自己的 Web 项目。

5.1.3 JSP 技术特征

JSP 技术所开发的 Web 应用程序是基于 Java 的，它拥有 Java 语言跨平台的特性，以及业务代码分离、组件重用、基础 Java Servlet 功能和预编译等特征。

1. 跨平台

既然 JSP 是基于 Java 语言的，那么它就可以使用 Java API，所以它也是跨平台的，可以应用在不同的系统中，如 Windows、Linux、Mac 和 Solaris 等。这同时也拓宽了 JSP 可以使用的 Web 服务器的范围。另外，应用于不同操作系统的数据库也可以为 JSP 服务，JSP 使用 JDBC 技术操作数据库，从而避免了代码移植导致更换数据库时的代码修改问题。

正是因为跨平台的特性，使得采用 JSP 技术开发的项目可以不加修改地应用到任何不同的平台上，这也应验了 Java 语言的“一次编写，到处运行”的特点。

2. 业务代码分离

采用 JSP 技术开发的项目，通常使用 HTML 语言来设计和格式化静态页面的内容，而使用 JSP 标签和 Java 代码片段来实现动态部分。程序开发人员可以将业务处理代码全部放到 JavaBean 中，或者把业务处理代码交给 Servlet、Struts 等其他业务控制层来处理，从而实现业务代码从视图层分离。这样 JSP 页面只负责显示数据即可，当需要修改业务代码时，不会影响 JSP 页面的代码。

3. 组件重用

JSP 中可以使用 JavaBean 编写业务组件，也就是使用一个 JavaBean 类封装业务处理代码或者作为一个数据存储模型，在 JSP 页面甚至整个项目中都可以重复使用这个 JavaBean。JavaBean 也可以应用到其他 Java 应用程序中，包括桌面应用程序。

4. 继承 Java Servlet 功能

Servlet 是 JSP 出现之前的主要 Java Web 处理技术。它接受用户请求，在 Servlet 类中编写所有 Java 和 HTML 代码，然后通过输出流把结果页面返回给浏览器。其缺点是：在类中编写 HTML 代码非常不便，也不利于阅读。使用 JSP 技术之后，开发 Web 应用便变得相对简单快捷多了，并且 JSP 最终要编译成 Servlet 才能处理用户请求，因此我们说 JSP 拥有 Servlet 的所有功能和特性。

5. 预编译

预编译就是在用户第一次通过浏览器访问 JSP 页面时，服务器将对 JSP 页面代码进行编译，并且仅执行一次编译。编译好的代码将被保存，在用户下一次访问时，直接执行编译好的代码。这样不仅节约了服务器的 CPU 资源，还大大提升了客户端的访问速度。

5.2 开发第一个 JSP 程序

现在开发 JSP 程序的环境已经搭建好了，本节将介绍一个简单的 JSP 程序的开发过程（该 JSP 程序将在浏览器中输出“你好，这是我的第一个 JSP 程序，以及当前时间”），让读者对 JSP 程序开发流程有一个基本的认识。

5.2.1 编写 JSP 程序

【例 5-1】 使用向导创建一个简单的 JSP 程序。

（1）启动 Eclipse，并选择一个工作空间，进入到 Eclipse 的工作台界面。

（2）在工具栏上选择“File/New/Dynamic Web Project”菜单项，将打开新建动态 Web 项目对话框，在该对话框的“Project name”文本框中输入项目名称，这里为 Shop，在 Dynamic web module version 下拉列表中选择 3.0；在“Target runtime”下拉列表框中选择已经配置好的 Tomcat 服务器（这里为 Tomcat 7.0），其他采用默认，如图 5-2 所示。

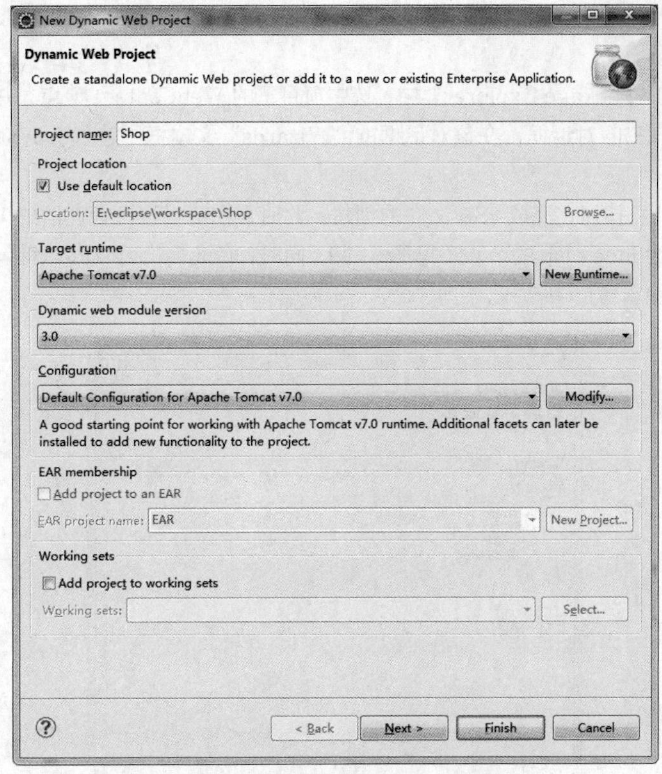

图 5-2　新建动态 Web 项目对话框

（3）单击“Next”按钮，将打开配置 Java 应用的对话框（这里采用默认），再单击“Next”按钮，将打开如图 5-3 所示的配置 Web 模块设置对话框，勾选“Generate web.xml deployment descriptor”选项，表示创建 web.xml 文件。

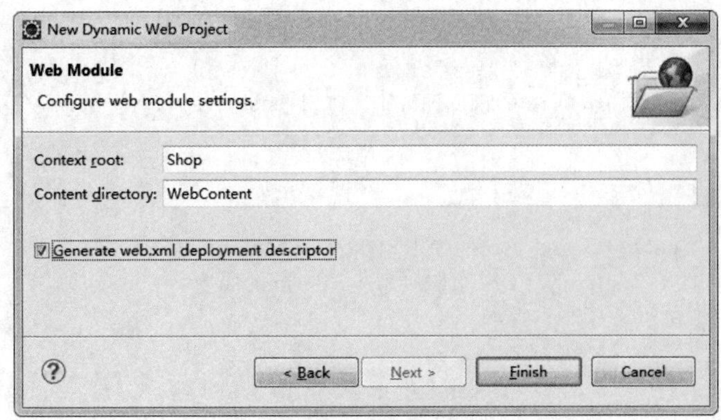

图 5-3　配置 Web 模块设置对话框

在图 5-3 中，如果采用默认设置，新创建的项目将不自动创建 web.xml 文件，如果需要自动创建该文件，那么可以选中“Generate web.xml deployment descriptor”复选框。本实例中不选中这个复选框。

（4）单击“Finish”按钮，完成项目 Shop 的创建。这时，在 Eclipse 的“Package Explorer”中，将显示新创建的项目。

（5）在 Eclipse 的“Package Explorer”中，选中项目下的 WebContent 节点，并单击鼠标右键→new Other,打开 New JSP File 对话框，在该对话框的“Wizards”文本框中输入 jsp，选择“JSP File”，如图 5-4 所示。

（6）单击“Finish”按钮，完成 JSP 文件的创建。此时，在项目资源管理器的 WebContent 节点下，将自动添加一个名称为 index.jsp 的节点（见图 5-5）。同时，Eclipse 会自动以默认与 JSP 文件关联的编辑器将文件在右侧的编辑窗口中打开。

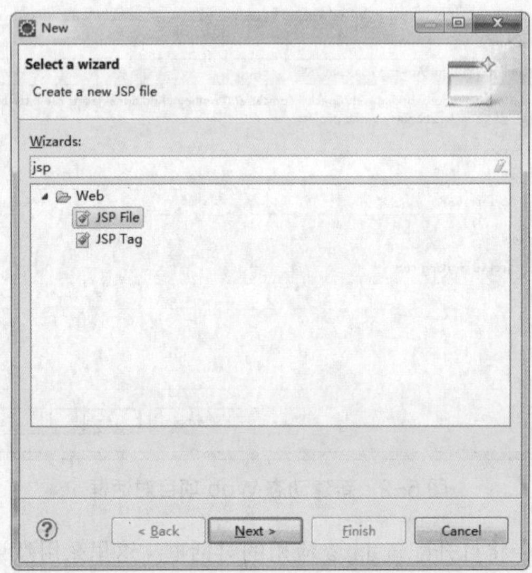

图 5-4　New JSP File 对话框

（7）将 index.jsp 文件中的默认代码修改为以下代码，并保存该文件。

```
<%@ page language="java" contentType="text/html; charset=UTF-8"
    pageEncoding="UTF-8"%>
<!DOCTYPE html PUBLIC "-//W3C//DTD HTML 4.01 Transitional//EN" "http://www.w3.org/TR/html4/loose.dtd">
<html>
<head>
<meta http-equiv="Content-Type" content="text/html; charset=UTF-8">
<META HTTP-EQUIV="Refresh" CONTENT="0;URL=time.jsp">
</head>
<body>
<center>
    <p>页面加载中......</p>
</center>
```

```
</body>
</html>
```

在这段代码中，jsp 自动执行刷新之后，直接跳转到 time.jsp 页面。

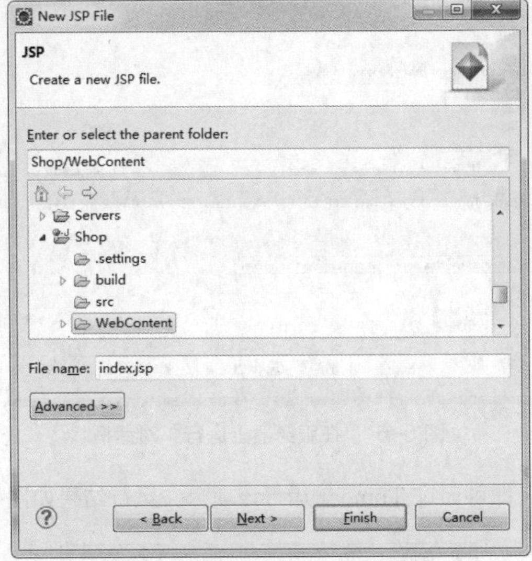

图 5-5 New JSP File 对话框

（8）按照上述步骤，再创建 time.jsp，代码如下：

```
<%@ page language="java" contentType="text/html; charset=UTF-8"
    pageEncoding="UTF-8" import="java.util.Date"%>
<!DOCTYPE HTML>
<html>
<head>
<meta charset="utf-8">
<title>开发第一个JSP网站</title>
</head>
<body>
    你好，这是我的第一个JSP程序<br>
    现在时间是：<%=new Date().toLocaleString() %>
</body>
</html>
```

在这段代码中，我们设置页面的编码为 UTF-8，并且添加了当前时间作为网页的动态内容，以演示它与 HTML 静态页面的不同。

5.2.2 运行 JSP 程序

完成第一个 JSP 程序的编写后，还需要在浏览器中查看程序运行结果。运行一个 JSP 程序（也就是一个 JSP 项目），需要有服务器的支持。之前的章节中已经介绍了如何配置服务器，下面将介绍如何应用已经配置的 Tomcat 服务器运行该 JSP 程序。

（1）在“Package Explorer”中选择项目名称节点，在工具栏上单击“ ”按钮中的黑三角，在弹出的快捷菜单中选择“Run As/Run On Server”菜单项，将打开“Run on Server”对话框，在该对话框中，选中“Always use this server when running this project”复选框，其他采用默认，如图 5-6 所示。

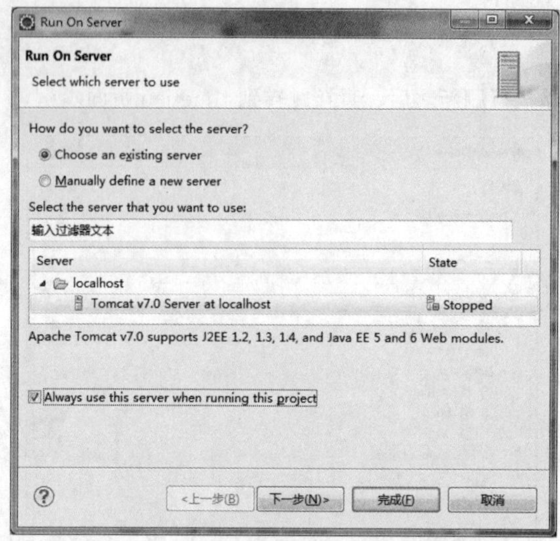

图 5-6 “在服务器上运行”对话框

（2）单击“完成”按钮，即可通过 Tomcat 运行该项目。运行结果如图 5-7 所示。

图 5-7 在 IE 浏览器中的运行结果

5.3 了解 JSP 的基本构成

【例 5-2】 了解 JSP 页面的基本构成。

在开始学习 JSP 语法之前，不妨先来了解一下 JSP 页面的基本构成。JSP 页面主要由指令标签、HTML 标记语言、注释、嵌入 Java 代码、JSP 动作标签 5 个元素组成。

```
<%@page import="java.util.Date"%>
<%@ page language="java" contentType="text/html; charset=UTF-8"
    pageEncoding="UTF-8"%>
<!DOCTYPE html PUBLIC "-//W3C//DTD HTML 4.01 Transitional//EN" "http://www.w3.org/TR/html4/loose.dtd">
<html>
<head>
<meta http-equiv="Content-Type" content="text/html; charset=UTF-8">
<title>Insert title here</title>
</head>
<body>
    <!-- HTML注释信息 -->
    <%
     Date now = new Date();
     String dateStr;
     dateStr = String.format("%ty年%tm月%td日", now, now, now);
    %>
```

```
    当前的日期是：<%=dateStr%>
</body>
</html>
```

程序说明如下。

（1）指令标签

上述代码的第1行就是一个JSP的指令标签，它们通常位于文件的首位。

（2）HTML标记语言

第4～11行、第19～20行都是HTML语言的代码，这些代码定义了网页内容的显示格式。

（3）注释

第12行使用了HTML语言的注释格式，在JSP页面中还可以使用JSP的注释格式和嵌入Java代码的注释格式。

（4）嵌入Java代码

在JSP页面中可以嵌入Java程序代码片段，这些Java代码被包含在<%%>标签中，如上述的第13～18行就嵌入了Java代码片段。其中的代码可以看作是一个Java类的部分代码。

（5）JSP动作标签

上述代码中没有编写动作标签。JSP动作标签是JSP中标签的一种，它们都使用“JSP:”开头，例如，“<jsp:forward>”标签可以将用户请求转发给另一个JSP页面或Servlet处理。在后面的内容中会对动作标签进行介绍。

5.4 指令标签

指令标签不会产生任何内容输出到网页中，主要用于定义整个JSP页面的相关信息，例如，使用的语言、导入的类包、指定错误处理页面等。其语法格式如下：

```
<%@ directive attribute="value" attributeN="valueN" ……%>
```

① directive：指令名称。

② attribute：属性名称，不同的指令包含不同的属性。

③ value：属性值，为指定属性赋值的内容。

标签中的<%@和%>是完整的标记，不能再添加空格，但是标签中定义的各种属性之间及与指令名之间可以有空格。

5.4.1 page 指令

这是JSP页面最常用的指令，用于定义整个JSP页面的相关属性，这些属性在JSP被服务器解析成Servlet时会转换为相应的Java程序代码。page指令的语法格式如下：

page 指令

```
<%@ page attr1="value1" attr2="value2" ……%>
```

page指令包含的属性有15个，下面对一些常用的属性进行介绍。

1. language 属性

该属性用于设置JSP页面使用的语言，目前只支持Java语言，以后可能会支持其他语言，如C++、C#等。该属性的默认值是Java。

例如：

```
<%@ page language="java" %>
```

2. extends 属性

该属性用于设置 JSP 页面继承的 Java 类，所有 JSP 页面在执行之前都会被服务器解析成 Servlet，而 Servlet 是由 Java 类定义的，所以 JSP 和 Servlet 都可以继承指定的父类。该属性并不常用，而且有可能影响服务器的性能优化。

3. import 属性

该属性用于设置 JSP 导入的类包。JSP 页面可以嵌入 Java 代码片段，这些 Java 代码在调用 API 时需要导入相应的类包。

例如：

```
<%@ page import="java.util.*" %>
```

4. pageEncoding 属性

该属性用于定义 JSP 页面的编码格式，也就是指定文件编码。JSP 页面中的所有代码都使用该属性指定的字符集，如果该属性值设置为 ISO-8859-1，那么这个 JSP 页面就不支持中文字符。通常我们设置编码格式为 GBK 或 UTF-8。

例如：

```
<%@ page pageEncoding="UTF-8"%>
```

5. contentType 属性

该属性用于设置 JSP 页面的 MIME 类型和字符编码，浏览器会据此显示网页内容。

例如：

```
<%@ page contentType="text/html; charset=UTF-8"%>
```

如果将这个属性设置应用于 JSP 页面，那么浏览器在呈现该网页时会使用 UTF-8 编码格式，如果当前浏览的编码格式为 GBK，那么就会产生乱码，这时用户需要手动更改浏览器的显示编码才能看到正确的中文内容，如图 5-8 所示。

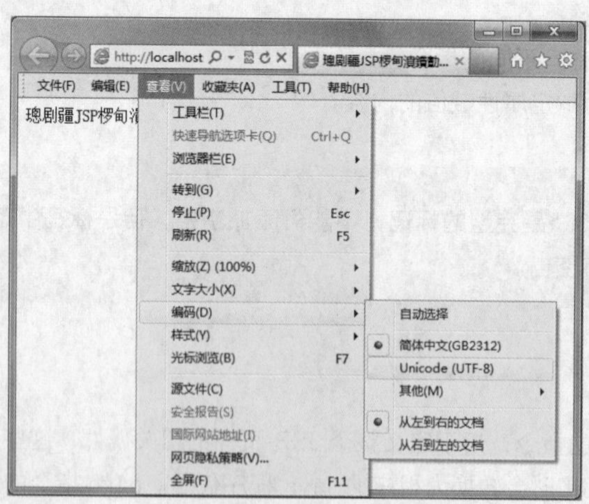

图 5-8　错误的网页编码

pageEncoding 属性与 contentType 都能设定编码格式，但是两者作用域却不同。
pageEncoding：设定服务器按照哪种编码格式读取 JSP 文件；
contentType：设定 JSP 按照哪种编码格式输出网页内容。

5.4.2 include 指令

include 指令用于文件包含。该指令可以在 JSP 页面中包含另一个文件的内容，但是它仅支持静态包含，也就是说被包含文件中的所有内容都被原样包含到该 JSP 页面中；如果被包含文件中有代码，将不被执行。被包含的文件可以是一段 Java 代码、HTML 代码或者是另一个 JSP 页面。

include 指令

例如：

```
<%@include file="validate.jsp" %>
```

上述代码将当前 JSP 文件中相同位置的 validate.jsp 文件包含进来。其中，file 属性用于指定被包含的文件，其值是当前 JSP 页面文件的相对 URL 路径。

下面举例演示 include 指令的应用。在当前 JSP 页面中包含 date.jsp 文件，而这个被包含的文件中定义了获取当前日期的 Java 代码，从而组成了当前页面显示日期的功能。这个实例主要用于演示 include 指令。

【例 5-3】 在当前页面中包含另一个 JSP 文件来显示当前日期。

（1）首先编辑 date.jsp 文件，程序代码如下：

```
<%@page pageEncoding="GB18030" %>
<%@page import="java.util.Date"%>
<%
        Date now = new Date();
        String dateStr;
        dateStr = String.format("%tY年%tm月%td日", now, now, now);
%>
<%=dateStr%>
```

（2）编辑 index.jsp 文件，它是本实例的首页文件，其中使用了 include 指令包含 date.jsp 文件到当前页面。被包含的 date.jsp 文件中的 Java 代码以静态方式导入到 index.jsp 文件，然后才被服务器编译执行。程序代码如下：

```
<%@ page language="java" import="java.util.*"
      contentType="text/html; charset=GB18030" pageEncoding="GB18030"%>
<!DOCTYPE HTML PUBLIC "-//W3C//DTD HTML 4.01 Transitional//EN">
<html>
     <head>
          <title>include指令演示</title>
     </head>
     <body>
          <!--HTML注释信息-->
          当前日期是：
          <%@include file="date.jsp"%>
          <br>
     </body>
</html>
```

程序运行结果如图 5-9 所示（可以将地址栏中的访问地址复制到 IE 或其他浏览器中访问）。

date.jsp 文件将被包含在 index.jsp 文件中，所以文件中的 page 指令代码可以省略，在被包含到 index.jsp 文件中后会直接使用 index.jsp 文件的设置，但是为了在 Eclipse 编辑器中避免编译错误提示，本例添加了相关代码。

图 5-9　程序运行结果

被 include 指令包含的 JSP 页面中不要使用<html>和<body>标签，它们是 HTML 语言的结构标签，被包含进其他 JSP 页面会破坏页面格式。另外还要注意源文件和被包含文件中的变量和方法的名称不要冲突，因为它们最终会生成一个文件，重名将导致错误发生。

5.4.3　taglib 指令

taglib 指令

该指令用于加载用户自定义标签，自定义标签将在后面章节进行讲解。使用该指令加载后的标签可以直接在 JSP 页面中使用。其语法格式如下：

```
<%@taglib prefix="fix" uri="tagUriorDir" %>
```

① prefix 属性：用于设置加载自定义标签的前缀。

② uri 属性：用于指定自定义标签的描述符文件位置。

例如：

```
<%@taglib prefix="view" uri="/WEB-INF/tags/view.tld" %>
```

5.5　嵌入 Java 代码

在 JSP 页面中可以嵌入 Java 的代码片段来完成业务处理，如之前的实例在页面中输出当前日期，就是通过嵌入 Java 代码片段实现的。本节将介绍 JSP 嵌入 Java 代码的几种格式和用法。

5.5.1　代码片段

代码片段

所谓代码片段，就是在 JSP 页面中嵌入的 Java 代码，也有称为脚本段或脚本代码的。代码片段将在页面请求的处理期间被执行，可以通过 JSP 内置对象在页面输出内容、访问 session 会话、编写流程控制语句等。其语法格式如下：

```
<% 编写Java代码 %>
```

Java 代码片段被包含在“<%”和“%>”标记之间。可以编写单行或多行的 Java 代码，语句以“;”结尾，其编写格式与 Java 类代码格式相同。

例如：

```
<%
    Date now = new Date();
    String dateStr;
    dateStr = String.format("%tY年%tm月%td日", now, now, now);
%>
```

上述代码在代码片段中创建 Date 对象，并生成格式化的日期字符串。

【例 5-4】 在代码片段中编写循环输出九九乘法表。

```
<%@ page language="java" import="java.util.*" pageEncoding="GB18030"%>
```

```
<!DOCTYPE HTML PUBLIC "-//W3C//DTD HTML 4.01 Transitional//EN">
<html>
    <head>
        <title>JSP的代码片段</title>
    </head>
    <body>
        <%
            long startTime = System.nanoTime();  // 记录开始时间，单位纳秒
        %>
        输出九九乘法表
        <br>
         <%
            for (int i = 1; i <= 9; i++) {          // 第一层循环
                for (int j = 1; j <= i; j++) {   // 第二层循环
                    String str = j + "*" + i + "=" + j * i;
                    out.print(str + " ");          // 使用空格格式化输出
                }
                out.println("<br>");                   // HTML换行
            }
            long time = System.nanoTime() - startTime;
        %>
        生成九九乘法表用时
        <%
            out.println(time / 1000);                  // 输出用时多少毫秒
        %>
        毫秒。
    </body>
</html>
```

程序运行结果如图 5-10 所示。

```
输出九九乘法表
1*1=1
1*2=2 2*2=4
1*3=3 2*3=6 3*3=9
1*4=4 2*4=8 3*4=12 4*4=16
1*5=5 2*5=10 3*5=15 4*5=20 5*5=25
1*6=6 2*6=12 3*6=18 4*6=24 5*6=30 6*6=36
1*7=7 2*7=14 3*7=21 4*7=28 5*7=35 6*7=42 7*7=49
1*8=8 2*8=16 3*8=24 4*8=32 5*8=40 6*8=48 7*8=56 8*8=64
1*9=9 2*9=18 3*9=27 4*9=36 5*9=45 6*9=54 7*9=63 8*9=72 9*9=81
生成九九乘法表用时 109 毫秒。
```

图 5-10　JSP 页面输出乘法表

5.5.2　声明

声明

声明脚本用于在 JSP 页面中定义全局的（即整个 JSP 页面都需要引用的）成员变量或方法，它们可以被整个 JSP 页面访问，服务器执行时会将 JSP 页面转换为 Servlet 类，在该类中会把使用 JSP 声明脚本定义的变量和方法定义为类的成员。

（1）定义全局变量

例如：

```
<%! long startTime = System.nanoTime();%>
```

上述代码在 JSP 页面定义了全局变量 startTime，该全局变量可以在整个 JSP 页面使用。

（2）定义全局方法

例如：

```
<%!
        int getMax(int a, int b) {
            int max = a > b ? a : b;
            return max;
        }
%>
```

5.5.3 JSP 表达式

JSP 表达式可以直接把 Java 的表达式结果输出到 JSP 页面中。表达式的最终运算结果将被转换为字符串类型，因为在网页中显示的文字都是字符串。JSP 表达式的语法格式如下：

JSP 表达式

```
<%= 表达式 %>
```

其中，表达式可以是任何 Java 语言的完整表达式。

例如，圆周率是：

```
<%=Math.PI %>
```

5.6 注释

由于 JSP 页面由 HTML、JSP、Java 脚本等组成，所以在其中可以使用多种注释格式，本节将对这些注释的语法进行讲解。

HTML 注释

5.6.1 HTML 注释

HTML 语言的注释不会被显示在网页中，但是在浏览器中选择查看网页源代码时，还是能够看到注释信息的。

语法：

```
<!-- 注释文本 -->
```

例如：

```
<!-- 显示数据报表的表格 -->
<table>
    ......
</table>
```

上述代码为 HTML 的一个表格添加了注释信息，其他程序开发人员可以直接从注释中了解表格的用途，无需重新分析代码。在浏览器中查看网页代码时，上述代码将完整地被显示，包括注释信息。

5.6.2 JSP 注释

程序注释通常用于帮助程序开发人员理解代码的用途，使用 HTML 注释可以为页面代码添加说明性的注释，但是在浏览器中查看网页源代码时将暴露这些注释信息；而如果使用 JSP 注释就不用担心出现这种情况了，因为 JSP 注释是被服务器编译执行的，不会发送到客户端。

JSP 注释

语法：

```
<%-- 注释文本 --%>
```

例如：

```
<%-- 显示数据报表的表格 --%>
<table>
    ……
</table>
```

上述代码的注释信息不会被发送到客户端，那么在浏览器中查看网页源码时也就看不到注释内容。

5.6.3 动态注释

由于 HTML 注释对 JSP 嵌入的代码不起作用，因此可以利用它们的组合构成动态的 HTML 注释文本。

动态注释

例如：

```
<!-- <%=new Date()%> -->
```

上述代码将当前日期和时间作为 HTML 注释文本。

5.6.4 代码注释

JSP 页面支持嵌入的 Java 代码，这些 Java 代码的语法和注释方法都和 Java 类的代码相同，因此也就可以使用 Java 的代码注释格式。

例如：

```
<%
//单行注释
/*
多行注释
    */
%>
<%/**JavaDoc注释，用于成员注释*/%>
```

代码注释

5.7 JSP 动作标签

JSP 2.0规范中提供了20个标准的使用XML语法写成的动作标签，这些标签可用来实现特殊的功能，例如，转发用户请求、操作 JavaBean、包含其他文件等。

动作标签是在请求处理阶段按照在页面中出现的顺序被执行的。JSP 动作标签的优先级低于指令标签，在 JSP 页面被执行时将首先进入翻译阶段，程序会先查找页面中的指令标签，将它们转换成 Servlet，从而设置整个 JSP 页面。

动作标签遵循 XML 语法，包括开始标签和结束标签。其通用的语法格式如下：

```
<标签名 属性1="值1" 属性2="值2"…/>
```

或者：

```
<标签名 属性1="值1" 属性2="值2"…>
    标签内容
</标签名>
```

本节将介绍 JSP 项目开发中常用的 JSP 动作标签。

5.7.1 <jsp:include>

这个动作标签可以将另外一个文件的内容包含到当前 JSP 页面中。被包含的文件内容可以是静态文本，也可以是动态代码。其语法格式如下：

语法：

```
<jsp:include page="url" flush="false|true" />
```

或者：

```
<jsp:include page="url" flush="false|true" >
    子标签
</jsp:include>
```

① page：该属性用于指定被包含文件的相对路径。例如，“validate.jsp”是将与当前 JSP 文件在同一文件夹中的 validate 文件包含到当前 JSP 页面中。

② flush：可选参数，用于设置是否刷新缓冲区。默认值为 false；如果设置为 true，则在当前页面输出使用了缓冲区的情况下，将先刷新缓冲区，然后再执行包含工作。

例如：

```
<jsp:include page="validate.jsp"/>
```

上述代码将 validate.jsp 文件内容包含到当前页面中。

被包含的 JSP 页面中不要使用<html>和<body>标签，它们是 HTML 语言的结构标签，被包含进其他 JSP 页面会破坏页面格式。另外要注意的一点是，源文件和被包含文件中的变量和方法的名称不要冲突，因为它们最终会生成一个文件，重名会导致错误发生。

下面我们再来看看<jsp:include>与 include 指令的区别。

<jsp:include>标签与 include 指令都拥有包含其他文件内容到当前 JSP 页面中的能力，但是它们存在一定的区别，具体体现在如下几点。

（1）相对路径

include 指令使用 file 属性指定被包含的文件，该属性值使用文件的相对路径指定被包含文件的位置，而<jsp:include>标签以页面的相对路径来指定被包含的资源。

（2）包含资源

include 指令包含的资源为静态，如 HTML、txt 等；如果将 JSP 的动态内容用 include 指令包含的话，也会被当作静态资源包含到当前页面；被包含资源与当前 JSP 页面是一个整体，资源相对路径的解析在 JSP 页面转换为 Servlet 时发生，如图 5-11 所示。

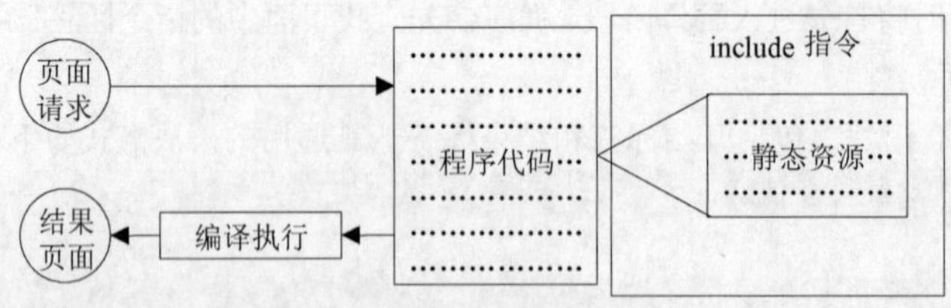

图 5-11　include 指令工作流程

<jsp:include>标签包含 JSP 动态资源时，资源相对路径的解析在请求处理时发生。当前页面和被包含的资源是两个独立的实体，被包含的页面会对包含它的 JSP 页面中的请求对象进行处理，然后将处理结果作为当前 JSP 页面的包含内容，与当前页面内容一起发送到客户端，如图 5-12 所示。

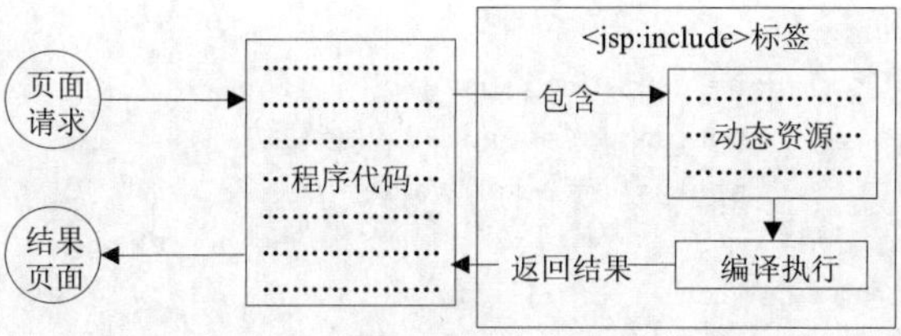

图 5-12　<jsp:include>标签工作流程

5.7.2　<jsp:forward>

<jsp:forward>是请求转发标签。该标签可以将当前页面的请求转发给其他 Web 资源，例如，另一个 JSP 页面、HTML 页面、Servlet 等；而当前页面可以不对请求进行处理，或者做些验证性的工作和其他工作。其工作原理如图 5-13 所示。

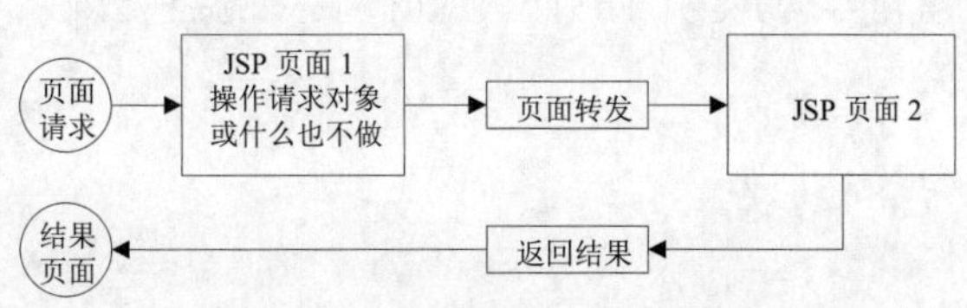

图 5-13　转发请求的工作原理

【例 5-5】 将首页请求转发到用户添加页面。

（1）首先编写 addUser.jsp 文件，它是添加用户的页面。

```
<%@ page language="java" import="java.util.*" pageEncoding="GB18030"%>
<!DOCTYPE HTML PUBLIC "-//W3C//DTD HTML 4.01 Transitional//EN">
<html>
    <head>
        <title>JSP的include动作标签</title>
    </head>
    <body>
        <form action="index.jsp" method="post">
            <table align="center">
                <tr>
                    <td align="center" colspan="2">
                        <h3>添加用户</h3>
                    </td>
                </tr>
                <tr>
                    <td>姓名：</td>
                    <td><input name="name" type="text"></td>
                </tr>
                <tr>
                    <td>性别：</td>
                    <td>
                        <input name="sex" type="radio" value="男" checked="checked">
                        <input name="sex" type="radio" value="女">
                    </td>
                </tr>
```

```
                <tr>
                    <td align="center" colspan="2">
                        <input type="submit" value="添加">
                        <input type="reset" value="重置">
                    </td>
                </tr>
            </table>
        </form>
    </body>
</html>
```

（2）服务器默认运行的是 index.jsp 文件，它是 Web 程序的首页。在该文件中将请求转发给 addUser.jsp 页面文件，从而使 addUser.jsp 作为首先被访问的页面。

```
<%@ page language="java" contentType="text/html" pageEncoding="GBK"%>
<!DOCTYPE HTML PUBLIC "-//W3C//DTD HTML 4.01 Transitional//EN">
<html>
    <head>
        <title>首页</title>
    </head>
    <body>
        <jsp:forward page="addUser.jsp"/>
    </body>
</html>
```

实例运行结果如图 5-14 所示。

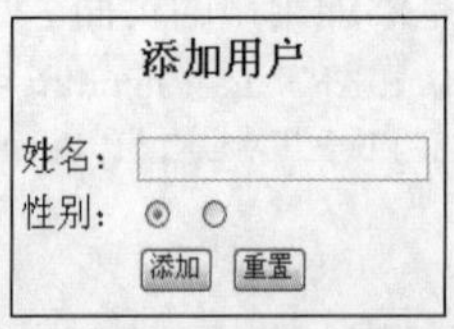

图 5-14　实例运行结果

5.7.3　<jsp:param>

该标签可以作为其他标签的子标签，为其他标签传递参数。其语法格式如下：

```
<jsp:param name="paramName" value="paramValue" />
```

① name 属性：用于指定参数名称。

② value 属性：用于设置对应的参数值。

例如：

```
<jsp:forward page="addUser.jsp">
    <jsp:param name="userName" value="mingri"/>
</jsp:forward>
```

上述代码在转发请求到 addUser.jsp 页面的同时，传递了参数 userName，其参数值为“mingri”。

5.8　request 对象

内置对象，也可以叫作隐含对象，是不需要预先声明就可以在脚本中直接使用的对象。本节为大家介绍 JSP 的几个常用内置对象。

request 对象是 javax.servlet.http.HttpServletRequest 类型的对象。该对象代表了客户端的请求信息，主要用于接收通过 HTTP 协议传送到服务器端的数据（包括头信息、系统信息、请求方式及请求参数等）。request 对象的作用域为一次请求。

5.8.1 获取请求参数值

在一个请求中，可以通过使用"？"的方式来传递参数，然后通过 request 对象的 getParameter()方法来获取参数的值。例如：

```
String id = request.getParameter("id");
```

获取请求参数值

上面的代码使用 getParameter()方法从 request 对象中获取参数 id 的值，如果 request 对象中不存在此参数，那么该方法将返回 null。

【例 5-6】 使用 request 对象获取请求参数值。

首先在 Web 项目中创建 index.jsp 页面，在其中加入一个超链接按钮用来请求 show.jsp 页面，并在请求后增加一个参数 id。关键代码如下：

```
<body>
<a href="show.jsp?id=001">获取请求参数的值</a>
</body>
```

然后新建 show.jsp 页面，在其中通过 getParameter()方法来获取 id 参数与 name 参数的值，并将其输出到页面中。关键代码如下：

```
<body>
id参数的值为：<%=request.getParameter("id") %><br>
name参数的值为：<%=request.getParameter("name") %>
</body>
```

在上面的代码中，我们同时将 id 参数与 name 参数的值显示在页面中，但是在请求中只传递了 id 参数，并没有传递 name 参数，所以 id 参数的值被正常显示出来，而 name 参数的值则显示为 null，运行结果如图 5-15 所示。

```
id参数的值为：001
name参数的值为：null
```

图 5-15 程序运行结果

5.8.2 获取 form 表单的信息

除了获取请求参数中传递的值之外，我们还可以使用 request 对象获取从表单中提交过来的信息。在一个表单中会有不同的标签元素，对于文本元素、单选按钮、单选下拉列表框都可以使用 getParameter()方法来获取其具体的值，但对于复选框及多选列表框被选定的内容就要使用 getParameterValues()方法来获取了，该方法会返回一个字符串数组，通过循环遍历这个数组就可以得到用户选定的所有内容。

获取 form 表单的信息

【例 5-7】 获取 form 表单信息。

创建 index.jsp 页面文件，在该页面中创建一个 form 表单，在表单中分别加入文本框、下拉列表框、单选按钮和复选框。关键代码如下：

```
<form action="show.jsp" method="post">
 <ul style="list-style: none; line-height: 30px">
```

```
        <li>输入用户姓名：<input type="text" name="name" /><br /></li>
        <li>选择性别：
            <input name="sex" type="radio" value="男" />男
            <input name="sex" type="radio" value="女" />女
        </li>
        <li>
            选择密码提示问题：
            <select name="question">
                <option value="母亲生日">母亲生日</option>
                <option value="宠物名称">宠物名称</option>
                <option value="电脑配置">电脑配置</option>
            </select>
        </li>
        <li>请输入问题答案：<input type="text" name="key" /></li>
        <li>
            请选择个人爱好：
            <div style="width: 400px">
                <input name="like" type="checkbox" value="唱歌跳舞" />唱歌跳舞
                <input name="like" type="checkbox" value="上网冲浪" />上网冲浪
                <input name="like" type="checkbox" value="户外登山" />户外登山<br />
                <input name="like" type="checkbox" value="体育运动" />体育运动
                <input name="like" type="checkbox" value="读书看报" />读书看报
                <input name="like" type="checkbox" value="欣赏电影" />欣赏电影
            </div>
        </li>
        <li><input type="submit" value="提交" /></li>
    </ul>
</form>
```

页面运行结果如图 5-16 所示。

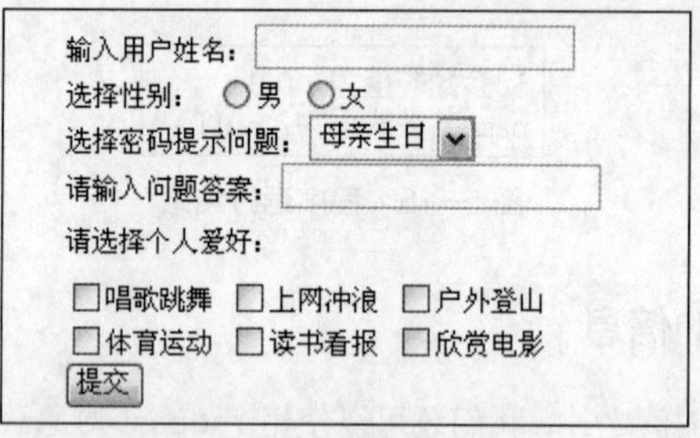

图 5-16 页面运行结果

接下来编写 show.jsp 页面文件，该页面是用来处理请求的，在其中分别使用 getParameter()方法与 getParameterValues()方法将用户提交的表单信息显示在页面中。关键代码如下：

```
<ul style="list-style:none; line-height:30px">
<li>输入用户姓名：
<%=new String(request.getParameter("name").getBytes("ISO8859_1"),"GBK") %></li>
<li>选择性别：
<%=new String(request.getParameter("sex").getBytes("ISO8859_1"),"GBK") %></li>
<li>选择密码提示问题：
<%=new String(request.getParameter("question").getBytes("ISO8859_1"),"GBK") %>
</li>
```

```
<li>请输入问题答案：
<%=new String(request.getParameter("key").getBytes("ISO8859_1"),"GBK") %></li>
<li>
        请选择个人爱好：
    <%
        String[] like =request.getParameterValues("like");
        for(int i =0;i<like.length;i++){
    %>
    <%= new String(like[i].getBytes("ISO8859_1"),"GBK")+"  " %>
    <%      }
    %>
    </li>
</ul>
```

show.jsp 页面运行结果如图 5-17 所示。

输入用户姓名：张三

选择性别：男

选择密码提示问题：母亲生日

请输入问题答案：1953-06-08

请选择个人爱好： 户外登山 体育运动

图 5-17 show.jsp 页面运行结果

如果想要获得所有的参数名称可以使用 getParameterNames()方法，该方法返回一个 Enumeration 类型值。

5.8.3 获取请求客户端信息

获取请求客户端信息

在 request 对象中通过相应的方法（表 5-1）还可以获取到客户端的相关信息，如 HTTP 报头信息、客户信息提交方式、客户端主机 IP 地址、端口号等。

表 5-1 request 获取客户端信息方法说明

方法	返回值	说明
getHeader(String name)	String	返回指定名称的 HTTP 头信息
getMethod()	String	获取客户端向服务器发送请求的方法
getContextPath()	String	返回请求路径
getProtocol()	String	返回请求使用的协议
getRemoteAddr()	String	返回客户端 IP 地址
getRemoteHost()	String	返回客户端主机名称
getRemotePort()	int	返回客户端发出请求的端口号
getServletPath()	String	返回接受客户提交信息的页面
getRequestURI()	String	返回部分客户端请求的地址，不包括请求的参数
getRequestURL()	StringBuffer	返回客户端请求地址

【例 5-8】 获取请求信息。

本实例通过上面介绍的方法演示如何使用 request 对象获取请求客户端信息。关键代码如下：

```
<ul style="line-height:24px">
    <li>客户使用的协议：<%=request.getProtocol() %>
    <li>客户端发送请求的方法：<%=request.getMethod() %>
    <li>客户端请求路径：<%=request.getContextPath() %>
    <li>客户机IP地址：<%=request.getRemoteAddr() %>
    <li>客户机名称：<%=request.getRemoteHost() %>
    <li>客户机请求端口号：<%=request.getRemotePort() %>
    <li>接收客户信息的页面：<%=request.getServletPath() %>
    <li>获取报头中User-Agent值：<%=request.getHeader("user-agent") %>
    <li>获取报头中accept值：<%=request.getHeader("accept") %>
    <li>获取报头中Host值：<%=request.getHeader("host") %>
    <li>获取报头中accept-encoding值：<%=request.getHeader("accept-encoding") %>
    <li>获取URI：<%=request.getRequestURI() %>
    <li>获取URL：<%=request.getRequestURL() %>
</ul>
```

上面的代码运行结果如图 5-18 所示，可以看到请求客户端的信息及报头中的部分信息都已经被显示在页面上了。

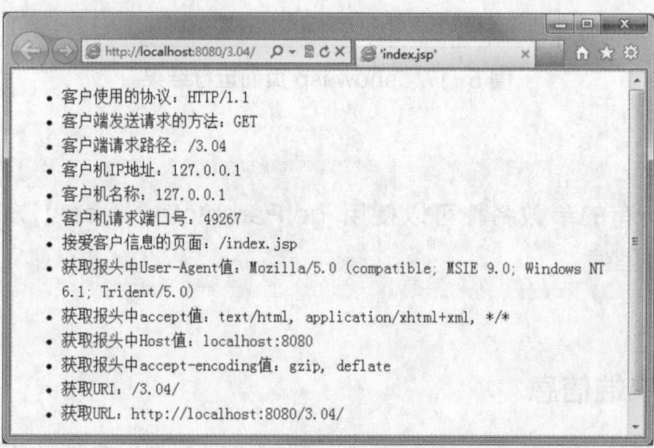

图 5-18 客户端信息

默认的情况下，在 Windows 7 系统下，当使用 localhost 进行访问时，应用 request.getRemoteAddr()获取的客户端 IP 地址将是 0:0:0:0:0:0:0:1，这是以 IPv6 的形式显示的 IP 地址，要显示为 127.0.0.1，需要在 C:\Windows\System32\drivers\etc\hosts 文件中添加“127.0.0.1　localhost”，并保存该文件。

5.8.4 在作用域中管理属性

在作用域中管理属性

通过使用 setAttribute()方法可以在 request 对象的属性列表中添加一个属性，然后在 request 对象的作用域范围内通过使用 getAttribute()方法将其属性取出；此外，还可使用 removeAttribute()方法将一个属性删除掉。

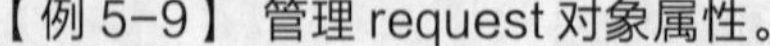

【例 5-9】 管理 request 对象属性。

本实例首先将 date 属性加入到 request 属性列表中，然后输出这个属性的值；接下来使用 removeAttribute()方法将 date 属性删除，最后再次输出 date 属性。关键代码如下：

```
<%
    request.setAttribute("date",new Date()); //添加一个属性
%>
<ul style="line-height: 24px;">
    <li>获取date属性：<%=request.getAttribute("date") %></li>
    <!-- 将属性删除 -->
    <%request.removeAttribute("date"); %>
    <li>删除后再获取date属性：<%=request.getAttribute("date") %></li>
</ul>
```

request 对象的作用域为一次请求，超出作用域后属性列表中的属性即会失效。程序运行结果如图 5-19 所示，第一次正确输出了 date 的值；在将 date 属性删除以后，再次输出时 date 的值为 null。

图 5-19　管理属性

5.8.5　cookie 管理

cookie 是小段的文本信息，通过使用 cookie 可以标识用户身份、记录用户名及密码、跟踪重复用户。cookie 在服务器端生成并发送给浏览器，浏览器将 cookie 的 key/value 保存到某个指定的目录中，服务器的名称与值可以由服务器端定义。

cookie 管理

通过 cookie 的 getCookies()方法可以获取到所有的 cookie 对象集合，然后通过 cookie 对象的 getName()方法获取到指定名称的 cookie，再通过 getValue()方法即可获取到 cookie 对象的值。另外，将一个 cookie 对象发送到客户端使用了 response 对象的 addCookie()方法。

【例 5-10】 管理 cookie。

首先创建 index.jsp 页面文件，在其中创建 form 表单，用于让用户输入信息；并且从 request 对象中获取 cookie，判断是否含有此服务器发送过的 cookie。如果没有，则说明该用户第一次访问本站；如果有，则直接将值读取出来，并赋给对应的表单。关键代码如下：

```
<%
    String welcome = "第一次访问";
    String[] info = new String[]{"","",""};
    Cookie[] cook = request.getCookies();
    if(cook!=null){
        for(int i=0;i<cook.length;i++){
            if(cook[i].getName().equals("mrCookInfo")){
                info = cook[i].getValue().split("#");
```

```
                    welcome = "，欢迎回来！";
                }
            }
    }
%>
<%=info[0]+welcome %>
    <form action="show.jsp" method="post">
    <ul style="line-height: 23">
        <li>姓    名：<input name="name" type="text" value="<%=info[0] %>">
        <li>出生日期：<input name="birthday" type="text" value="<%=info[1] %>">
        <li>邮箱地址：<input name="mail" type="text" value="<%=info[2] %>">
        <li><input type="submit" value="提交">
    </ul>
</form>
```

接下来创建 show.jsp 页面文件，在该页面中通过 request 对象将用户输入的表单信息提取出来；创建一个 cookie 对象，并通过 response 对象的 addCookie()方法将其发送到客户端。关键代码如下：

```
<%
    String name = request.getParameter("name");
    String birthday = request.getParameter("birthday");
    String mail = request.getParameter("mail");
    Cookie myCook = new Cookie("mrCookInfo",name+"#"+birthday+"#"+mail);
    myCook.setMaxAge(60*60*24*365);          //设置cookie有效期
    response.addCookie(myCook);
%>
表单提交成功
<ul style="line-height: 24px">
    <li>姓名：<%= name %>
    <li>出生日期：<%= birthday %>
    <li>电子邮箱：<%= mail %>
    <li><a href="index.jsp">返回</a>
</ul>
```

程序运行结果如图 5-20 所示，第一次访问页面时用户表单中的信息是空的；当用户提交过一次表单之后，表单中的内容就会被记录到 cookie 对象中，再次访问的时候会从 cookie 中获取用户输入的表单信息并显示在表单中，如图 5-21 所示。

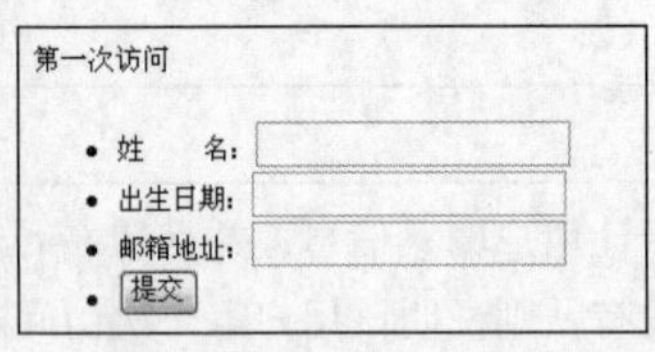

图 5-20　第一次访问

图 5-21　再次访问

5.9　response 对象

response 对象

response 代表的是对客户端的响应，主要是将 JSP 容器处理过的对象传回到客户端。response 对象也具有作用域，它只在 JSP 页面内有效。response 对象的常用方法见表 5-2。

表 5-2　response 对象的常用方法

方法	返回值	说明
addHeader(String name,String value)	void	添加 HTTP 文件头，如果同名的头存在，则覆盖
setHeader(String name,String value)	void	设定指定名称的文件头的值，如果存在则覆盖
addCookie(Cookie cookie)	void	向客户端添加一个 cookie 对象
sendError(int sc,String msg)	void	向客户端发送错误信息。例如，404 网页找不到
sendRedirect(String location)	void	发送请求到另一个指定位置
getOutputStream()	ServletOutputStream	获取客户端输出流对象
setBufferSize(int size)	void	设置缓冲区大小

5.9.1　重定向网页

重定向是通过使用 sendRedirect()方法，将响应发送到另一个指定的位置进行处理。重定向可以将地址重新定向到不同的主机上，在客户端浏览器上将会得到跳转的地址，并重新发送请求链接。用户可以从浏览器的地址栏中看到跳转后的地址。进行重定向操作后，request 中的属性全部失效，并且进入一个新的 request 对象的作用域。

重定向网页

例如，使用该方法重定向到明日图书网：

```
response.sendRedirect("www.mingribook.com");
```

在 JSP 页面中使用该方法的时候前面不要有 HTML 代码，并且在重定向操作之后紧跟一个 return，因为重定向之后下面的代码已经没有意义了，并且还可能产生错误。

5.9.2　处理 HTTP 文件头

setHeader()方法通过两个参数——头名称与参数值的方式来设置 HTTP 文件头。

处理 HTTP 文件头

例如，设置网页每 5 秒自动刷新一次：

```
response.setHeader("refresh","5");
```

例如，设置 2 秒钟后自动跳转至指定的页面：

```
response.setHeader("refresh","2;URL=welcome.jsp");
```

refresh 参数并不是 HTTP 1.1 规范中的标准参数，但 IE 与 Netscape 浏览器都支持该参数。

例如，设置响应类型：

```
response.setContentType("text/html");
```

5.9.3 设置输出缓冲

通常情况下，服务器要输出到客户端的内容不会直接写到客户端，而是先写到一个输出缓冲区；只有在以下的 3 种情况下，才会把缓冲区的内容写到客户端。

① JSP 页面的输出信息已经全部写入到了缓冲区。

② 缓冲区已满。

③ 在 JSP 页面中调用了 flushbuffer()方法或 out 对象的 flush()方法。

使用 response 对象的 setBufferSize()方法可以设置缓冲区的大小。例如，设置缓冲区大小为 0KB，即不缓冲。

```
response.setBufferSize(0);
```

还可以使用 isCommitted()方法来检测服务器端是否已经把数据写入客户端。

5.10 session 对象

session 对象是由服务器自动创建的与用户请求相关的对象。服务器为每个用户都生成一个 session 对象，用于保存该用户的信息，跟踪用户的操作状态。session 对象内部使用 Map 类来保存数据，因此保存数据的格式为“key/value”。session 对象的 value 可以是复杂的对象类型，而不仅仅局限于字符串类型。session 中的常用方法见表 5-3。

session 对象

表 5-3 session 对象常用方法

方法	返回值	说明
getAttribute(String name)	Object	获得指定名字的属性
getAttributeNames()	Enumeration	获得 session 中所有属性对象
getCreationTime()	Long	获得 session 对象创建时间
getId()	String	获得 session 对象唯一编号

5.10.1 创建及获取 session 信息

session 是与请求有关的会话对象，是 java.servlet.http.HttpSession 对象，用于保存和存储页面的请求信息。session 对象的 setAttribute()方法可实现将信息保存在 session 范围内，而通过 getAttribute()方法可以获取保存在 session 范围内的信息。

setAttribute()方法的语法格式如下：

```
setAttribute(String key,Object obj)
```

① key：保存在 session 范围内的关键字。

② obj：保存在 session 范围内的对象。

getAttribute()方法的语法格式如下：

```
getAtttibute(String key)
```

key：指定保存在 session 范围内的关键字。

【例 5-11】 创建和获取 session 信息。

（1）在 index.jsp 页面中，实现将文字信息保存在 session 范围内。

```
<body>
    <%
        String sessionMessage = "session练习";
        session.setAttribute("message",sessionMessage);
        out.print("保存在session范围内的对象为："+sessionMessage);
    %>
</body>
```

运行结果如图 5-22 所示。

保存在session范围内的对象为：session练习

图 5-22 index.jsp 页面运行结果

（2）在 default.jsp 页面中，获取保存在 session 范围内的信息，并在页面中显示。

```
<body>
 <%
    String message = (String)session.getAttribute("message");
    out.print("保存在session范围内的值为："+message);
  %>
</body>
```

运行结果如图 5-23 所示。

保存在session范围内的值为：session练习

图 5-23 default.jsp 页面运行结果

session 默认在服务器上的存储时间为 30 分钟，当客户端停止操作 30 分钟后，session 中存储的信息会自动失效。此时调用 getAttribute()等方法将出现异常。

5.10.2 从会话中移除指定的绑定对象

对于存储在 session 会话中的对象，如果想将其从 session 会话中移除，可以使用 session 对象的 removeAttribute()方法。

语法格式如下：

```
removeAttribute(String key)
```

key：保存在 session 范围内的关键字。

例如，将保存在 session 会话中的对象移除：

```
session.removeAttribute("message");
```

5.10.3 销毁 session

当调用 session 对象的 invalidate()方法后，表示 session 对象被删除，即不可以再使用 session 对象。

语法格式如下：

```
session.invalidate();
```

如果调用了 session 对象的 invalidate()方法，之后在调用 session 对象的任何其他方法时，都将报出 Session already invalidated 异常。

5.10.4 会话超时的管理

在应用 session 对象时应该注意 session 的生命周期。一般来说，session 的生命周期在 20～30 分钟之间。当用户首次访问时将产生一个新的会话，以后服务器就可以记住这个会话状态，当会话生命周期超时时，或者服务器端强制使会话失效时，这个 session 就不能使用了。在开发程序时应该考虑到用户访问网站时可能发生的各种情况，如用户登录网站后在 session 的有效期外进行相应操作，用户会看到一张错误页面。这样的现象是不允许发生的。为了避免这种情况的发生，在开发系统时应该对 session 的有效性进行判断。

在 session 对象中提供了设置会话生命周期的方法，分别介绍如下。

① getLastAccessedTime()：返回客户端最后一次与会话相关联的请求时间。

② getMaxInactiveInterval()：以秒为单位返回一个会话内两个请求最大时间间隔。

③ setMaxInactiveInterval()：以秒为单位设置 session 的有效时间。

例如，通过 setMaxInactiveInterval()方法设置 session 的有效期为 10000 秒，超出这个范围 session 将失效。

```
session.setMaxInactiveInterval(10000);
```

5.10.5 session 对象的应用

session 是较常用的内置对象之一，与 requeset 对象相比其作用范围更大。下面通过实例介绍 session 对象的应用。

【例 5-12】 在 index.jsp 页面中，提供用户输入用户名文本框；在 session.jsp 页面中，将用户输入的用户名保存在 session 对象中，用户在该页面中可以添加最喜欢去的地方；在 result.jsp 页面中，将用户输入的用户名与最想去的地方在页面中显示。

（1）index.jsp 页面的代码如下：

```
<form id="form1" name="form1" method="post" action="session.jsp">
    <div align="center">
  <table width="23%" border="0">
    <tr>
      <td width="36%"><div align="center">您的名字是：</div></td>
      <td width="64%">
        <label>
        <div align="center">
          <input type="text" name="name" />
        </div>
        </label>
        </td>
    </tr>
    <tr>
      <td colspan="2">
        <label>
          <div align="center">
            <input type="submit" name="Submit" value="提交" />
          </div>
        </label>
          </td>
```

```
        </tr>
      </table>
    </div>
    </form>
```

该页面运行结果如图 5-24 所示。

图 5-24　index.jsp 页面运行结果

（2）在 session.jsp 页面中，将用户在 index.jsp 页面中输入的用户名保存在 session 对象中，并为用户提供用于添加最想去的地址的文本框。代码如下：

```
<%
      String name = request.getParameter("name");            //获取用户填写的用户名
      session.setAttribute("name",name);                      //将用户名保存在session对象中
 %>
   <div align="center">
  <form id="form1" name="form1" method="post" action="result.jsp">
    <table width="28%" border="0">
      <tr>
        <td>您的名字是：</td>
        <td><%=name%></td>
      </tr>
      <tr>
        <td>您最喜欢去的地方是：</td>
        <td><label>
          <input type="text" name="address" />
        </label></td>
      </tr>
      <tr>
        <td colspan="2"><label>
          <div align="center">
            <input type="submit" name="Submit" value="提交" />
            </div>
        </label></td>
      </tr>
    </table>
  </form>
```

session.jsp 页面运行结果如图 5-25 所示。

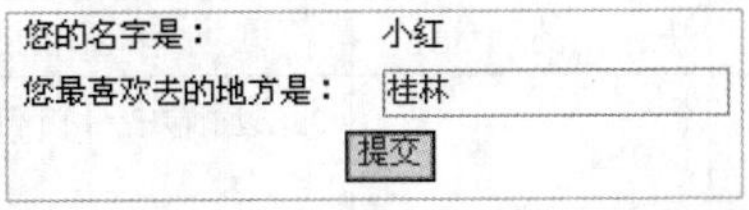

图 5-25　session.jsp 页面运行结果

（3）在 result.jsp 页面中，实现将用户输入的用户名、最喜欢去的地方在页面中显示。代码如下：

```
<%
     //获取保存在session范围内的对象
     String name = (String)session.getAttribute("name");
     String solution = request.getParameter("address");//获取用户输入的最喜欢去的地方
```

```
    %>
<form id="form1" name="form1" method="post" action="">
  <table width="28%" border="0">
    <tr>
      <td colspan="2"><div align="center"><strong>显示答案</strong></div></td>
    </tr>
    <tr>
      <td width="49%"><div align="left">您的名字是：</div></td>
      <td width="51%"><label>
        <div align="left"><%=name%></div>      <!-- 将用户输入的用户名在页面中显示 -->
      </label></td>
    </tr>
    <tr>
      <td><label>
        <div align="left">您最喜欢去的地方是：</div>
      </label></td>
 <!-- 将用户输入的最喜欢去的地方在页面中显示 -->
      <td><div align="left"><%=solution%></div></td>
    </tr>
  </table>
</form>
```

result.jsp 页面的运行结果如图 5-26 所示。

显示答案	
您的名字是：	小红
您最喜欢去的地方是：	桂林

图 5-26　result.jsp 页面的运行结果

5.11　application 对象

application 对象

application 对象可将信息保存在服务器中，直到服务器关闭，否则 application 对象中保存的信息会在整个应用中都有效。与 session 对象相比，application 对象的生命周期更长，类似于系统的“全局变量”。application 对象的常用方法见表 5-4。

表 5-4　application 对象的常用方法

方法	返回值	说明
getAttribute(String name)	Object	通过关键字返回保存在 application 对象中的信息
getAttributeNames()	Enumeration	获取所有 application 对象使用的属性名
setAttribute(String key,Object obj)	void	通过指定的名称将一个对象保存在 application 对象中
getMajorVersion()	int	获取服务器支持的 Servlet 版本号
getServerInfo()	String	返回 JSP 引擎的相关信息
removeAttribute(String name)	void	删除 application 对象中指定名称的属性
getRealPath()	String	返回虚拟路径的真实路径
getInitParameter(String name)	String	获取指定 name 的 application 对象属性的初始值

5.11.1 访问应用程序初始化参数

application 提供了对应用程序环境属性访问的方法。例如，通过初始化信息为程序提供连接数据库的 URL、用户名、密码，每个 Servlet 程序客户和 JSP 页面都可以使用它获取连接数据库的信息。为了实现该目的，Tomcat 使用了 web.xml 文件。

application 对象访问应用程序初始化参数的方法分别介绍如下。

① getInitParameter(String name)：返回一个已命名的参数值。

② getAttributeNames()：返回所有已定义的应用程序初始化名称的枚举。

【例 5-13】 访问应用程序初始化参数。

（1）在 web.xml 文件中通过配置<context-param>元素初始化参数。程序代码如下：

```
<context-param>                    <!-- 定义连接数据库URL -->
    <param-name>url</param-name>
    <param-value>jdbc:mysql://localhost:3306/db_database15</param-value>
</context-param>
<context-param>                    <!-- 定义连接数据库用户名 -->
    <param-name>name</param-name>
    <param-value>root</param-value>
</context-param>
<context-param>                    <!-- 定义连接数据库密码 -->
    <param-name>password</param-name>
    <param-value>111</param-value>
</context-param>
```

（2）在 index.jsp 页面中，访问 web.xml 文件获取初始化参数。代码如下：

```
<%
    String url = application.getInitParameter("url");            //获取初始化参数，与web.xml文件中的内容相
对应
    String name = application.getInitParameter("name");
    String password = application.getInitParameter("password");
    out.println("URL: "+url+"<br>");                              //将信息在页面中显示
    out.println("name: "+name+"<br>");
    out.println("password: "+password+"<br>");
%>
```

index.jsp 页面运行结果如图 5-27 所示。

```
URL: jdbc:mysql://localhost:3306/db_database15
name: root
password: 111
```

图 5-27 index.jsp 页面运行结果

5.11.2 管理应用程序环境属性

与 session 对象相同，也可以在 application 对象中设置属性。与 session 对象不同的是，session 只是在当前客户的会话范围内有效，当超过保存时间，session 对象就被收回；而 application 对象在整个应用区域中都有效。application 对象管理应用程序环境属性的方法分别介绍如下。

① getAttributeNames()：获得所有 application 对象使用的属性名。

② getAttribute(String name)：从 application 对象中获取指定对象名。

③ setAttribute(String key,Object obj)：使用指定名称和指定对象在 application 对象中进行关联。

④ removeAttribute(String name)：从 application 对象中去掉指定名称的属性。

小 结

本章带领读者了解了 JSP 的基本构成，并详细介绍了构成 JSP 页面的各个部分——指令标签、HTML 代码、嵌入 Java 代码、注释和 JSP 动作标签（其中 HTML 代码不在本书讲解范围内，没有介绍）。

我们可以通过 JSP 的各种标签动态地引入所需要的类库。这些类库可以是 JDK 提供的，也可以是我们自己编写的，这样就大大提高了前端页面的灵活性。然后再通过 JSP 的几个内置对象，对数据进行封装与传递，使得端与端之间实现灵活的数据共享。

通过本章的学习，大家应该对 JSP 页面的内容结构有所了解，配合本章介绍的 JSP 内置对象，可以开发完整的 JSP 应用。

上机指导

用 JSP 实现用户登录验证的功能。如果用户输入正确的账号密码，则提示问候语句；如果用户输入错误的账号密码，则提示账号密码有误。

开发步骤如下。

（1）在 Eclipse 中创建 Java web 项目，命名为 UserLoginTest。

（2）在项目的 WebContent 文件夹下创建 index.jsp 文件，文件代码如下：

```
<%@ page language="java" contentType="text/html; charset=UTF-8"
        pageEncoding="UTF-8"%>
<%
        String str = request.getParameter("username");
        String pwd = request.getParameter("pwd");
        if(null!=str){
            if(str.equals("tom")&&pwd.equals("123")){
                out.println("您好，tom！");
            }else{
                out.println("您输入的账号密码有误，请重新输入！");
            }
        }
%>
<html>
<head>
<meta http-equiv="Content-Type" content="text/html; charset=UTF-8">
<title>Insert title here</title>
</head>
<body>
        <form action="index.jsp" method="post">
            账号：<input type="text" name="username" /> <br/>
            密码：<input type="password" name="pwd" /> <br/>
```

```
            <input type="submit" value="登录" />
        </form>
    </body>
    </html>
```

（3）在 Tomcat 中部署此项目，在浏览器中查看运行结果。效果如图 5-28 和图 5-29 所示。

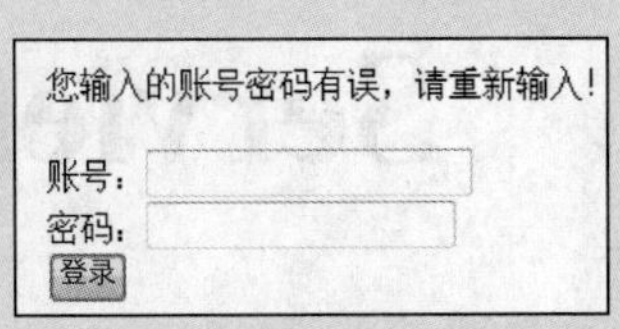

您输入的账号密码有误，请重新输入！
账号：
密码：
登录

图 5-28　输入错误账号密码弹出的提示

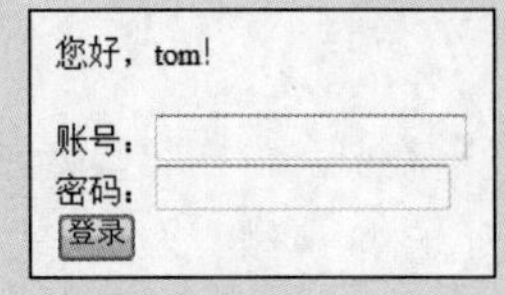

您好，tom！
账号：
密码：
登录

图 5-29　输入正确账号密码弹出的提示

习 题

1. 什么是 JSP？
2. JSP 有哪些指令标签？
3. 如何在 JSP 中运行 Java 程序？
4. 什么是 request 对象？什么是 response 对象？什么是 session 对象？什么是 application 对象？这些对象有哪些共同点和不同点？

PART06

第6章

Servlet技术

本章要点：

- 理解Servlet技术原理
- 了解Servlet在Servlet容器中的生命周期
- 掌握Servlet的创建与配置方法
- 掌握Servlet API的主要接口与类
- 理解Servlet过滤器的实现原理
- 掌握Filter API的常用接口
- 掌握Servlet过滤器的创建与配置
- 掌握Servlet过滤器的典型应用

■ Servlet是Java语言应用到Web服务器端的扩展技术，它的产生为Java Web 开发奠定了基础。随着Web 开发技术的不断发展，Servlet也在不断发展与完善，并凭借其安全性、跨平台等诸多优点，深受广大Java 编程人员的青睐。在本章中，将以理论与实践相结合的方式系统讲解 Servlet 技术。

6.1 Servlet 基础

Servlet 与 Servlet 容器

Servlet 是使用 Java Servlet 接口（API）运行在 Web 应用服务器上的 Java 程序。与普通 Java 程序不同，它是位于 Web 服务器内部的服务器端的 Java 应用程序，可以对 Web 浏览器或其他 HTTP 客户端程序发送的请求进行处理。

6.1.1 Servlet 与 Servlet 容器

Servlet 对象与普通的 Java 对象不同，它可以处理 Web 浏览器或其他 HTTP 客户端程序发送的 HTTP 请求，但前提条件是把 Servlet 对象布置到 Servlet 容器之中，也就是说，其运行需要 Servlet 容器的支持。

通常情况下，Servlet 容器也就是指 Web 容器，如 Tomcat、Jboss、Resin、WebLogic 等，它们对 Servlet 进行控制。当一个客户端发送 HTTP 请求时，由容器加载 Servlet 对其进行处理并做出响应。在 Web 容器中，Servlet 主要经历 4 个阶段，如图 6-1 所示。

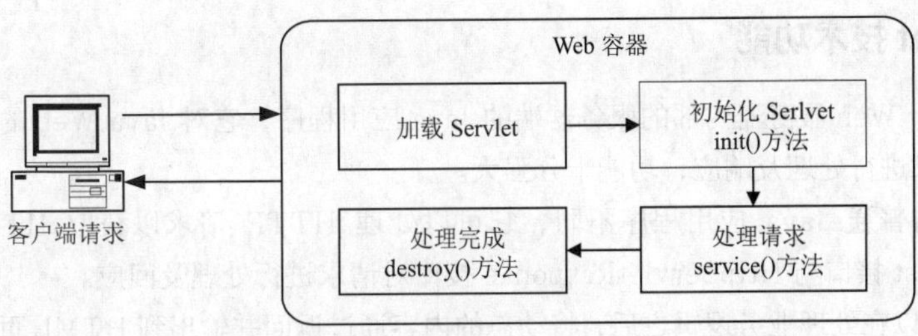

图 6-1　Servlet 与容器

Servlet 与 Web 容器的关系是非常密切的，在 Web 容器中 Servlet 主要经历了 4 个阶段，这 4 个阶段实质是 Servlet 的生命周期，由容器进行管理。

（1）在 Web 容器启动或客户机第一次请求服务时，容器将加载 Servlet 类并将其放入到 Servlet 实例池。

（2）当 Servlet 实例化后，容器将调用 Servlet 对象的 init()方法完成 Servlet 的初始化操作，主要是为了让 Servlet 在处理请求之前做一些初始化工作。

（3）容器通过 Servlet 的 service()方法处理客户端请求。在 Service()方法中，Servlet 实例根据不同的 HTTP 请求类型做出不同处理，并在处理之后做出相应的响应。

（4）在 Web 容器关闭时，容器调用 Servlet 对象的 desdroy()方法对资源进行释放。在调用此方法后，Servlet 对象将被垃圾回收器回收。

6.1.2 Servlet 技术特点

Servlet 技术特点

Servlet 采用 Java 语言编写，继承了 Java 语言中的诸多优点，同时还对 Java 的 Web 应用进行了扩展。Servlet 具有以下特点。

1. 方便、实用的 API 方法

Servlet 对象对 Web 应用进行了封装，针对 HTTP 请求提供了丰富的 API 方法，它可以处理表单提交数据、会话跟踪、读取和设置 HTTP 头信息等，对 HTTP 请求数据的处理非常方便，只需要调用相应的 API 方法即可。

2. 高效的处理方式

Servlet 的一个实例对象可以处理多个线程的请求。当多个客户端请求一个 Servlet 对象时，Servlet 为每一个请求分配一个线程，而提供服务的 Servlet 对象只有一个，因此我们说 Servlet 的多线程处理方式是非常高效的。

3. 跨平台

Servlet 采用 Java 语言编写，因此它继承了 Java 的跨平台性，对于已编写好的 Servlet 对象，可运行在多种平台之中。

4. 更加灵活、扩展

Servlet 与 Java 平台的关系密切，它可以访问 Java 平台丰富的类库；同时由于它采用 Java 语言编写，支持封装、继承等面向对象的优点，使其更具应用的灵活性；此外，在编写过程中，它还对 API 接口进行了适当扩展。

5. 安全性

Servlet 采用了 Java 的安全框架，同时 Servlet 容器还为 Servlet 提供了额外的功能，其安全性是非常高的。

6.1.3 Servlet 技术功能

Servlet 是位于 Web 服务器内部的服务器端的 Java 应用程序，它对 Java Web 的应用进行了扩展，可以对 HTTP 请求进行处理及响应，功能十分强大。

① Servlet 与普通 Java 应用程序不同，它可以处理 HTTP 请求以获取 HTTP 头信息，通过 HttpServletRequest 接口与 HttpServletResponse 接口对请求进行处理及回应。

② Servlet 可以在处理业务逻辑之后，将动态的内容通过返回并输出到 HTML 页面中，与用户请求进行交互。

③ Servlet 提供了强大的过滤器功能，可针对请求类型进行过滤设置，为 Web 开发提供灵活性与扩展性。

④ Servlet 可与其他服务器资源进行通信。

6.1.4 Servlet 与 JSP 的区别

Servlet 是一种运行在服务器端的 Java 应用程序，先于 JSP 的产生。在 Servlet 的早期版本中，业务逻辑代码与网页代码写在一起，给 Web 程序的开发带来了很多不便。如网页设计的美工人员，需要学习 Servlet 技术进行页面设计；而在程序设计中，其代码又过于复杂，Servlet 所产生的动态网页需要在代码中编写大量输出 HTML 标签的语句。针对早期版本 Servlet 的不足，Sun 提出了 JSP 技术。

Servlet 与 JSP 的区别

JSP 是一种在 Servlet 规范之上的动态网页技术，通过 JSP 页面中嵌入的 Java 代码，可以产生动态网页。也可以将其理解为是 Servlet 技术的扩展，在 JSP 文件被第一次请求时，它会被编译成 Servlet 文件，再通过容器调用 Servlet 进行处理。由此可以看出，JSP 与 Servlet 技术的关系是十分紧密的。

JSP 虽是在 Servlet 的基础上产生的，但与 Servlet 也存在一定的区别。

① Servlet 承担客户请求与业务处理的中间角色，需要调用固定的方法，将动态内容混合到静态之中产生 HTML；而在 JSP 页面中，可直接使用 HTML 标签进行输出，要比 Servlet 更具显示层的意义。

② Servlet 中需要调用 Servlet API 接口处理 HTTP 请求，而在 JSP 页面中，则直接提供了内置对

象进行处理。

③ Servlet 的使用需要进行一定的配置，而 JSP 文件通过“.jsp”扩展名部署在容器之中，容器对其自动识别，直接编译成 Servlet 进行处理。

6.1.5 Servlet 代码结构

在 Java 中，通常所说的 Servlet 是指 HttpServlet 对象，在声明一个对象为 Servlet 时，需要继承 HttpServlet 类。HttpServlet 类是 Servlet 接口的一个实现类，继承此类后，可以重写 HttpServlet 类中的方法对 HTTP 请求进行处理。其代码结构如下：

Servlet 代码结构

```
import java.io.IOException;
import javax.servlet.ServletException;
import javax.servlet.http.HttpServlet;
import javax.servlet.http.HttpServletRequest;
import javax.servlet.http.HttpServletResponse;
public class TestServlet extends HttpServlet {
    //初始化方法
    public void init() throws ServletException {
    }
    //处理HTTP Get请求
    public void doGet(HttpServletRequest request, HttpServletResponse response)
                throws ServletException, IOException {
    }
    //处理HTTP Post请求
    public void doPost(HttpServletRequest request, HttpServletResponse response)
            throws ServletException, IOException {
    }
    //处理HTTP Put请求
    public void doPut(HttpServletRequest request, HttpServletResponse response)
            throws ServletException, IOException {
    }
    //处理HTTP Delete请求
    public void doDelete(HttpServletRequest request,
            HttpServletResponse response) throws ServletException, IOException {
    }
    //销毁方法
    public void destroy() {
        super.destroy();
    }
}
```

上述代码显示了一个 Servlet 对象的代码结构，TestServlet 类通过继承 HttpServlet 类被声明为一个 Servlet 对象。此类中包含 6 个方法，其中 init()方法与 destroy()方法为 Servlet 初始化与生命周期结束所调用的方法，其余的 4 个方法为 Servlet 针对处理不同的 HTTP 请求类型所提供的方法，其作用如注释中所示。

在一个 Servlet 对象中，最常用的方法是 doGet()与 doPost()方法，这两个方法分别用于处理 HTTP 的 Get 与 Post 请求。例如，<form>表单对象所声明的 method 属性为“post”，提交到 Servlet 对象处理时，Servlet 将调用 doPost()方法进行处理。

6.1.6 简单的 Servlet 程序

在编写 Servlet 时，不必重写 Servlet 对象中的所有方法，只需重写请求所使用方法即可。例如，处理 get 请求需要重写 doGet()方法，在此方法中编写业务逻辑代码。

【例 6-1】 简单的 Servlet 程序。

```
public class SimpleServlet extends HttpServlet {
    public void doGet(HttpServletRequest request, HttpServletResponse response)
            throws ServletException, IOException {
        response.setContentType("text/html");
        PrintWriter out = response.getWriter();
        out.println("This is a Servlet.");
    }
}
```

SimpleServlet 类是一个 Servlet 对象，它继承了 HttpServlet 类。在此类的 doGet()方法中，通过 PrintWriter 对象向页面中打印了一句话，通过浏览器可查看此 Servlet 运行效果，如图 6-2 所示。

图 6-2 一个简单的 Servlet 程序

6.2 Servlet 开发

在 Java 的 Web 开发中，Servlet 具有重要的地位，程序中的业务逻辑可以由 Servlet 进行处理；它也可以通过 HttpServletResponse 对象对请求做出响应，功能十分强大。本节将对 Servlet 的创建及配置进行详细讲解。

Servlet 开发

6.2.1 Servlet 的创建

Servlet 的创建十分简单，主要有两种创建方法。第一种方法为创建一个普通的 Java 类，使这个类继承 HttpServlet 类，再通过手动配置 web.xml 文件注册 Servlet 对象。此方法操作比较烦琐，在快速开发中通常不被采纳，而是使用第二种方法——直接通过 IDE 集成开发工具进行创建。

使用 IDE 集成开发工具创建 Servlet 比较简单，适合于初学者。本节以 Eclipse 开发工具为例，创建方法如下。

（1）创建一个动态 Web 项目，然后在包资源管理器中，新建项目名称节点上，单击鼠标右键，在弹出的快捷菜单中，选择“新建/Servlet”菜单项，将打开 Create Servlet 对话框，在该对话框的 Java package 文本框中输入包 com.mingrisoft，在 Class Name 文本框中输入类名 FirstServlet，其他的采用默认，如图 6-3 所示。

（2）单击“下一步”按钮，进入到如图 6-4 所示的指定配置 Servlet 部署描述信息页面，在该页面中采用默认设置。

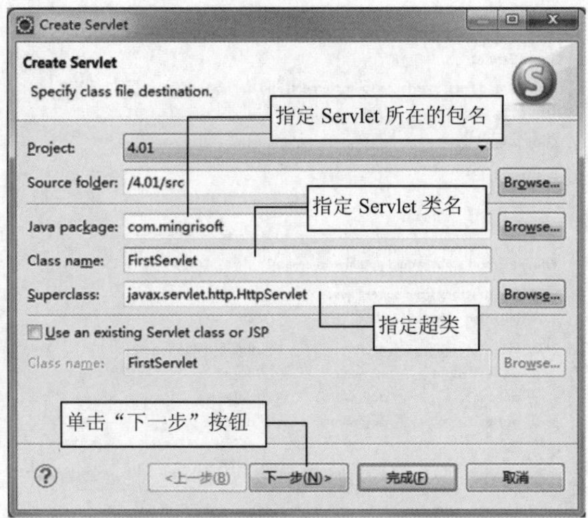

图 6-3 Create Servlet 对话框

图 6-4 配置 Servlet 部署描述的信息

在 Servlet 开发中，如果需要配置 Servlet 的相关信息，可以在如图 6-4 所示的窗口中进行配置，如描述信息、初始化参数、URL 映射。其中“描述信息”指对 Servlet 的一段描述文字；“初始化参数”指在 Servlet 初始化过程中用到的参数，这些参数可以在 Servlet 的 init 方法进行调用；“URL 映射”指通过哪一个 URL 来访问 Servlet。

（3）单击“下一步”按钮，将进入到如图 6-5 所示的用于选择修饰符、实现接口和要生成的方法的对话框。在该对话框中，修饰符和接口保持默认，在“继承的抽象方法”复选框中选中 doGet 和 doPost 复选框，单击“完成”按钮，完成 Servlet 的创建。

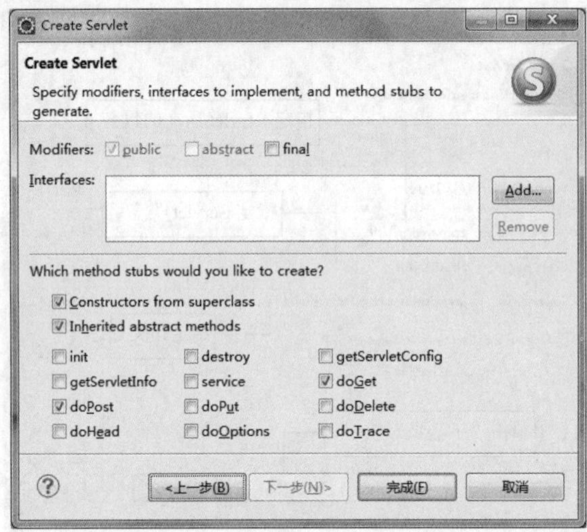

图 6-5　选择修饰符、实现接口和要生成的方法的对话框

选择 doPost 与 doGet 复选框的作用是让 Eclipse 自动生成 doGet()与 doPost()方法，实际应用中可以选择多个方法。

Servlet 创建完成后，Eclipse 将自动打开该文件。创建的 Servlet 类的代码如下：

```
package com.mingrisoft;
import java.io.IOException;
import javax.servlet.ServletException;
import javax.servlet.annotation.WebServlet;
import javax.servlet.http.HttpServlet;
import javax.servlet.http.HttpServletRequest;
import javax.servlet.http.HttpServletResponse;
/**
 * Servlet 实现类 FirstServlet
 */
@WebServlet("/FirstServlet")
public class FirstServlet extends HttpServlet {
    private static final long serialVersionUID = 1L;
     /**
      * @see HttpServlet#HttpServlet()
      * 构造方法
      */
        public FirstServlet() {
          super();
        }
        protected void doGet(HttpServletRequest request, HttpServletResponse response) throws
ServletException, IOException {
                // 业务处理
        }
        protected void doPost(HttpServletRequest request, HttpServletResponse response) throws
ServletException, IOException {
```

```
            // 业务处理
        }
}
```

上面代码中加粗的代码为 Servlet 3 新增的通过注解来配置 Servlet 的代码。通过该句代码进行配置以后，就不需要在 web.xml 文件中进行配置了。

使用开发工具创建 Servlet 非常简单，本实例中使用的是 Eclipse IDE for Java EE 工具。其他开发工具操作步骤大同小异，按提示操作即可。

6.2.2 Servlet 配置

要使Servlet对象正常地运行，需要进行适当的配置，以告知 Web 容器哪一个请求调用哪一个 Servlet 对象处理，对 Servlet 起到一个注册的作用。Servlet 的配置包含在 web.xml 文件中，主要通过以下两步进行设置。

1. 声明 Servlet 对象

在 web.xml 文件中，通过<servlet>标签声明一个 Servlet 对象。在此标签下包含两个主要子元素，分别为<servlet-name>与<servlet-class>。其中，<servlet-name>元素用于指定 Servlet 的名称，此名称可以为自定义的名称；<servlet-class>元素用于指定 Servlet 对象的完整位置，包含 Servlet 对象的包名与类名。其声明语句如下：

```
<servlet>
    <servlet-name>SimpleServlet</servlet-name>
    <servlet-class>com.lyq.SimpleServlet</servlet-class>
</servlet>
```

2. 映射 Servlet

在 web.xml 文件中声明了 Servlet 对象后，需要映射访问 Servlet 的 URL。此操作使用<servlet-mapping>标签进行配置。<servlet-mapping>标签包含两个子元素，分别为<servlet-name>与<url-pattern>。其中，<servlet-name>元素与<servlet>标签中的<servlet-name>元素相对应，不可以随意命名；<url-pattern>元素用于映射访问 URL。其配置方法如下：

```
<servlet-mapping>
    <servlet-name>SimpleServlet</servlet-name>
    <url-pattern>/SimpleServlet</url-pattern>
</servlet-mapping>
```

【例 6-2】 Servlet 的创建及配置。

（1）创建名为 MyServlet 的 Servlet 对象，它继承了 HttpServlet 类。在此类中重写 doGet()方法，用于处理 HTTP 的 get 请求，通过 PrintWriter 对象进行简单输出。其关键代码如下：

```
public class MyServlet extends HttpServlet {
    public void doGet(HttpServletRequest request, HttpServletResponse response)
            throws ServletException, IOException {
        response.setContentType("text/html");
        response.setCharacterEncoding("GBK");
        PrintWriter out = response.getWriter();
        out.println("<HTML>");
        out.println("  <HEAD><TITLE>Servlet实例</TITLE></HEAD>");
        out.println("  <BODY>");
```

```
            out.print("     Servlet实例：  ");
            out.print(this.getClass());
            out.println("   </BODY>");
            out.println("</HTML>");
            out.flush();
            out.close();
        }
    }
```

（2）在 web.xml 文件中对 MyServlet 进行配置，其中访问 URL 的相对路径为“/servlet/MyServlet”。其关键代码如下：

```
<servlet>
    <servlet-name>MyServlet</servlet-name>
    <servlet-class>com.lyq.MyServlet</servlet-class>
</servlet>
<servlet-mapping>
    <servlet-name>MyServlet</servlet-name>
    <url-pattern>/servlet/MyServlet</url-pattern>
</servlet-mapping>
```

本实例使用 MyServlet 对象对请求进行处理，其处理过程非常简单，通过 PrintWriter 对象向页面中打印信息，其运行结果如图 6-6 所示。

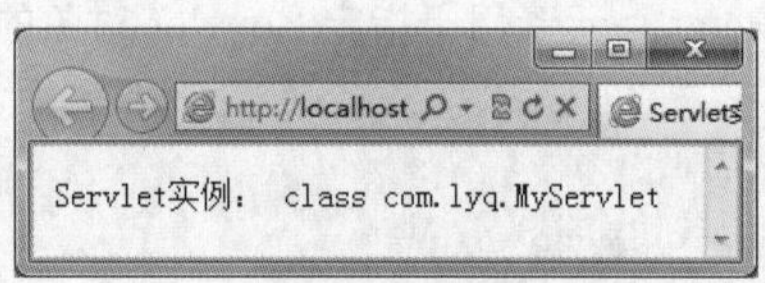

图 6-6 实例运行结果

6.3 Servlet API 编程常用的接口和类

Servlet 是运行在服务器端的 Java 应用程序，由 Servlet 容器对其进行管理，当用户对容器发送 HTTP 请求时，容器将通知相应的 Servlet 对象进行处理，完成用户与程序之间的交互。在 Servlet 编程中，Servlet API 提供了标准的接口与类，这些对象对 Servlet 的操作非常重要，它们为 HTTP 请求与程序回应提供了丰富的方法。Serlvet 各接口关系如图 6-7 所示。

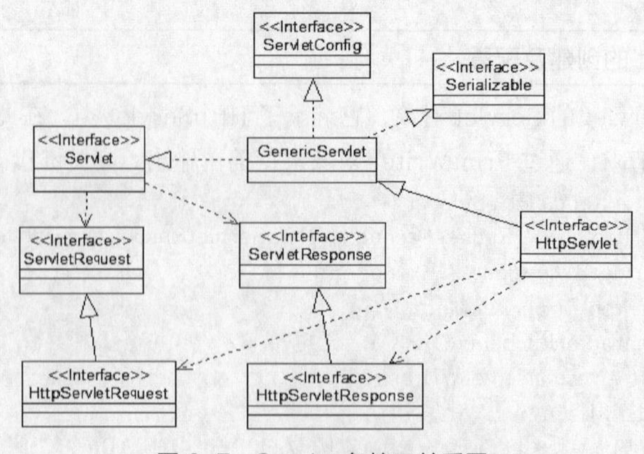

图 6-7 Servlet 各接口关系图

6.3.1 Servlet 接口

Servlet 接口

Servlet 的运行需要 Servlet 容器的支持，Servlet 容器通过调用 Servlet 对象提供了标准的 API 接口，对请求进行处理。在 Servlet 开发中，任何一个 Servlet 对象都要直接或间接地实现 javax.servlet.Servlet 接口。在此接口中包含 5 种方法，其功能及作用用见表 6-1。

表 6-1　Servlet 接口中的方法及说明

方法	说明
public void init(ServletConfig config)	Servlet 实例化后，Servlet 容器调用此方法来完成初始化工作
public void service(ServletRequest request, ServletResponse response)	此方法用于处理客户端的请求
public void destroy()	当 Servlet 对象应该从 Servlet 容器中移除时，容器调用此方法，以便释放资源
public ServletConfig getServlet Config()	此方法用于获取 Servlet 对象的配置信息，返回 ServletConfig 对象
public String getServletInfo()	此方法返回有关 Servlet 的信息，它是纯文本格式的字符串，如作者、版本等

6.3.2 ServletConfig 接口

ServletConfig 接口

ServletConfig 接口位于 javax.servlet 包中，它封装了 Servlet 的配置信息，在 Servlet 初始化期间被传递。每一个 Servlet 都有且只有一个 ServletConfig 对象。此对象定义了 4 个方法，见表 6-2。

表 6-2　ServletConfig 接口中的方法及说明

方法	说明
public String getInitParameter(String name)	此方法返回 String 类型名称为 name 的初始化参数值
public Enumeration getInitParameterNames()	获取所有初始化参数名的枚举集合
public ServletContext getServletContext()	用于获取 Servlet 上下文对象
public String getServletName()	返回 Servlet 对象的实例名

6.3.3 HttpServletRequest 接口

HttpServlet-Request 接口

HttpServletRequest 接口位于 javax.servlet.http 包中，继承了 javax.servlet.ServletRequest 接口，是 Servlet 中的重要对象，在开发过程中较为常用，其常用方法及说明见表 6-3。

表 6-3　HttpServletRequest 接口的常用方法及说明

方法	说明
public String getContextPath()	返回请求的上下文路径，此路径以“/”开头

续表

方法	说明
public Cookie[] getCookies()	返回请求中发送的所有 cookie 对象，返回值为 cookie 数组
public String getMethod()	返回请求所使用的 HTTP 类型，如 get、post 等
public String getQueryString()	返回请求中参数的字符串形式，如请求 MyServlet?username=mr，则返回 username=mr
public String getRequestURI()	返回主机名到请求参数之间部分的字符串形式
public StringBuffer getRequest URL()	返回请求的 URL，此 URL 中不包含请求的参数。注意此方法返回的数据类型为 StringBuffer
public String getServletPath()	返回请求 URI 中的 Servlet 路径的字符串，不包含请求中的参数信息
public HttpSession getSession()	返回与请求关联的 HttpSession 对象

【例 6-3】 HttpServletRequest 接口的使用。

（1）创建名为 MyServlet 的类（它是一个 Servlet），在此类中通过 PrintWriter 对象向页面中输出调用 HttpServletRequest 接口中的方法所获取的值。其关键代码如下：

```
public class MyServlet extends HttpServlet {
    public void doGet(HttpServletRequest request, HttpServletResponse response)
            throws ServletException, IOException {
        response.setContentType("text/html");
        response.setCharacterEncoding("GBK");
        PrintWriter out = response.getWriter();
        out.print("<p>上下文路径：" + request.getServletPath() + "</p>");
        out.print("<p>HTTP请求类型：" + request.getMethod() + "</p>");
        out.print("<p>请求参数：" + request.getQueryString() + "</p>");
        out.print("<p>请求URI：" + request.getRequestURI() + "</p>");
        out.print("<p>请求URL：" + request.getRequestURL().toString() + "</p>");
        out.print("<p>请求Servlet路径：" + request.getServletPath() + "</p>");
        out.flush();
        out.close();
    }
}
```

（2）在 web.xml 文件中，对 MyServlet 类进行配置。其关键代码如下：

```
<servlet>
    <servlet-name>MyServlet</servlet-name>
    <servlet-class>com.lyq.MyServlet</servlet-class>
</servlet>
<servlet-mapping>
    <servlet-name>MyServlet</servlet-name>
    <url-pattern>/servlet/MyServlet</url-pattern>
</servlet-mapping>
```

在浏览器地址栏中输入“http://localhost:8080/5.03/servlet/MyServlet?action=test”，运行结果如图 6-8 所示。

图6-8　实例运行结果

6.3.4　HttpServletResponse接口

HttpServlet-Response接口

HttpServletResponse接口位于javax.servlet.http包中，它继承了javax.servlet.ServletResponse接口，同样是一个非常重要的对象，其常用方法与说明见表6-4。

表6-4　HttpServletResponse接口的常用方法及说明

方法	说明
public void addCookie(Cookie cookie)	向客户端写入cookie信息
public void sendError(int sc)	发送一个错误状态码为sc的错误响应到客户端
public void sendError(int sc, String msg)	发送一个包含错误状态码及错误信息的响应到客户端，参数sc为错误状态码，参数msg为错误信息
public void sendRedirect(String location)	使用客户端重定向到新的URL，参数location为新的地址

【例6-4】 在程序开发过程中，经常会遇到异常的产生，本实例使用HttpServletResponse向客户端发送错误信息。

创建一个名称为MyServlet的Servlet对象，在doGet()方法中模拟一个开发过程中的异常，并将其通过throw关键字抛出。其关键代码如下：

```
public class MyServlet extends HttpServlet {
    public void doGet(HttpServletRequest request, HttpServletResponse response)
            throws ServletException, IOException {
        try {
            //创建一个异常
            throw new Exception("数据库连接失败");
        } catch (Exception e) {
             response.sendError(500, e.getMessage());
        }
    }
}
```

程序中的异常通过catch进行捕获，使用HttpServletResponse对象的sendError()方法向客户端发送错误信息，运行结果如图6-9所示。

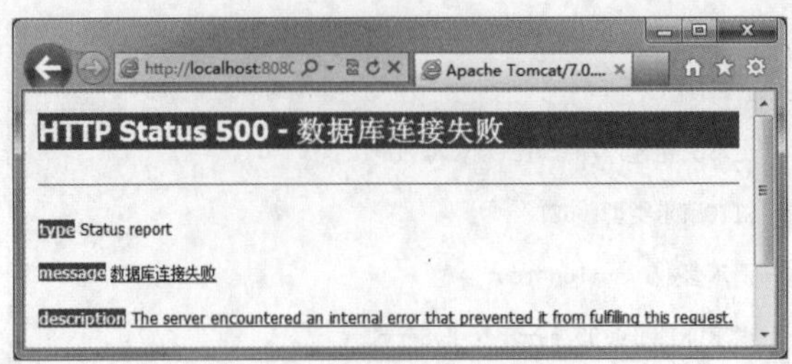

图 6-9　实例运行结果

6.3.5　GenericServlet 类

在编写一个 Servlet 对象时，必须实现 javax.servlet.Servlet 接口，但在 Servlet 接口中包含 5 种方法，也就是说创建一个 Servlet 对象要实现这 5 种方法，这样操作非常不方便。javax.servlet.GenericServlet 类简化了此操作，实现了 Servlet 接口。

GenericServlet 类

```
public abstract class GenericServlet
        extends Object
        implements Servlet, ServletConfig, Serializable
```

GenericServlet 类是一个抽象类，分别实现了 Servlet 接口与 ServletConfig 接口。此类实现了除 service()之外的其他方法，在创建 Servlet 对象时，可以继承 GenericServlet 类来简化程序中的代码，但需要实现 service()方法。

6.3.6　HttpServlet 类

GenericServlet 类实现了 javax.servlet.Servlet 接口，为程序的开发提供了方便；但在实际开发过程中，大多数的应用都是使用 Servlet 处理 HTTP 协议的请求，并对请求做出响应，所以通过继承 GenericServlet 类仍然不是很方便。javax.servlet.http.HttpServlet 类对 GenericServlet 类进行了扩展，为 HTTP 请求的处理提供了灵活的方法。

HttpServlet 类

```
public abstract class HttpServlet
      extends GenericServlet implements Serializable
```

HttpServlet 类仍然是一个抽象类，实现了 service()方法，并针对 HTTP 1.1 中定义的 7 种请求类型提供了相应的方法——doGet()方法、doPost()方法、doPut()方法、doDelete()方法、doHead()方法、doTrace()方法、doOptions()方法。在这 7 种方法中，除了对 doTrace()方法与 doOptions()方法进行简单实现外，HttpServlet 类并没有对其他方法进行实现，需要开发人员在使用过程中根据实际需要对其进行重写。

HttpServlet 类继承了 GenericServlet 类，通过其对 GenericServlet 类的扩展，可以很方便地对 HTTP 请求进行处理及响应。该类与 GenericServlet 类、Servlet 接口的关系如图 6-10 所示。

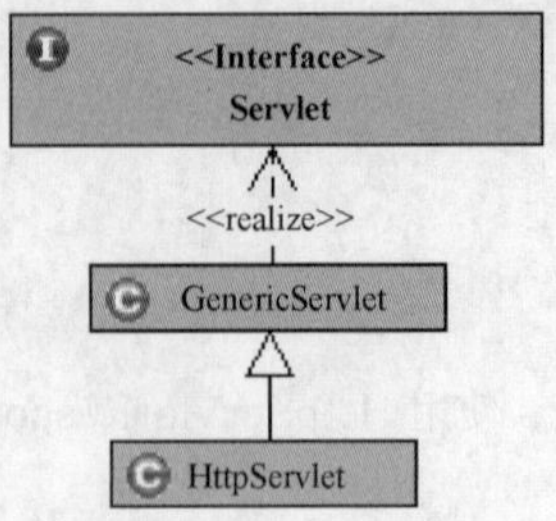

图 6-10　HttpServlet 类与 GenericServlet 类、Servlet 接口的关系

6.4 Servlet 过滤器

过滤器是 Web 程序中的可重用组件，在 Servlet 2.3 规范中被引入，应用十分广泛，给 Java Web 程序的开发带来了更加强大的功能。本节将介绍 Servlet 过滤器的结构体系及其在 Web 项目中的应用。

6.4.1 过滤器概述

Servlet 过滤器是客户端与目标资源间的中间层组件，用于拦截客户端的请求与响应信息，如图 6-11 所示。当 Web 容器接收到一个客户端请求时，将判断此请求是否与过滤器对象相关联，如果相关联，则将这一请求交给过滤器进行处理。在处理过程中，过滤器可以对请求进行操作，如更改请求中的信息数据。在过滤器处理完成之后，再将这一请求交给其他业务进行处理。当所有业务处理完成，需要对客户端进行响应时，容器又将响应交给过滤器进行处理，过滤器完成处理后将响应发送到客户端。

过滤器概述

在 Web 程序开发过程中，可以放置多个过滤器，如字符编码过滤器、身份验证过滤器等，Web 容器对多个过滤器的处理方式如图 6-12 所示。

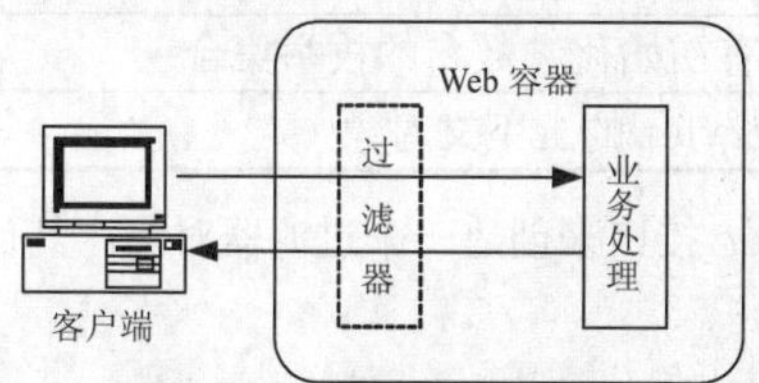

图 6-11 过滤器的应用

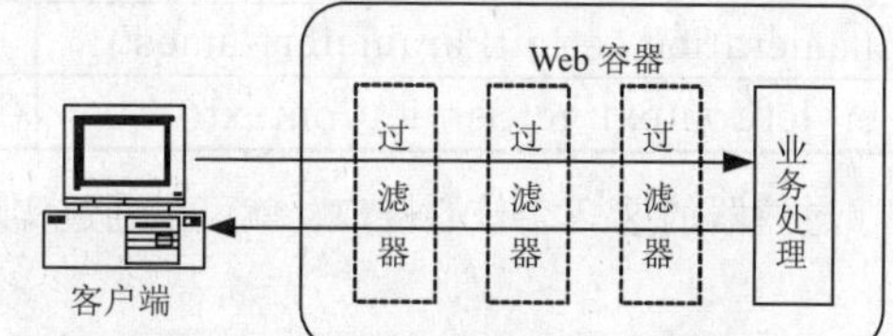

图 6-12 多个过滤器的应用

在多个过滤器的处理方式中，容器首先将客户端请求交给第一个过滤器处理，处理完成之后交给下一个过滤器处理，以此类推，直到最后一个过滤器。当需要对客户端回应时，如图 6-11 所示，将按照相反的方向对回应进行处理，直到交给第一个过滤器，最后发送到客户端回应。

6.4.2 Filter API

过滤器与 Servlet 非常相似，它的使用主要是通过 3 个核心接口分别为 Filter 接口、FilterChain 接口与 FilterConfig 接口进行操作。

Filter API

1. Filter 接口

Filter 接口位于 javax.servlet 包中，与 Servlet 接口相似，当定义一个过滤器对象时需要实现此接口。在 Filter 接口中包含 3 个方法，其方法声明及作用见表 6-5。

表 6-5 Filter 接口中的方法及说明

方法	说明
public void init(FilterConfig filterConfig)	过滤器的初始化方法，容器调用此方法完成过滤的初始化。对于每一个 Filter 实例，此方法只被调用一次
public void doFilter(ServletRequest request, ServletResponse response, FilterChain chain)	此方法与 Servlet 的 service()方法相类似，当请求及响应交给过滤器时，过滤器调用此方法进行过滤处理
public void destroy()	在过滤器生命周期结束时调用此方法，用于释放过滤器所占用的资源

2. FilterChain 接口

FilterChain 接口位于 javax.servlet 包中，此接口由容器进行实现，在 FilterChain 接口只包含一个方法，其方法声明如下：

```
void doFilter(ServletRequest request,
                ServletResponse response)
                throws IOException,
                        ServletException
```

此方法主要用于将过滤器处理的请求或响应传递给下一个过滤器对象。在多个过滤器的 Web 应用中，可以通过此方法进行传递。

3. FilterConfig 接口

FilterConfig 接口位于 javax.servlet 包中。此接口由容器进行实现，用于获取过滤器初始化期间的参数信息，其方法声明及说明见表 6-6。

表 6-6　FilterConfig 接口中的方法及说明

方法	说明
public String getFilterName()	返回过滤器的名称
public String getInitParameter(String name)	返回初始化名称为 name 的参数值
public Enumeration getInitParameterNames()	返回所有初始化参数名的枚举集合
public ServletContext getServletContext()	返回 Servlet 的上下文对象

了解了过滤器的这 3 个核心接口，就可以通过实现 Filter 接口来创建一个过滤器对象。其代码结构如下：

```
public class MyFilter implements Filter {
    //初始化方法
    public void init(FilterConfig arg0) throws ServletException {
    }
    //过滤处理方法
    public void doFilter(ServletRequest request, ServletResponse response,
            FilterChain chain) throws IOException, ServletException {
            //传递给下一个过滤器
            chain .doFilter(request, response);
    }
    //销毁方法
    public void destroy() {
    }
}
```

6.4.3　过滤器的配置

在创建一个过滤器对象之后，需要对其进行配置才可以使用。过滤器的配置方法与 Servlet 的配置方法相类似，都是通过 web.xml 文件进行配置，具体步骤如下。

过滤器的配置

（1）声明过滤器对象

在 web.xml 文件中，通过<filter>标签声明一个过滤器对象。在此标签下包含 3 个常用子元素，分别为<filter-name>、<filter-class>和<init-param>。其中，<filter-name>元素用于指定过滤器的名称，此名称可以为自定义的名称；<filter-class>元素用于指定过滤器对象的完整位置，包含过滤器对象的包名与类名；<init-param>元素用于设置过滤器的初始化参数。其配置方法如下：

```
<filter>
        <filter-name>CharacterEncodingFilter</filter-name>
        <filter-class>com.lyq.util.CharacterEncodingFilter</filter-class>
        <init-param>
            <param-name>encoding</param-name>
            <param-value>GBK</param-value>
        </init-param>
</filter>
```

<init-param>元素包含两个常用的子元素，分别为<param-name>与<param-value>。其中，<param-name>元素用于声明初始化参数的名称，<param-value>元素用于指定初始化参数的值。

（2）映射过滤器

在 web.xml 文件中声明了过滤器对象后，需要映射访问过滤器过滤的对象。此操作使用<filter-mapping>标签进行配置。在<filter-mapping>标签中，主要需要配置过滤器的名称、过滤器关联的 URL 样式、过滤器对应的请求方式等。其配置方法如下：

```
<filter-mapping>
        <filter-name>CharacterEncodingFilter</filter-name>
        <url-pattern>/*</url-pattern>
        <dispatcher>REQUEST</dispatcher>
        <dispatcher>FORWARD</dispatcher>
</filter-mapping>
```

<filter-name>元素用于指定过滤器的名称，此名称与<filter>标签中的<filter-name>相对应。

<url-pattern>元素用于指定过滤器关联的 URL 样式，设置为"/*"表示关联所有 URL。

<dispatcher>元素用于指定过滤器对应的请求方式，其可选值及使用说明见表 6-7。

表 6-7 <dispatcher>的可选值及说明

可选值	说明
REQUEST	当客户端直接请求时，通过过滤器进行处理
INCLUDE	当客户端通过 RequestDispatcher 对象的 include()方法请求时，通过过滤器进行处理
FORWARD	当客户端通过 RequestDispatcher 对象的 forward()方法请求时，通过过滤器进行处理
ERROR	当声明式异常产生时，通过过滤器进行处理

6.4.4 过滤器典型应用

在 Java Web 项目的开发中，过滤器的应用十分广泛，其中比较典型的应用就是字符编码过滤器。由于 Java 程序可以在多种平台下运行，其内部使用 Unicode 字符集来表示字符，所以处理中文数据会产生乱码的情况，需要对其进行编码转换才可以正常显示。

过滤器典型应用

【例 6-5】 字符编码过滤器。

（1）创建字符编码过滤器类 CharacterEncodingFilter，此类实现了 Filter 接口，并对其 3 种方法进行了实现。关键代码如下：

```
public class CharacterEncodingFilter implements Filter{
    //字符编码(初始化参数)
    protected String encoding = null;
    //FilterConfig对象
```

```
    protected FilterConfig filterConfig = null;
    //初始化方法
    public void init(FilterConfig filterConfig) throws ServletException {
        //对filterConfig赋值
        this.filterConfig = filterConfig;
        //对初始化参数赋值
        this.encoding = filterConfig.getInitParameter("encoding");
    }
    //过滤器处理方法
    public void doFilter(ServletRequest request, ServletResponse response, FilterChain chain) throws
IOException, ServletException {
        //判断字符编码是否有效
        if (encoding != null) {
        //设置request字符编码
        request.setCharacterEncoding(encoding);
            //设置response字符编码
            response.setContentType("text/html; charset="+encoding);
        }
      //传递给下一过滤器
      chain.doFilter(request, response);
    }
    //销毁方法
    public void destroy() {
        //释放资源
        this.encoding = null;
        this.filterConfig = null;
    }
}
```

CharacterEncodingFilter 类的 init()方法用于读取过滤器的初始化参数，这个参数（encoding）为本例中所用到的字符编码；在 doFilter()方法中，分别将 request 对象及 response 对象中的编码格式设置为读取到的编码格式；最后在 destroy()方法中将其属性设置为 null，将被 Java 垃圾回收器回收。

（2）在 web.xml 文件中，对过滤器进行配置。其关键代码如下：

```
<!-- 声明字符编码过滤器 -->
<filter>
    <filter-name>CharacterEncodingFilter</filter-name>
    <filter-class>com.lyq.util.CharacterEncodingFilter</filter-class>
    <!-- 设置初始化参数 -->
    <init-param>
        <param-name>encoding</param-name>
        <param-value>GBK</param-value>
    </init-param>
</filter>
<!-- 映射字符编码过滤器 -->
<filter-mapping>
    <filter-name>CharacterEncodingFilter</filter-name>
    <!-- 与所有请求关联 -->
    <url-pattern>/*</url-pattern>
    <!-- 设置过滤器对应的请求方式 -->
    <dispatcher>REQUEST</dispatcher>
```

```
    <dispatcher>FORWARD</dispatcher>
</filter-mapping>
```

在 web.xml 配置文件中，需要对过滤器进行声明及映射，其中声明过程通过<init-param>指定了初始化参数的字符编码为 GBK。

（3）通过请求对过滤器进行验证。本例中使用表单向 Servlet 发送中文信息进行测试，其中表单信息放置在 index.jsp 页面中。其关键代码如下：

```
<form action="MyServlet" method="post">
    <p>
        请输入你的中文名字：
        <input type="text" name="name">
        <input type="submit" value="提 交">
    </p>
</form>
```

这一请求由 Servlet 对象 MyServlet 类进行处理，此类使用 doPost()方法接收表单的请求，并将表单中的 name 属性输出到页面中。其关键代码如下：

```
public void doPost(HttpServletRequest request, HttpServletResponse response)
        throws ServletException, IOException {
    PrintWriter out = response.getWriter();
    //获取表单参数
    String name = request.getParameter("name");
    if(name != null && !name.isEmpty()){
        out.print(" 你好 " + name);
        out.print(", <br>欢迎来到我的主页。");
    }else{
        out.print("请输入你的中文名字！");
    }
    out.print("<br><a href=index.jsp>返回</a>");
    out.flush();
    out.close();
}
```

实例运行结果如图 6-13 所示，输入中文“明日科技”进行测试，其经过过滤器处理的效果如图 6-14 所示，没有经过过滤器处理的效果如图 6-15 所示。

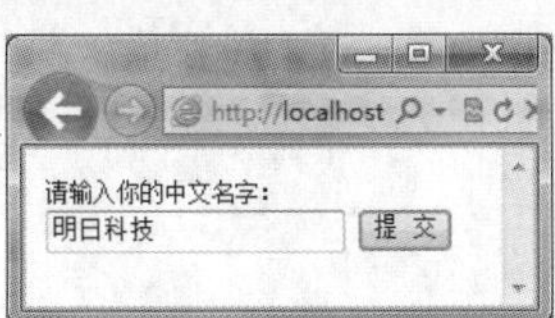

图 6-13 实例运行结果

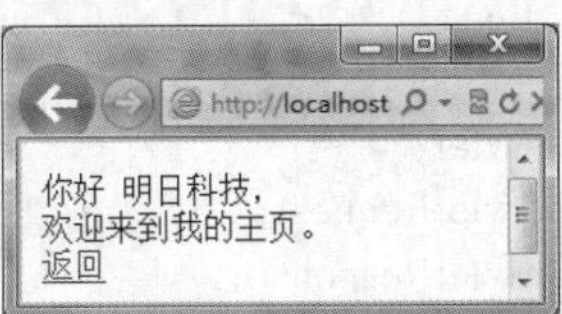

图 6-14 过滤后的效果

图 6-15 未经过滤的效果

小 结

本章主要向读者介绍了 Servlet 与 Servlet 过滤器的应用。这两项技术十分重要，都是 J2EE 开发必须要掌握的知识。学习 Servlet 的使用，需要掌握 Servlet API 中的主要接口及实现类、Servlet 的生命周期及 doXXX()方法对 Http 请求的处理。对于 Servlet 过滤器的应用，要理解实现过滤的原理，以保证在实际应用过程中合理使用。

上机指导

统计网站的访问量。在浏览网站时，有些网站会有统计网站访问量的功能，也就是浏览者每访问一次网站，访问量计数器就累加一次。这可以通过在 Servlet 中获取 ServletContext 接口的对象来实现。获取 ServletContext 对象以后，整个 Web 应用的组件都可以共享 ServletContext 对象中存放的共享数据。

（1）创建 JavaWeb 项目，命名为 WebCount。

（2）修改 web.xml 文件，代码如下：

```
<?xml version="1.0" encoding="UTF-8"?>
<web-app xmlns:xsi="http://www.w3.org/2001/XMLSchema-instance"
xmlns="http://java.sun.com/xml/ns/javaee"
xsi:schemaLocation="http://java.sun.com/xml/ns/javaee
http://java.sun.com/xml/ns/javaee/web-app_2_5.xsd" version="2.5">
  <servlet>
    <servlet-name>CounterServlet</servlet-name>
    <servlet-class>com.lh.servlet.CounterServlet</servlet-class>
  </servlet>
  <servlet-mapping>
    <servlet-name>CounterServlet</servlet-name>
    <url-pattern>/counter</url-pattern>
  </servlet-mapping>
  <welcome-file-list>
    <welcome-file>counter</welcome-file>
  </welcome-file-list>
</web-app>
```

（3）新建名称为 CounterServlet 的 Servlet 类，在该类的 doPost()方法中实现统计用户的访问次数，代码如下：

```
package com.lh.servlet;
import java.io.IOException;
import java.io.PrintWriter;
import javax.servlet.ServletContext;
import javax.servlet.ServletException;
import javax.servlet.http.HttpServlet;
import javax.servlet.http.HttpServletRequest;
import javax.servlet.http.HttpServletResponse;
public class CounterServlet extends HttpServlet {
    public CounterServlet() {
        super();
    }
    public void destroy() {
        super.destroy();
    }
    public void doGet(HttpServletRequest request, HttpServletResponse response)
            throws ServletException, IOException {
        // 复用doPost()方法
        this.doPost(request, response);
    }
```

```
    public void doPost(HttpServletRequest request, HttpServletResponse response)
            throws ServletException, IOException {
        // 获得ServletContext对象
        ServletContext context = getServletContext();
        // 从ServletContext中获得计数器对象
        Integer count = (Integer) context.getAttribute("counter");
        if (count == null) {// 如果为空，则在ServletContext中设置一个计数器的属性
            count = 1;
            context.setAttribute("counter", count);
        } else { // 如果不为空，则设置该计数器的属性值加1
            context.setAttribute("counter", count + 1);
        }
        response.setContentType("text/html"); // 响应正文的MIME类型
        response.setCharacterEncoding("UTF-8"); // 响应的编码格式
        PrintWriter out = response.getWriter();
        out.println("<!DOCTYPE    HTML    PUBLIC    \"-//W3C//DTD    HTML    4.01
Transitional//EN\">");
        out.println("<HTML>");
        out.println("  <HEAD><TITLE>统计网站访问次数</TITLE></HEAD>");
        out.println("  <BODY>");
        out.print("    <h2><font color='gray'> ");
        out.print("您是第  " + context.getAttribute("counter") + " 位访客! ");
        out.println("</font></h2>");
        out.println("  </BODY>");
        out.println("</HTML>");
        out.flush();
        out.close();
    }
    public void init() throws ServletException {    }
}
```

（4）将项目部署到服务器，启动服务器，访问地址 http://localhost:8080/WebCount/。结果如图 6-16 所示。

图 6-16　统计网站访问次数网页效果图

习 题

1. web.xml 文件是干什么用的?
2. Servlet 有哪些接口? 这些接口都有什么作用?
3. 如何指定项目默认页面?
4. 如何使用过滤器? 过滤器中有哪些方法? 它们运行的顺序是什么?

PART07

第7章

数据库技术

本章要点：

- 了解JDBC技术的概念
- 掌握如何添加数据库驱动
- 掌握Connection接口的使用
- 掌握Statement接口的使用
- 掌握Result接口的使用
- 掌握PreparedStatement接口的使用
- 掌握如何使用JDBC对数据库进行增删改查的操作

■ 数据库系统是由数据库、数据库管理系统和应用系统、数据库管理员构成的。数据库管理系统简称 DBMS，是数据库系统的关键组成部分，包括数据库定义、数据查询、数据维护等。JDBC 技术是连接数据库与应用程序的纽带。学习 Java 语言，必须学习 JDBC 技术，因为 JDBC 技术是在 Java 语言中被广泛使用的一种操作数据库的技术。每个应用程序的开发都是使用数据库保存数据，而使用 JDBC 技术访问数据库可达到查找满足条件的记录，或者向数据库添加、修改、删除数据的目的。

7.1 MySQL 数据库

MySQL 是目前最为流行的开放源码的数据库，是完全网络化的跨平台的关系型数据库系统，它是由瑞典 MySQL AB 公司开发，目前属于 Oracle 公司。任何人都能从 Internet 下载 MySQL 软件，而无需支付任何费用，并且“开放源码”意味着任何人都可以使用和修改该软件，如果愿意，用户也可以研究源码并进行恰当修改，以满足自己的需求，不过需要注意的是，这种“自由”是有范围的。

7.1.1 下载 MySQL

（1）登录 MySQL 官网 dev.mysql.com，依次展开“Downloads→Community→MySQL on Windows→MySQL Installer”，或直接打开链接“http://dev.mysql.com/downloads/windows/installer/”，如图 7-1 所示。

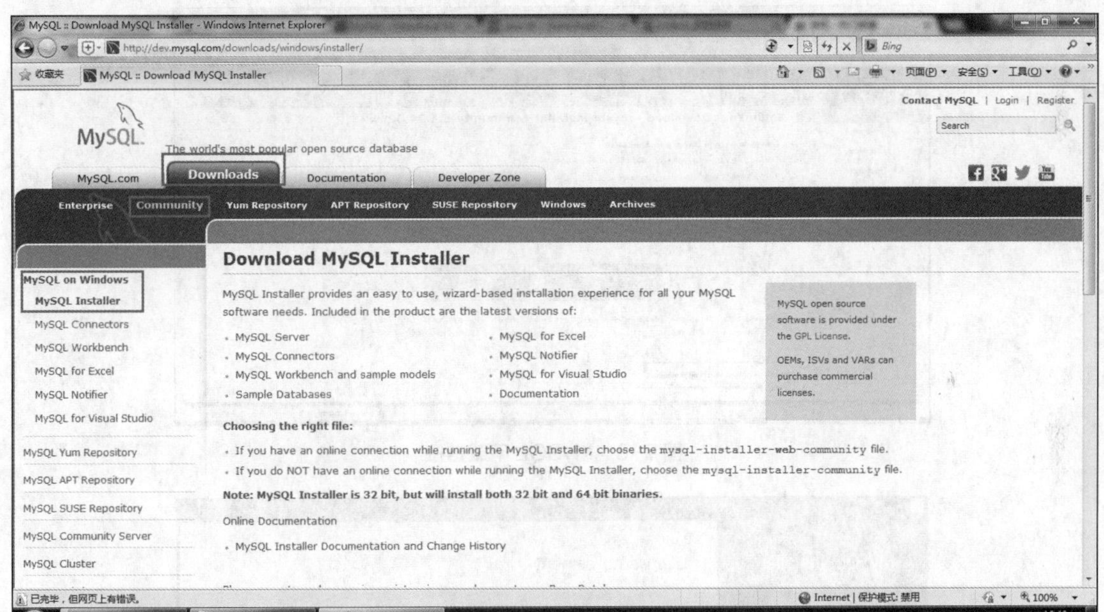

图 7-1　MySQL 官网

（2）拉到网页下方，下载 MySQL Installer，下拉框选择“Microsoft Windows”版本，然后单击第二个“Download”按钮，如图 7-2 所示。

（3）在弹出的页面下方，单击“No thanks, just start my download.”超链接，开始下载安装包，如图 7-3 所示。

7.1.2 安装 MySQL

MySQL5.6 与以往版本相比有了很大的改变，功能更加丰富。针对我们的课程，仅介绍一下如何安装数据库服务，如果对其他功能感兴趣，可以查阅 MySQL 官网。

（1）运行下载完成的 mysql-installer-community-5.6.24.0.msi 安装包，在许可协议界面，勾选“I accept the licence terms”，单击“Next”按钮，如图 7-4 所示。

（2）在选择安装类型的界面，选择“Custom”选项，单击“Next”按钮，如图 7-5 所示。

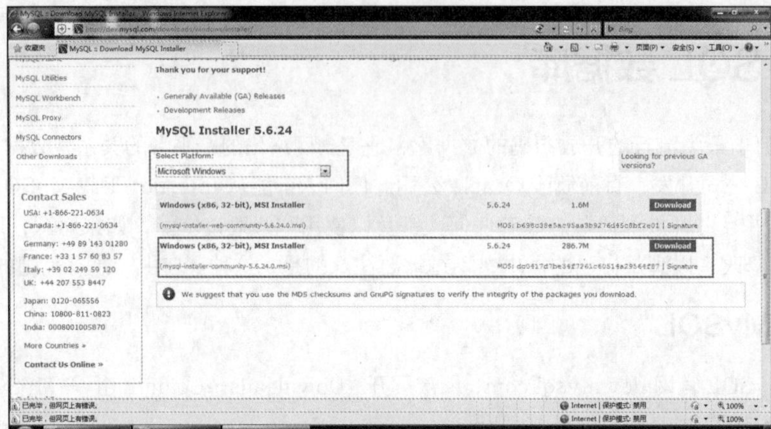

图 7-2　MySQL 下载页面

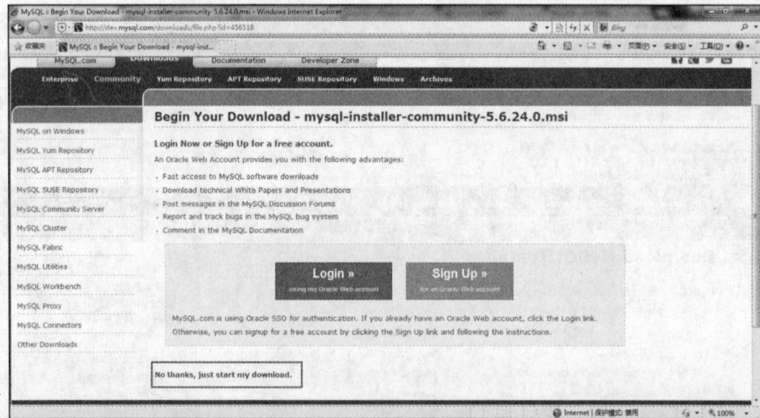

图 7-3　MySQL 下载链接

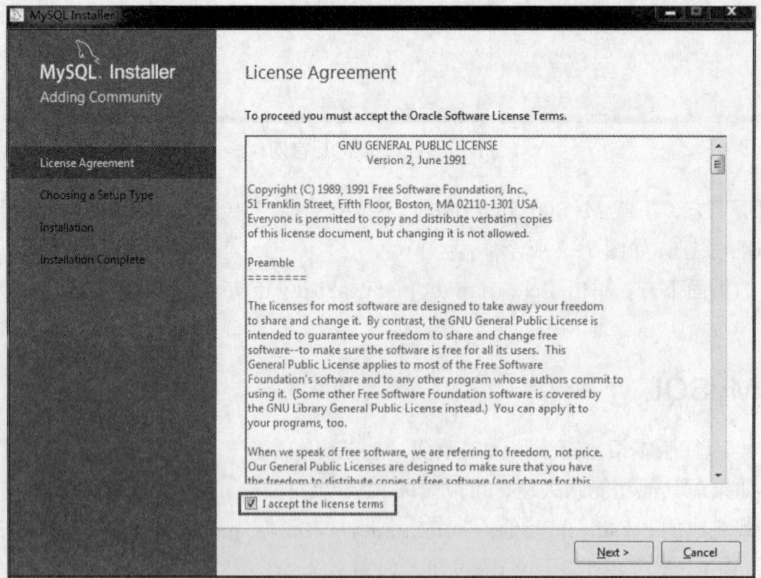

图 7-4　MySQL 安装页面

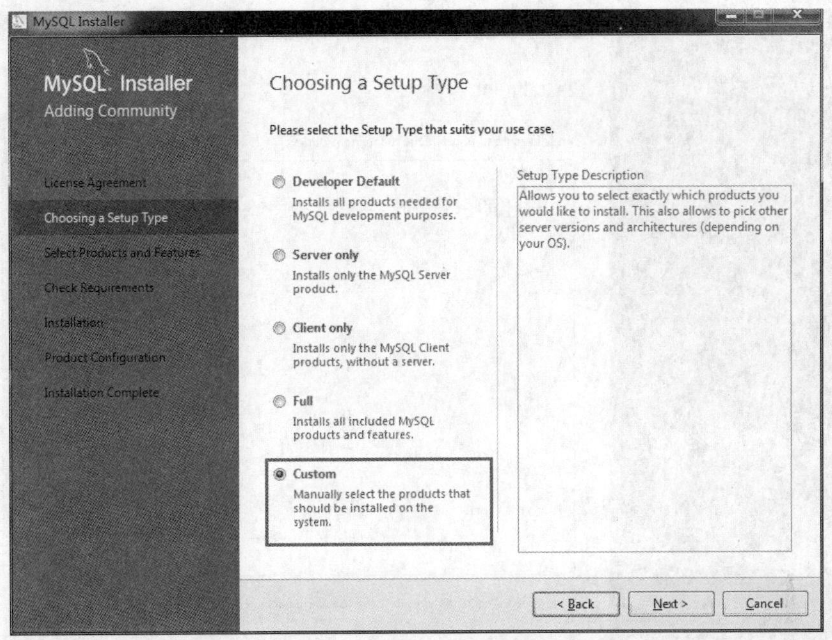

图 7-5　选择安装类型

（3）在选择产品特征的窗口，依次展开左侧窗口中的“MySQL Servers→MySQL Server→ MySQL Server 5.6→ MySQL Server 5.6.24 – X86”，然后单击中间的“ ➡ ”按钮，将要安装的产品列在右侧列表中，然后单击“Next”按钮，如图 7-6 所示。

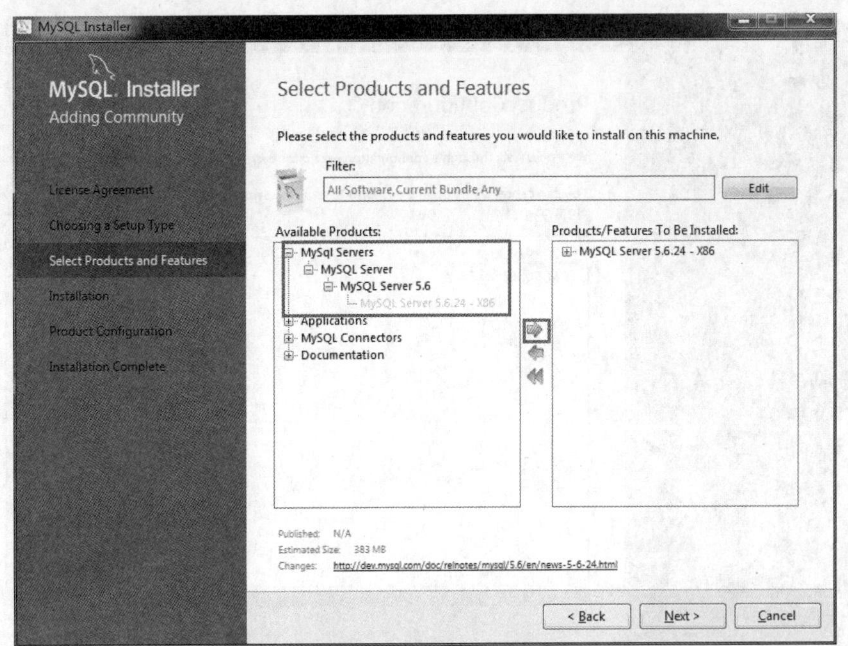

图 7-6　选择产品特征的窗口

（4）MySQL Server 准备好安装了，单击“Execute”开始安装，如图 7-7 所示。等安装完毕之后，单击“Next”按钮。

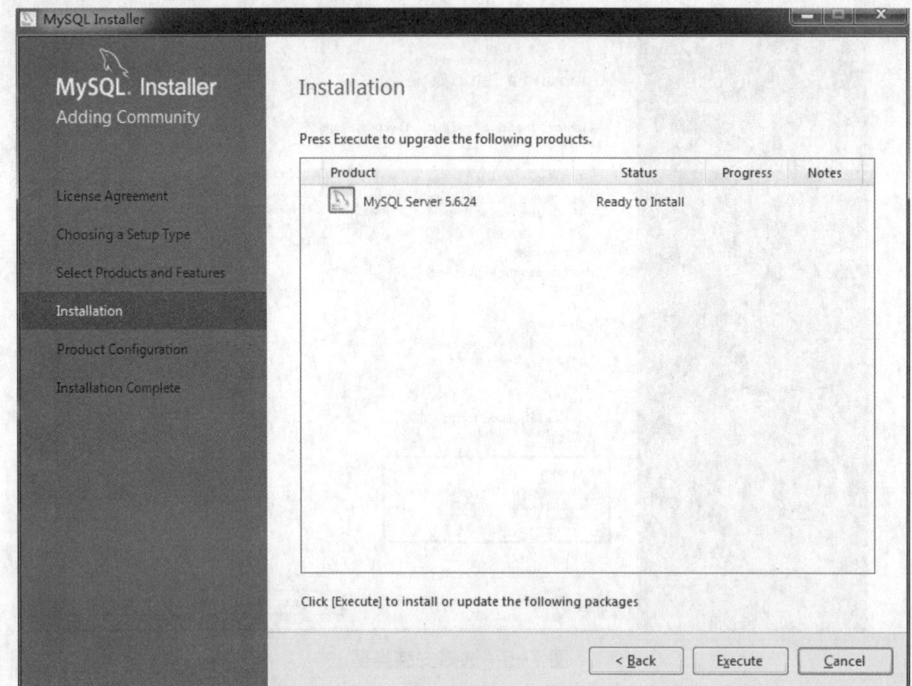

图 7-7　MySQL 安装页面

（5）安装好 MySQL Server，就开始进行产品配置，单击“Next”按钮开始配置数据库，如图 7-8 所示。

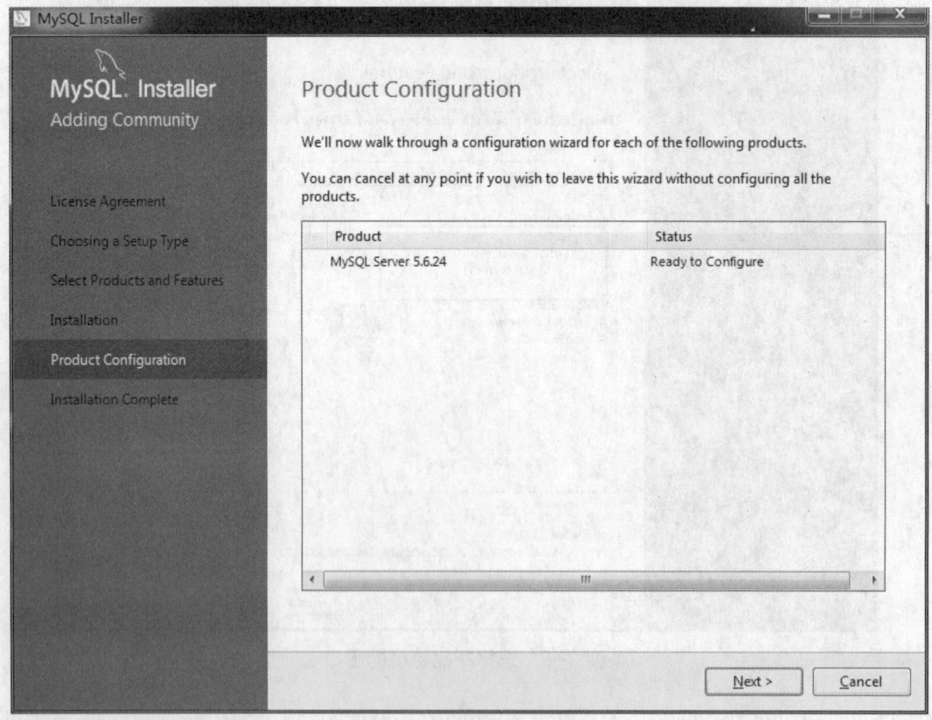

图 7-8　MySQL 安装页面

（6）在网络设置界面，使用默认的 3306 接口，直接单击“Next”按钮，如图 7-9 所示。

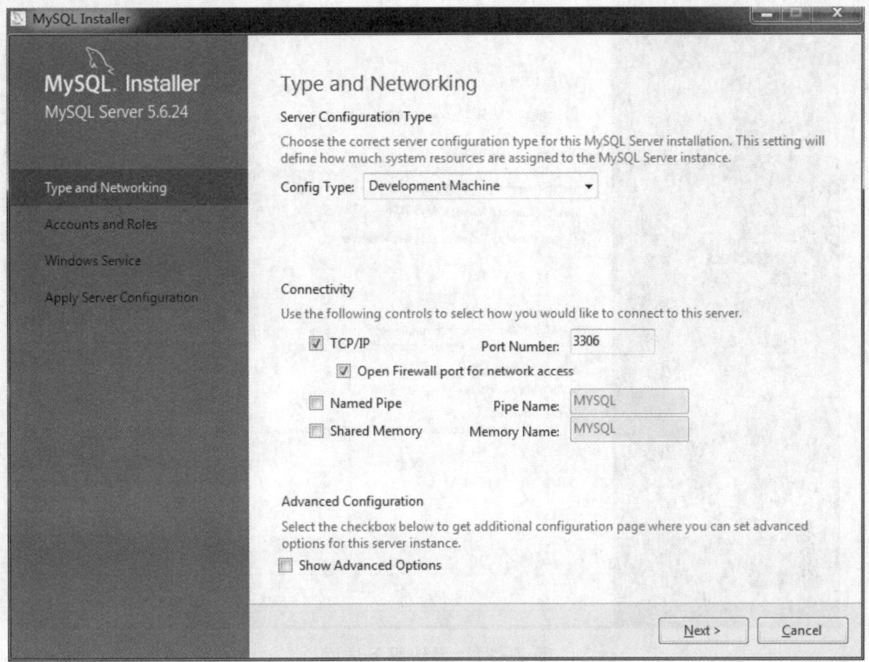

图 7-9　网络设置界面

（7）在账号配置中，给 MySQL 管理员账号设置初始密码，例子中输入的密码为“123456”。配置完毕之后，单击“Next”按钮，如图 7-10 所示。

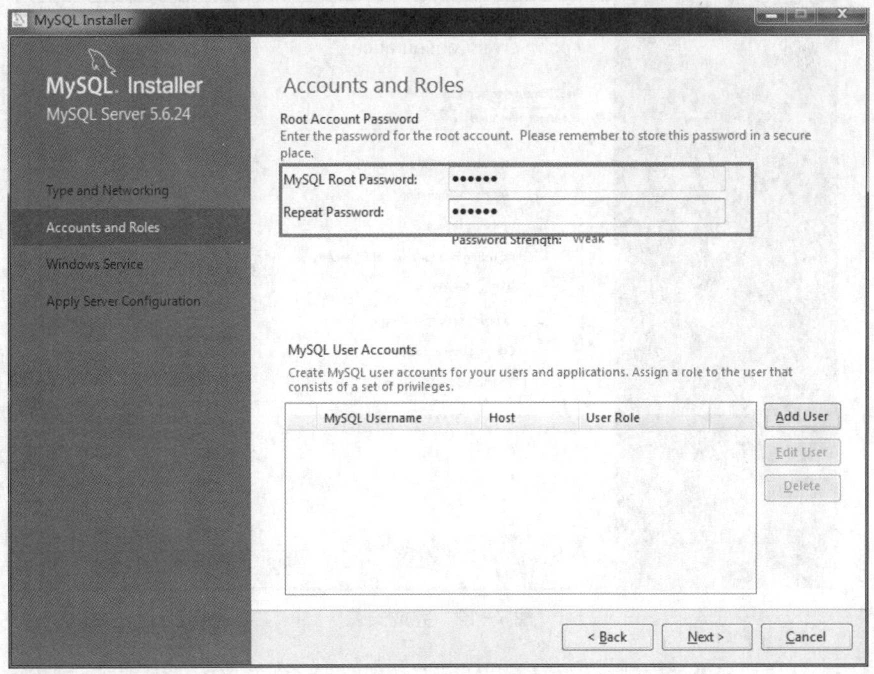

图 7-10　账号配置界面

（8）在系统服务界面，使用默认的服务配置，直接单击“Next”按钮，如图 7-11 所示。

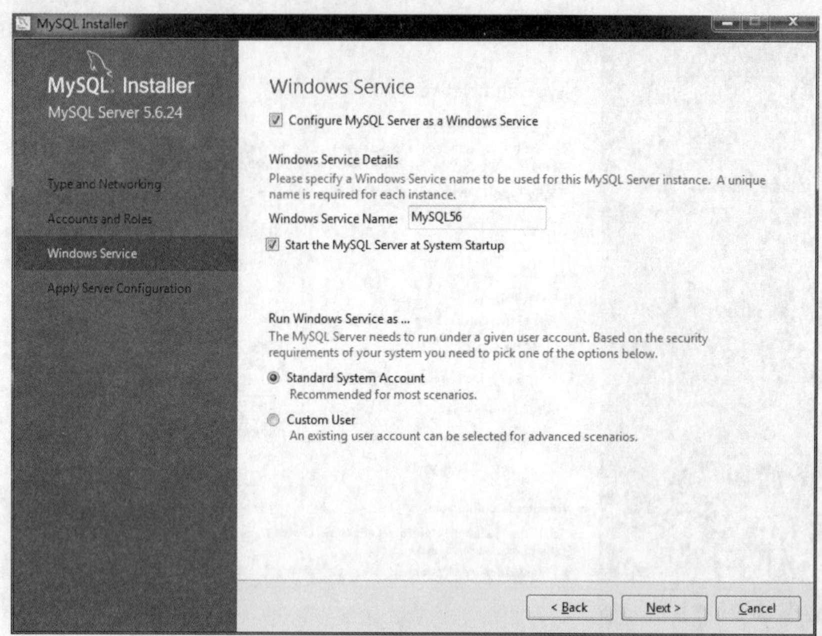

图 7-11　系统服务界面

（9）完成所有配置之后，在启用配置界面单击“Execute”按钮，如图 7-12 所示，完成后单击“Finish”按钮。

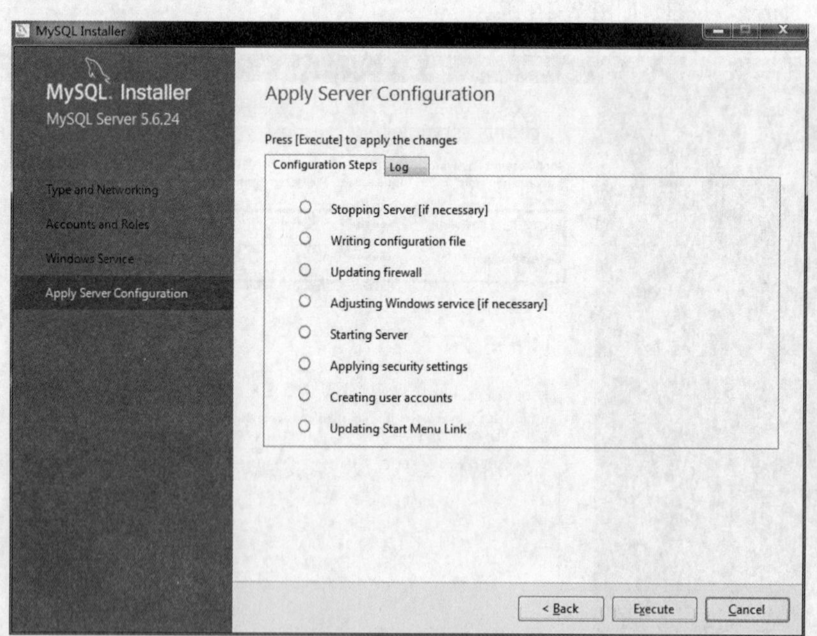

图 7-12　完成安装

（10）最后确认完成所有的安装操作，单击“Next”按钮之后，单击“Finish”按钮，就完成了 MySQL 数据库的安装，如图 7-13 所示。

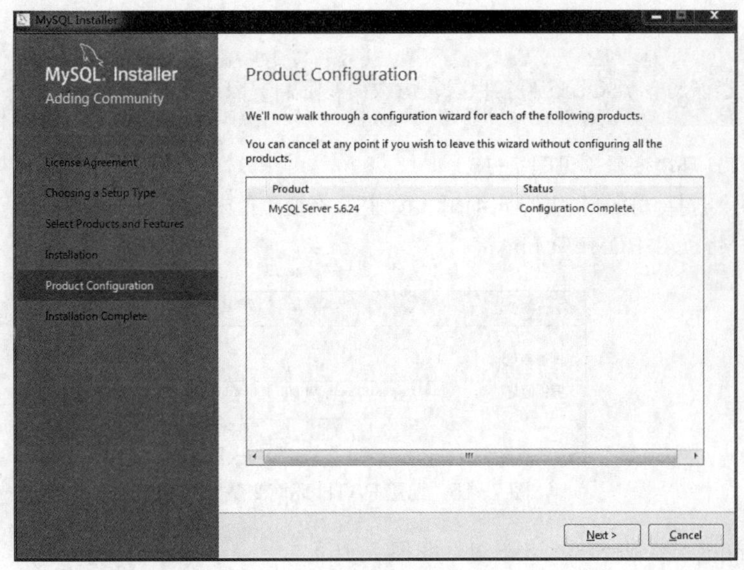

图 7-13　完成 MySQL 安装

7.1.3　环境变量的配置

为了能让 Windows 命令行操作 MySQL 数据库，需要配置一下系统的环境变量。

“计算机右键→属性→高级系统设置→高级→环境变量”，在打开的窗口中选择“系统变量”下的“新建”按钮创建环境变量。

（1）创建 MYSQL_HOME 环境变量（见图 7-14）

变量名：MYSQL_HOME

变量值：C:\Program Files\MySQL\MySQL Server 5.6

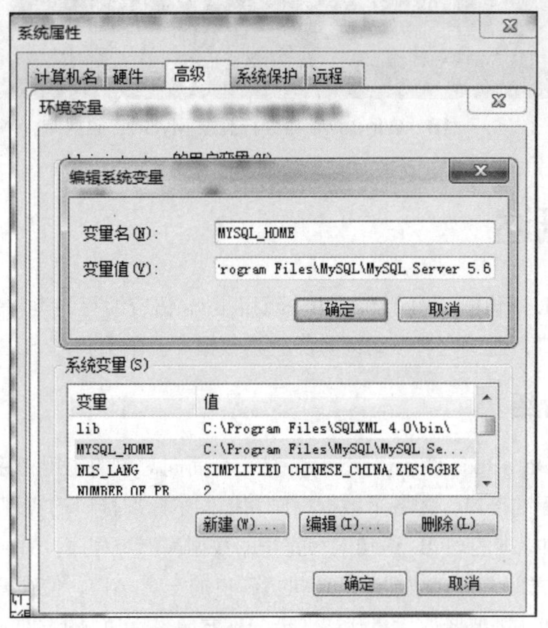

图 7-14　创建 MYSQL_HOME 环境变量

此处的变量值是 MySQL 的真实目录，请根据实际情况自行更改。

（2）配置 PATH 环境变量（见图 7-15）

在系统变量中，选择“Path”并单击编辑“按钮”，在变量值末尾中添加新值。

添加内容：%MYSQL_HOME%\bin\;

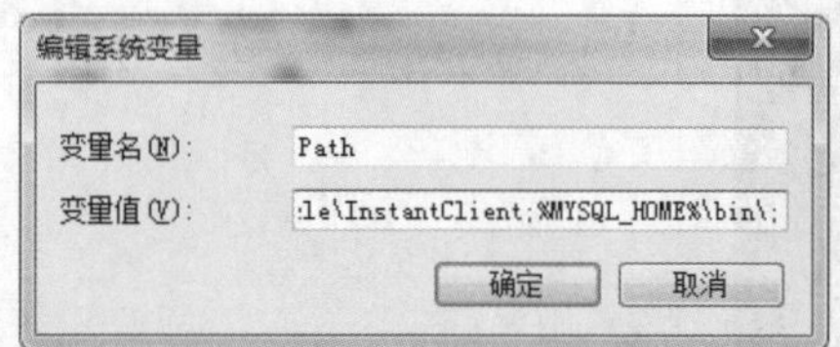

图 7-15　配置 PATH 环境变量

（3）使用 Windows 控制台登录 MySQL（见图 7-16）

单击“开始”菜单，输入“cmd”，打开“cmd.exe”（即 Windows 命令行），输入命令“mysql-uroot-p123456”后回车。登录成功之后，就可以对 MySQL 数据库进行操作了。

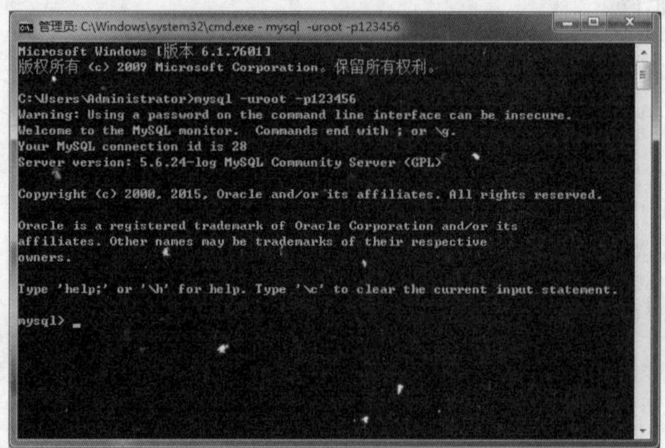

图 7-16　Windows 命令行登录 MySQL 数据库

7.2　JDBC 概述

JDBC 是用于执行 SQL 语句的 API 类包，由一组用 Java 语言编写的类和接口组成。JDBC 提供了一种标准的应用程序设计接口，通过它可以访问各类关系数据库。下面将对 JDBC 技术进行详细介绍。

7.2.1　JDBC 技术介绍

JDBC 的全称为 Java DataBase Connectivity，是一套面向对象的应用程序接口（API），制定了统一的访问各类关系数据库的标准接口，为各个数据库厂商提供了标准接口的实现。通过 JDBC 技术，开发人员可以用纯 Java 语言和标准的 SQL 语句编写完整的数据库应用程序，并且真正地实现了软件的跨平台性。在 JDBC 技术问世之前，各家数据库厂商执行各自的一套 API，使得开发人员访问数据库非常困难，特别是在更换数据库时，需要修改大量代码，十分不方便。JDBC 的发布获得了巨大的成功，很快就成为了 Java 访问数据库的标准，并且获得了几乎所有数据库厂商的支持。

JDBC 是一种底层 API，在访问数据库时需要在业务逻辑中直接嵌入 SQL 语句。由于 SQL 语句是面向关系的，依赖于关系模型，所以 JDBC 传承了简单直接的优点，特别是对于小型应用程序十分方便。需要注意的是，JDBC 不能直接访问数据库，必须依赖于数据库厂商提供的 JDBC 驱动程序，通常情况下使用 JDBC 完成以下操作：

（1）同数据库建立连接；

（2）向数据库发送 SQL 语句；

（3）处理从数据库返回的结果。

JDBC 具有下列优点：

（1）JDBC 与 ODBC 十分相似，便于软件开发人员理解；

（2）JDBC 使软件开发人员从复杂的驱动程序编写工作中解脱出来，可以完全专注于业务逻辑的开发；

（3）JDBC 支持多种关系型数据库，大大增加了软件的可移植性；

（4）JDBC API 是面向对象的，软件开发人员可以将常用的方法进行二次封装，从而提高代码的重用性。

与此同时，JDBC 也具有下列缺点：

（1）通过 JDBC 访问数据库时速度将受到一定影响；

（2）虽然 JDBC API 是面向对象的，但通过 JDBC 访问数据库依然是面向关系的；

（3）JDBC 提供了对不同厂家的产品的支持，这将对数据源带来影响。

7.2.2 JDBC 驱动程序

JDBC 驱动程序用于解决应用程序与数据库通信的问题，它可以分为 JDBC-ODBC Bridge、JDBC-Native API Bridge、JDBC-middleware 和 Pure JDBC Driver 4 种，下面分别进行介绍。

1. JDBC-ODBC Bridge

JDBC-ODBC Bridge 是通过本地的 ODBC Driver 连接到 RDBMS 上。这种连接方式必须将 ODBC 二进制代码（许多情况下还包括数据库客户机代码）加载到使用该驱动程序的每个客户机上，因此，这种类型的驱动程序最适合于企业网，或者是利用 Java 编写的 3 层结构的应用程序服务器代码。

2. JDBC-Native API Bridge

JDBC-Native API Bridge 驱动通过调用本地的 native 程序实现数据库连接，这种类型的驱动程序把客户机 API 上的 JDBC 调用转换为 Oracle、Sybase、Informix、DB2 或其他 DBMS 的调用。需要注意的是，和 JDBC-ODBC Bridge 驱动程序一样，这种类型的驱动程序要求将某些二进制代码加载到每台客户机上。

3. JDBC-middleware

JDBC-middleware 驱动是一种完全利用 Java 编写的 JDBC 驱动，这种驱动程序将 JDBC 转换为与 DBMS 无关的网络协议，然后将这种协议通过网络服务器转换为 DBMS 协议，这种网络服务器中间件能够将纯 Java 客户机连接到多种不同的数据库上，使用的具体协议取决于提供者。通常情况下，这是最为灵活的 JDBC 驱动程序，有可能所有这种解决方案的提供者都提供适合于 Intranet 用的产品。为了使这些产品也支持 Internet 访问，它们必须处理 Web 所提出的安全性、通过防火墙的访问等方面的额外要求。几家提供者正将 JDBC 驱动程序加到他们现有的数据库中间件产品中。

4. Pure JDBC Driver

Pure JDBC Driver 驱动是一种完全利用 Java 编写的 JDBC 驱动，这种类型的驱动程序将 JDBC 调用直接转换为 DBMS 所使用的网络协议。这将允许从客户机机器上直接调用 DBMS 服务器，是 Intranet 访问的一个很实用的解决方法。由于许多这样的协议都是专用的，因此数据库提供者自己将是主要来源，有几家提供者已在着手做这件事了。

7.3 JDBC 中的常用接口

JDBC 提供了许多接口和类，通过这些接口和类，可以实现与数据库的通信。本节将详细介绍一些常用的 JDBC 接口和类。

7.3.1 驱动程序接口 Driver

每种数据库的驱动程序都应该提供一个实现 java.sql.Driver 接口的类，简称 Driver 类，在加载 Driver 类时，应该创建自己的实例并向 java.sql.Driver Manager 类注册该实例。

驱动程序接口
Driver

通常情况下，通过 java.lang.Class 类的静态方法 forName(String className) 加载要连接数据库的 Driver 类，该方法的入口参数为要加载 Driver 类的完整包名。成功加载后，会将 Driver 类的实例注册到 DriverManager 类中，如果加载失败，将抛出 ClassNotFoundException 异常，即未找到指定 Driver 类的异常。

7.3.2 驱动程序管理器 DriverManager

java.sql.DriverManager 类负责管理 JDBC 驱动程序的基本服务，是 JDBC 的管理层，作用于用户和驱动程序之间，负责跟踪可用的驱动程序，并在数据库和驱动程序之间建立连接。另外，DriverManager 类也处理诸如驱动程序登录时间限制及登录和跟踪消息的显示等工作。成功加载 Driver 类并在 DriverManager 类中注册后，DriverManager 类即可用来建立数据库连接。

驱动程序管理器
DriverManager

当调用 DriverManager 类的 getConnection()方法请求建立数据库连接时，DriverManager 类将试图定位一个适当的 Driver 类，并检查定位到的 Driver 类是否可以建立连接。如果可以，则建立连接并返回，如果不可以，则抛出 SQLException 异常。DriverManager 类提供的常用方法见表 7-1。

表 7-1 DriverManager 类提供的常用方法

方法名称	功能描述
getConnection(String url, String user, String password)	为静态方法，用来获得数据库连接，有 3 个入口参数，依次为要连接数据库的 URL、用户名和密码，返回值类型为 java.sql.Connection
setLoginTimeout(int seconds)	为静态方法，用来设置每次等待建立数据库连接的最长时间
setLogWriter(java.io.PrintWriter out)	为静态方法，用来设置日志的输出对象
println(String message)	为静态方法，用来输出指定消息到当前的 JDBC 日志流

7.3.3 数据库连接接口 Connection

java.sql.Connection 接口负责与特定数据库的连接，在连接的上下文中可以执行 SQL 语句并返回结果，还可以通过 getMetaData()方法获得由数据库提供的相关信息，例如，数据表、存储过程和连接功能等信息。Connection 接口提供的常用方法见表 7-2。

数据库连接接口
Connection

表 7-2　Connection 接口提供的常用方法

方法名称	功能描述
createStatement()	创建并返回一个 Statement 实例，通常在执行无参数的 SQL 语句时创建该实例
prepareStatement()	创建并返回一个 PreparedStatement 实例，通常在执行包含参数的 SQL 语句时创建该实例，并对 SQL 语句进行了预编译处理
prepareCall()	创建并返回一个 CallableStatement 实例，通常在调用数据库存储过程时创建该实例
setAutoCommit()	设置当前 Connection 实例的自动提交模式，默认为 true，即自动将更改同步到数据库中，如果设为 false，需要通过执行 commit()或 rollback()方法手动将更改同步到数据库中
getAutoCommit()	查看当前的 Connection 实例是否处于自动提交模式，如果是则返回 true，否则返回 false
setSavepoint()	在当前事务中创建并返回一个 Savepoint 实例，前提条件是当前的 Connection 实例不能处于自动提交模式，否则将抛出异常
releaseSavepoint()	从当前事务中移除指定的 Savepoint 实例
setReadOnly()	设置当前 Connection 实例的读取模式，默认为非只读模式，不能在事务当中执行该操作，否则将抛出异常，有一个 boolean 型的入口参数，设为 true 则表示开启只读模式，设为 false 则表示关闭只读模式
isReadOnly()	查看当前的 Connection 实例是否为只读模式，如果是则返回 true，否则返回 false
isClosed()	查看当前的 Connection 实例是否被关闭，如果被关闭则返回 true，否则返回 false
commit()	将从上一次提交或回滚以来进行的所有更改同步到数据库，并释放 Connection 实例当前拥有的所有数据库锁定
rollback()	取消当前事务中的所有更改，并释放当前 Connection 实例拥有的所有数据库锁定；该方法只能在非自动提交模式下使用，如果在自动提交模式下执行该方法，将抛出异常；有一个入口参数为 Savepoint 实例的重载方法，用来取消 Savepoint 实例之后的所有更改，并释放对应的数据库锁定
close()	立即释放 Connection 实例占用的数据库和 JDBC 资源，即关闭数据库连接

7.3.4　执行 SQL 语句接口 Statement

执行 SQL 语句接口 Statement

java.sql.Statement 接口用来执行静态的 SQL 语句，并返回执行结果。例如，对于 insert、update 和 delete 语句，调用 executeUpdate(String sql)方法，而 select 语句则调用 executeQuery(String sql)方法，并返回一个永远不能为 null 的 ResultSet 实例。Statement 接口提供的常用方法见表 7-3。

表 7-3　Statement 接口提供的常用方法

方法名称	功能描述
executeQuery(String sql)	执行指定的静态 SELECT 语句，并返回一个永远不能为 null 的 ResultSet 实例
executeUpdate(String sql)	执行指定的静态 INSERT、UPDATE 或 DELETE 语句，并返回一个 int 型数值，为同步更新记录的条数
clearBatch()	清除位于 Batch 中的所有 SQL 语句，如果驱动程序不支持批量处理将抛出异常

续表

方法名称	功能描述
addBatch(String sql)	将指定的 SQL 命令添加到 Batch 中，String 型入口参数通常为静态的 INSERT 或 UPDATE 语句，如果驱动程序不支持批量处理将抛出异常
executeBatch()	执行 Batch 中的所有 SQL 语句，如果全部执行成功，则返回由更新计数组成的数组，数组元素的排序与 SQL 语句的添加顺序对应。 数组元素有以下几种情况：①大于或等于零的数，说明 SQL 语句执行成功，为影响数据库中行数的更新计数；②-2，说明 SQL 语句执行成功，但未得到受影响的行数；③-3，说明 SQL 语句执行失败，仅当执行失败后继续执行后面的 SQL 语句时出现。如果驱动程序不支持批量，或者未能成功执行 Batch 中的 SQL 语句之一，将抛出异常
close()	立即释放 Statement 实例占用的数据库和 JDBC 资源，即关闭 Statement 实例

7.3.5 执行动态 SQL 语句接口 PreparedStatement

java.sql.PreparedStatement 接口继承于 Statement 接口，是 Statement 接口的扩展，用来执行动态的 SQL 语句，即包含参数的 SQL 语句。通过 PreparedStatement 实例执行的动态 SQL 语句，将被预编译并保存到 PreparedStatement 实例中，从而可以反复并且高效地执行该 SQL 语句。

执行动态 SQL 语句接口 Prepared-Statement

需要注意的是，在通过 setXxx()方法为 SQL 语句中的参数赋值时，必须通过与输入参数的已定义 SQL 类型兼容的方法，也可以通过 setObject()方法设置各种类型的输入参数。PreparedStatement 的使用方法如下：

```
PreparedStatement ps = connection
        .prepareStatement("select * from table_name where id>? and (name=? or name=?)");
ps.setInt(1, 1);
ps.setString(2, "wgh");
ps.setObject(3, "sk");
ResultSet rs = ps.executeQuery();
```

PreparedStatement 接口提供的常用方法见表 7-4。

表 7-4 PreparedStatement 接口提供的常用方法

方法名称	功能描述
executeQuery()	执行前面包含参数的动态 SELECT 语句，并返回一个永远不能为 null 的 ResultSet 实例
executeUpdate()	执行前面包含参数的动态 INSERT、UPDATE 或 DELETE 语句，并返回一个 int 型数值，为同步更新记录的条数
clearParameters()	清除当前所有参数的值
close()	立即释放 Statement 实例占用的数据库和 JDBC 资源，即关闭 Statement 实例

7.3.6 执行存储过程接口 CallableStatement

java.sql.CallableStatement 接口继承于 PreparedStatement 接口，是 PreparedStatement 接口的扩

展，用来执行 SQL 的存储过程。

JDBC API 定义了一套存储过程 SQL 转义语法，该语法允许对所有 RDBMS 通过标准方式调用存储过程。该语法定义了两种形式，分别是包含结果参数和不包含结果参数。如果使用结果参数，则必须将其注册为 OUT 型参数，参数是根据定义位置按顺序引用的，第一个参数的索引为 1。

为参数赋值的方法使用从 PreparedStatement 中继承来的 set×××()方法。在执行存储过程之前，必须注册所有 OUT 参数的类型；它们的值是在执行后通过 get×××()方法检索的。

CallableStatement 可以返回一个或多个 ResultSet 实例。处理多个 ResultSet 对象的方法是从 Statement 中继承来的。

7.3.7 访问结果集接口 ResultSet

java.sql.ResultSet 接口类似于一个数据表，通过该接口的实例可以获得检索结果集，以及对应数据表的相关信息，例如，列名和类型等。ResultSet 实例通过执行查询数据库的语句生成。

访问结果集接口 ResultSet

ResultSet 实例具有指向其当前数据行的指针。最初，指针指向第一行记录的前方，通过 next()方法可以将指针移动到下一行，因为该方法在没有下一行时将返回 false，所以可以通过 while 循环来迭代 ResultSet 结果集。在默认情况下，ResultSet 对象不可以更新，只有一个可以向前移动的指针，因此，只能迭代它一次，并且只能按从第一行到最后一行的顺序进行。如果需要，可以生成可滚动和可更新的 ResultSet 对象。

ResultSet 接口提供了从当前行检索不同类型列值的 get×××()方法，均有两个重载方法，可以通过列的索引编号或列的名称检索，通过列的索引编号较为高效，列的索引编号从 1 开始。对于不同的 get×××()方法，JDBC 驱动程序尝试将基础数据转换为与 get×××()方法相应的 Java 类型，并返回适当的 Java 类型的值。

在 JDBC 2.0 API（JDK 1.2）之后，为该接口添加了一组更新方法 update×××()，均有两个重载方法，可以通过列的索引编号或列的名称指定列，用来更新当前行的指定列，或者初始化要插入行的指定列，但是该方法并未将操作同步到数据库，需要执行 updateRow()或 insertRow()方法完成同步操作。

ResultSet 接口提供的常用方法见表 7-5。

表 7-5　ResultSet 接口提供的常用方法

方法名称	功能描述
first()	移动指针到第一行；如果结果集为空则返回 false，否则返回 true；如果结果集类型为 TYPE_FORWARD_ONLY，将抛出异常
last()	移动指针到最后一行；如果结果集为空则返回 false，否则返回 true；如果结果集类型为 TYPE_FORWARD_ONLY，将抛出异常
previous()	移动指针到上一行；如果存在上一行则返回 true，否则返回 false；如果结果集类型为 TYPE_FORWARD_ONLY，将抛出异常
next()	移动指针到下一行；指针最初位于第一行之前，第一次调用该方法将移动到第一行；如果存在下一行则返回 true，否则返回 false
close()	立即释放 ResultSet 实例占用的数据库和 JDBC 资源，当关闭所属的 Statement 实例时也将执行此操作

7.4 连接数据库

连接数据库

在对数据库进行操作时，首先需要连接数据库，在 JSP 中连接数据库大致可以分加载 JDBC 驱动程序、创建 Connection 对象的实例、执行 SQL 语句、获得查询结果和关闭连接 5 个步骤，下面进行详细介绍。

7.4.1 加载 JDBC 驱动程序

在连接数据库之前，首先要加载要连接数据库的驱动到 JVM（Java 虚拟机），通过 java.lang.Class 类的静态方法 forName(String className)实现，例如，加载 MySQL 驱动程序的代码如下：

```
try {
    Class.forName("com.mysql.jdbc.Driver");
} catch (ClassNotFoundException e) {
    System.out.println("加载数据库驱动时抛出异常，内容如下：");
    e.printStackTrace();
}
```

成功加载后，会将加载的驱动类注册给 DriverManager 类，如果加载失败，将抛出 ClassNotFoundException 异常，即未找到指定的驱动类，所以需要在加载数据库驱动类时捕捉可能抛出的异常。

通常将负责加载驱动的代码放在 static 块中，这样做的好处是只有 static 块所在的类第一次被加载时才加载数据库驱动，避免重复加载驱动程序，浪费计算机资源。

7.4.2 创建数据库连接

java.sql.DriverManager（驱动程序管理器）类是 JDBC 的管理层，负责建立和管理数据库连接。通过 DriverManager 类的静态方法 getConnection(String url, String user, String password)可以建立数据库连接，3 个入口参数依次为要连接数据库的路径、用户名和密码，该方法的返回值类型为 java.sql.Connection，典型代码如下：

```
Connection conn = DriverManager.getConnection(
        " jdbc:mysql://127.0.0.1:3306/db_database24", "root", "123456");
```

在上面的代码中，连接的是本地的 MySQL 数据库，数据库名称为 db_database24，登录用户为 root，密码为 123456。

7.4.3 执行 SQL 语句

建立数据库连接（Connection）的目的是与数据库进行通信，实现方式为执行 SQL 语句，但是通过 Connection 实例并不能执行 SQL 语句，还需要通过 Connection 实例创建 Statement 实例。Statement 实例又分为以下 3 种类型。

（1）Statement 实例：该类型的实例只能用来执行静态的 SQL 语句。

（2）PreparedStatement 实例：该类型的实例增加了执行动态 SQL 语句的功能。

（3）CallableStatement 对象：该类型的实例增加了执行数据库存储过程的功能。

其中 Statement 是最基础的，PreparedStatement 继承了 Statement，并做了相应的扩展，而 CallableStatement 继承了 PreparedStatement，又做了相应的扩展，从而保证在基本功能的基础上，各自又增加了一些独特的功能。

7.4.4 获得查询结果

通过 Statement 接口的 executeUpdate()或 executeQuery()方法，可以执行 SQL 语句，同时将返回执行结果。如果执行的是 executeUpdate()方法，将返回一个 int 型数值，代表影响数据库记录的条数，即插入、修改或删除记录的条数；如果执行的是 executeQuery()方法，将返回一个 ResultSet 型的结果集，其中不仅包含所有满足查询条件的记录，还包含相应数据表的相关信息，例如，列的名称、类型和列的数量等。

7.4.5 关闭连接

在建立 Connection，Statement 和 ResultSet 实例时，均需占用一定的数据库和 JDBC 资源，所以每次访问数据库结束后，应该及时销毁这些实例，释放它们占用的所有资源，方法是通过各个实例的 close()方法，并且在关闭时建议按照以下的顺序：

```
resultSet.close();
statement.close();
connection.close();
```

采用上面的顺序关闭的原因在于 Connection 是一个接口，close()方法的实现方式可能多种多样。如果是通过 DriverManager 类的 getConnection()方法得到的 Connection 实例，在调用 close()方法关闭 Connection 实例时会同时关闭 Statement 实例和 ResultSet 实例。但是通常情况下需要采用数据库连接池，在调用通过连接池得到的 Connection 实例的 close()方法时，Connection 实例可能并没有被释放，而是被放回到了连接池中，又被其他连接调用，在这种情况下如果不手动关闭 Statement 实例和 ResultSet 实例，它们在 Connection 中可能会越来越多，虽然 JVM 的垃圾回收机制会定时清理缓存，但是如果清理不及时，当数据库连接达到一定数量时，将严重影响数据库和计算机的运行速度，甚至导致软件或系统瘫痪。

7.5 数据库操作技术

在开发 Web 应用程序时，经常需要对数据库进行操作，最常用的数据库操作技术包括向数据库查询、添加、修改或删除数据库中的数据，这些操作即可以通过静态的 SQL 语句实现，也可以通过动态的 SQL 语句实现，还可以通过存储过程实现，具体采用的实现方式要根据实际情况而定。

7.5.1 查询操作

JDBC 中提供了两种实现数据查询的方法，一种是通过 Statement 对象执行静态的 SQL 语句实现；另一种是通过 PreparedStatement 对象执行动态的 SQL 语句实现。由于 PreparedStatement 类是 Statement 类的扩展，一个 PreparedStatement 对象包含一个预编译的 SQL 语句，该 SQL 语句可能包含一个或多个参数，这样应用程序可以动态地为其赋值，所以 PreparedStatement 对象执行的速度比 Statement 对象快。因此在执行较多的 SQL 语句时，建议使用 PreparedStatement 对象。

查询操作

下面将通过两个实例分别应用这两种方法实现数据查询。

【例 7-1】 使用 Statement 查询天下淘商城用户账户信息。

应用 Statement 对象从数据表 tb_user 中查询 name 字段值为 wgh 的数据，代码如下：

```
<%@ page language="java" import="java.sql.*" pageEncoding="UTF-8"%>
```

```
<%
    try {
        Class.forName("com.mysql.jdbc.Driver");
    } catch (ClassNotFoundException e) {
        System.out.println("加载数据库驱动时抛出异常，内容如下：");
        e.printStackTrace();
    }
    Connection conn = DriverManager
            .getConnection(
    "jdbc:mysql://localhost/db_database24?useUnicode=true&characterEncoding=utf8",
                        "root", "123456");
    Statement stmt = conn.createStatement();
    ResultSet rs = stmt
                .executeQuery("select * from tb_user where username='admin'");
    while (rs.next()) {
        out.println("用户名：" + rs.getString(2) + "   密码：" + rs.getString(3));
    }
    rs.close();
    stmt.close();
    conn.close();
%>
```

【例 7-2】 使用 PrepareStatement 查询天下淘商城用户账户信息。

应用 PrepareStatement 对象从数据表 tb_user 中查询 name 字段值为 wgh 的数据，代码如下：

```
<%@ page language="java" import="java.sql.*" pageEncoding="UTF-8"%>
<%
    try {
        Class.forName("com.mysql.jdbc.Driver");
    } catch (ClassNotFoundException e) {
        System.out.println("加载数据库驱动时抛出异常，内容如下：");
        e.printStackTrace();
    }
    Connection conn = DriverManager
                .getConnection(
    "jdbc:mysql://localhost/db_database24?useUnicode=true&characterEncoding=utf8",
                        "root", "123456");
    PreparedStatement pStmt = conn
                .prepareStatement("select * from tb_user where username=?");
    pStmt.setString(1, "admin");
    ResultSet rs = pStmt.executeQuery();
    while (rs.next()) {
        out.println("用户名：" + rs.getString(2) + "   密码：" + rs.getString(3));
    }
    rs.close();
    pStmt.close();
    conn.close();
%>
```

例 7-1 和例 7-2 的运行结果如图 7-17 所示。

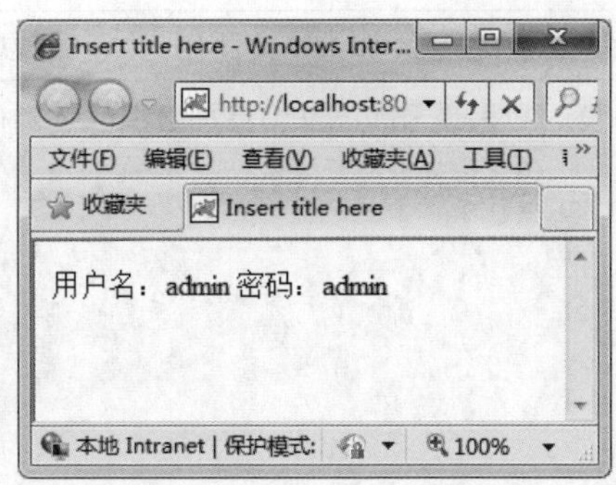

图 7-17　例 7-1 和例 7-2 的运行结果

如果要实现模糊查询，可以使用 SQL 语句中的 like 关键字实现。例如，要查询 name 字段中包括“w”的数据可以使用 SQL 语句“select * from tb_user where name like '%w%' ”或“select * from tb_user where name like ?”实现。其中，使用后一方法时，需要将参数值设置为“%w%”。

7.5.2　添加操作

同查询操作相同，JDBC 中也提供了两种实现数据添加操作的方法，一种是通过 Statement 对象执行静态的 SQL 语句实现；另一种是通过 PreparedStatement 对象执行动态的 SQL 语句实现。

添加操作

通过 Statement 对象和 PreparedStatement 对象实现数据添加操作的方法同实现查询操作的方法基本相同，所不同的就是执行的 SQL 语句及执行方法不同，实现数据添加操作时采用的是 executeUpdate()方法，而实现数据查询时使用的是 executeQuery()方法。实现数据添加操作使用的 SQL 语句为 Insert 语句，其语法格式如下：

```
Insert [INTO] table_name[(column_list)] values(data_values)
```

语法中各参数说明见表 7-6。

表 7-6　Insert 语句的参数说明

参数	描述
[INTO]	可选项，无特殊含义，可以将它用在 Insert 和目标表之前
table_name	要添加记录的数据表名称
column_list	是表中的字段列表，表示向表中哪些字段插入数据；如果是多个字段，字段之间用逗号分隔；不指定 column_list，默认向数据表中所有字段插入数据
data_values	要添加的数据列表，各个数据之间使用逗号分隔；数据列表中的个数、数据类型必须和字段列表中的字段个数、数据类型相一致
values	引入要插入的数据值的列表；对于 column_list（如果已指定）中或者表中的每个列，都必须有一个数据值；必须用圆括号将值列表括起来；如果 values 列表中的值与表中的值和表中列的顺序不相同，或者未包含表中所有列的值，那么必须使用 column_list 明确地指定存储每个传入值的列

【例 7-3】 使用 Statement 添加天下淘新用户账户信息。

应用 Statement 对象向数据表 tb_user 中添加数据的关键代码如下：

```
Statement stmt=conn.createStatement();
int rtn= stmt.executeUpdate("insert into tb_user (username, password) values('hope','111')");
```

【例 7-4】 使用 PreparedStatement 添加天下淘新用户账户信息。

利用 PreparedStatement 对象向数据表 tb_user 中添加数据的关键代码如下：

```
PreparedStatement pStmt = conn.prepareStatement("insert into tb_user (username, password) values(?,?)");
pStmt.setString(1,"dream");
pStmt.setString(2,"111");
int rtn= pStmt.executeUpdate();
```

7.5.3 修改操作

同添加操作相同，JDBC 中也提供了两种实现数据修改操作的方法。一种是通过 Statement 对象执行静态的 SQL 语句实现；另一种是通过 PreparedStatement 对象执行动态的 SQL 语句实现。

通过 Statement 对象和 PreparedStatement 对象实现数据修改操作的方法同实现添加操作的方法基本相同，所不同的就是执行的 SQL 语句不同，实现数据修改操作使用的 SQL 语句为 UPDATE 语句，其语法格式如下：

修改操作

```
UPDATE table_name
SET <column_name>=<expression>
    [....,<last column_name>=<last expression>]
[WHERE<search_condition>]
```

语法中各参数说明见表 7-7。

表 7-7 UPDATE 语句的参数说明

参数	描述
table_name	需要更新的数据表名
SET	指定要更新的列或变量名称的列表
column_name	含有要更改数据的列的名称；column_name 必须驻留于 UPDATE 子句中所指定的表或视图中；标识列不能进行更新；如果指定了限定的列名称，限定符必须同 UPDATE 子句中的表或视图的名称相匹配
expression	变量、字面值、表达式或加上括号返回单个值的 subSELECT 语句；expression 返回的值将替换 column_name 中的现有值
WHERE	指定条件来限定所更新的行
<search_condition>	为要更新行指定需满足的条件，搜索条件也可以是连接所基于的条件，对搜索条件中可以包含的谓词数量没有限制

【例 7-5】 使用 Statement 修改天下淘用户账户信息。

应用 Statement 对象修改数据表 tb_user 中 username 字段值为“hope”的记录，关键代码如下：

```
Statement stmt=conn.createStatement();
int rtn= stmt.executeUpdate("update tb_user set username='hope', password='222' where username='dream'");
```

【例 7-6】 使用 PreparedStatement 修改天下淘用户账户信息。

利用 PreparedStatement 对象修改数据表 tb_user 中 name 字段值为“hope”的记录，关键代码如下：

```
PreparedStatement pStmt = conn.prepareStatement("update tb_user set username =?, password =? where username =?");
pStmt.setString(1,"dream");
```

```
pStmt.setString(2,"111");
pStmt.setString(3,"hope");
int rtn= pStmt.executeUpdate();
```

在实际应用中，经常是先将要修改的数据查询出来并显示到相应的表单中，然后将表单提交到相应处理页，在处理页中获取要修改的数据，并执行修改操作，完成数据修改。

7.5.4 删除操作

实现数据删除操作也可以通过两种方法实现。一种是通过 Statement 对象执行静态的 SQL 语句实现；另一种是通过 PreparedStatement 对象执行动态的 SQL 语句实现。

删除操作

通过 Statement 对象和 PreparedStatement 对象实现数据删除操作的方法同实现添加操作的方法基本相同，所不同的就是执行的 SQL 语句不同，实现数据删除操作使用的 SQL 语句为 DELETE 语句，其语法格式如下：

```
DELETE FROM <table_name >[WHERE<search condition>]
```

在上面的语法中，table_name 用于指定要删除数据的表的名称；<search_condition>用于指定删除数据的限定条件。在搜索条件中对包含的谓词数量没有限制。

【例 7-7】 使用 Statement 删除天下淘用户账户信息。

应用 Statement 对象从数据表 tb_user 中删除 name 字段值为“hope”的数据，关键代码如下：

```
Statement stmt=conn.createStatement();
int rtn= stmt.executeUpdate("delete tb_user where username ='hope'");
```

【例 7-8】 使用 PreparedStatement 删除天下淘用户账户信息。

利用 PreparedStatement 对象从数据表 tb_user 中删除 name 字段值为“dream”的数据，关键代码如下：

```
PreparedStatement pStmt = conn.prepareStatement("delete from tb_user where username =?");
pStmt.setString(1,"dream");
int rtn= pStmt.executeUpdate();
```

小结

本章首先介绍了 JDBC 技术及 JDBC 中常用接口的应用，然后介绍了连接及访问数据库的方法，以及各种常用数据库的连接方法，接着介绍对数据的查询、添加、修改和删除技术。这些技术都是应用 JSP 开发动态网站时必不可少的技术，读者应该重点掌握，并灵活应用。通过对本章的学习，读者完全可以编写出基于数据库的 Web 应用程序

上机指导

编写数据库连接工具类。

开发步骤如下。

（1）在本地安装 MySQL 数据库，将 root 密码设置为 123456。

（2）在 Eclipse 中创建 Java 项目，命名为 JDBCUtilProject。

（3）创建 JDBCUtil，代码如下：

```
import java.sql.Connection;
import java.sql.DriverManager;
import java.sql.ResultSet;
import java.sql.Statement;
public class JDBCUtil {
    /*使用静态代码块完成驱动的加载*/
    static {
        try {
            String driverName = "com.mysql.jdbc.Driver";
            Class.forName(driverName);
        } catch (Exception e) {
            e.printStackTrace();
        }
    }
    /*提供连接的方法*/
    public static Connection getConnection() {
        Connection con = null;
        try {
            //连接指定的MySQL数据库，3个参数分别是：数据库地址、账号、密码
            con                                                                    =
DriverManager.getConnection("jdbc:mysql://127.0.0.1/test?useUnicode=true&characterEncoding=ut
f8", "root", "123456");
        } catch (Exception e) {
            e.printStackTrace();
        }
        return con;
    }
    /*关闭连接的方法*/
    public static void close(ResultSet rs, Statement stmt, Connection con) {
        try {
            if (rs != null)
                rs.close();
        } catch (Exception ex) {
            ex.printStackTrace();
        }
        try {
            if (stmt != null)
                stmt.close();
        } catch (Exception ex) {
            ex.printStackTrace();
        }
        try {
            if (con != null)
                con.close();
        } catch (Exception ex) {
            ex.printStackTrace();
        }
```

```
    }
}
```

（4）创建连接测试类 DaoTest，代码如下：

```
import java.sql.Connection;
import java.sql.ResultSet;
import java.sql.SQLException;
import java.sql.Statement;
public class DaoTest {
    Connection con;
    Statement stmt;
    ResultSet rs;
    public Connection getCon() {
        return con;
    }
    public Statement getStmt() {
        return stmt;
    }
    public ResultSet getRs() {
        return rs;
    }
    public DaoTest(Connection con) {
        this.con = con;
        try {
            stmt = con.createStatement();
        } catch (SQLException e) {
            e.printStackTrace();
        }
    }
    public void createTable() throws SQLException {
        stmt.executeUpdate("DROP TABLE IF EXISTS `jdbc_test` ");//删除相同名称的表
        String sql = "create table jdbc_test(id int,name varchar(100)) ";
        stmt.executeUpdate(sql);//执行SQL
        System.out.println("jdbc_test表创建完毕");
    }
    public void insert() throws SQLException {
        String sql1 = "insert into jdbc_test values(1,'tom') ";
        String sql2 = "insert into jdbc_test values(2,'张三') ";
        String sql3 = "insert into jdbc_test values(3,'999') ";
        stmt.addBatch(sql1);
        stmt.addBatch(sql2);
        stmt.addBatch(sql3);
        int[] results = stmt.executeBatch();//批量运行sql
        for (int i = 0; i < results.length; i++) {
            System.out.println("第" + (i + 1) + "次插入返回" + results[0] + "条结果");
        }
    }
    public void select() throws SQLException {
        String sql = "select id,name from jdbc_test ";
        rs = stmt.executeQuery(sql);
        System.out.println("---数据库查询的结果----");
        System.out.println("id\tname");
```

```
            System.out.println("---------------------");
            while (rs.next()) {
                String id = rs.getString("id");
                String name = rs.getString("name");
                System.out.print(id + "\t" + name+"\n");
            }
        }
        public static void main(String[] args) {
            Connection con = JDBCUtil.getConnection();
            DaoTest dao = new DaoTest(con);
            try {
                dao.createTable();
                dao.insert();
                dao.select();
            } catch (SQLException e) {
                e.printStackTrace();
            } finally {
                JDBCUtil.close(dao.getRs(), dao.getStmt(), dao.getCon());
            }
        }
    }
```

（5）执行 DaoTest 类中的主方法，查看运行结果，如图 7-18 所示。

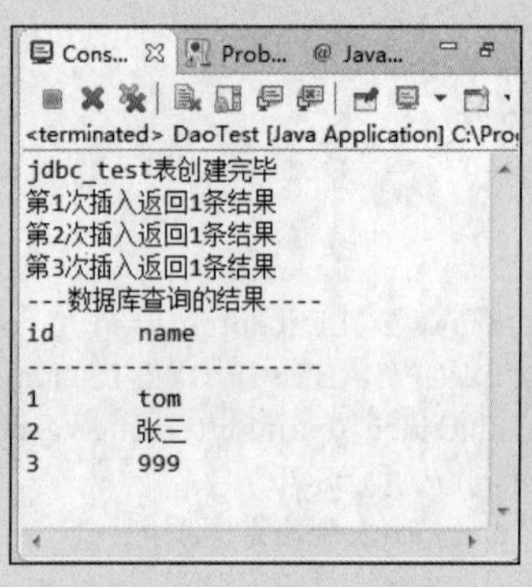

```
<terminated> DaoTest [Java Application] C:\Pro
jdbc_test表创建完毕
第1次插入返回1条结果
第2次插入返回1条结果
第3次插入返回1条结果
---数据库查询的结果----
id      name
---------------------
1       tom
2       张三
3       999
```

图 7-18　DaoTest 类的运行结果

习 题

1. 简述 JDBC 连接数据库的基本步骤。

2. 执行动态 SQL 语句的接口是什么?

3. JDBC 中提供的两种实现数据查询的方法分别是什么?

4. Statement 类中的两个方法：executeQuery ()和 executeUpdate()，两者的区别是什么?

PART 08

第8章

程序日志组件

本章要点：

- 了解日志组件
- 了解日志组件的用途
- 掌握Log4j日志组件的使用方法

■ 在程序开发时，为调试方便，经常使用 System.out.println 语句输出调试信息。程序日志就是由这些嵌入在程序中以输出调试信息的语句所组成的。使用 Log4j 不仅可以完成简单的程序日志功能，还可以对程序日志记录分级管理，使日志信息具有多种输出格式和多个输出级别。日志记录可以通过配置脚本在运行时得以控制，它可以避免使用成千上万的 System.out.println 语句维护程序日志。本章将介绍 Log4j 组件的配置与使用。

8.1 简介

Log4j 是 Apache 的开源项目。通过使用 Log4j，可以控制每一条日志的输出格式、级别，能够更加细致地控制日志的生成过程。通过 Log4j 可以控制日志信息输送的目的地是控制台、文件、GUI 组件，甚至是套接口服务器、NT 的事件记录器、UNIX Syslog 守护进程等。通过一个配置文件就可以配置程序日志，而不需要修改应用的代码。

简介

另外，通过 Log4j 其他语言接口，还可以在 C、C++、.Net、PL/SQL 程序中使用 Log4j，其使用方法和在 Java 程序中一样，这使得多语言分布式系统得到一个统一的日志组件模块。而且，通过使用各种第三方扩展，可以很方便地将 Log4j 集成到 JavaEE、JINI，甚至是 SNMP 应用中。

Log4j 主要由 Logger、Appender 和 Layout 共 3 大组件构成。

① Log4j 允许开发人员定义多个 Logger，每个 Logger 拥有自己的名字，Logger 之间通过名字来表明隶属关系。有一个 Logger 称为 Root，它永远存在，且不能通过名字检索或引用，可以通过 Logger.getRootLogger()方法获得，其他 Logger 通过 Logger.getLogger(String name)方法获得。

② Appender 则是用来指明将所有的 Log 信息存放到什么地方，Log4j 中支持多种 Appender，如控制台、文件、GUI 组件，甚至是套接口服务器、NT 的事件记录器等，一个 Logger 可以拥有多个 Appender，也就是说，用户既可以将 Log 信息输出到屏幕，同时也可以存储到一个文件中。

③ Layout 的作用是控制 Log 信息的输出方式，也就是格式化输出的信息。

在介绍这 3 个组件之前，为方便讲解本章内容，先来创建一个 Log4j 的配置文件 log4j.properties。程序代码如下：

```
#Logger
log4j.rootLogger=WARN,console
log4j.logger.onelogger=debug,file
log4j.logger.onelogger.newlogger=,file
#Appender
log4j.appender.console=org.apache.log4j.ConsoleAppender
log4j.appender.file=org.apache.log4j.RollingFileAppender
log4j.appender.file.File=c:\log.htm
log4j.appender.file.MaxFileSize=10KB
log4j.appender.file.MaxBackupIndex=3
#Layout
log4j.appender.console.layout=org.apache.log4j.PatternLayout
log4j.appender.console.layout.ConversionPattern=%t %p - %m%n
log4j.appender.file.layout=org.apache.log4j.HTMLLayout
```

8.2 Logger

Logger 是 Log4j 的日志记录器，它是 Log4j 的核心组件。Log4j 将输出的日志信息定义了 5 种级别，依次为 DEBUG、INFO、WARN、ERROR 和 FATAL，它们的日志级别见表 8-1。当输出日志信息时，只有高过配置中定义级别的日志信息才会被输出，这样就很方便在不更改代码情况下来配置不同情况下要输出的内容。

表 8-1　5 种级别的日志信息

日志级别	消息类型	描述
DEBUG	Object	输出调试级别的日志信息，它是所有日志级别中最低的
INFO	Object	输出消息日志，它高于 DEBUG 级别日志
WARN	Object	输出警告级别的日志信息，它高于 INFO 日志级别
ERROR	Object	输出错误级别的日志信息，它高于 WARN 日志级别
FATAL	Object	输出致命错误级别的日志信息，它是最高的日志级别

8.2.1 日志输出

在程序中可以使用 Logger 类的不同的方法来输出各种级别的日志信息，Log4j 会根据配置的当前日志级别决定输出哪些日志。对应各种级别日志的输出方法如下。

日志输出

DEBUG 日志可以使用 Logger 类的 debug()方法输出日志消息。

语法：

```
logger.debug(Object message)
```

message：输出的日志消息，例如，logger. debug ("调试日志");

INFO 日志可以使用 Logger 类的 info()方法输出日志消息。

语法：

```
logger.info(Object message)
```

message：输出的日志消息，例如，logger. info ("消息日志");

WARN 日志可以使用 Logger 类的 warn()方法输出日志消息。

语法：

```
logger.warn(Object message)
```

message：输出的日志消息，例如，logger. warn ("警告日志");

ERROR 日志可以使用 Logger 类的 error()方法输出日志消息。

语法：

```
logger.error(Object message)
```

message：输出的日志消息，例如，logger.error("数据库连接失败");

FATAL 日志可以使用 Logger 类的 fatal()方法输出日志消息。

语法：

```
logger.fatal(Object message)
```

message：输出的日志消息，例如，logger.fatal("内存不足");

8.2.2 配置日志

在配置文件中配置 Logger 日志时，可以定义日志的级别、输出目标等。

配置日志

语法：

```
log4j.[loggerName]=[loggerLevel], appenderName, ……
```

① loggerName：日志的名称，例如，testLogger。

② loggerLevel：日志级别，只有等于和低于这个级别的日志才会被输出。

③ appenderName：日志的输出目标，例如，控制台、文件或者以流的方式将日志信息输出到任何输出地点。可以为一个日志指定多个输出目标，提供多种查看日志的方式。

例如，本章的配置文件中定义的 onelogger 日志，它定义了日志级别为 DEBUG，这将显示所有日志级别的日志消息，因为它是最低的日志级别，输出目标指定输出到文件中。配置文件中定义的 onelogger 日志关键代码如下：

```
log4j.logger.onelogger=debug,file
```

8.2.3 日志的继承

Logger 日志的最顶层是 rootLogger 日志，它类似于 Java 的 Object 类，所有日志都继承了 rootLogger 日志的定义，本章的配置文件中 onelogger 日志只定义的输出目标是文件，但是它同时也会在控制台输出日志信息，因为 rootLogger 日志配置了输出目标为控制台，onelogger 日志继承了这个设置。onelogger 日志的配置代码如下：

日志的继承

```
log4j.rootLogger=WARN,console
```

除了配置 rootLogger 日志定义所有日志都会继承的配置外，在配置日志时还可以指定继承某个已存在的日志。例如，继承已存在的 onelogger 日志去定义一个新的 newlogger 日志，因此可以这样定义：

```
log4j.logger.onelogger.newlogger=,file
```

在原有的 onelogger 日志后面定义新的日志，将会继承 onelogger 日志的所有配置信息，当然 rootLogger 日志的配置信息也会默认被继承。newlogger 日志没有定义日志级别，只定义了输出目的地为文件，但是它继承了 onelogger 日志的定义，因此，它的日志级别是 DEBUG，而不是 rootLogger 日志的 WARN 日志级别。

8.3 Appender

在配置文件中定义 Logger 日志时，需要指定日志的输出目标即实现 Appender 接口的对象。Appender 接口有多种实现类，它们可以将日志输出到不同的地方，例如，灵活的文件输出、控制台输出或者通过流输出到任何需要日志的地方。Appender 接口的实现类见表 8-2。

Appender

表 8-2 Appender 接口的实现类

Appender 接口的实现类	描述
org.apache.log4j.ConsoleAppender	输出日志到控制台
org.apache.log4j.FileAppender	输出日志到文件
org.apache.log4j.DailyRollingFileAppender	每天只生成一个对应的日志文件
org.apache.log4j.RollingFileAppender	当文件大小超出限制时，重新生成新的日志文件，可以设置日志文件的备份数量
org.apache.log4j.WriterAppender	以流的形式输出日志信息到任意目的地
org.apache.log4j.net.SMTPAppender	当特定的日志事件发生时，一般是指发生错误或者重大错误时，发送邮件
org.apache.log4j.net.SocketAppender	给远程日志服务器的网络套接字节点发送日志事件 LoggingEvent 对象
org.apache.log4j.net.SocketHubAppender	给远程日志服务器群组网络套接字节点发送日志事件 LoggingEvent 对象
org.apache.log4j.net.SyslogAppender	给远程异步日志记录的后台程序(daemon)发送消息

续表

Appender 接口的实现类	描述
org.apache.log4j.net.TelnetAppender	一个专用于向只读网络套接字发送消息的 log4j appender

以 ConsoleAppender 为例，在配置日志输出到控制台时，定义如下：

```
log4j.appender.console=org.apache.log4j.ConsoleAppender
```

Appender 名称定义为 console，在配置 Logger 日志时可以应用 console 作为输出目标。例如：

```
log4j.rootLogger=WARN,console
```

这样就定义了所有的 Logger 日志默认使用 console 作为日志输出目标。

如果以文件形式备份日志信息，可以使用 FileAppender、DailyRollingFileAppender 和 RollingFileAppender。但是要配置相应的属性，例如，文件名称。以 RollingFileAppender 为例，配置日志输出文件为 log.htm、文件大小限制到 10KB、设置文件的备份数量为 3，关键配置代码如下：

```
log4j.appender.file=org.apache.log4j.RollingFileAppender
log4j.appender.file.File=c:\log.htm
log4j.appender.file.MaxFileSize=10KB
log4j.appender.file.MaxBackupIndex=3
```

这样的配置可以将日志信息输出到指定的文件，并且在文件超出限制大小时，可以生成最多 3 个备份文件，超出备份数量将被新的日志备份替换。

8.4 Layout

Layout

Appender 必须使用一个与之相关联的 Layout 附加在 Appender 上，它可以根据用户的个人习惯格式化日志的输出格式，例如，文本文件、HTML 文件、邮件、网络套接字等。Log4j 使用的 Layout 见表 8-3。

表 8-3 Layout 子类

Layout 的子类	描述
org.apache.log4j.HTMLLayout	将日志以 HTML 格式布局输出
org.apache.log4j.PatternLayout	日志将根据指定的转换模式格式化并输出日志，如果没有指定任何转换模式，将采用默认的转换模式
org.apache.log4j.SimpleLayout	将日志以一种非常简单的方式格式化日志输出，它先输出日志级别，然后跟着一个“-”，最后才是日志消息
org.apache.log4j.TTCCLayout	这种布局格式包含日志的线程、级别、日志名称跟着一个“-”，然后才是日志消息

本章配置文件中为控制台和文件输出目标分别定义了 Layout，关键代码如下：

```
log4j.appender.console.layout=org.apache.log4j.PatternLayout
log4j.appender.console.layout.ConversionPattern=%t %p - %m%n
log4j.appender.file.layout=org.apache.log4j.HTMLLayout
```

对文件设置了 HTMLLayout 布局，使它产生 HTML 格式的日志信息。控制台采用了 PatternLayout 布局，并且设置其 ConversionPattern 转换模式属性，定义了灵活的输出格式。定义转换模式的转换符见表 8-4。

表 8-4　转换字符表

转换字符	描述
%c	日志名称
%C	日志操作所在的类的名称（不包含扩展名称）
%d	产生日志的时间和日期
%F	日志操作所在的类的源文件名称（既.java 文件）
%l	日志操作代码所在的类的名称以“.”字符连接所在的方法，其后的“( )”中包含日志操作代码所在的源文件名称以“:”连接所在行号。例如，Test.main (Test.java:19)
%L	只包含日志操作代码所在源代码的行号
%m	除了输出日志信息之外，不包含任何信息
%M	只输出日志操作代码所在源文件中的方法名。例如，main
%n	日志信息中的换行符
%p	以大写格式输出日志的级别
%r	产生日志所耗费的时间（以毫秒为单位）
%t	输出日志信息的线程名称
%%	输出%符号

8.5　应用日志调试程序

【例 8-1】 现在来完成本章的实例，在显示用户注册信息的页面时，会分别输出日志信息到控制台和日志文件中。其中日志文件以 HTML 格式存储在 C 盘 log.htm 文件中，在日志文件大小超过 10KB 时将备份日志，然后创建新的日志文件，最多只能备份 3 个日志文件。程序运行页面效果如图 8-1 所示。

应用日志调试程序

程序实现步骤如下。

（1）创建 Log4j 的日志配置文件 log4j.properties，配置如下：

```
#Logger
log4j.rootLogger=WARN,console
log4j.logger.onelogger=debug,file
log4j.logger.onelogger.newlogger=,file
#Appender
log4j.appender.console=org.apache.log4j.ConsoleAppender
log4j.appender.file=org.apache.log4j.RollingFileAppender
log4j.appender.file.File=c:/log.htm
log4j.appender.file.MaxFileSize=10KB
log4j.appender.file.MaxBackupIndex=3
#Layout
log4j.appender.console.layout=org.apache.log4j.PatternLayout
log4j.appender.console.layout.ConversionPattern=%t %p - %m%n
log4j.appender.file.layout=org.apache.log4j.HTMLLayout
```

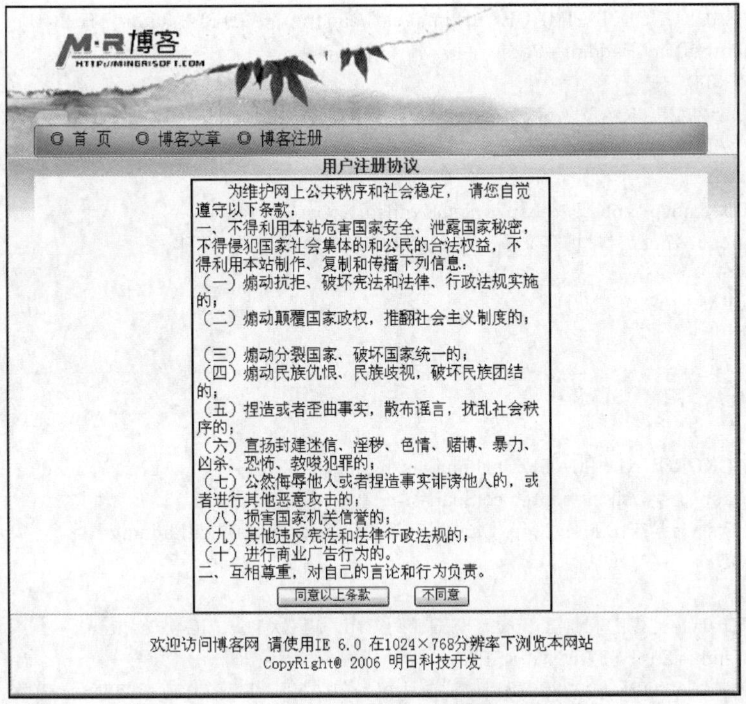

图 8-1　程序页面效果图

（2）创建 log.jsp 页面，在页面中调用 Logger 类的各种日志方法输出不同级别的日志信息，这些日志会分别输出到控制台和日志文件中。程序代码如下：

```
<%@page pageEncoding="gbk" contentType="text/html; charset=GBK"%>
<%@page import="org.apache.log4j.*"%>
<jsp:directive.page import="java.util.Date" />
<HTML><HEAD><TITLE>注册协议</TITLE>
<META http-equiv=Content-Type content="text/html; charset=gb2312">
<STYLE type=text/css>
body {
    FONT-SIZE: 9pt; FONT-FAMILY: 宋体
}
</style>
</HEAD>
<BODY>
<%
Logger onelogger = Logger.getLogger("onelogger");
Logger newlogger = Logger.getLogger("onelogger.newLogger");
String path = getServletContext().getRealPath("log4j.properties");
PropertyConfigurator.configure(path);
onelogger.debug("调试：\t当前日期是" + new Date().toLocaleString()
        + "Log4J初始化完毕");
%>
<TABLE style="WIDTH: 755px" cellSpacing=0 cellPadding=0 width=757>
  <TR>
    <TD colSpan=3>
      <TABLE
```

```
            style="BACKGROUND-IMAGE: url(images/head.jpg); WIDTH: 755px; HEIGHT: 150px"
            cellSpacing=0 cellPadding=0>
              <TR><TD
                style="VERTICAL-ALIGN: text-top; WIDTH: 80px; HEIGHT: 115px; TEXT-ALIGN: right"
colSpan=5></TD></TR>
              <TR>
                <TD>      ◎ 首 页
                   ◎ 博客文章  ◎ 博客注册</TD>
              </TR>
                </TABLE>
          </TD>
        </TR>
        <TR>
          <TD
          style="BACKGROUND-IMAGE: url(images/bg.jpg); VERTICAL-ALIGN: middle; HEIGHT: 450px;
TEXT-ALIGN: center"     vAlign=center colSpan=3>
            <TABLE style="WIDTH: 224px" height=304 cellSpacing=0 cellPadding=0>
              <TBODY>
              <TR>
                <TD style="WIDTH: 368px; HEIGHT: 21px; TEXT-ALIGN: center"
                  height=29><STRONG><SPAN
                style="COLOR: #993300">用户注册协议</SPAN></STRONG></TD></TR>
              <TR>
                <TD style="WIDTH: 368px; HEIGHT: 302px" rowSpan=2>
                <%onelogger.debug("开始读取注册协议信息"); %>
                  <TABLE
                  style="BORDER-RIGHT: black thin solid; BORDER-TOP: black thin solid;
                   BORDER-LEFT: black thin solid; WIDTH: 369px;
                   BORDER-BOTTOM: black thin solid" align=center>
                    <TR>
                        <TD width="354" colSpan=4
                        rowSpan=4 style="HEIGHT: 15px; TEXT-ALIGN: left">    
为维护网上公共秩序和社会稳定，请您自觉遵守以下条款： <BR>
                  为了更好地管理和维护网站，请您自觉遵守以下条款：
                    <p>（一）不得利用本网站进行商业广告宣传； <br>
                      （二）不得利用本网站发送非法文章；<br>
                      （三）不得利用本网站进行上传非法图片； <br>
                      （四）互相尊重，对自己的言论和行为负责； <br>
                      （五）普通用户欲删除文章、评论、图片等信息，请与管理员联系；<br>
                      （六）本网站版权归明日科技公司，不得对本网站进行转载或作为私用。</p>
                    <p><br>
                        <br>
                    </p></TD>
                      </TR>
                    <TR></TR>
                    <TR></TR>
                    <TR></TR>
                    <TR>
                      <TD style="HEIGHT: 8px; TEXT-ALIGN: center" colSpan=4>
                      <INPUT id=Button1    type=submit value=同意以上条款>
                          <INPUT id=Button2 type=submit value=不同意></TD>
```

```
                </TR>
                <%onelogger.debug("注册协议信息读取完毕"); %>
              </TABLE>
            </TD></TR><TR></TR></TBODY></TABLE></TD></TR>
  <TR>
    <TD align=middle background=images/footer.jpg colSpan=3      height=82>
      <%onelogger.info("读取版权消息"); %>
      欢迎访问博客网 请使用IE 6.0 在1024×768分辨率下浏览本网站<BR>
            CopyRight@ 2006 明日科技开发
      <%onelogger.info("版权消息读取完毕"); %></TD>
  </TR></TBODY></TABLE>
  <%onelogger.error("数据库关闭失败");
  onelogger.fatal("系统内存不足，无法继续完成注册。");%>
  </BODY>
  </HTML>
```

运行程序后，在控制台输出的日志如图 8-2 所示。

```
Markers  Properties  Servers  Snippets  Console
Tomcat v7.0 Server at localhost [Apache Tomcat] C:\Program Files\Java\jdk1.7.0_79\bin\javaw.exe (2015年5月25日 下午4:26:14)
http-bio-8080-exec-9 DEBUG - 调试:         当前日期是2015-5-25 16:26:58Log4J初始化完毕
http-bio-8080-exec-9 DEBUG - 开始读取注册协议信息
http-bio-8080-exec-9 DEBUG - 注册协议信息读取完毕
http-bio-8080-exec-9 INFO - 读取版权消息
http-bio-8080-exec-9 INFO - 版权消息读取完毕
http-bio-8080-exec-9 ERROR - 数据库关闭失败
http-bio-8080-exec-9 FATAL - 系统内存不足，无法继续完成注册。
```

图 8-2　日志输出到控制台的结果

程序运行后在 C 盘生成的 log.htm 日志文件结果如图 8-3 所示。

Log session start time Mon May 25 16:26:58 CST 2015

Time	Thread	Level	Category	Message
29247	http-bio-8080-exec-9	DEBUG	onelogger	调试：当前日期是2015-5-25 16:26:58Log4J初始化完毕
29247	http-bio-8080-exec-9	DEBUG	onelogger	开始读取注册协议信息
29247	http-bio-8080-exec-9	DEBUG	onelogger	注册协议信息读取完毕
29247	http-bio-8080-exec-9	INFO	onelogger	读取版权消息
29247	http-bio-8080-exec-9	INFO	onelogger	版权消息读取完毕
29247	http-bio-8080-exec-9	ERROR	onelogger	数据库关闭失败
29247	http-bio-8080-exec-9	FATAL	onelogger	系统内存不足，无法继续完成注册。

图 8-3　生成的日志文件结果

小 结

这一章我们学习了 Java 中最常用的 Log4j 日志组件，这个组件可以将后台的日志按照我们制定的格式展示或者保存。

上机指导

使用 Log4j 将控制台异常日志保存到文件中。

开发步骤如下。

（1）创建名为 Log4jTest 的 Java 项目。

（2）在 src 目录下创建 log4j.properties 配置文件，文件代码如下：

```
log4j.rootLogger=DEBUG, R
log4j.appender.R=org.apache.log4j.FileAppender
log4j.appender.R.file=console.log
log4j.appender.R.Append=true
log4j.appender.R.layout.ConversionPattern=%n%d:%m%n
log4j.appender.R.layout=org.apache.log4j.PatternLayout
```

（3）创建 LogTest 类，关键代码如下：

```
import org.apache.log4j.Logger;
import org.apache.log4j.PropertyConfigurator;
public class LogTest {
    public static void main(String[] args) {
        Logger logger = Logger.getLogger("myLogTest");// 创建logger实例
        PropertyConfigurator.configure("src/log4j.properties");// 加载配置文件
        String a = null;
        try {
            System.out.println("Log4j测试");// 控制台输出文字，此内容不会写入日志
            a.equals("抛出空指针异常");// 模拟空指针异常
        } catch (Exception e) {
            e.printStackTrace();
            logger.error("出现异常", e);// 将异常日志保存到文件中
        }
    }
}
```

（4）运行 LogTest 类的主方法，在项目根目录下生成 console.log 日志文件，查看日志内容是否与控制台输出的异常相同。

习 题

1. 如何让 Log4j 在控制台输出日志内容？
2. 如何让 Log4j 在指定的文件目录生成日志文件？

第三篇

Java Web 开发框架的使用

PART09

第9章

Struts 2框架

本章要点：

- 了解MVC设计模式
- 掌握Struts 2体系结构
- 了解Struts工作流程
- 掌握Struts配置文件结构
- 掌握视图组件的应用
- 掌握控制器组件的应用
- 掌握Struts标签库的应用

■ Struts 2是Apache软件组织的一项开放源代码项目，是基于WebWork核心思想的全新框架，在Java Web开发领域之中占有十分重要的地位。随着JSP技术的成熟，越来越多的开发人员专注于MVC框架，Struts 2受到了广泛青睐。本章将从MVC设计模式开始，向读者详细介绍Struts 2框架。

9.1 MVC 设计模式

MVC 设计模式

MVC（Model-View-Controller，模型-视图-控制器）是一个存在于服务器表达层的模型。在 MVC 经典架构中，强制性地把应用程序的输入、处理和输出分开，将程序分成 3 个核心模块——模型、视图、控制器。

1. 模型

模型代表了 Web 应用中的核心功能，包括业务逻辑层和数据库访问层。在 Java Web 应用中，业务逻辑层一般由 Java Bean 或 EJB 构建。数据访问层（数据持久层）则通常应用 JDBC 或 Hibernate 来构建，主要负责与数据库打交道，例如，从数据库中取数据、向数据库中保存数据等。

2. 视图

视图主要指用户看到并与之交互的界面，即 Java Web 应用程序的外观。视图部分一般由 JSP 和 HTML 构建。视图可以接收用户的输入，但并不包含任何实际的业务处理，只是将数据转交给控制器。在模型改变时，通过模型和视图之间的协议，视图得知这种改变并修改自己的显示。对于用户的输入，视图将其交给控制器进行处理。

3. 控制器

控制器负责交互和将用户输入的数据导入模型。在 Java Web 应用中，当用户提交 HTML 表单时，控制器接收请求并调用相应的模型组件去处理请求，之后调用相应的视图来显示模型返回的数据。

模型-视图-控制器之间的关系如图 9-1 所示。

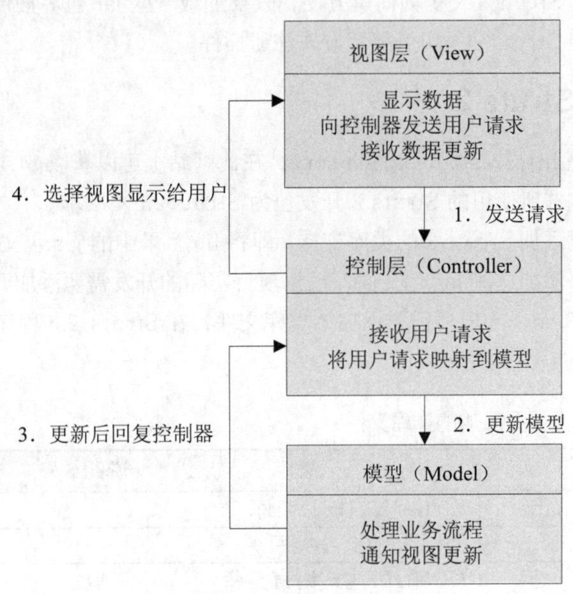

图 9-1 模型-视图-控制器之间的关系

9.2 Struts 2 框架概述

Struts 2 框架概述

Struts 是 Apache 软件基金下的 Jakarta 项目的一部分，它目前有两个版本（Struts 1.x 和 Struts 2.x）都是基于 MVC 经典设计模式的框架，其中采用了 Servlet

技术和 JSP 来实现，在目前 Web 开发中应用非常广泛。本节将向读者介绍开发 Struts 2 框架及 Struts 2 的体系结构。

性能高效、松耦合和低侵入是开发人员追求的理想状态，针对 Struts 1 框架中存在的缺陷与不足，诞生了全新的 Struts 2 框架。它修改了 Struts 1 框架中的缺陷，而且还提供了更加灵活与强大的功能。

Struts 2 的结构体系与 Struts 1 有很大区别，因为该框架是在 WebWork 框架的基础上发展而来的，所以是 WebWork 技术与 Struts 技术的结合。在 Struts 的官方网站上可以看到 Struts 2 的图片，如图 9-2 所示。

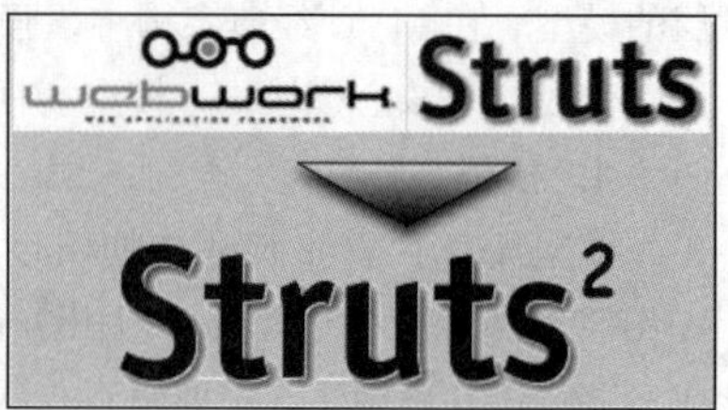

图 9-2　Struts 2 的图片

WebWork 是开源组织 opensymphony 上一个非常优秀的开源 Web 框架，在 2002 年 3 月发布。相对于 Struts 1，其设计思想更加超前，功能也更加灵活。其中 Action 对象不再与 Servlet API 相耦合，它可以在脱离 Web 容器的情况下运行。而且 WebWork 还提供了自己的 IoC 容器，增强了程序的灵活性，通过控制反转使程序测试更加简单。

从某些程度上讲，Struts 2 框架并不是 Struts 1 的升级版本，而是 Struts 与 WebWork 技术的结合。由于 Struts 1 框架与 WebWork 都是非常优秀的框架，而 Struts 2 又吸收了二者的优势，因此 Struts 2 框架的前景非常美好。

9.3 Struts 2 入门

Struts 2 的使用比起 Struts 1.x 更为简单方便，只要加载一些 jar 包等插件，而不需要配置任何文件，即 Struts 2 采用热部署方式注册插件。

Struts 2 入门

9.3.1 获取与配置 Struts 2

Struts 的官方网站是 http://struts.apache.org，在此网站上可以获取 Struts 的所有版本及帮助文档，本书所使用的 Struts 2 开发包为 Struts 2.3.4 版本。

在项目开发之前需要添加 Struts 2 的类库支持，即将 lib 目录中的 jar 包文件配置到项目的构建路径中。通常情况下不用全部添加这些 jar 包文件，根据项目实际的开发需要添加即可。

表 9-1 所示为开发 Struts 2 项目需要添加的类库文件，在 Struts 2.3 程序中这些 jar 文件是必须要添加的。

表 9-1　开发 Struts 2 项目需要添加的类库文件

名称	说明
struts2-core-2.3.4.jar	Struts 2 的核心类库
xwork-core-2.3.4.jar	xwork 的核心类库
ognl-3.0.5.jar	OGNL 表达式语言类库
freemarker-2.3.19.jar	Freemarker 模板语言支持类库
commons-io-2.0.1.jar	处理 IO 操作的工具类库
commons-fileupload-1.2.2.jar	文件上传支持类库
javassist-3.11.0.GA.jar	分析、编辑和创建 Java 字节码的类库
asm-commons-3.3.jar	ASM 是一个 Java 字节码处理框架，使用它可以动态生成 stub 类和 proxy 类，在 Java 虚拟机装载类之前动态修改类的内容
asm-3.3.jar	
commons-lang3-3.1.jar	包含了一些数据类型工具类，是 java.lang.*的扩展

在实际的项目开发中可能还需要更多的类库支持，如 Struts 2 集成的一些插件 DOJO、JFreeChar、JSON 及 JSF 等，其相关类库到 lib 目录中查找添加即可。

9.3.2 创建第一个 Struts 2 程序

Struts 2 框架主要通过一个过滤器将 Struts 集成到 Web 应用中，这个过滤器对象就是 org.apache. Struts 2.dispatcher.ng.filter.StrutsPrepareAndExecuteFilter。通过它 Struts 2 即可拦截 Web 应用中的 HTTP 请求，并将这个 HTTP 请求转发到指定的 Action 处理，Action 根据处理的结果返回给客户端相应的页面。因此在 Struts 2 框架中，过滤器 StrutsPrepareAndExecuteFilter 是 Web 应用与 Struts 2 API 之间的入口，它在 Struts 2 应用中具有重要的作用。

本实例应用 Struts 2 框架处理 HTTP 请求的流程如图 9-3 所示。

【例 9-1】 创建 Java Web 项目并添加 Struts 2 的支持类库，通过 Struts 2 将请求转发到指定 JSP 页面。

（1）创建名为 9.1 的 Web 项目，将 Struts 2 的类库文件添加到 WEB-INF 目录中的 lib 文件夹中。由于本实例实现功能比较简单，所以只添加 Struts 2 的核心类包即可，添加的类包如图 9-4 所示。

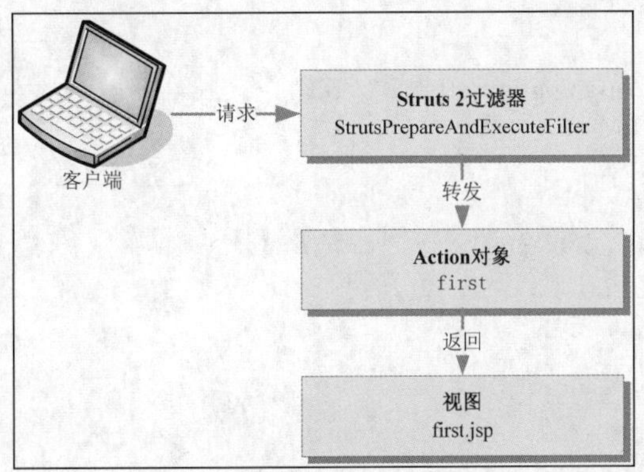

图 9-3 实例处理 HTTP 请求的流程

图 9-4 添加的类包

Struts 2 的支持类库可以在下载的 Struts 2 开发包的解压缩目录中 lib 文件夹中得到。

（2）在 web.xml 文件中声明 Struts 2 提供的过滤器，类名为“org.apache.struts2.dispatcher.ng. filter.StrutsPrepareAndExecuteFilter”，其关键代码如下：

```
<?xml version="1.0" encoding="UTF-8"?>
<web-app
 xmlns:xsi="http://www.w3.org/2001/XMLSchema-instance"
 xmlns="http://java.sun.com/xml/ns/javaee"
 xmlns:web="http://java.sun.com/xml/ns/javaee/web-app_2_5.xsd"
 xsi:schemaLocation="http://java.sun.com/xml/ns/javaee
 http://java.sun.com/xml/ns/javaee/web-app_3_0.xsd"
 id="WebApp_ID" version="3.0">
  <display-name>9.01</display-name>
  <filter>                                    <!-- 配置Struts 2过滤器 -->
    <filter-name>struts2</filter-name>        <!-- 过滤器名称 -->
    <!-- 过滤器类 -->
```

```
    <filter-class>
        org.apache.struts2.dispatcher.ng.filter.StrutsPrepareAndExecuteFilter
    </filter-class>
    </filter>
    <filter-mapping>
     <filter-name>struts2</filter-name>          <!-- 过滤器名称 -->
     <url-pattern>/*</url-pattern>               <!-- 过滤器映射 -->
    </filter-mapping>
  </web-app>
```

Struts 2.0 中使用的过滤器类为 org.apache.Struts 2.dispatcher.FilterDispatcher，从 Struts 2.1 开始已经不推荐使用了，而使用 org.apache.Struts 2.dispatcher.ng.filter. StrutsPrepareAndExecute Filter 类。

（3）在 Web 项目的源码文件夹中，创建名为 struts.xml 的配置文件。在其中定义 Struts 2 中的 Action 对象，其关键代码如下：

```
<?xml version="1.0" encoding="UTF-8" ?>
<!DOCTYPE struts PUBLIC
        "-//Apache Software Foundation//DTD Struts Configuration 2.3//EN"
        "http://struts.apache.org/dtds/struts-2.3.dtd">
<struts>
        <!-- 声明包 -->
        <package name="myPackage" extends="struts-default">
                <!-- 定义action -->
                <action name="first">
                        <!-- 定义处理成功后的映射页面 -->
                        <result>/first.jsp</result>
                </action>
        </package>
</struts>
```

上面的代码中，<package>标签用于声明一个包，通过 name 属性指定其名为 myPackage，并通过 extends 属性指定此包继承于 struts-default 包；<action>标签：定义 Action 对象，其 name 属性用于指定访问此 Action 的 URL；<result>子元素：定义处理结果和资源之间的映射关系，实例中<result>子元素的配置为处理成功后请求将转发到 first.jsp 页面。

在 struts.xml 文件中，Struts 2 的 Action 配置需要放置在包空间内，类似 Java 中的包的概念。通过<package>标签声明，通常情况下声明的包需要继承于 struts-default 包。

（4）创建主页面 index.jsp，在其中编写一个超链接用于访问上面所定义的 Action 对象。此链接指向的地址为 first.action，关键代码如下：

```
<body>
     <a href="first.action">请求Struts 2</a>
</body>
```

在 Struts 2 中 Action 对象的默认访问后缀为“.action”，此后缀可以任意更改。

（5）创建名为 first.jsp 的 JSP 页面作为 Action 对象 first 处理成功后的返回页面，其关键代码如下：

```
<body>
    第一个Struts 2程序!
</body>
```

实例运行后，打开主页面，如图 9-5 所示。单击“请求 Struts 2”超链接，请求将交给 Action 对象 first 处理，在处理成功后返回如图 9-6 所示的 first.jsp 页面。

图 9-5　主页面

图 9-6　first.jsp 页面

9.4　Action 对象

在传统的 MVC 框架中，Action 需要实现特定的接口，这些接口由 MVC 框架定义，实现这些接口会与 MVC 框架耦合。Struts 2 比 Action 更为灵活，可以实现或不实现 Struts 2 的接口。

9.4.1　认识 Action 对象

认识 Action 对象

Action 对象是 Struts 2 框架中的重要对象，主要用于处理 HTTP 请求。在 Struts 2 API 中，Action 对象是一个接口，位于 com.opensymphony.xwork2 包中。通常情况下，我们在编写 Struts 2 项目时，创建 Action 对象都要直接或间接地实现 com.opensymphony.xwork2.Action 接口，在该接口中，除了定义 execute()方法外，还定义了 5 个字符串类型的静态常量。com.opensymphony.xwork2.Action 接口的关键代码如下：

```
public interface Action {
    public static final String SUCCESS = "success";
    public static final String NONE = "none";
    public static final String ERROR = "error";
    public static final String INPUT = "input";
    public static final String LOGIN = "login";
    public String execute() throws Exception;
}
```

在 Action 接口中，包含了 5 个静态常量，它们是 Struts 2 API 为处理结果定义的静态常量，具体的含义如下。

（1）SUCCESS

静态变量 SUCCESS 代表 Action 执行成功的返回值，在 Action 执行成功的情况下需要返回成功页面，则可设置返回值为 SUCCESS。

（2）NONE

静态变量 NONE 代表 Action 执行成功的返回值，但不需要返回到成功页面，主要用于处理不需要返回结果页面的业务逻辑。

（3）ERROR

静态变量 ERROR 代表 Action 执行失败的返回值，在一些信息验证失败的情况下可以使 Action 返回此值。

（4）INPUT

静态变量 INPUT 代表需要返回某个输入信息页面的返回值，如在修改某此信息时加载数据后需要返回到修改页面，即可将 Action 对象处理的返回值设置为 INPUT。

（5）LOGIN

静态变量 LOGIN 代表需要用户登录的返回值，如在验证用户是否登录时 Action 验证失败并需要用户重新登录，即可将 Action 对象处理的返回值设置为 LOGIN。

9.4.2 请求参数的注入原理

请求参数的注入原理

在 Struts 2 框架之中，表单提交的数据会自动注入到与 Action 对象中相对应的属性，它与 Spring 框架中 IoC 注入原理相同，通过 Action 对象为属性提供 setter 方法进行注入。例如，创建 UserAction 类，并提供一个 username 属性，其代码如下：

```
public class UserAction extends ActionSupport {
    private String username;                    // 用户名属性
    // 为username提供setter方法
    public void setUsername(String username) {
        this.username = username;
    }
    // 为username提供getter方法
    public String getUsername() {
        return username;
    }
    public String execute() {
        return SUCCESS;
    }
}
```

需要注入属性值的 Action 对象必须为属性提供 setter()方法，因为 Struts 2 的内部实现是按照 JavaBean 规范中提供的 setter 方法自动为属性注入值的。

由于 Struts 2 中 Action 对象的属性通过其 setter 方法注入，所以需要为属性提供 setter 方法。但在获取这个属性的数值时需要通过 getter 方法，因此在编写代码时最好为 Action 对象的属性提供 setter 与 getter 方法。

9.4.3 Action 的基本流程

Action 的基本流程

Struts 2 框架主要通过 Struts 2 的过滤器对象拦截 HTTP 请求，然后将请求分配到指定的 Action 处理，其基本流程如图 9-7 所示。

由于在 Web 项目中配置了 Struts 2 的过滤器，所以当浏览器向 Web 容器发送一个 HTTP 请求时，Web 容器就要调用 Struts 2 过滤器的 doFilter()方法。此时 Struts 2 接收到 HTTP 请求，通过 Struts 2 的内部处理机制会判断这个请求是否与某个 Action 对象相匹配。如果找到匹配的 Action，就会调用该对象的 execute()方法，并根据处理结果返回相应的值。然后 Struts 2 通过 Action 的返回值查找返回值所映射的页面，最后通过一定的视图回应给浏览器。

在 Struts 2 框架中，一个“*.action”请求的返回视图由 Action 对象决定。其实现方法是通过查找返回的字符串对应的配置项确定返回的视图，如 Action 中的 execute()方法返回的字符串为 success，那么 Struts 2 就会在配置文件中查找名为 success 的配置项，并返回这个配置项对应的视图。

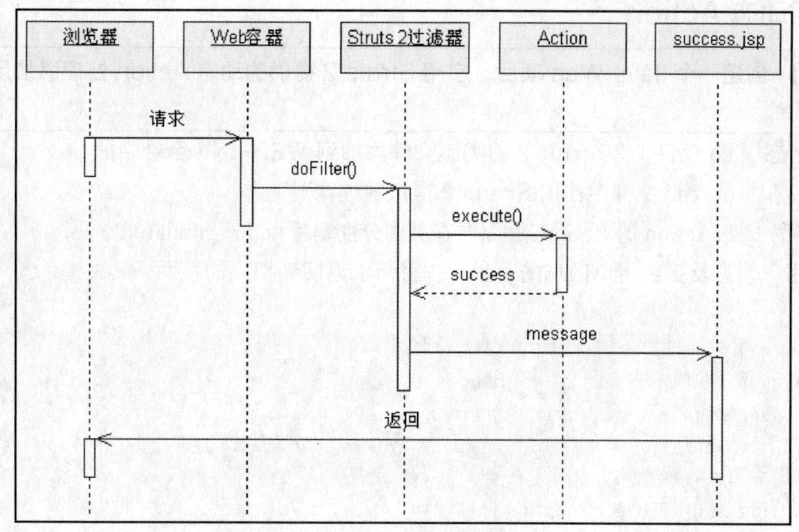

图 9-7　Struts 2 的基本流程

9.4.4　动态 Action

动态 Action

前面所讲解的 Action 对象都是通过重写 execute()方法处理浏览器请求，此种方式只适合比较单一的业务逻辑请求。但在实际的项目开发中业务请求的类型多种多样（如增、删、改和查一个对象的数据），如果通过创建多个 Action 对象并编写多个 execute()方法来处理这些请求，那么不仅处理方式过于复杂，而且需要编写很多代码。当然处理这些请求的方式有多种方法，如可以将这些处理逻辑编写在一个 Action 对象中，然后通过 execute()方法来判断请求的是哪种业务逻辑，在判断后将请求转发到对应的业务逻辑处理方法上，这也是一种很好的解决方案。

在 Struts 2 框架中提供了 Dynamic Action 这样一个概念，称为动态 Action。通过动态请求 Action 对象中的方法实现某一业务逻辑的处理。应用动态 Action 处理方式如图 9-8 所示。

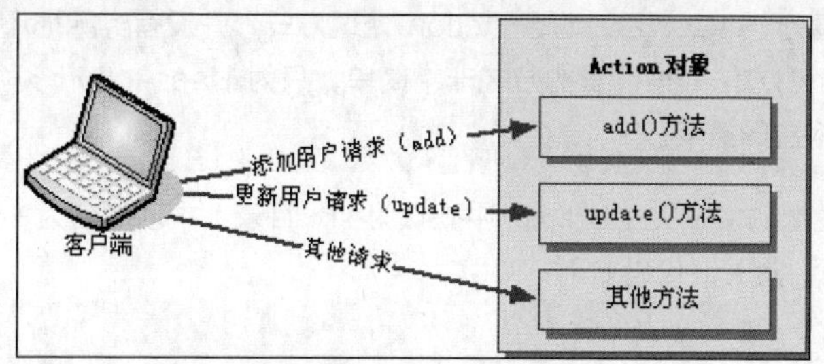

图 9-8　应用动态 Action 处理方式

从图 9-9 中可以看出，动态 Action 处理方式通过请求 Action 对象中一个具体方法来实现动态操作，操作方式是通过在请求 Action 的 URL 地址后方加上请求字符串（方法名）与 Action 对象中的方法匹配，注意 Action 地址与请求字符串之间以“!”号分隔。

如在配置文件 struts.xml 文件中配置了 userAction，则请求其中的 add()方法的格式如下：

```
/userAction!add
```

9.4.5 应用动态 Action

【例 9-2】 创建一个 Java Web 项目，应用 Struts 2 提供的动态 Action 处理添加用户信息及更新用户信息请求。

（1）创建动态 Web 项目，将 Struts 2 的类库文件添加到 WEB-INF 目录中的 lib 文件夹中，然后在 web.xml 文件中注册 Struts 2 提供的过滤器。

应用动态 Action

（2）创建名为 UserAction 的 Action 对象，并在其中分别编写 add()与 update()方法，用于处理添加用户信息及更新用户信息的请求，并将请求返回到相应的页面，其关键代码如下：

```
package com.wgh;
import com.opensymphony.xwork2.ActionSupport;
public class UserAction extends ActionSupport {
    private String info;                                    // 提示信息属性
    // 添加用户信息的方法
    public String add() throws Exception {
        setInfo("添加用户信息");
        return "add";
    }
    // 修改用户信息的方法
    public String update() throws Exception {
        setInfo("修改用户信息");
        return "update";
    }
    public String getInfo() {
        return info;
    }
    public void setInfo(String info) {
        this.info = info;
    }
}
```

说明

本实例中主要演示 Struts 2 的动态 Action 处理方式，并没有实际地添加与更新用户信息。add()与 update()方法处理请求的方式非常简单，只为 UserAction 类中的 info 变量赋了一个值，并返回相应的结果。

（3）在 Web 项目的源码文件夹（Eclipse 中默认为 src 目录）中创建名为 struts.xml 的配置文件，在其中配置 UserAction，其关键代码如下：

```
<struts>
    <!-- 声明包 -->
    <package name="user" extends="struts-default">
        <!-- 定义action -->
        <action name="userAction" class="com.wgh.UserAction">
            <!-- 定义处理成功后的映射页面 -->
            <result name="add">user_add.jsp</result>
            <result name="update">user_update.jsp</result>
        </action>
    </package>
```

```
</struts>
```

（4）创建名为 user_add.jsp 的 JSP 页面作为成功添加用户信息的返回页面，其关键代码如下：

```
<body>
    <s:property value="info"/>
</body>
```

在 user_add.jsp 页面中，本实例通过 Struts 2 标签输出 UserAction 中的信息，即在 UserAction 中 add()方法为 info 属性所赋的值。

（5）创建名为 user_update.jsp 的 JSP 页面作为成功更新用户信息的返回页面，其关键代码如下：

```
<body>
    <s:property value="info"/>
</body>
```

在 user_update.jsp 页面中，本实例通过 Struts 2 标签输出 UserAction 中的信息，即在 UserAction 中，update()方法为 info 属性所赋的值。

（6）创建程序中的首页 index.jsp，在其中添加两个超链接。通过 Struts 2 提供的动态 Action 功能将这两个超链接请求分别指向于 UserAction 类的添加与更新用户信息的请求，其关键代码如下：

```
<body>
    <a href="userAction!add">添加用户</a>
    <a href="userAction!update">修改用户</a>
</body>
```

使用 Struts 2 的动态 Action 时，其 Action 请求的 URL 地址中使用“!”号分隔 Action 请求与请求字符串，而请求字符串的名称需要与 Action 类中的方法名称相对应，否则将抛出 java.lang.NoSuchMethodException 异常。

图 9-9 index.jsp 页面

运行实例打开如图 9-9 所示的 index.jsp 页面，在其中显示“添加用户”与“更新用户”超链接。

单击“添加用户”超链接，请求交给 UserAction 的 add()方法处理，此时可以看到浏览器的地址栏中的地址变为 http://localhost:8080/9.02/user/userAction!add。由于使用了 Struts 2 提供的动态 Action，所以当请求/userAction!add 时，请求会交给 UserAction 类的 add()方法处理；当单击“更新用户”超链接后，请求将由 UserAction 类的 update()方法处理。

从上面的实例可以出，Action 请求的处理方式并非一定要通过 execute()方法处理，使用动态 Action 的处理方式更加方便。因此在实际的项目开发中可以将同一模块的一些请求封装在一个 Action 对象中，使用 Struts 2 提供的动态 Action 处理不同请求。

9.5 Struts 2 的配置文件

Struts 2 的配置文件类型

在使用 Struts 2 时要配置 Struts 2 的相关文件，以使各个程序模块之间可以通信。

9.5.1 Struts 2 的配置文件类型

Struts 2 中的配置文件见表 9-2。

表 9-2　Struts 2 框架的配置文件

名称	说明
struts-default.xml	位于 Struts 2-core-2.3.4.jar 文件的 org.apache.Struts 2 包中
struts-plugin.xml	位于 Struts 2 提供的各个插件的包中
struts.xml	Web 应用默认的 Struts 2 配置文件
struts.properties	Struts 2 框架中属性配置文件
web.xml	此文件是 Web 应用中的 web.xml 文件，在其中也可以设置 Struts 2 框架的一些信息

其中 struts-default.xml 和 struts-plugin.xml 文件是 Struts 2 提供的配置文件，它们都在 Struts 2 提供的包中；而 struts.xml 文件是 Web 应用默认的 Struts 2 配置文件；struts.properties 文件是 Struts 2 框架中的属性配置文件，后两个配置文件需要开发人员编写。

9.5.2　配置 Struts 2 包

配置 Struts 2 包

在 struts.xml 文件中存在一个包的概念，类似 Java 中的包。配置文件 struts.xml 中包使用<package>元素声明主要用于放置一些项目中的相关配置，可以将其理解为配置文件中的一个逻辑单元。已经配置好的包可以被其他包所继承，从而提高配置文件的重用性。与 Java 中的包类似，在 struts.xml 文件中使用包不仅可以提高程序的可读性，而且还可以简化日后的维护工作，其使用方式如下：

```
<struts>
    <!-- 声明包 -->
        <package name="user" extends="struts-default">
            ...
        </package>
</struts>
```

包使用<package>元素声明，必须拥有一个 name 属性来指定包的名称，<package>元素包含的属性见表 9-3。

表 9-3　<package>元素包含的属性

属性	说明
name	声明包的名称，以方便在其他处引用此包，此属性是必须的
extends	用于声明继承的包，即其父包
namespace	指定名称空间，即访问此包下的 Action 需要访问的路径
abstract	将包声明为抽象类型（包中不定义 action）

9.5.3　配置名称空间

配置名称空间

在 Java Web 开发中，Web 文件目录通常以模块划分，如用户模块的首页可以定义在“/user”目录中，其访问地址为“/user/index.jsp”。在 Struts 2 框架中，Struts 2 配置文件提供了名称空间的功能，用于指定一个 Action 对象的访问路径，它的使用方法是通过在配置文件 struts.xml 的包声明中，使用 namespace 属性进行声明。

【例 9-3】 修改例 9-2 的程序，为原来的 user 包配置名称空间。

（1）打开 struts.xml 文件，将<package>标记修改为以下内容，也就是为指定名称空间为“/user”。

```
<package name="user" extends="struts-default" namespace="/user">
```

在<package>元素中指定名称空间属性，名称空间的值需要以“/”开头，否则找不到 Action 对象的访问地址。

（2）在项目的 WebContent 节点中，创建 user 文件夹，并将 user_add.jsp 和 user_update.jsp 文件移动到该文件夹中。修改 index.jsp 文件中的访问地址，在原访问地址前加上名称空间中指定的访问地址，关键代码如下：

```
<a href="user/userAction!add">添加用户</a>
<a href="user/userAction!update">修改用户</a>
```

运行本实例，将会得到与例 9-2 同样的运行结果。这样我们就通过配置名称空间将关于用户操作的内容放置到单独的文件夹中了。

9.5.4 Action 的相关配置

Action 的相关配置

Struts 2 框架中的 Action 对象是一个控制器的角色，Struts 2 框架通过它处理 HTTP 请求。其请求地址的映射需要在 struts.xml 文件中使用<action>元素配置，如：

```
<action name="userAction" class="com.wgh.action.UserAction" method="save">
    <result>success.jsp</result>
</action>
```

配置文件中的<action>元素主要用于建立 Action 对象的映射，通过该元素可以指定 Action 请求地址及处理后的映射页面。<action>元素常用的属性见表 9-4。

表 9-4　<action>元素的属性

属性	说明
name	用于配置 Action 对象被请求的 URL 映射
class	指定 Action 对象的类名
method	设置请求 Action 对象时调用该对象的哪一个方法
converter	指定 Action 对象类型转换器的类

在<action>元素中，name 属性是必须配置的，在建立 Action 对象的映射时必须指定其 URL 映射地址，否则请求找不到 Action 对象。

在实际的项目开发之中，每一个模块的业务逻辑都比较复杂，一个 Action 对象可包含多个业务逻辑请求的分支。

在用户管理模块中需要对用户信息执行添加、删除、修改和查询操作，代码如下：

```
import com.opensymphony.xwork2.ActionSupport;
/**
 * 用户信息管理Action
 */
public class UserAction extends ActionSupport{
    private static final long serialVersionUID = 1L;
```

```
    // 添加用户信息
    public String save() throws Exception {
        ...
        return SUCCESS;
    }
    // 修改用户信息
    public String update() throws Exception {
        ...
        return SUCCESS;
    }
    // 删除用户信息
    public String delete() throws Exception {
        ...
        return SUCCESS;
    }
    // 查询用户信息
    public String find() throws Exception {
        ...
        return SUCCESS;
    }
}
```

调用一个 Action 对象，默认执行的是 execute()方法。如果在多业务逻辑分支的 Action 对象中，需要请求指定的方法，则可通过<action>元素的 method 属性配置，即将一个请求交给指定的业务逻辑方法处理，代码如下：

```
<!-- 添加用户 -->
<action name="userAction" class="com.lyq.action.UserAction" method="save">
    <result>success.jsp</result>
</action>
<!-- 修改用户 -->
<action name="userAction" class="com.lyq.action.UserAction" method="update">
    <result>success.jsp</result>
</action>
<!-- 删除用户 -->
<action name="userAction" class="com.lyq.action.UserAction" method="delete">
    <result>success.jsp</result>
</action>
<!-- 查询用户 -->
<action name="userAction" class="com.lyq.action.UserAction" method="find">
    <result>success.jsp</result>
</action>
```

<action>元素的 method 属性主要用于为一个 action 请求分发一个指定业务逻辑方法，如设置为 add，那么这个请求就会交给 Action 对象的 add()方法处理，此种配置方法可以减少 Action 对象的数目。

<action>元素的 method 属性值必须与 Action 对象中的方法名一致，这是因为 Struts 2 框架通过 method 属性值查找与其匹配的方法。

9.5.5 使用通配符简化配置

在 Struts 2 框架的配置文件 struts.xml 中支持通配符，此种配置方式主要针对多个 Action 的情况。通过一定的命名约定使用通配符来配置 Action 对象，从而达到一种简化配置的效果。

使用通配符简化配置

在 struts.xml 文件中，常用的通配符有如下两个。

（1）通配符“*”：匹配 0 个或多个字符。

（2）通配符“\”：一个转义字符，如需要匹配“/”，则使用“\/”匹配。

【例 9-4】 在 Struts 2 框架的配置文件 struts.xml 中应用通配符，代码如下：

```
<struts>
    <package name="default" namespace="/" extends="struts-default">
        <action name="*Action" class="com.wgh.action.{1}Action">
            <result name="success">result.jsp </result>
            <result name="update">update.jsp</result>
            <result name="del">result.jsp</result>
        </action>
    </package>
</struts>
```

<action>元素的 name 属性值为“*Action”，匹配的是以字符 Action 结尾的字符串，如 UserAction 和 BookAction。在 Struts 2 框架的配置文件中是可以使用表达式{1}、{2}或{3}的方式获取通配符所匹配的字符，如代码中的“com.wgh.action.{1}Action”。

9.5.6 配置返回结果

在 MVC 的设计思想中，处理业务逻辑之后需要返回一个视图，Struts 2 框架通过 Action 的结果映射配置返回视图。

配置返回结果

Action 对象是 Struts 2 框架中的请求处理对象，针对不同的业务请求及处理结果返回一个字符串，即 Action 处理结果的逻辑视图名。Struts 2 框架根据逻辑视图名在配置文件 struts.xml 中查找与其匹配的视图，在找到后将这个视图回应给浏览器，如图 9-10 所示。

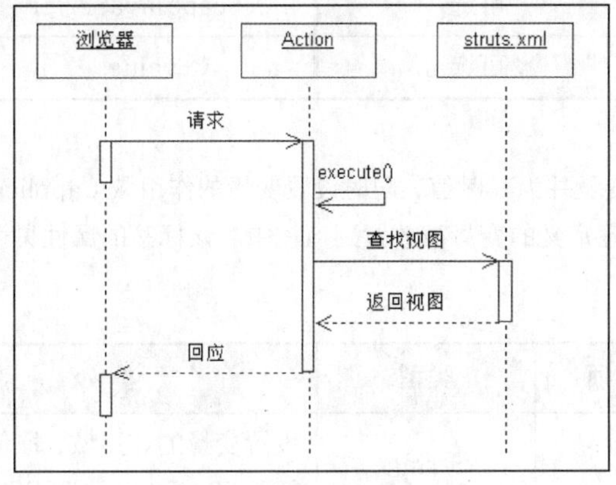

图 9-10 结果映射

在配置文件 struts.xml 文件中，结果映射使用<result>元素，使用方法如下：

```
<action name="user" class="com.wgh.action.UserAction">
```

```
    <!-- 结果映射 -->
    <result>/user/Result.jsp</result>
    <!-- 结果映射 -->
    <result name="error">/user/Error.jsp</result>
    <!-- 结果映射 -->
    <result name="input" type="dispatcher">/user/Input.jsp</result>
</action>
```

<result>元素的两个属性为 name 和 type，其中 name 属性用于指定 Result 的逻辑名称，与 Action 对象中方法的返回值相对应。如 execute()方法返回值为 input，那么就将<result>元素的 name 属性配置为 input 对应 Action 对象返回值；type 属性用于设置返回结果的类型，如请求转发和重定向等。

当<result>元素未指定 name 属性时，默认值为 success。

9.6 Struts 2 的标签库

要在 JSP 中使用 Struts 2 的标签库，首先要指定标签的引入，在 JSP 代码的顶部添加以下代码：

```
<%@taglib prefix="s" url="/struts-tags" %>
```

9.6.1 数据标签

数据标签

1. property 标签

property 标签是一个常用标签，作用是获取数据值并直接输出到页面中，其属性见表 9-5。

表 9-5 property 标签的属性

名称	说明	名称	说明
default	可选	escapeJavaScript	可选
escape	可选	value	可选

2. set 标签

set 标签用于定义一个变量并为其赋值，同时设置变量的作用域（application、request 和 session）。在默认情况下，通过 set 标签定义的变量被放置到值栈中。该标签的属性见表 9-6。

表 9-6 set 标签的属性

名称	是否必须	类型	说明
scope	可选	String	设置变量的作用域，取值为 application、request、session、page 或 action，默认值为 action
Value	可选	String	设置变量值
var	可选	String	定义变量名

在 set 标签中还包含 id 与 name 属性，在本书所讲述的 Struts 2 版本中这两个属性已过时，所以不再讲解。

set 标签的使用方式如下：

```
<s:set var="username" value="'测试set标签'" scope="request"></s:set>
<s:property default="没有数据！ " value="#request.username"/>
```

上述代码通过 set 标签定义了一个名为 username 的变量，其值是一个字符串，作用域在 request 范围之中。

3. a 标签

a 标签用于构建一个超链接，最终构建效果将形成一个 HTML 中的超链接，其常用属性见表 9-7。

表 9-7　a 标签的常用属性

名称	是否必须	类型	说明
action	可选	String	将超链接的地址指向 action
href	可选	String	超链接地址
id	可选	String	设置 HTML 中的属性名称
method	可选	String	如果超链接的地址指向 action，method 同时可以为 action 声明所调用的方法
namespace	可选	String	如果超链接的地址指向 action，namespace 可以为 action 声明名称空间

4. param 标签

param 标签用于为参数赋值，可以作为其他标签的子标签。该标签的属性见表 9-8。

表 9-8　param 标签的属性

名称	是否必须	类型	说明
name	可选	String	设置参数名称
value	可选	Object	设置参数值

5. action 标签

action 标签是一个常用的标签，用于执行一个 Action 请求。当在一个 JSP 页面中通过 action 标签执行 Action 请求时，可以将其返回结果输出到当前页面中，也可以不输出。其常用属性见表 9-9。

表 9-9　action 标签的常用属性

名称	是否必须	类型	说明
executeResult	可选	String	是否使 Action 返回执行结果，默认值为 false
flush	可选	boolean	输出结果是否刷新，默认值为 true
ignoreContextParams	可选	boolean	是否将页面请求参数传入被调用的 Action，默认值为 false
name	必须	String	Action 对象映射的名称，即 struts.xml 中配置的名称
namespace	可选	String	指定名称空间的名称
var	可选	String	引用此 action 的名称

6. push 标签

push 标签用于将对象或值压入到值栈中，并放置在顶部，因为值栈中的对象可以直接调用，所以该标签主要作用是简化操作。其属性只有 value，用于声明压入值栈中的对象，该标签的使用方法如下：

```
<s:push value="#request.student"></s:push>
```

7. date 标签

date 标签用于格式化日期时间，可以通过指定的格式化样式格式化日期时间值。该标签的属性见表 9-10。

表 9-10　date 标签的属性

名称	是否必须	类型	说明
format	可选	String	设置格式化日期的样式
name	必须	String	日期值
nice	可选	boolean	是否输出给定日期与当前日期之间的时差，默认值为 false，不输出时差
var	可选	String	格式化时间的名称变量，通过此变量可以对其进行引用

8. include 标签

include 标签的作用类似 JSP 中的<include>动作标签，用于包含一个页面，并且可以通过 param 标签向目标页面中传递请求参数。

include 标签只有一个必选的 file 属性，用于包含一个 JSP 页面或 Servlet，其使用方法如下：

```
<%@include file=" /pages/common/common_admin.jsp"%>
```

9. url 标签

url 标签中提供了多个属性满足不同格式的 URL 需求，其常用属性见表 9-11。

表 9-11　url 标签的常用属性

名称	是否必须	类型	说明
action	可选	String	Action 对象的映射 URL，即对象的访问地址
anchor	可选	String	此 URL 的锚点
encode	可选	boolean	是否编码参数，默认值为 true
escapeAmp	可选	String	是否将“&”转义为“&”
forceAddSchemeHostAndPort	可选	boolean	是否添加 URL 的主机地址及端口号，默认值为 false
includeContext	可选	boolean	生成的 URL 是否包含上下文路径，默认值为 true
includeParams	可选	String	是否包含可选参数，可选值为 none、get 和 all，默认值为 none
method	可选	String	指定请求 Action 对象所调用的方法
namespace	可选	String	指定请求 Action 对象映射地址的名称空间
scheme	可选	String	指定生成 URL 所使用的协议
value	可选	String	指定生成 URL 的地址值
var	可选	String	定义生成 URL 变量名称，可以通过此名称引用 URL

url 标签是一个常用的标签，在其中可以为 URL 传递请求参数，也可以通过该标签提供的属性生成不同格式的 URL。

9.6.2 控制标签

控制标签

1. if 标签

if 标签是一个流程控制标签，用于处理某一逻辑的多种条件。通常表现为“如果满足某种条件，则执行某种处理；否则执行另一种处理”。

2. <s:if>标签

该标签是基本流程控制标签，用于在满足某个条件的情况执行标签体中的内容，可以单独使用。

3. <s:elseif>标签

此标签需要与<s:if>标签配合使用，在不满足<s:if>标签中条件的情况下，判断是否满足<s:elseif>标签中的条件。如果满足，那么将执行其标签体中的内容。

4. <s:else>标签

此标签需要与<s:if>或<s:elseif>标签配合使用，在不满足所有条件的情况下，可以使用<s:else>标签来执行其中的代码。

与 Java 语言相同，Struts 2 框架的流程控制标签同样支持 if...else。if...else 的条件语句判断，使用方法如下：

```
<s:if test="表达式(布尔值)">
    输出结果...
</s:if>
<s:elseif test="表达式(布尔值)">
    输出结果...
</s:elseif>
可以使用多个<s:elseif>
...
<s:else>
    输出结果...
</s:else>
```

<s:if>与<s:elseif>标签都有一个名为 test 的属性，用于设置标签的判断条件，其值是一个布尔类型的条件表达式。在上述代码中可以包含多个<s:elseif>标签，针对不同的条件执行不同的处理。

5. iterator 标签

iterator 标签是一个迭代数据的标签，可以根据循环条件遍历数组和集合类中的所有或部分数据，并迭代出集合或数组的所有数据。也可以指定迭代数据的起始位置、步长及终止位置来迭代集合或数组中的部分数据。该标签的属性见表 9-12。

表 9-12 iterator 标签的属性

名称	是否必须	类型	说明
begin	可选	Integer	指定迭代数组或集合的起始位置，默认值为 0
end	可选	Integer	指定迭代数组或集合的结束位置，默认值为集合或数组的长度
status	可选	String	迭代过程中的状态
step	可选	Integer	设置迭代的步长，如果指定此值，则每一次迭代后索引值将在原索引值的基础上增加 step 值，默认值为 1
value	可选	String	指定迭代的集合或数组对象
var	可选	String	设置迭代元素的变量，如果指定此属性，那么所迭代的变量将被压入值栈中

status 属性用于获取迭代过程中的状态信息，在 Struts 2 框架的内部结构中，该属性实质是获取了 Struts 2 封装的一个迭代状态的 org.apache.Struts2.views.jsp.IteratorStatus 对象，通过此对象可以获取迭代过程中的如下信息。

（1）元素数

IteratorStatus 对象提供了 getCount()方法来获取迭代集合或数组的元素数，如果 status 属性设置为 st，那么可通过 st.count 获取元素数。

（2）是否为第一个元素

IteratorStatus 对象提供了 isFirst()方法来判断当前元素是否为第一个元素，如果 status 属性设置为 st，那么可通过 st.first 判断当前元素是否为第一个元素。

（3）是否为最后一个元素

IteratorStatus 对象提供了 isLast()方法来判断当前元素是否为最后一个元素，如果 status 属性设置为 st，那么可通过 st.last 判断当前元素是否为最后一个元素。

（4）当前索引值

IteratorStatus 对象提供了 getIndex()方法来获取迭代集合或数组的当前索引值，如果 status 属性设置为 st，那么可通过 st.index 获取当前索引值。

（5）索引值是否为偶数

IteratorStatus 对象提供了 isEven()方法来判断当前索引值是否为偶数，如果 status 属性设置为 st，那么可通过 st.even 判断当前索引值是否为偶数。

（6）索引值是否为奇数

IteratorStatus 对象提供了 isOdd()方法来判断当前索引值是否为奇数，如果 status 属性设置为 st，那么可通过 st.odd 判断当前索引值是否为奇数。

9.6.3 表单标签

表单标签

在 Struts 2 框架中，Struts 2 提供了一套表单标签，用于生成表单及其中的元素，如文本框、密码框和选择框等。它们能够与 Struts 2 API 很好地交互，常用的表单标签见表 9-13。

表 9-13 常用的表单标签

名称	说明
form 标签	用于生成一个 form 表单
hidden 标签	用于生成一个 HTML 中的隐藏表单元素，相当于使用了 HTML 代码 <input type="hidden">
textfield 标签	用于生成一个 HTML 中的文本框元素，相当于使用了 HTML 代码 <input type="text">
password 标签	用于生成一个 HTML 中的密码框元素，相当于使用了 HTML 代码 <input type="password">
radio 标签	用于生成一个 HTML 中的单选按钮元素，相当于使用了 HTML 代码 <input type="radio">
select 标签	用于生成一个 HTML 中的下拉列表元素，相当于使用了 HTML 代码 <select><option></option> </select>
textarea 标签	用于生成一个 HTML 中的文本域元素，相当于使用了 HTML 代码 <textarea></textarea>

续表

名称	说明
checkbox 标签	用于生成一个 HTML 中的选择框元素，相当于使用了 HTML 代码 <input type="checkbox">
checkboxlist 标签	用于生成一个或多个 HTML 中的选择框元素，相当于使用了 HTML 代码 <input type="text">
submit 标签	用于生成一个 HTML 中的提交按钮元素，相当于使用了 HTML 代码 <input type="submit">
reset 标签	用于生成一个 HTML 中的重置按钮元素，相当于使用了 HTML 代码 <input type="reset">

表单标签的常用属性见表 9-14。

表 9-14　表单标签的常用属性

名称	说明
name	指定表单元素的 name 属性
title	指定表单元素的 title 属性
cssStyle	指定表单元素的 style 属性
cssClass	指定表单元素的 class 属性
required	用于在 lable 上添加“*”号，其值为布尔类型。如果为 true，则添加“*”号，否则不添加
disable	指定表单元素的 disable 属性
value	指定表单元素的 value 属性
labelposition	用于指定表单元素 label 的位置，默认值为 left
requireposition	用于指定在表单元素 label 上添加“*”号的位置，默认值为 right

主题是 Struts 2 框架提供的一项功能，设置主题样式可以用于 Struts 2 框架中的表单与 UI 标签。默认情况下，Struts 2 提供了如下 4 种主题样式。

（1）simple

simple 主题的功能较弱，只提供了简单的 HTML 输出。

（2）xhtml

xhtml 主题是在 simple 上的扩展，它提供了简单的布局样式，可以将元素用到表格布局中，并且提供了 lable 的支持。

（3）css_xhtml

css_xhtml 主题是在 xhtml 主题基础上的扩展，它在功能上强化了 xhtml 主题在 CSS 上的样式的控制。

（4）ajax

ajax 主题是在 css_xhtml 主题上扩展，它在功能上主要强化了 css_xhtml 主题在 Ajax 方面的应用。

默认情况下，Struts 2 框架应用 xhtml 主题。xhtml 主题使用固定样式设置，非常不方便。如果不希望直接使用 HTML 来设计页面中的主题，则可以应用 simple 主题样式。

Struts 2 框架的主题样式是基于模板语言设计的，要求开发人员了解模板语言，目前其应用并不广泛。

9.7 Struts 2 的开发模式

9.7.1 实现与 Servlet API 的交互

实现与 Servlet API 的交互

Struts 2 中提供了 Map 类型的 request、session 与 application，可以从 ActionContext 对象中获得。该对象位于 com.opensymphony.xwork2 包中，是 Action 执行的上下文，其常用 API 方法如下。

（1）实例化 ActionContext

在 Struts 2 的 API 中，ActionContext 的构造方法需要传递一个 Map 类的上下文对象，应用这个构造方法创建 ActionContext 对象非常不方便，所以通常情况下使用该对象提供的 getContext()方法创建，其方法声明如下：

```
public static ActionContext getContext()
```

该方法是一个静态方法，可以直接调用，其返回值是 ActionContext。

（2）获取 Map 类型的 request

获取 Struts 2 封装的 Map 类型的 request 使用 ActionContext 对象提供的 get()方法，其方法声明如下：

```
public Object get(Object key)
```

该方法的入口参数为 Object 类型的值，获取 request 可以将其设置为 request，如：

```
Map request = ActionContex.getContext.get("request");
```

ActionContext 对象提供的 get()方法也可以获取 session 及 local 等对象。

（3）获取 Map 类型的 session

ActionContext 提供了一个直接获取 session 的方法 getSession()，其方法声明如下：

```
public Map getSession()
```

该方法返回 Map 对象，它将作用于 HttpSession 范围中。

（4）获取 Map 类型的 application

ActionContext 对象为获取 Map 类型的 application 提供了单独的 getApplication()方法，其方法声明如下：

```
public Map getApplication()
```

该方法返回 Map 对象，作用于 ServletContext 范围中。

9.7.2 域模型 DomainModel

域模型 DomainModel

在讲述前面的内容时，无论是用户注册逻辑，还是其他一些表单信息的提交操作，均未通过操作实际的域对象实现，原因是将所有的实体对象的属性都封装在了 Action 对象中。而 Action 对象只是操作一个实体对象中的属性，不操作某一个实体对象，这样的操作有些偏离了域模型设计的思想。比较好的设计是将某一领域的实体直接封装为一个实体对象，如操作用户信息可以将用户信息封装为一个域对象 User，并将用户所属的组封装为 Group 对象，如图 9-11 所示。

将一些属性信息封装为一个实体对象的优点很多，如将一个用户信息数据保存在数据库中只需要传递一个 User 对象，而不是传递多个属性。在 Struts 2 框架中提供了操作域对象的方法，可以在 Action 对象中引用某一个实体对象（见图 9-12），并且 HTTP 请求中的参数值可以注入到实体对象中的属性，这种方式即 Struts 2 提供的使用 DomainModel 的方式。

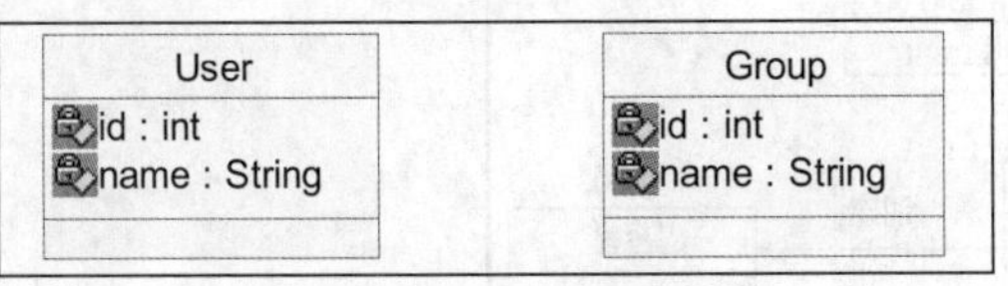

图 9-11　域对象

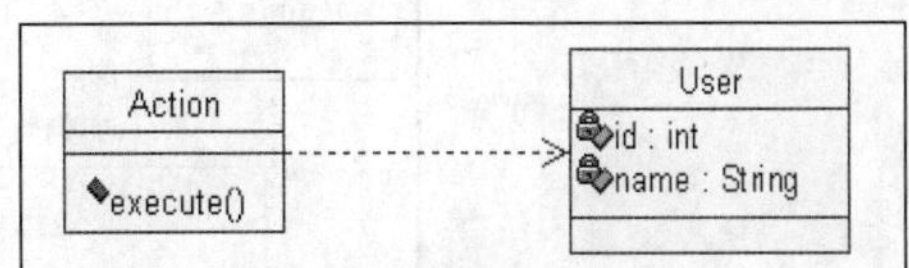

图 9-12　Action 对象引用 User 对象

例如，在 Action 中应用一个 User 对象的代码如下：

```
public class UserAction extends ActionSupport {
    private User user;
    @Override
    public String execute() throws Exception {
        return SUCCESS;
    }
    public User getUser() {
        return user;
    }
    public void setUser(User user) {
        this.user = user;
    }
}
```

在页面中提交注册请求的代码如下：

```
<body>
    <h2>用户注册</h2>
    <s:form action="userAction" method="post">
        <s:textfield name="user.name" label="用户名"></s:textfield>
        <s:password name="user.password" label="密码" ></s:password>
        <s:radio name="user.sex" list="#{1 : '男', 0 : '女'}" label="性别" ></s:radio>
        <s:submit value="注册"></s:submit>
    </s:form>
</body>
```

9.7.3　驱动模型 ModelDriven

在 DomainModel 模式中，虽然 Struts 2 的 Action 对象可以通过直接定义实例对象的引用来调用实体对象执行相关操作，但要求请求参数必须指定参数对应的实体对象。如在表单中需要指定参数名为 user.name，此种做法还是有一些不方便。Struts 2 框架还提供了另外一种方式 ModelDriven，不需要指定请求参数所属的对象引用，即可向实体对象中注入参数值。

驱动模型
ModelDriven

在 Struts 2 框架的 API 中提供了一个名为 ModelDriven 的接口，Action 对象可以通过实现此接口获取指定的实体对象。获取方式是实现该接口提供的 getModel()方法，其语法格式如下：

```
T getModel();
```

ModelDriven 接口应用了泛型，getModel 的返回值为要获取的实体对象。

如果 Action 对象实现了 ModelDriven 接口，当表单提交到 Action 对象后，其处理流程如图 9-13 所示。

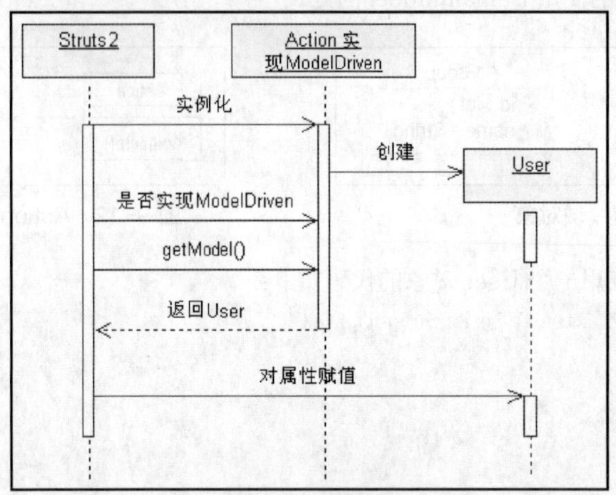

图 9-13　处理流程

Struts 2 首先实例化 Action 对象，然后判断该对象是否是 ModelDriven 对象（是否实现了 ModelDriven 接口），如果是，则调用 getModel()方法来获取实体对象模型，并将其返回（如图中调用的 User 对象）。在之后的操作中已经存在明确的实体对象，所以不用在表单中的元素名称上添加指定实例对象的引用名称。

例如，应用以下代码添加表单：

```
<s:form action="userAction" method="post">
    <s:textfield name="name" label="用户名"></s:textfield>
    <s:password name="password" label="密码" ></s:password>
    <s:radio name="sex" list="#{1 : '男', 0 : '女'}" label="性别" ></s:radio>
    <s:submit value="注册"></s:submit>
</s:form>
```

那么处理表单请求的 UserAction 对象，同时需要实现 ModelDriven 接口及其 getModel()方法，返回明确的实体对象 user。UserAction 类的关键代码如下：

```
public class UserAction extends ActionSupport implements ModelDriven<User> {
    private User user = new User();
    /**
     * 请求处理方法
     */
    @Override
    public String execute() throws Exception {
        return SUCCESS;
    }
    @Override
    public User getModel() {
        return this.user;
    }
}
```

由于 UserAction 实现了 ModelDriven 接口，getModel()方法返回明确的实体对象 user，所以表单中的元素名称不用指定明确的实体对象引用，即可成功地将表单提交的参数注入到 user 对象中。

UserAction 类中的 user 属性需要初始化，否则在 getModel()方法获取实体对象时将出现空指针异常。

9.8 Struts 2 的拦截器

拦截器其实是 AOP 的一种实现方式，通过它可以在 Action 执行前后处理一些相应的操作。Struts 2 提供了多个拦截器，开发人员也可以根据需要配置拦截器。

9.8.1 拦截器概述

拦截器概述

拦截器是 Struts 2 框架中的一个重要的核心对象，它可以动态增强 Action 对象的功能，在 Struts 2 框架中很多重要的功能通过拦截器实现。如在使用 Struts 2 框架时，我们发现 Struts 2 与 Servlet API 解耦，Action 对请求的处理不依赖于 Servlet API，但 Struts 2 的 Action 却具有更加强大的请求处理功能。这个功能的实现就是拦截器对 Action 的增强，可见拦截器的重要性。此外，Struts 2 框架中的表单重复提交、对象类型转换、文件上传，还有前面所学习的 ModelDriven 的操作都离不开拦截器的幕后操作，Struts 2 的拦截器的处理机制是 Struts 2 框架的核心。

拦截器动态作用于 Action 与 Result 之间，可以动态地增强 Action 及 Result（在其中添加新功能），如图 9-14 所示。

客户端发送的请求会被 Struts 2 的过滤器所拦截，此时 Struts 2 对请求持有控制权。它会创建 Action 的代理对象，并通过一系列拦截器处理请求，最后交给指定的 Action 处理。在这一期间，拦截器对象作用 Action 和 Result 的前后可以执行任何操作，所以 Action 对象编写简单是由于拦截器进行了处理。拦截器操作 Action 对象的顺序如图 9-15 所示。

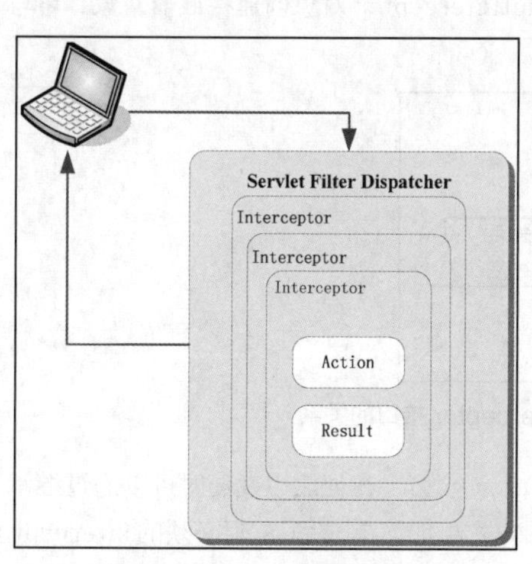

图 9-14　拦截器

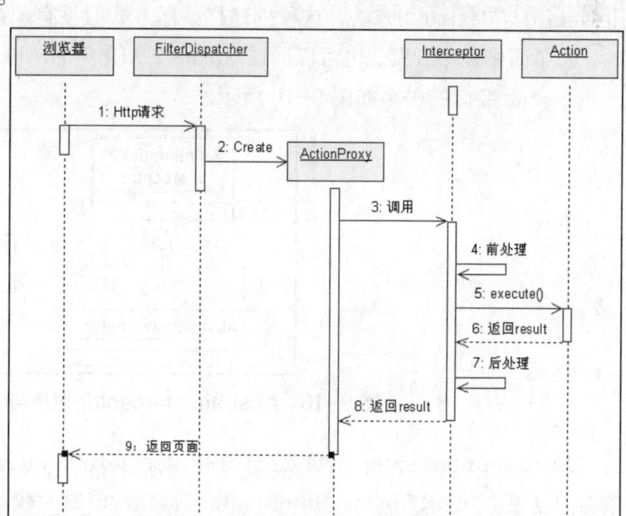

图 9-15　拦截器操作 Action 对象的顺序

当浏览器在请求一个 Action 时会经过 Struts 2 框架的入口对象——Struts 2 过滤器，此时该过滤器会创建 Action 的代理对象。之后通过拦截器即可在 Action 对象执行前后执行一些操作，如图 9-15 所示中的“前处理”与“后处理”，最后返回结果。

9.8.2 拦截器 API

在 Struts 2 API 中有一个名为 com.opensymphony.xwork2.interceptor 的包，其中有一些 Struts 2 内置的拦截器对象，它们具有不同的功能。在这些对象中，Interceptor 接口是 Struts 2 框架中定义的拦截器对象，其他拦截器都直接或间接地实现于此接口。

在拦截器 Interceptor 中包含了 3 个方法，其代码如下：

```
public interface Interceptor extends Serializable {
    void destroy();
    void init();
    String intercept(ActionInvocation invocation) throws Exception;
}
```

destroy()方法指示拦截器的生命周期结束，它在拦截器被销毁前调用，用于释放拦截器在初始化时占用的一些资源。

init()方法用于对拦截器执行一些初始化操作，此方法在拦截器被实例化后和 intercept()方法执行前调用。

intercept()方法是拦截器中的主要方法，用于执行 Action 对象中的请求处理方法及其前后的一些操作，动态增强 Action 的功能。

只有调用了 intercept()方法中 invocation 参数的 invoke()方法，才可以执行 Action 对象中的请求处理方法。

虽然 Struts 2 提供了拦截器对象 Interceptor，但此对象是一个接口。如果通过此接口创建拦截器对象，则需要实现 Interceptor 提供的 3 个方法。实际开发中主要用到 intercept()方法，如果要空实现没有用到 init()与 destroy()方法，这种创建拦截器方式似乎有一些不便。

为了简化程序开发，也可以通过 Struts 2 API 中的 AbstractInterceptor 对象创建拦截器对象，它与 Interceptor 接口的关系如图 9-16 所示。

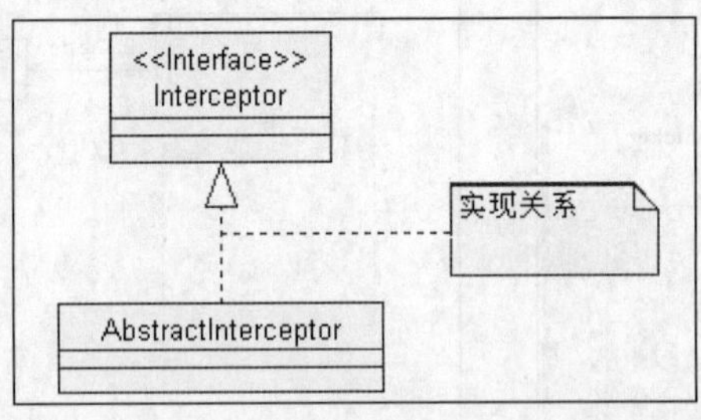

图 9-16　AbstractInterceptor 对象与 Interceptor 接口的关系

AbstractInterceptor 对象是一个抽象类，实现了 Interceptor 接口，在创建拦截器时可以通过继承该对象创建。在继承 AbstractInterceptor 对象后，创建拦截器的方式更加简单，除了重写必须的 intercept()方法外，如果没有用到 init()与 destroy()方法，则不必实现。

AbstractInterceptor 对象已经实现了 Interceptor 接口的 init()与 destroy()方法，所以通过继承该对象创建拦截器，则不需要实现这两个方法。如果需要，可以重写。

9.8.3 使用拦截器

如果在 Struts 2 框架中创建了一个拦截器对象，则配置后才可以应用到 Action 对象，配置使用<interceptor-ref>标签。

【例 9-5】 配置天下淘商城中的管理员登录拦截器。

（1）创建名为 UserLoginInterceptor 的类，此类继承于 AbstractInterceptor 对象，其关键代码如下：

使用拦截器

```
public class UserLoginInterceptor extends AbstractInterceptor {
    private static final long serialVersionUID = 1L;
    public String intercept(ActionInvocation invocation) throws Exception {
        // 获取ActionContext
        ActionContext context = invocation.getInvocationContext();
        // 获取Map类型的session
        Map<String, Object> session = context.getSession();
        // 判断用户是否登录
        if(session.get("admin") != null){
            // 调用执行方法
            return invocation.invoke();
        }
        // 返回登录
        return BaseAction.USER_LOGIN;
    }
}
```

（2）创建 struts-admin.xml 配置文件，在 struts.xml 配置文件中引入配置文件。

```
<struts>
    <!-- 前后台公共视图的映射 -->
    <include file="com/lyq/action/struts-default.xml" />
    <!-- 后台管理的Struts 2配置文件 -->
    <include file="com/lyq/action/struts-admin.xml" />
    <!-- 前台管理的Struts 2配置文件 -->
    <include file="com/lyq/action/struts-front.xml" />
</struts>
```

（3）将 UserLoginInterceptor 拦截器加到配置文件 struts-admin.xml 中，其关键代码如下：

```
<struts>
        <!-- 配置拦截器 -->
        <interceptors>
            <!-- 验证用户登录的拦截器 -->
            <interceptor name="loginInterceptor"
                    class="com.lyq.action.interceptor.UserLoginInterceptor"/>
            <!-- 创建拦截器栈，实现多层过滤 -->
            <interceptor-stack name="adminDefaultStack">
                <interceptor-ref name="loginInterceptor"/>
                <interceptor-ref name="defaultStack"/>
            </interceptor-stack>
        </interceptors>
</struts>
```

（4）在管理员没有登录的情况下，无法执行任何操作（见图 9-17），只有登录之后，才能进行操作（见图 9-18）。

图 9-17 未登录时无法做任何操作

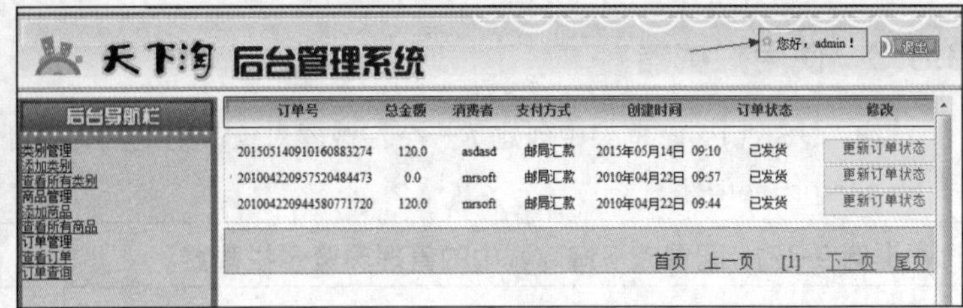

图 9-18 登录之后即可进行操作

9.9 数据验证机制

Struts 2 的数据校验机制有两种方式，即通过配置文件和通过重写 ActionSupport 类的 validate 方法。

9.9.1 手动验证

手动验证

在 Struts 2 的 API 中 ActionSupport 类对 Validateable 接口，但对 validate()方法却是一个空实现。通常情况下，我们都是通过继承 ActionSupport 类创建 Action 对象实现。所以在继承该类的情况下，如果通过 validate()方法验证数据的有效性，直接重写 validate()方法即可，如图 9-19 所示。其中 MyAction 类是一个自定义的 Action 对象。

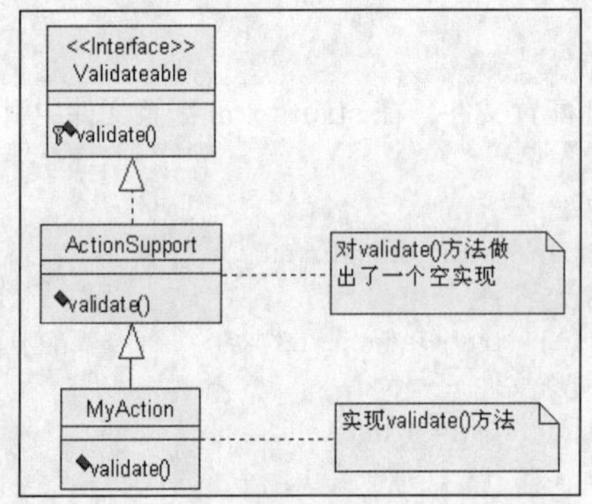

图 9-19 Validateable 与 ActionSupport

使用 validate()方法可以验证用户请求的多个 Action 方法，并且验证逻辑相同。如果在一个 Action 类中编写了多个请求处理方法，而此 Action 重写了 validate()方法，那么默认执行每一个请求方法的过程中都会经过 validate()方法的验证处理。

9.9.2 验证文件的命名规则

验证文件的命名规则

使用 Struts 2 验证框架，验证文件名需要遵循一定的命名规则，必须为“ActionName- validation.xml”或“ActionName-AliasName-validation.xml”形式。其中 Action Name 是 Action 对象的名称；AliasName 为 Action 配置中的名称，即 struts.xml 配置文件中 Action 元素对应的 name 属性名。

（1）以“ActionName-validation.xml”方式命名

在这种命名方式中，数据的验证会作用于整个 Action 对象，并验证该对象的请求业务处理方法。如果 Action 对象中只存在单一的处理方法或在多个请求处理方法中验证处理的规则相同，则可以应用此种命名方式。

（2）以“ActionName-AliasName-validation.xml”方式命名

以“ActionName-AliasName-validation.xml”方式命名更加灵活，如果一个 Action 对象中包含多个请求处理方法，而又没有必要验证每一个方法，即只需要处理 Action 对象中的特定方法，则可使用此种命名方式。

9.9.3 验证文件的编写风格

验证文件的编写风格

在 Struts 2 框架中使用数据验证框架，其验证文件的编写有如下两种风格。

（1）字段验证器编写风格

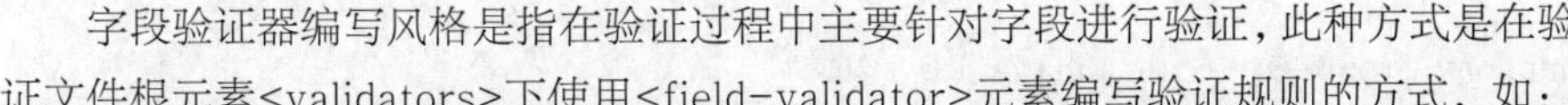

字段验证器编写风格是指在验证过程中主要针对字段进行验证，此种方式是在验证文件根元素<validators>下使用<field-validator>元素编写验证规则的方式，如：

```
<validators>
    <!-- 验证用户名 -->
    <field name="username">
        <field-validator type="requiredstring">
            <message>请输入用户名</message>
        </field-validator>
    </field>
    <!-- 验证密码 -->
    <field name="password">
        <field-validator type="requiredstring">
            <message>请输入密码</message>
        </field-validator>
    </field>
</validators>
```

上述代码的作用是判断用户名与密码字段是否输入字符串值。

如果在 xml 文件中使用中文，需要将其字符编码设置为支持中文编码的字符集，如 encoding="UTF-8"。

（2）非字段验证器编写风格

非字段验证器编写风格指在验证过程中既可以针对字段验证，也可以针对普通数据验证。此种方式是在验证文件根元素<validators>下使用<validator>元素编写验证规则的方式，如：

```
<validators>
    <validator type="requiredstring">
        <!-- 验证用户名字段 -->
        <param name="fieldName">password</param>
        <!-- 验证密码字段 -->
        <param name="fieldName">username</param>
        <message>请输入内容</message>
    </validator>
</validators>
```

上述代码的作用是判断用户名与密码字段是否输入了字符串值。

如果使用字段验证器编写风格编写验证文件，需要使用<param>标签传递字段参数。其参数名为 fieldName，值为字段的名称。

使用第一种风格编写的验证文件能够对任何一个字段返回一个明确的验证消息；而使用第二种编写验证文件，则不能够对任何一个字段返回一个明确的验证消息，因为这将多个字段设置在一起。

【例 9-6】 创建天下淘商城的用户登录验证器，文件名为 CustomerAction-customer_save-validation.xml。

```
<?xml version="1.0" encoding="UTF-8"?>
<!DOCTYPE validators PUBLIC
      "-//OpenSymphony Group//XWork Validator 1.0.3//EN"
      "http://www.opensymphony.com/xwork/xwork-validator-1.0.3.dtd" >
<validators>
      <field name="username">
          <field-validator type="requiredstring" >
              <message>用户名不能为空</message>
          </field-validator>
          <field-validator type="stringlength">
              <param name="minLength">5</param>
              <param name="maxLength">32</param>
              <message>用户名长度必须在${minLength}到${maxLength}之间</message>
          </field-validator>
      </field>
      <field name="password">
          <field-validator type="requiredstring">
              <message>密码不能为空</message>
          </field-validator>
          <field-validator type="stringlength">
              <param name="minLength">6</param>
              <message>密码长度必须在${minLength}位以上</message>
          </field-validator>
      </field>
      <field name="repassword">
          <field-validator type="requiredstring" short-circuit="true">
              <message>确认密码不能为空</message>
          </field-validator>
          <field-validator type="fieldexpression">
              <param name="expression">password == repassword</param>
              <message>两次密码不一致</message>
          </field-validator>
      </field>
      <field name="email">
          <field-validator type="requiredstring">
              <message>邮箱不能为空</message>
          </field-validator>
          <field-validator type="email">
              <message>邮箱格式不正确</message>
```

```
        </field-validator>
    </field>
</validators>
```

虽然使用非字段验证器编写风格也能够验证字段，但没有字段验证器编写风格的针对性强，所以验证字段时通常使用字段验证器编写风格。

小 结

本章向读者介绍了一种非常流行的 MVC 模型解决方案——Struts 技术，其中包括 MVC 设计模式、Struts 框架的体系、Struts 配置文件与拦截器等组件。对于初学者来说，只有切实掌握 Struts 框架的体系，才能灵活地应用 Struts 框架进行开发。

上机指导

应用 Struts 2 实现一个简单计算器。

（1）创建 index.jsp 页面，应用 Struts 2 的标签在该页面中添加实现计算器页面的表单及表单元素，关键代码如下：

```
<%@ taglib prefix="s" uri="/struts-tags" %>
<s:form action="jisuan">
        <s:label value="简单计算器"></s:label>
        <s:textfield name="num1" label="第一个数"></s:textfield>
        <s:select name="check" list="{'+','-','*','/'}" label="运算符"></s:select>
        <s:textfield name="num2" label="第二个数"></s:textfield>
        <s:submit value="计算"></s:submit>
</s:form>
```

（2）创建 DealAction 类，让其继承 ActionSupport，在该类中定义实现计算器所需的属性，并为这些属性添加 setter 和 getter 方法，另外在该类中还需要实现 execute()方法，在 execute()方法中编写计算器代码，关键代码如下：

```
public String execute(){
 String x=getNum1();                          //获取第一个数
 String y=getNum2();                          //获取第二个数
 double num4=Double.parseDouble(x);                //将第一个数转换为double型
 double num5=Double.parseDouble(y);                //将第二个数转换为double型
 System.out.println(num4);
 if(check.equals("+")){                       //进行加法运算
         num3=num4+num5;
 }
 if(check.equals("-")){                       //进行减法运算
         num3=num4-num5;
 }
 if(check.equals("*")){                       //进行乘法运算
         num3=num4*num5;
 }
 if(check.equals("/")){                       //进行除法运算
         num3=num4/num5;
 }
```

```
        ActionContext.getContext().getSession().put("num3", num3);            //将计算结果保存到
session中
        return SUCCESS;
    }
```

（3）创建配置文件 struts.xml。在配置文件中编写 Action 中各返回结果的不同处理页面。具体代码如下：

```
<package name="first" extends="struts-default"><!-- 定义一个package -->
<!-- 对action返回结果的配置 -->
 <action name="jisuan" class="com.mr.action.DealAction">
        <result name="success">/result.jsp</result>
        <result name="login">/index.jsp</result>
 </action>
</package>
```

运行本实例，输入第一个数和第二个数并选择一个运算符，如图 9-20 所示，单击“计算”按钮，将显示图 9-21 所示的计算结果页面。

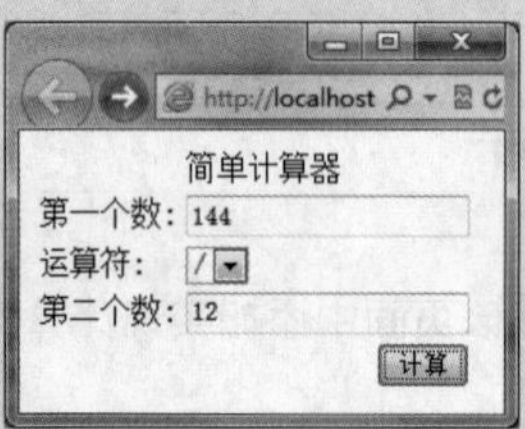

图 9-20　简单计算器页面

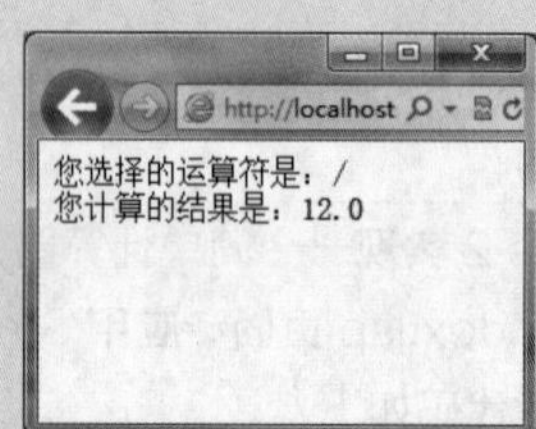

图 9-21　计算结果页面

习　题

1. MVC 模式由哪几部分组成？
2. 什么是 Action 对象？
3. 简述 Struts 2 标签的种类和用途。
4. Struts 2 的拦截器有哪些方法？这些方法有什么特点？

PART10

第10章 Hibernate技术

本章要点：

- Hibernate的理论基础——ORM原理
- Hibernate的架构
- Hibernate的配置
- 编写Hibernate的持久化类
- Hibernate 3种持久化对象的状态
- 编写Hibernate的初始化类
- Hibernate基本的增、删、改、查操作
- 使用Hibernate的缓存

■ 作为一个优秀的持久层框架，Hibernate 充分体现了 ORM 的设计理念，提供了高效的对象到关系型数据库的持久化服务，它将持久化服务从软件业务层中完全抽取出来，让业务逻辑的处理更加简单，程序之间的各种业务并非紧密耦合，更加有利于高效地开发与维护。本章将对Hibernate的基础知识进行详细介绍。

10.1 初识 Hibernate

10.1.1 理解 ORM 原理

初识 Hibernate

目前面向对象思想是软件开发的基本思想，关系数据库又是应用系统中必不可少的一环，但是面向对象是从软件工程的基本原则发展而来，而关系数据库确是从数学理论的基础诞生的，两者的区别是巨大的，为了解决这个问题，ORM 便应运而生。

ORM（Object Relational Mapping）是对象到关系的映射，它的作用是在关系数据库和对象之间做一个自动映射，将数据库中数据表映射成为对象，也就是持久化类，对关系型数据以对象的形式进行操作，减少应用开发过程中数据持久化的编程任务。可以把 ORM 理解成关系型数据和对象的一个纽带，开发人员只需关注纽带的一端映射的对象即可。ORM 原理如图 10-1 所示。

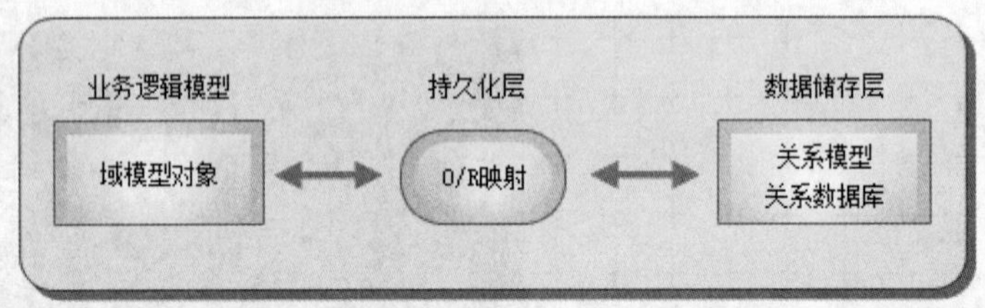

图 10-1 ORM 原理图

Hibernate 是众多 ORM 工具中的佼佼者，相对于 iBATIS，它是全自动的关系/对象的解决方案。Hibernate 通过持久化类（*.java）、映射文件（*.hbm.xml）和配置文件（*.cfg.xml）操作关系型数据库，使开发人员不必再与复杂的 SQL 语句打交道。

10.1.2 Hibernate 简介

作为一个优秀的持久层框架，Hibernate 充分体现了 ORM 的设计理念，提供了高效的对象到关系型数据库的持久化服务，它将持久化服务从软件业务层中完全抽取出来，让业务逻辑的处理更加简单，程序之间的各种业务并非紧密耦合，更加有利于高效地开发与维护开发，使开发人员在程序中可以利用面向对象的思想对关系型数据进行持久化操作，为关系型数据库和对象型数据打造了一个便捷的高速公路。图 10-2 就是一个简单的 Hibernate 体系概要图。

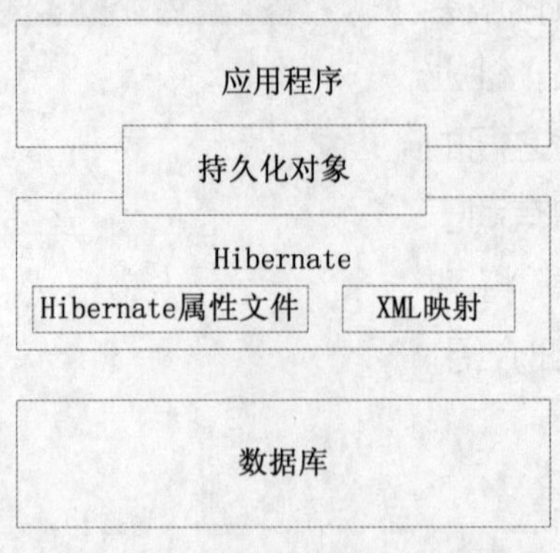

图 10-2 Hibernate 体系结构概要图

从这个概要图可以清楚看出，Hibernate 是通过数据库和配置信息进行数据持久化服务和持久化对象的。Hibernate 封装了数据库的访问细节，通过配置的属性文件这条纽带连接着关系型数据库和程序中的实体类。

在 Hibernate 中有非常重要的 3 个类，首先简单介绍一下它们的基本概念，它们分别是配置类（Configuration）、会话工厂类（SessionFactory）和会话类（Session）。

（1）配置类（Configuration）

配置类（Configuration）主要负责管理 Hibernate 的配置信息及启动 Hibernate，在 Hibernate 运行时配置类（Configuration）会读取一些底层实现的基本信息，其中包括数据库 URL、数据库用户名、数据库用户密码、数据库驱动类和数据库适配器（dialect）。

（2）会话工厂类（SessionFactory）

会话工厂类（SessionFactory）是生成 Session 的工厂，它保存了当前数据库中所有的映射关系，可能只有一个可选的二级数据缓存，并且它是线程安全的。但是会话工厂类（SessionFactory）是一个重量级对象，它的初始化创建过程会耗费大量的系统资源。

（3）会话类（Session）

会话类（Session）是 Hibernate 中数据库持久化操作的核心，它将负责 Hibernate 所有的持久化操作，通过它开发人员可以实现数据库基本的增、删、改、查的操作。但会话类（Session）并不是线程安全的，应注意不要多个线程共享一个 Session。

10.2 Hibernate 入门

认识了 Hibernate 之后，接下来将了解如何配置和使用 Hibernate，了解配置文件配置中的基本配置信息，以及如何使用映射文件映射持久化对象和数据库表之间的关系。

10.2.1 获取 Hibernate

在正式开始学习 Hibernate 之前，需要从 Hibernate 的官方网站获取所需的 jar 包，官方网址为 http://www.hibernate.org，在该网站可以免费获取 Hibernate 的帮助文档和 jar 包。在本书中的所有实例使用的 Hibernate 的 jar 包版本为 hibernate-3.2.0。

然后将 hibernate3.jar 包和 lib 目录下的所有的 jar 包导入到项目中，随后就可以进行 Hibernate 的项目开发。同时也可以利用 MyEclipse 向项目中添加 Hibernate 模块，以这种方式导入的 jar 包都是 MyEclipse 自身所带有的固定版本的 jar 包，并不能保证与本书使用 jar 包的版本一致性。

10.2.2 Hibernate 配置文件

Hibernate 配置文件

Hibernate 通过读取默认的 XML 配置文件 hibernate.cfg.xml 加载数据库的配置信息，该配置文件被默认放于项目的 classpath 根目录下。

【例 10-1】 创建天下淘商城数据库连接的 Hibernate 配置文件，创建 hibernate.cfg.xml 文件，代码如下：

```
<?xml version="1.0" encoding="UTF-8"?>
<!DOCTYPE hibernate-configuration PUBLIC
 "-//Hibernate/Hibernate Configuration DTD 3.0//EN"
 "http://hibernate.sourceforge.net/hibernate-configuration-3.0.dtd" >
<hibernate-configuration>
 <session-factory>
```

```
        <!-- 数据库方言 -->
        <property name="hibernate.dialect">org.hibernate.dialect.MySQLDialect</property>
        <!-- 数据库驱动 -->
        <property name="hibernate.connection.driver_class">com.mysql.jdbc.Driver</property>
        <!-- 数据库连接信息 -->
        <property name="hibernate.connection.url">
            jdbc:mysql://localhost:3306/db_database24
        </property>
        <property name="hibernate.connection.username">root</property>
        <property name="hibernate.connection.password">123456</property>
        <!-- 打印SQL语句 -->
        <property name="hibernate.show_sql">false</property>
        <!-- 不格式化SQL语句 -->
        <property name="hibernate.format_sql">false</property>
        <!-- 为Session指定一个自定义策略 -->
        <property name="hibernate.current_session_context_class">thread</property>
        <!-- C3P0 JDBC连接池 -->
        <property name="hibernate.c3p0.max_size">20</property>
        <property name="hibernate.c3p0.min_size">5</property>
        <property name="hibernate.c3p0.timeout">120</property>
        <property name="hibernate.c3p0.max_statements">100</property>
        <property name="hibernate.c3p0.idle_test_period">120</property>
        <property name="hibernate.c3p0.acquire_increment">2</property>
        <property name="hibernate.c3p0.validate">true</property>
        <!-- 映射文件，引入其他子配置文件 -->
        <mapping resource="com/lyq/model/product/ProductInfo.hbm.xml"/>
    </session-factory>
</hibernate-configuration>
```

从配置文件中可以看出配置的信息包括整个数据库的信息，例如，数据库的驱动、URL 地址、用户名、密码和 Hibernate 使用的方言，还需要管理程序中各个数据库表的映射文件。配置文件中<property>元素的常用配置属性见表 10-1。

表 10-1 <property>元素的常用配置属性

属性	说明
connection.driver_class	连接数据库的驱动
connection.url	连接数据库的 URL 地址
connection.username	连接数据库用户名
connection.password	连接数据库密码
dialect	设置连接数据库使用的方言
show_sql	是否在控制台打印 SQL 语句
format_sql	是否格式化 SQL 语句
hbm2ddl.auto	是否自动生成数据库表

在程序开发的过程中，一般会将 show_sql 属性设置为 true，以便在控制台打印自动生成的 SQL 语句，方便程序的调试。

10.2.3 了解并编写持久化类

了解并编写持久化类

在 Hibernate 中，持久化类是 Hibernate 操作的对象，也就是通过对象-关系映射（ORM）后数据库表所映射的实体类，用来描述数据库表的结构信息。在持久化类中的属性应该与数据库表中的字段相匹配。

【例 10-2】 创建名称为 Customer 的消费者用户类。

```
import java.io.Serializable;
public class Customer implements Serializable{
    private static final long serialVersionUID = 1L;
    private Integer id;                    // 用户编号
    private String username;               // 用户名
    private String password;               // 密码
    private String realname;               // 真实姓名
    private String email;                  // 邮箱
    private String address;                // 住址
    private String mobile;                 // 手机
    public Integer getId() {
        return id;
    }
    public void setId(Integer id) {
        this.id = id;
    }
    public String getUsername() {
        return username;
    }
    public void setUsername(String username) {
        this.username = username;
    }
    public String getPassword() {
        return password;
    }
    public void setPassword(String password) {
        this.password = password;
    }
    public String getRealname() {
        return realname;
    }
    public void setRealname(String realname) {
        this.realname = realname;
    }
    public String getEmail() {
        return email;
    }
    public void setEmail(String email) {
        this.email = email;
    }
    public String getAddress() {
        return address;
    }
    public void setAddress(String address) {
```

```
        this.address = address;
    }
    public String getMobile() {
        return mobile;
    }
    public void setMobile(String mobile) {
        this.mobile = mobile;
    }
}
```

Customer 类作为一个简单的持久化类，它符合最基本的 JavaBean 编码规范，也就是 POJO（Plain Old Java Object）编程模型。持久化类中的每个属性都有相应的 set()和 get()方法，它不依赖于任何接口和继承任何类。

POJO（Plain Old Java Object）编程模型指的就是普通的 JavaBean，通常它有一些参数作为对象的属性，然后对每个属性定义了 get()和 set()方法作为访问接口，它被大量应用于表现现实中的对象。

Hibernate 中的持久化类有 4 条编程规则。

（1）实现一个默认的构造函数

所有的持久化类中都必须含有一个默认的无参数构造方法（User 类中就含有无参数的构造方法），以便 Hibernate 通过 Constructor.newInstance()实例化持久化类。

（2）提供一个标识属性（可选）

标识属性一般映射的是数据库表中的主键字段，例如，User 中的属性 id，建议在持久化类中添加一致的标识属性。

（3）使用非 final 类（可选）

如果使用了 final 类，Hibernate 就不能使用代理来延迟关联加载，这会影响开发人员进行性能优化的选择。

（4）为属性声明访问器（可选）

持久化类的属性不能声明为 public 的，最好以 private 的 set()和 get()方法对属性进行持久化。

10.2.4 Hibernate 映射

Hibernate 映射

Hibernate 的核心就是对象关系映射，对象和关系型数据库之间的映射通常是用 XML 文档来实现的。这个映射文档被设计成易读的，并且可以手工修改。映射文件的命名规则为*.hbm.xml，以 User 的持久化类的映射文件为例，代码如下。

【例 10-3】 对 Customer 对象进行配置。

```
<?xml version="1.0" encoding="UTF-8"?>
<!DOCTYPE hibernate-mapping PUBLIC
    "-//Hibernate/Hibernate Mapping DTD 3.0//EN"
    "http://hibernate.sourceforge.net/hibernate-mapping-3.0.dtd" >
<hibernate-mapping package="com.lyq.model.user">
    <class name="Customer" table="tb_customer">
        <id name="id" column="id">
            <generator class="native"/>
```

```
        </id>
        <property name="username" column="username" not-null="true" length="50"/>
        <property name="password" column="password" not-null="true" length="50"/>
        <property name="realname" column="realname" length="20"/>
        <property name="address" column="address" length="200"/>
        <property name="email" column="email" length="50"/>
        <property name="mobile" column="mobile" length="11"/>
    </class>
</hibernate-mapping>
```

映射语言是以 Java 为中心的，所以映射文档是按照持久化类的定义创建的，而不是数据库表的定义。

关于多对一映射相关内容，我们会在下一章做详细介绍。

（1）<DOCTYPE>元素

在所有的 Hibernate 映射文件中都需要定义如上所示的<DOCTYPE>元素，用来获取 DTD 文件。

（2）<hibernate-mapping>元素

<hibernate-mapping>元素是映射文件中其他元素的根元素，这个元素中包含一些可选的属性，例如，“schema”属性是指明了该文件映射表所在数据库的 schema 名称；“package”属性是指定一个包前缀，如果在<class>元素中没有指定全限定的类名，就将使用“package”属性定义的包前缀作为包名。

（3）<class>元素

<class>元素主要用于指定持久化类和映射的数据库表名。“name”属性需要指定持久化类的全限定的类名（如“com.mr.User”）；“table”属性就是持久化类所映射的数据库表名。

<class>元素中包含了一个<id>元素和多个<property>元素，<id>元素用于持久化类的唯一标识与数据库表的主键字段的映射，在<id>元素中通过<generator>元素定义主键的生成策略。<property>元素用于持久化类的其他属性和数据表中非主键字段的映射，其主要的设置属性见表 10-2。

表 10-2　持久化类映射文件<property>元素的常用配置属性

属性名称	说明
name	持久化类属性的名称，以小写字母开头
column	数据库字段名
type	数据库的字段类型
length	数据库字段定义的长度
not-null	该数据库字段是否可以为空，该属性为布尔变量
unique	该数据库字段是否唯一，该属性为布尔变量
lazy	是否延迟抓取，该属性为布尔变量

如果在映射文件中没有配置“column”和“type”属性，Hibernate 将会默认使用持久化类中的属性名称和属性类型匹配数据表中的字段。

10.2.5 Hibernate 主键策略

Hibernate 主键策略

<id>元素的子元素<generator>元素是一个 Java 类的名字，用来为持久化类的实例生成唯一的标识映射数据库中的主键字段。在配置文件中，通过设置<generator>元素的属性设置 Hibernate 的主键生成策略，主要的内置属性见表 10-3。

表 10-3 Hibernate 主键生成策略的常用配置属性

属性名称	说明
increment	用于为 long、short 或者 int 类型生成唯一标识。在集群下不要使用该属性
identity	由底层数据库生成主键，前提是底层数据库支持自增字段类型
sequence	根据底层数据库的序列生成主键，前提是底层数据库支持序列
hilo	根据高/低算法生成，把特定表的字段作为高位值来源，在默认的情况下选用 hibernate_unique_key 表的 next_hi 字段
native	根据底层数据库对自动生成标识符的支持能力选择 identity、sequence 或 hilo
assigned	由程序负责主键的生成，此时持久化类的唯一标识不能声明为 private 类型
select	通过数据库触发器生成主键
foreign	使用另一个相关联的对象的标识符，通常和<one-to-one>一起使用

10.3 Hibernate 数据持久化

持久化操作是 Hibernate 的核心，本节将告诉你如何创建线程安全的 Hibernate 初始化类，并利用 Hibernate 的 Session 对象实现基本的数据库增、删、改、查的操作；了解 Hibernate 的延迟加载策略，帮助你优化系统的性能。

10.3.1 Hibernate 实例状态

Hibernate
实例状态

Hibernate 的实例状态分为 3 种，分别为瞬时状态（Transient）、持久化状态（Persistent）、脱管状态（Detached）。

（1）瞬时状态（Transient）

实体对象是通过 Java 中的“new”关键字开辟内存空间创建的 Java 对象，但是它并没有纳入 Hibernate Session 的管理之中，如果没有变量对它引用，它将被 JVM（垃圾回收器）回收。瞬时状态的对象在内存中是孤立存在的，它与数据库中的数据无任何关联，仅仅是一个信息携带的载体。

假如一个瞬时状态对象被持久化状态对象引用，它也会自动变为持久化状态对象。

（2）持久化状态（Persistent）

持久化状态对象存在与数据库中的数据关联，它总是与会话状态（Session）和事务（Transaction）关联在一起，当持久化状态对象发生改动时并不会立即执行数据库操作，只有当事务结束时，才会更新数据库，以便保证 Hibernate 的持久化对象和数据库操作的同步性。当持久化状态对象变为脱管状态对象时，它将不在 Hibernate 持久层的管理范围之内。

（3）脱管状态（Detached）

当持久化状态的对象的 Session 关闭之后，这个对象就从持久化状态的对象变为脱管状态的对象。脱管状态的对象仍然存在与数据库中的数据关联，只是它并不在 Hibernate 的 Session 管理范围之内。如果将脱管状态的对象重新关联某个新的 Session 上，它将变回持久化状态对象。

Hibernate 中 3 种实例状态的关系如图 10-3 所示。

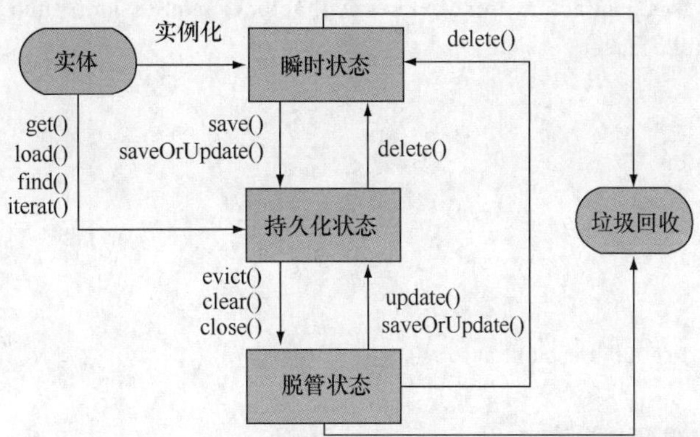

图 10-3　Hibernate 中的 3 种实例状态关系图

10.3.2　Hibernate 初始化类

Hibernate
初始化类

Session 对象是 Hibernate 中数据库持久化操作的核心，它将负责 Hibernate 所有的持久化操作，通过它开发人员可以实现数据库基本的增、删、改、查的操作。而 Session 对象又是通过 SessionFactory 对象获取的，那么 SessionFactory 对象又是如何创建的呢？可以通过 Configuration 对象创建 SessionFactory，关键代码如下：

```
Configuration cfg = new Configuration().configure();            // 加载Hibernate配置文件
factory = cfg.buildSessionFactory();                            // 实例化SessionFactory
```

Configuration 对象会加载 Hibernate 的基本配置信息，如果没有在 configure()方法中指定加载配置 XML 文档的路径信息，Configuration 对象会默认加载项目 classpath 根目录下的“hibernate.cfg.xml”文件。

【例 10-4】 创建 HibernateUtil 类，用于实现对 Hibernate 的初始化。

```
public class HibernateUtil {
    private static final ThreadLocal<Session> threadLocal = new ThreadLocal<Session>();
    private static SessionFactory sessionFactory = null;    //SessionFactory对象
    static {
        try {
            //加载Hibernate配置文件
            Configuration cfg = new Configuration().configure();
            sessionFactory = cfg.buildSessionFactory();
        } catch (Exception e) {
            System.err.println("创建会话工厂失败");
            e.printStackTrace();
        }
    }
    //获取Session
```

```
    public static Session getSession() throws HibernateException {
        Session session = (Session) threadLocal.get();
        if (session == null || !session.isOpen()) {
            if (sessionFactory == null) {
                rebuildSessionFactory();
            }
            session = (sessionFactory != null) ? sessionFactory.openSession(): null;
            threadLocal.set(session);
        }

        return session;
    }
    /**
     * 重建会话工厂
     */
    public static void rebuildSessionFactory() {
        try {
            //加载Hibernate配置文件
            Configuration cfg = new Configuration().configure();

            sessionFactory = cfg.buildSessionFactory();
        } catch (Exception e) {
            System.err.println("创建会话工厂失败");
            e.printStackTrace();
        }
    }
    // 获取SessionFactory对象
    public static SessionFactory getSessionFactory() {
        return sessionFactory;
    }
    // 关闭Session
    public static void closeSession() throws HibernateException {
        Session session = (Session) threadLocal.get();
        threadLocal.set(null);
        if (session != null) {
            session.close();                    //关闭Session
        }
    }
}
```

通过这个 Hibernate 初始类，就可以有效地管理 Session，避免了 Session 的多线程共享数据的问题。

10.3.3 保存数据

保存数据

Hibernate 对 JDBC 的操作进行了轻量级的封装，使开发人员可以利用 Session 对象以面向对象的思想实现对关系型数据库的操作，轻而易举地实现数据库最基本的增、删、改、查操作。在学习 Hibernate 的添加数据方法前，首先了解一下 Hibernate 数据持久化流程，Hibernate 的数据持久化过程如图 10-4 所示。

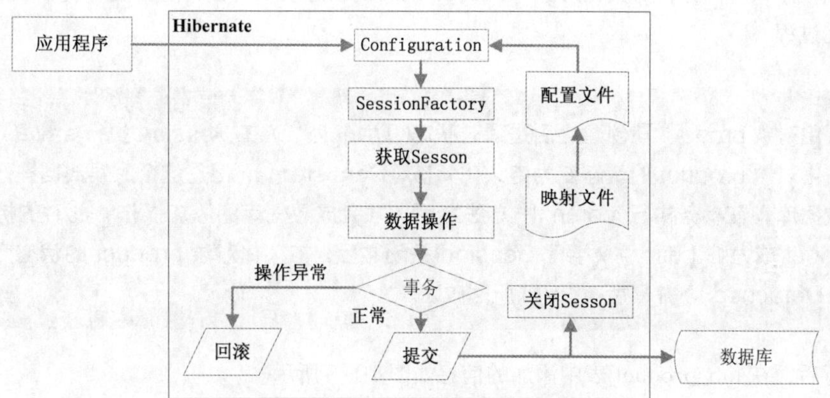

图 10-4　Hibernate 的数据持久化过程

在接下来的讲解中，都将以商品的基本信息为例进行数据库的增、删、改、查操作。首先创建一个简单的商品持久化类——Product.java，其关键代码如下：

```
private Integer id;                         //唯一性标识
private String name;                        //产品名称
private Double price;                       //产品价格
private String factory;                     //生产商
private String remark;                      //备注
……                                          //省略的setter和getter方法
```

在执行添加操作时需要 Session 对象的 save()方法，它的入口参数为程序中的持久化类。

【例 10-5】　向数据中的产品信息表添加产品信息。

创建添加产品信息类 AddProduct.java，在类的 main()方法中的关键代码如下：

```
Session session = null;                                 //声明Session对象
Product product = new Product();                        //实例化持久化类
//为持久化类属性赋值
product.setName("Java Web编程宝典");                    //设置产品名称
product.setPrice(79.00);                                //设置产品价格
product.setFactory("明日科技");                         //设置生产商
product.setRemark("无");                                //设置备注
//Hibernate的持久化操作
try {
    session = HibernateInitialize.getSession();         //获取Session
    session.beginTransaction();                         //开启事务
    session.save(product);                              //执行数据库添加操作
    session.getTransaction().commit();                  //事务提交
} catch (Exception e) {
    session.getTransaction().rollback();                //事务回滚
    System.out.println("数据添加失败");
    e.printStackTrace();
    }finally{
    HibernateInitialize.closeSession();                 //关闭Session对象
}
```

读者可以根据该示例分析持久化对象 product 的实例状态改变流程，这将更有利于理解 Hibernate 的数据持久化过程。

持久化对象 product 在创建之后是瞬时状态(Transient),在 Session 执行 save()方法之后，持久化对象 product 的状态变为持久化状态（Persistent），但是这个时候数据操作并未提交给数据库，在事务执行 commit()方法之后，才完成数据库的添加操作，此时的持久化对象 product 成为脏（dirty）对象。Session 关闭之后，持久化对象 product 的状态变为脱管状态（Detached），并最后被 JVM 所回收。

程序运行后，在 tab_product 表中添加的信息如图 10-5 所示。

id	name	price	factory	remark
1	Java Web编程宝典	79	明日科技	无

图 10-5　tab_product 表中添加的数据信息

10.3.4　查询数据

查询数据

Session 对象提供了两种对象装载的方法，分别是 get()方法和 load()方法。

（1）get()方法

如果开发人员不确定数据库中是否有匹配的记录存在，就可以使用 get()方法进行对象装载，因为它会立刻访问数据库。如果数据库中没有匹配记录存在，会返回 null。

【例 10-6】 利用 get()方法加载 Product 对象。创建添加产品信息类 GetProduct.java，在类的 main()方法中的关键代码如下：

```
Session session = null;                                          //声明Session对象
try {
    //Hibernate的持久化操作
    session = HibernateInitialize.getSession();                  //获取Session
    //装载对象
    Product product = (Product) session.get(Product.class, new Integer("1"));
    System.out.println("产品ID："+product.getId());
    ……                                                           //省略的打印方法
} catch (Exception e) {
    System.out.println("对象装载失败");
    e.printStackTrace();
} finally{
    HibernateInitialize.closeSession();                          //关闭Session
}
```

get()方法：在 get()方法中含有两个参数，一个是持久化对象，另一个就是持久化对象中的唯一性标识。get()方法的返回值可能为 null，也可能是一个持久化对象。

例 10-6 运行后，在控制台的打印信息如图 10-6 所示。

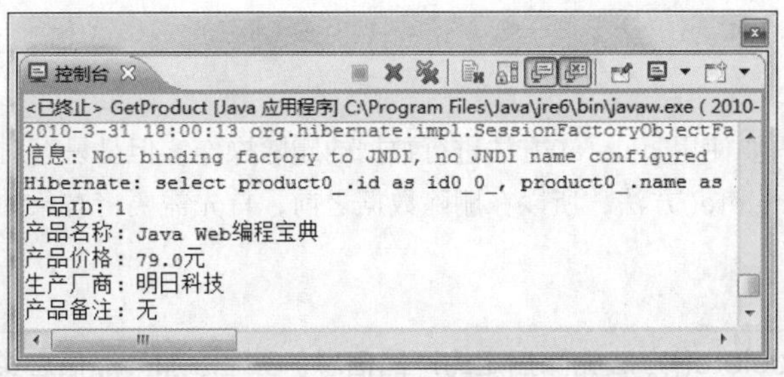

图 10-6　get()方法装载对象输出的信息

（2）load()方法

load()方法返回对象的代理，只有在返回对象被调用的时候，Hibernate 才会发出 SQL 语句去查询对象。

【例 10-7】 利用 load()方法加载 Product 对象。创建添加产品信息类 GetProduct.java，在类的 main()方法中的关键代码如下：

```
Session session = null;                                              //声明Session对象
try {
    //Hibernate的持久化操作
    session = HibernateInitialize.getSession();                      //获取Session
    Product product = (Product) session.load(Product.class, new Integer("1")); //装载对象
    System.out.println("产品ID："+product.getId());
    ……                                                               //省略的打印方法
} catch (Exception e) {
    System.out.println("对象装载失败");
    e.printStackTrace();
} finally{
    HibernateInitialize.closeSession();                              //关闭Session
}
```

另外 load()方法还可以加载到指定的对象实例上，代码如下：

```
session = HibernateInitialize.getSession();                          //获取Session
Product product = new Product();                                     //实例化对象
session.load(product, new Integer("1"));                             //装载对象
```

两种方法的运行结果是相同的，程序运行后，在控制台的打印效果如图 10-7 所示。

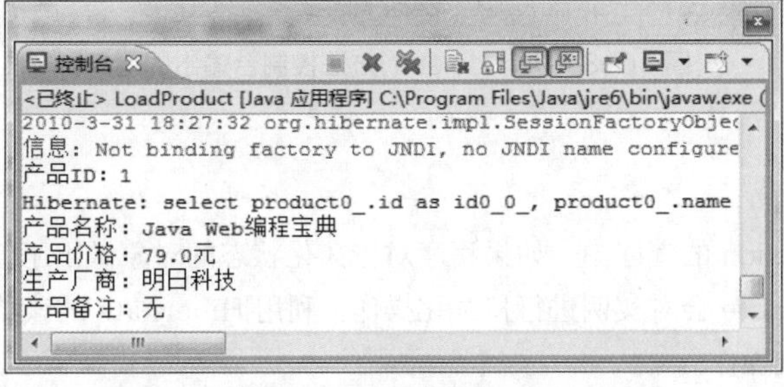

图 10-7　load()方法装载对象输出的信息

由于 load()方法返回对象在被调用的时候 Hibernate 才会发出 SQL 语句去查询对象，所以在产品 ID 信息输出之后才输出 SQL 语句，因为产品 ID 在程序中是已知的，并不需要查询。

10.3.5 删除数据

删除数据

在 Session 对象中需要使用 delete()方法进行数据的删除操作。但是只有对象在持久化状态时才能执行 delete()方法，所以在删除数据之前，首先需要将对象的状态转换为持久化状态。

【例 10-8】利用 delete()方法删除指定的产品信息。创建添加产品信息类 DeleteProduct.java，在类的 main()方法中的关键代码如下：

```
Session session = null;                                                    //声明Session对象
try {
    //Hibernate的持久化操作
    session = HibernateInitialize.getSession();                            //获取Session
    Product product = (Product) session.get(Product.class, new Integer("1")); //装载对象
    session.delete(product);                                               //删除持久化对象
    Session.flush();                                                       //强制刷新提交
} catch (Exception e) {
    System.out.println("对象删除失败");
    e.printStackTrace();
} finally{
    HibernateInitialize.closeSession();                                    //关闭Session
}
```

程序运行后，控制台输出信息如图 10-8 所示。

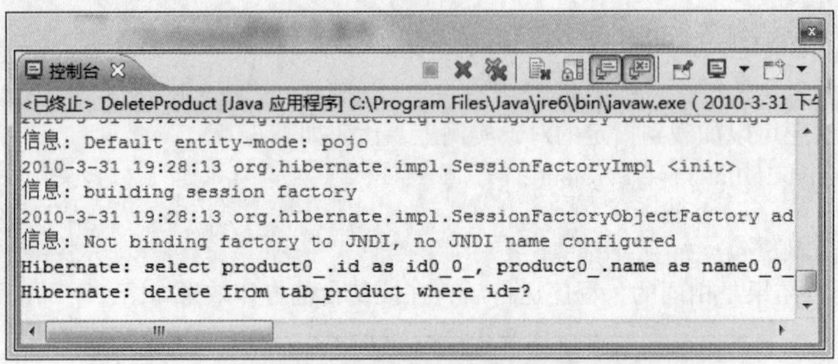

图 10-8 执行 delete()方法控制台输出的信息

10.3.6 修改数据

修改数据

在 Hibernate 的 Session 的管理中，如果程序对持久化状态的对象做出了修改，当 Session 刷出时 Hibernate 会对实例进行持久化操作。利用 Hibernate 的该特性就可以实现商品信息的修改操作。

Session 的刷出（flush）过程是指 Session 执行一些必需的 SQL 语句来把内存中的对象的状态同步到 JDBC 中。刷出会在某些查询之前执行；在事务提交的时候执行；或者在程序中直接调用 Session.flush()时执行。

【例 10-9】 修改指定的产品信息。创建添加产品信息类 UpdateProduct.java，在类的 main() 方法中的关键代码如下：

```
Session session = null;                                          //声明Session对象
try {
    //Hibernate的持久化操作
    session = HibernateInitialize.getSession();                  //获取Session
    //装载对象
    Product product = (Product) session.get(Product.class, new Integer("1"));
    product.setName("Java Web编程词典");                          //修改商品名称
    product.setRemark("明日科技出品");                            //修改备注信息
    session.flush();                                             //强制刷新提交
} catch (Exception e) {
    System.out.println("对象修改失败");
    e.printStackTrace();
} finally{
    HibernateInitialize.closeSession();                          //关闭Session
}
```

程序运行前，数据库中保存的信息如图 10-9 所示。

id	name	price	factory	remark
1	Java Web编程宝典	79	明日科技	无

图 10-9　产品信息修改前数据库表中的信息

程序运行后，数据库中保存的信息如图 10-10 所示。

id	name	price	factory	remark
1	Java Web编程词典	79	明日科技	明日科技出品

图 10-10　产品信息修改后数据库表中的信息

10.3.7　关于延迟加载

在前面 load()方法的讲解中，其实就已经涉及了延迟加载的策略，例 10-3 就已经反映了 Hibernate 的延迟加载策略。在使用 load()方法加载持久化对象时，它返回的是一个未初始化的代理（代理无需从数据库中抓取数据对象的数据），直到调用代理的某个方法时 Hibernate 才会访问数据库。在非延迟加载过程中，Hibernate 会直接访问数据库，并不会使用代理对象。

关于延迟加载

延迟加载策略的原理如图 10-11 所示。

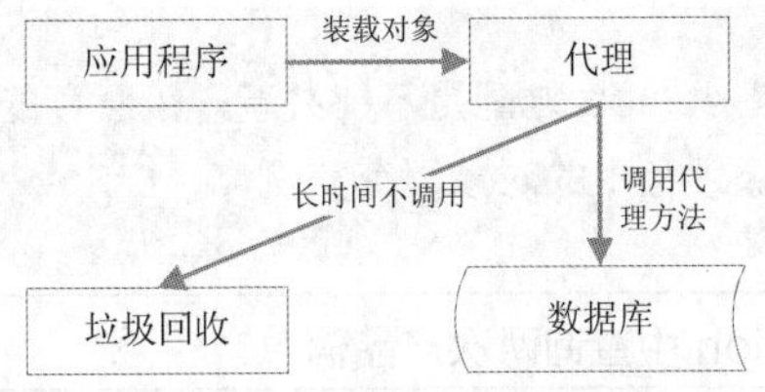

图 10-11　延迟加载策略的原理图

当装载的对象长时间没有调用的时候，就会被垃圾回收器所回收，在程序中合理地使用延迟加载策略将会优化系统的性能。采用延迟加载可以使 Hibernate 节省系统的内存空间，否则每加载一个持久化对象就需要将其关联的数据信息装载到内存中，这将为系统节约部分不必要的开销。

在 Hibernate 中，可以通过使用一些采用延迟加载策略封装的方法实现延迟加载的功能，如 load()方法，同时还可以通过设置映射文件中的<property>元素中的 lazy 属性实现该功能。

【例 10-10】 以产品信息的 XML 文档配置为例，实现延时加载设置。

```
<hibernate-mapping>                                           <!-- 产品信息字段配置信息 -->
    <class name="com.mr.product.Product" table="tab_product">
        <id name="id" column="id" type="int">                 <!-- id值 -->
            <generator class="native"/>
        </id>
            <!-- 产品名称 -->
            <property name="name" type="string" length="45" lazy="true">
            <column name="name"/>
        </property>
        ……
    </class>
</hibernate-mapping>
```

通过该方式的设置，产品名称属性就被设置成了延迟加载。

10.4 使用 Hibernate 的缓存

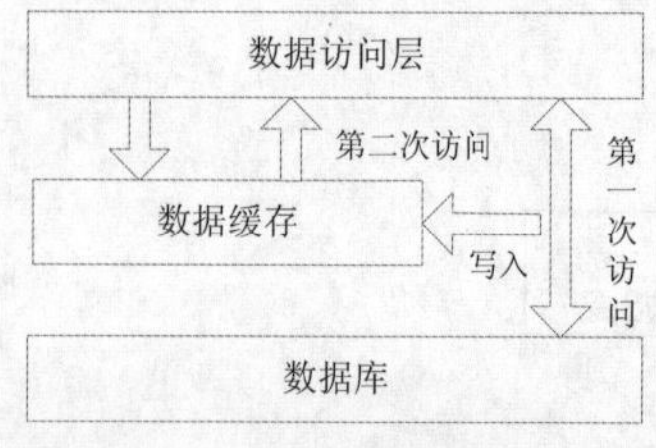

图 10-12 数据缓存

缓存是数据库数据在内存中的临时容器，是数据库与应用程序的中间件，如图 10-12 所示。

在 Hibernate 中也采用了缓存的技术，使 Hibernate 可以更加高效地进行数据持久化操作。Hibernate 数据缓存分为两种，分别是一级缓存(Session Level，也称为内部缓存)和二级缓存(SessionFactory Level)。

10.4.1 一级缓存的使用

Hibernate 的一级缓存属于 Session 级缓存，所以它的生命周期与 Session 是相同的，它随 Session 的创建而创建，随 Session 的销毁而销毁。

当程序使用 Session 加载持久化对象时，Session 首先会根据加载的数据类和唯一性标识在缓存中查找是否存在此对象的缓存实例，如果存在将其作为结果返回，否则 Session 会继续向二级缓存中查找实例对象。

一级缓存的使用

在 Hibernate 中不同的 Session 之间是不能共享一级缓存的，也就是说一个 Session 不能访问其他 Session 在一级缓存中的对象缓存实例。

【例 10-11】 在同一 Session 中查询两次产品信息。

创建添加产品信息类 GetProduct.java，在类的 main()方法中的关键代码如下：

```
Session session = null;                                   //声明Session对象
    try {
    //Hibernate的持久化操作
```

```
        session = HibernateInitialize.getSession();                    //获取Session
        //装载对象
        Product product = (Product) session.get(Product.class, new Integer("1"));
        System.out.println("第一次装载对象");
        //装载对象
        Product product2 = (Product) session.get(Product.class, new Integer("1"));
        System.out.println("第二次装载对象");
    } catch (Exception e) {
        e.printStackTrace();
    } finally{
        HibernateInitialize.closeSession();                            //关闭Session
    }
```

程序运行后，控制台输出的信息如图 10-13 所示。

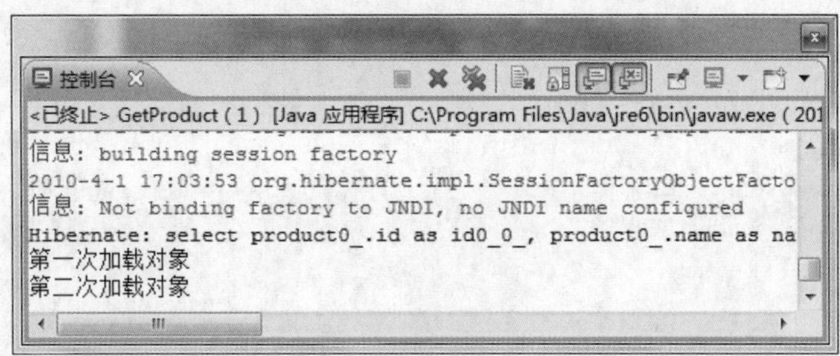

图 10-13　执行两次 get()方法后控制台输出的信息

从控制台输出信息中可以看出，Hibernate 只访问了一次数据库，第二次对象加载时是从一级缓存中将该对象的缓存实例以结果的形式直接返回。

10.4.2　配置并使用二级缓存

Hibernate 的二级缓存将由从属于一个 SessionFactory 的所有 Session 对象共享。当程序使用 Session 加载持久化对象时，Session 首先会根据加载的数据类和唯一性标识在缓存中查找是否存在此对象的缓存实例，如果存在将其作为结果返回，否则 Session 会继续向二级缓存中查找实例对象，如果二级缓存中也无匹配对象，Hibernate 将直接访问数据库。

配置并使用二级缓存

由于 Hibernate 本身并未提供二级缓存的产品化实现，所以需要引入第三方插件实现二级缓存的策略。在本节中将以 EHCache 作为 Hibernate 默认的二级缓存，讲解 Hibernate 二级缓存的配置及其使用方法。

【例 10-12】 利用二级缓存查询产品信息。

```
首先需要在Hibernate配置文件hibernate.cfg.xml中配置开启二级缓存，关键代码如下：
<hibernate-configuration>
    <session-factory>
        <-- 开启二级缓存 -->
        <property name="hibernate.cache.use_second_level_cache">true</property>
        <-- 指定缓存产品提供商 -->
        <property ame="hibernate.cache.provider_class">
            org.hibernate.cache.EhCacheProvider
        </property>
```

```
        </session-factory>
</hibernate-configuration>
```

在持久化类的映射文件中，需要指定缓存的同步策略，关键代码如下：

```
<!—产品信息字段配置信息 -->
<hibernate-mapping>
    <class name="com.mr.product.Product" table="tab_product">
    <!-- 指定的缓存的同步策略 -->
        <cache usage="read-only"/>
    </class>
</hibernate-mapping>
```

在项目的 classpath 根目录下加入缓存配置文件 ehcache.xml，此文件可以从 Hibernate 的 zip 包下的 etc 目录中找到，缓存配置文件代码如下：

```
<ehcache>
    <diskStore path="java.io.tmpdir"/>
    <defaultCache
        maxElementsInMemory="10000"
        eternal="false"
        timeToIdleSeconds="120"
        timeToLiveSeconds="120"
        overflowToDisk="true"
        />
</ehcache>
```

创建添加产品信息类 SecondCache.java，在类的 main()方法中的关键代码如下（在同一 SessionFactory 中获取两个 Session，每个 Session 执行一次 get()方法）：

```
Session session = null;                                         //声明第一个Session对象
Session session2 = null;                                        //声明第二个Session对象
try {
    //Hibernate的持久化操作
    session = HibernateInitialize.getSession();                 //获取第一个Session
    session2 = HibernateInitialize.getSession();                //获取第二个Session
    //装载对象
    Product product = (Product) session.get(Product.class, new Integer("1"));
    System.out.println("第一个Session装载对象");
    //装载对象
    Product product2 = (Product) session2.get(Product.class, new Integer("1"));
    System.out.println("第二个Session装载对象");
} catch (Exception e) {
    e.printStackTrace();
} finally{
    HibernateInitialize.closeSession();                         //关闭Session
}
```

当程序运行后，在控制台打印的信息如图 10-14 所示。

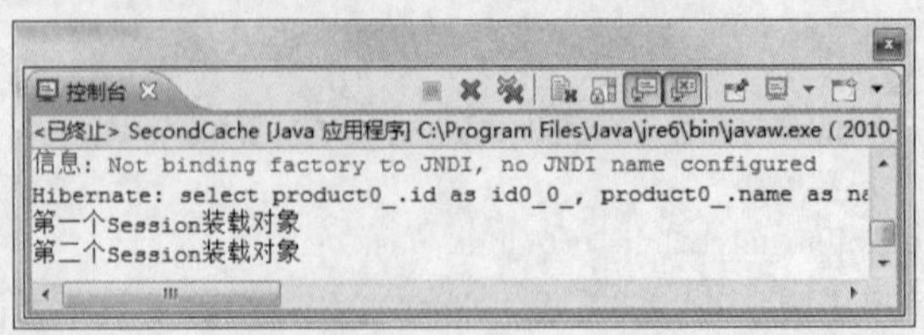

图 10-14　不同 Session 装载对象时控制台输出的信息

当第二个 Session 装载对象时，控制并没有输出 SQL 语句，说明 Hibernate 是从二级缓存中装载的该实例对象。二级缓存常常用于数据更新频率低，系统频繁使用的非关键数据，以防止用户频繁访问数据库，过度消耗系统资源。这就好比买家（用户）、超市（二级缓存）和商品生产商（数据库）的关系，当买家需要某件商品时首先会去超市购买，而没有必要去商品生产商那里直接购买，当超市无法满足买家需求时（如产品更新换代，可以想象成数据库的数据进行了更新），买家才会去咨询商品生产商。

小 结

本章主要对 Hibernate 的基础知识进行了详细讲解，持久化操作是开发应用系统的基础，熟练掌握 Hibernate 的基础知识，能够为快速开发应用程序打下坚实的基础。本章为大家介绍了 ORM 原理、Hibernate 的映射与配置文件、Hibernate 数据持久化、Hibernate 缓存等相关内容，其中 Hibernate 数据持久化是本章的重点，读者应该重点掌握。

上机指导

在博客、论坛、留言等网站中都离不开用户注册模块，其应用十分广泛。从程序方面来考虑，用户注册实质就是对用户信息进行持久化的过程。对于用户详细信息，可以将其封装为一个实体对象，而持久化过程使用 Hibernate 框架进行实现。开发步骤如下。

（1）配置开发环境。此过程需要导入 Hibernate 支持类库、数据库驱动包，编写 hibernate.properties 文件，设置 Hibernate 的配置文件及创建 Hibernate 初始化类，其中 Hibernate 配置文件关键代码如下：

```
<hibernate-configuration>
    <session-factory>
        <!-- 自动建表 -->
        <property name="hibernate.hbm2ddl.auto">create</property>
          <!-- 映射文件   -->
          <mapping resource="com/wgh/model/Customer.hbm.xml"/>
        </session-factory>
    </hibernate-configuration>
```

由于此例的目的是演示用户注册过程，所以将自动建表属性设置为 create，这意味着每次注册新用户都要创建一个新的数据表。

由于 SessionFactory 对象及 Session 对象的自身特性，需要编写一个类对二者进行管理。实例中将其命名为 HibernateUtil 类，其编写方法参见 10.3.2 小节。

（2）创建用户实体对象及配置映射关系，其中用户持久化类的名称为 Customer，此类封装用户的详细信息，其关键代码如下：

```
public class Customer {
    private Integer id;              //标识
    private String username;         //用户名
    private String password;         //密码
    private Integer age;             //年龄
    private boolean sex;             //性别
    private String description;      //描述信息
    //省略getXXX()与setXXX()方法
}
```

实体对象 Customer 类的映射文件为 Customer.hbm.xml，实例中将 Customer 对象映射为表 tb_Customer，并设置了主键的生成策略为自动生成，其关键代码如下：

```
<hibernate-mapping>
    <class name="com.wgh.model.Customer" table="tb_Customer">
        <id name="id">
            <generator class="native"/>
        </id>
        <property name="username" length="50" not-null="true"/>
        <property name="password" length="50" not-null="true"/>
        <property name="age"/>
        <property name="sex"/>
        <property name="description" type="text"/>
    </class>
</hibernate-mapping>
```

（3）创建名为 CustomerServlet 的类，它是一个 Servlet，用于处理 JSP 页面所提交的用户注册请求。在此 Servlet 中，通过 doPost()方法对请求进行处理，其关键代码如下：

```
protected void doPost(HttpServletRequest request, HttpServletResponse response) throws
ServletException, IOException {
        // 用户注册信息
        String username = new String(request.getParameter("username").getBytes("ISO-8859-1"),
"GBK");
        String password = request.getParameter("password");
        String sex = request.getParameter("sex");
        String age = request.getParameter("age");
        String desc = new String(request.getParameter("description").getBytes("ISO-8859-1"),
"GBK");
        System.out.println(username+password+sex+age+desc);
        // 判断用户名与密码是否为空
        if(username != null && password != null){
            // 实例化Customer对象
            Customer customer = new Customer();
            // 对customer属性赋值
            customer.setUsername(username);
            customer.setPassword(password);
            if(sex != null){
                customer.setSex(sex.equals("1") ? true : false);
            }
            customer.setAge(Integer.parseInt(age));
            customer.setDescription(desc);
            // 保存customer
            saveCustomer(customer);
            request.setAttribute("info", "恭喜，注册成功！");
        }
        // 转发到注册结果页面
        request.getRequestDispatcher("result.jsp").forward(request, response);
    }
```

（4）在 CustomerServlet 中编写 saveCustomer()方法，将用户注册信息持久化到数据库中，其关键代码如下：

```
public void saveCustomer(Customer customer){
```

```
        Session session = null;  //声明Session对象
        try {
            //获取Session
            session = HibernateUtil.getSession();
            //开启事务
            session.beginTransaction();
            //保存用户信息
            session.save(customer);
            //提交事务
            session.getTransaction().commit();
        } catch (Exception e) {
            e.printStackTrace();
            //出错将回滚事务
            session.getTransaction().rollback();
        }finally{
            //关闭Session对象
            HibernateUtil.closeSession();
        }
    }
```

（5）创建用户注册所需要的 JSP 页面，其名称为 index.jsp，它是程序的首页，用于放置用户注册的表单信息，其关键代码如下：

```
<form action="CustomerServlet" method="post" onsubmit="return save();">
    <table align="center" border="0" cellpadding="3" cellspacing="1" width="500">
        <tr>
            <td align="right">用户名：</td>
            <td><input id="username" name="username" type="text" class="box1"></td>
        </tr>
        <tr>
            <td align="right">密码：</td>
            <td><input id="password" name="password" type="password" class="box1"></td>
        </tr>
        <tr>
            <td align="right">确认密码：</td>
            <td><input id="repassword" name="repassword" type="password" class="box1"></td>
        </tr>
        <tr>
            <td align="right">年龄：</td>
            <td><input id="age" name="age" type="text" class="box1"></td>
        </tr>
        <tr>
            <td align="right">性别：</td>
            <td>
                <input name="sex" type="radio" value="1" checked="checked">男
                <input name="sex" type="radio" value="0">女
            </td>
        </tr>
        <tr>
            <td align="right">描述：</td>
            <td><textarea name="description" cols="30" rows="5"></textarea></td>
        </tr>
```

```
            <tr>
                <td colspan="2" align="center" height="50">
                    <input type="submit" value="注  册">
                          
                    <input type="reset" value="重  置">
                </td>
            </tr>
        </table>
    </form>
```

此表单的提交地址为 CustomerServlet，它由 CustomerServlet 类的 doPost()方法进行处理。打开此页面（见图 10-15），正确填写注册信息后，单击“注册”按钮，用户注册信息将被写入到数据库中。

图 10-15 用户注册

习 题

1. 如何配置 Hibernate 的数据库连接？如何让 Hibernate 显示 SQL 语句？
2. Hibernate 如何映射持久化类？
3. 如何使用 Hibernate 增、删、改、查数据库中的数据？
4. save()和 load()方法有哪些相同和不同之处？
5. 什么是 Hibernate 的一级缓存？什么是 Hibernate 的二级缓存？二者有什么区别？

PART 11

第11章

Hibernate高级应用

本章要点：

- 掌握实体对象关系的建立
- 掌握关联关系的映射方法
- 理解单向关联与双向关联
- 掌握对象间的级联操作
- 掌握HQL查询语言

■ 目前，持久层框架并非只有Hibernate，但在众多持久层框架中，Hibernate凭借着其强大的功能、轻量级的实现、成熟的结构体系等诸多优点从中脱颖而出，在Java编程中得到了广泛的应用。

11.1 关联关系映射

11.1.1 数据模型与领域模型

在正式进入 Hibernate 的高级应用之前，需要首先了解什么是数据模型与领域模型，这两个概念将会帮助读者更好地理解实体对象的关联关系映射。

数据模型与领域模型

（1）数据模型

数据模型是对数据库特征的抽象，也就是用户从数据库中看到的模型，例如，一张数据表或者用户从数据表中所看到的存储信息，此模型既要面向用户又要面向系统，面向用户是需要将存储数据完整地展现在用户面前，使用户可以对数据进行增、删、改、查的操作；面向系统是告诉计算机如何对数据进行有效的管理，主要用于对数据库管理系统（DBMS）的实现。

数据模型是数据库管理系统（DBMS）设计实现的一部分，它所描述的是对用户需求在数据结构上的实现，但是它缺少实体对象之间的关系描述。

（2）领域模型

领域模型是对现实世界中的对象的可视化表现，又称为概念模型、领域对象模型或分析对象模型。

没有所谓唯一正确的领域模型。所有模型都是对我们试图要理解的领域的近似。领域模型主要是在特定群体中用于理解和沟通的工具。有效的领域模型捕获了当前需求语境下的本质抽象和理解领域所需要的信息，并且可以帮助人们理解领域的概念、术语和关系。它是现实世界与计算机之间的一条无形的纽带，也是需求分析设计人员一件强有力的工具。

11.1.2 理解并配置多对一单向关联

关联是类（类的实例）之间的关系，表示有意义和值得关注的连接。

理解并配置
多对一单向关联

单向多对一的映射实现比较简单。在平时的应用中，单向多对一的映射也是很常见的。将以产品和生产商为例，实现单向的多对一映射。两个持久化类的依赖关系如图 11-1 所示。类 Product 引用了类 Factory，但是类 Factory 没有引用类 Product。在类 Product 映射的表 tab_product 中建立外键 factoryid 关联类 Factory 的映射表 tab_factory 的主键 factoryid。两个表的关联关系如图 11-2 所示。

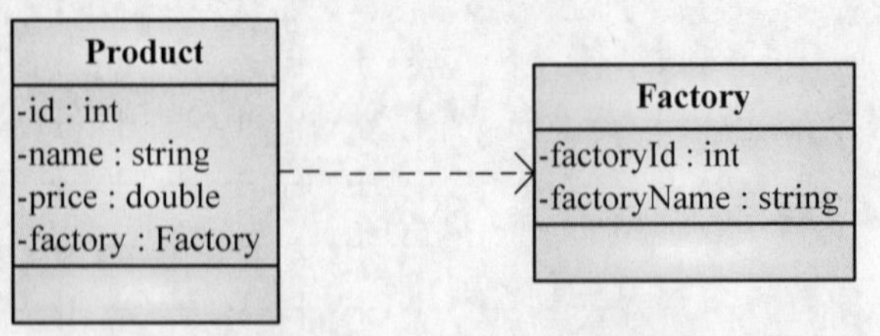

图 11-1 类 Product 和类 Factory 的依赖关系

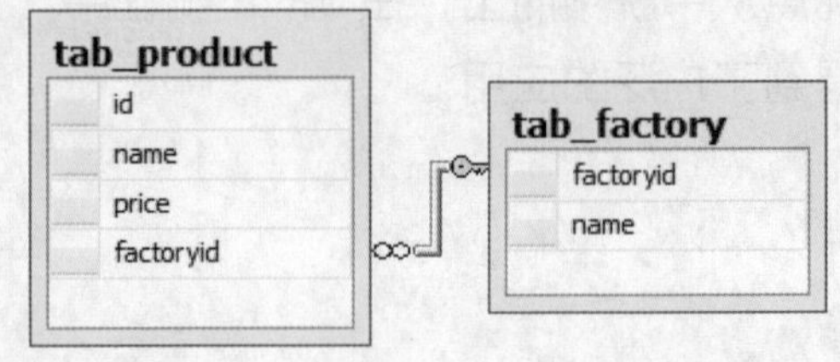

图 11-2 产品表与生产商表的关联关系

【例 11-1】建立产品对象与生产商对象的多对一单向关联，并利用映射关系查询完整的图书信息。

在产品对象的映射文件中建立多对一的关联，代码如下：

```
<hibernate-mapping>                                              <!-- 产品信息字段配置信息 -->
    <class name="com.mr.product.Product" table="tab_product">
        <id name="id" column="id" type="int">                    <!-- id值 -->
            <generator class="native"/>
        </id>
        <property name="name" type="string" length="45">         <!-- 产品名称 -->
            <column name="name"/>
        </property>
        <property name="price" type="double">                    <!-- 产品价格 -->
            <column name="price"/>
        </property>
        <!-- 多对一关联映射 -->
        <many-to-one name="factory" class="com.mr.factory.Factory">
            <column name="factoryid"/>                           <!-- 映射的字段 -->
        </many-to-one>
    </class>
</hibernate-mapping>
```

<many-to-one>元素：定义一个持久化类与另一个持久化类的关联，这种关联是数据表间的多对一关联，需要此持久化类映射表的外键引用另一个持久化类映射表的主键，也就是映射的字段。其中“name”属性的值是持久化类中的属性，“class”属性就是关联的目标持久化类。

创建 SelectProduct 类，在 main()方法中的关键代码如下：

```
Session session = null;                                    //声明第一个Session对象
try {
    //Hibernate的持久化操作
    session = HibernateInitialize.getSession();            //获取Session
    session.beginTransaction();                            //事务开启
    //装载对象
    Product product = (Product) session.get(Product.class, new Integer("1"));
    System.out.println("产品名称："+product.getName());
    System.out.println("产品价格："+product.getPrice()+"元");
    System.out.println("生产商："+product.getFactory().getFactoryName());
    session.getTransaction().commit();                     //事务提交
} catch (Exception e) {
    e.printStackTrace();
    session.getTransaction().rollback();                   //事务回滚
} finally{
    HibernateInitialize.closeSession();                    //关闭Session
}
```

获取生产商名称：由于 Product 类引用了 Factory 类，所以在产品实例中可以调用 Factory 类中的 getFactoryName()方法获取生产商的名称。

程序运行后，在控制台输出的信息如图 11-3 所示。

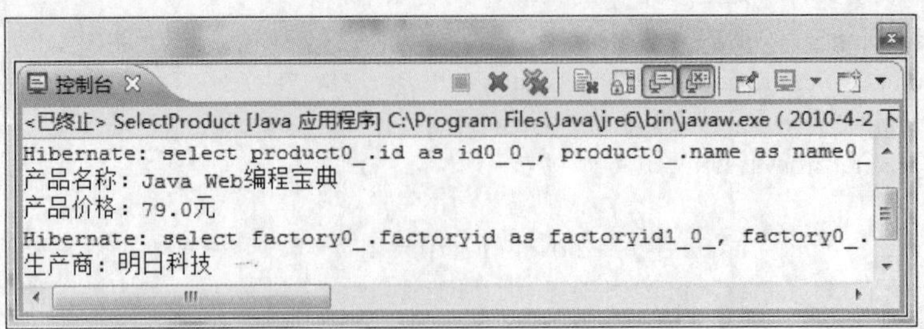

图 11-3　单向多对一关联信息的查询控制台输出的信息

从控制台输出的信息可以看到，当查询生产商名称时，Hibernate 又自动输出了一条语句进行查询，单向多对一关联时，只能通过主控方对被动方进行级联更新，也就是说想要获取某件商品的生产商信息，需要先加载该产品的持久化对象。

11.1.3　理解并配置多对一双向关联

在进行双向多对一的关联的时候，Hibernate 既可以通过主控方实体加载被控方的实体，同时也可以通过被控方实体加载对应的主控方实体。也就是说，在单向一对多的基础上，在被控方（类 Product）中配置与主控方（类 Factory）对应的多对一关系。本节仍将以生产商对象（类 Factory）与产品对象（类 Product）为例，讲解 Hibernate 的多对一双向关联。类 Factory 与类 Product 的关联关系如图 11-4 所示。

理解并配置
多对一双向关联

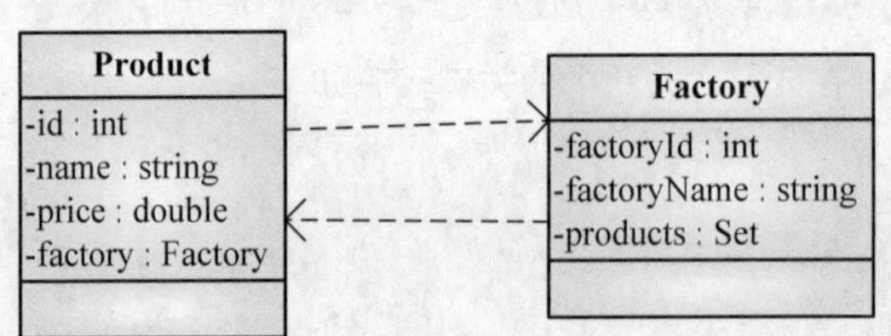

图 11-4　类 Factory 与类 Product 的关联关系

由于一个生产商可能对应多件产品，所以在类 Factory 中以集合 Set 的方式引入产品对象，在映射文件中通过<set>标签进行映射。

【例 11-2】 由于是在例 11-1 的基础上做出的新的映射关系，所以只对类 Factory 和它所对应的映射文件进行修改即可。其映射文件的配置代码如下：由于是在例 11-1 的基础上做出的新的映射关系，所以只对类 Factory 和它所对应的映射文件进行修改即可。其映射文件的配置代码如下：

```
<hibernate-mapping>                                          <!-- 产品信息字段配置信息 -->
    <class name="com.mr.factory.Factory" table="tab_factory">
        <id name="factoryId" column="factoryid" type="int">     <!-- id值 -->
            <generator class="native"/>
        </id>
        <property name="factoryName" type="string" length="45">  <!-- 生产商名称 -->
            <column name="factoryname"/>
        </property>
        <set name="products"
        inverse="true"><!-- 定义一对多映射 -->
```

```
            <key column="factoryid"/>
            <one-to-many class="com.mr.product.Product"/>
        </set>
    </class>
</hibernate-mapping>
```

在上面的代码中，inverse 属性用于控制方向反转，将 inverse 属性设置为 true，表示 Factory 对象不再是主控方，而是将关联关系的维护交给关联对象 Product 类来完成，在 Product 对象持久化时会主动获取关联的 Factory 的 id。

在生产商持久化类中以集合的形式引入产品持久化类，关键代码如下：

```
public class Factory {
    private Integer factoryId;                    //生产商的id
    private String factoryName;                   //生产商名称
    private Set<Product> products;                //Set集合，一个厂商所对应的所有图书
    ……                                            //省略的Getter和Setter方法
}
```

创建 SelectProduct 类，通过装载生产商对象查询关联的产品信息，在 main()方法中的关键代码如下：

```
Session session = null;                                         //声明一个Session对象
try {
    //Hibernate的持久化操作
    session = HibernateInitialize.getSession();                 //获取Session
    session.beginTransaction();                                 //事务开启
    //装载对象
    Factory factoty = (Factory) session.get(Factory.class, new Integer("1"));
    System.out.println("生产商："+factoty.getFactoryName());     //打印生产商名称
    Set<Product> products = factoty.getProducts();              //获取集合对象
    //通过迭代输出产品信息
    for (Iterator<Product> it = products.iterator(); it.hasNext();) {
        Product product = (Product) it.next();
        System.out.println("产品名称：" + product.getName()+"||产品价格："+product.getPrice());
    }
    session.getTransaction().commit();                          //事务提交
} catch (Exception e) {
    e.printStackTrace();
    session.getTransaction().rollback();                        //事务回滚
} finally{
    HibernateInitialize.closeSession();                         //关闭Session
}
```

因为配置了产品对象与生产商对象的多对一单关联映射，所以类 Factory 与类 Product 都持有对方的引用。在程序中只需要装载生产商对象就可以获取其关联的产品对象的集合，Hibernate 将把产品对象映射到 Set 集合中，通过 Java 的迭代器在控制台输出一个生产商所属的产品信息，实例运行如图 11-5 所示。

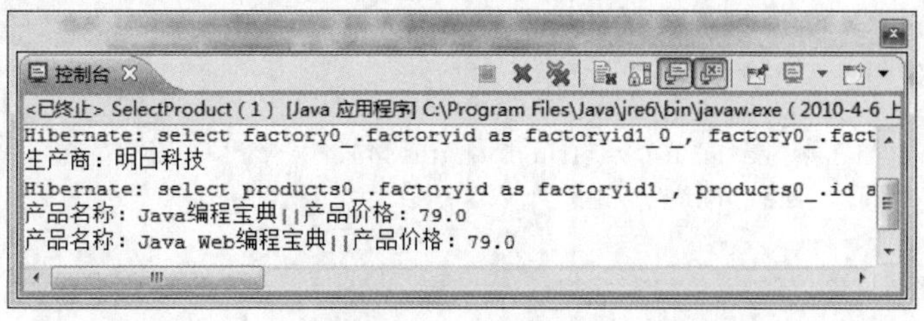

图 11-5　双向多对一查询在控制台输出的信息

11.1.4　理解并配置一对一主键关联

理解并配置一对一主键关联

一对一的主键关联是指两个表之间通过主键形成一对一的映射。例如，每个公民只允许拥有一个身份证，公民与身份证就是一对一的关系。定义两张数据表，分别是表 tab_people（公民表）和 tab_idcard（身份证表），其中 tab_people 表的 id 既是该表的主键也是该表的外键，两表之间的关联关系如图 11-6 所示。

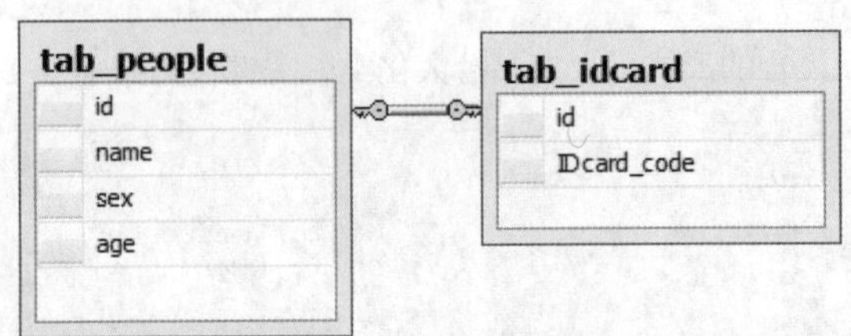

图 11-6　公民表与身份证表的关联关系

从两张表的关联关系可以看出，只要程序知道一张表的信息就可以获取另一张表的信息，也就是说，在 Hibernate 中两个表所映射的实体对象必然是互相引用的，建立的是双向的一对一的主键关联关系。

在 Hibernate 中既有单向的一对一主键关联关系，也有双向的一对一主键关联关系，在本小节内容中仅以双向的关联关系讲解一对一主键关联映射。

【例 11-3】建立公民对象与身份证对象的一对一主键关联。创建公民信息表的实体对象 People.java 和身份证的实体对象 IDcard.java，其中公民对象为主控方，身份证对象为被控方，两个实体对象之间的依赖关系如图 11-7 所示。

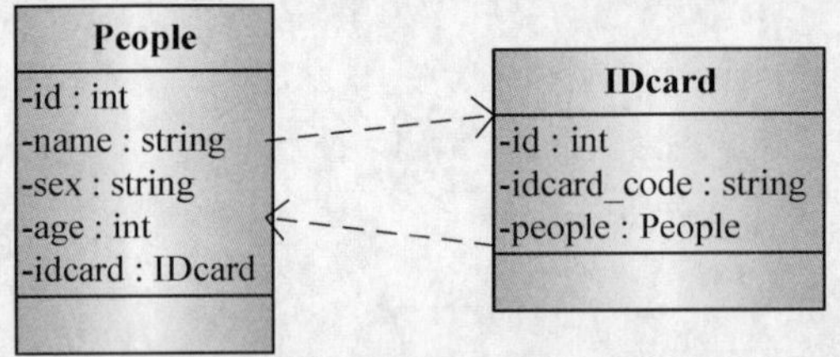

图 11-7　公民实体对象与身份证实体对象之间的依赖关系

公民实体对象的映射文件中的关键代码如下：

```
<hibernate-mapping>                                        <!-- 公民信息字段配置信息 -->
    <class name="com.mr.people.People" table="tab_people">
        <id name="id" column="id" type="int">              <!-- id值 -->
            <generator class="native"/>
        </id>
        <property name="name" type="string" length="45">   <!-- 公民姓名 -->
            <column name="name"/>
        </property>
        <property name="sex" type="string" length="2">     <!-- 公民性别 -->
            <column name="sex"/>
```

```
        </property>
        <property name="age" type="int">                <!-- 公民年龄 -->
            <column name="age"/>
        </property>
        <one-to-one name="com.mr.idcard.IDcard"
            cascade="all"/>                              <!-- 一对一映射 -->
        </class>
</hibernate-mapping>
```

级联关系在 Hibernate 中占有非常重要的地位，它可以保证主控方所关联的被控方的操作的一致性，例如，主控方进行 save、update 或 delete 操作时，被控方会进行同样的操作。

在身份证的实体对象映射文件中的主键需要参考公民实体对象的外键，关键代码如下：

```
<hibernate-mapping>                                     <!-- 公民身份证字段信息配置信息 -->
    <class name="com.mr.idcard.IDcard" table="tab_idcard">
        <id name="id" column="id" type="int">           <!-- id值 -->
            <generator class="foreign">                 <!-- 外键生成 -->
                <param name="property">people</param>
            </generator>
        </id>
        <!-- 公民身份证号 -->
        <property name="idcard_code" type="string" length="45" not-null="true">
            <column name="IDcard_code"/>
        </property>
        <one-to-one name="com.mr.people.People"
            constrained="true"/>                        <!-- 一对一映射 -->
    </class>
</hibernate-mapping>
```

11.1.5 理解并配置一对一外键关联

理解并配置
一对一外键关联

一对一外键关联的配置比较简单，同样以公民实体对象和身份证实体对象为例，在表 tab_people（公民表）中添加一个新的字段“card_id”作为该表的外键，同时需要保证该字段的唯一性，否则就不是一对一映射关系了，而是一对多映射关系。表 tab_people 和 tab_idcard（身份证表）之间的关联关系如图 11-8 所示。

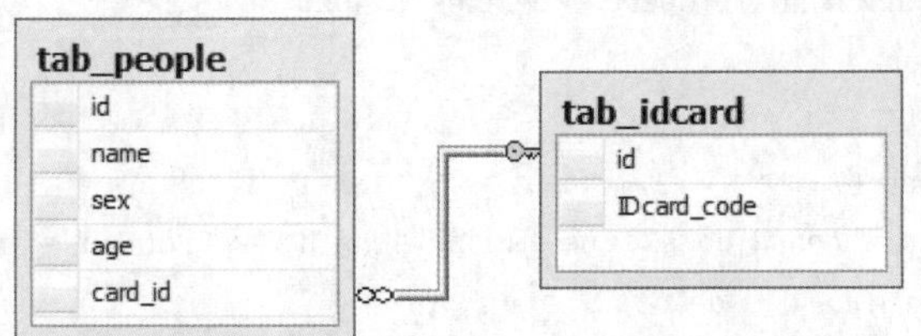

图 11-8　公民表与身份证表的关联关系

【例 11-4】 建立公民对象与身份证对象的一对一外键关联关系。在公民实体对象中添加属性“card_id”用来关联身份证实体对象，公民实体对象与身份证实体对象的依赖关系如图 11-9 所示。

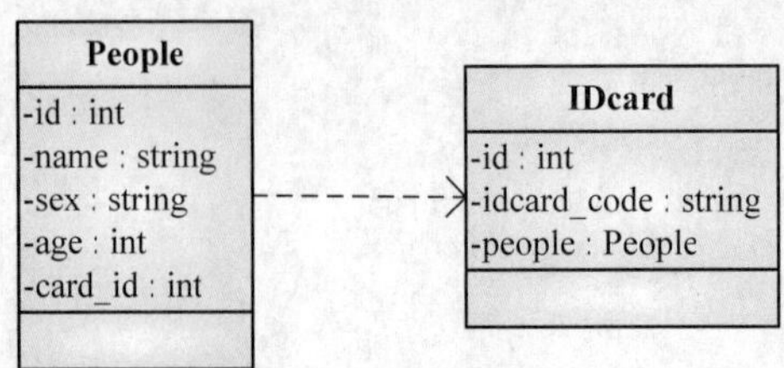

图 11-9　公民实体对象与身份证实体对象之间的依赖关系

公民实体对象的映射文件中的关键代码如下：

```
<hibernate-mapping>                                          <!-- 公民信息字段配置信息 -->
    <class name="com.mr.people.People" table="tab_people">
        <id name="id" column="id" type="int">                <!-- id值 -->
            <generator class="native"/>
        </id>
        <property name="name" type="string" length="45">     <!-- 公民姓名 -->
            <column name="name"/>
        </property>
        <property name="sex" type="string" length="2">       <!-- 公民性别 -->
            <column name="sex"/>
        </property>
        <property name="age" type="int">                     <!-- 公民年龄 -->
            <column name="age"/>
        </property>
        <many-to-one name="idcard" unique="true">            <!-- 一对一映射 -->
            <column name="card_id"/>
        </many-to-one>
        </class>
</hibernate-mapping>
```

身份证实体对象的映射文件中的关键代码如下：

```
<hibernate-mapping>                                      <!-- 公民身份证字段信息配置信息 -->
    <class name="com.mr.idcard.IDcard" table="tab_idcard">
        <id name="id" column="id" type="int">   <!-- id值 -->
            <generator class="foreign">          <!-- 外键生成 -->
                <param name="property">people</param>
            </generator>
        </id>
        <!-- 公民身份证号 -->
        <property name="idcard_code" type="string" length="45" not-null="true">
        <column name="IDcard_code"/>
        </property>
        </class>
</hibernate-mapping>
```

从配置的过程中可以发现，一对一外键关联实际上就是多对一关联的一个特例而已，需要保证关联字段的唯一性，在<many-to-one>元素中通过 unique 属性就可限定关联字段的唯一性。

11.1.6 理解并配置多对多关联关系

理解并配置
多对多关联关系

多对多关联关系是 Hibernate 中比较特殊的一种关联关系，它与一对一和多对一关联关系不同，需要通过另外的一张表保存多对多的映射关系。该小节将以应用系统中的权限分配为例讲解多对多的关联关系，例如，用户可以拥有多个系统的操作权限，而一个权限又可以被赋予多个用户，这就是典型的多对多关联映射关系。其中，用户表（tab_user）和权限表（tab_role）的表关系如图 11-10 所示。

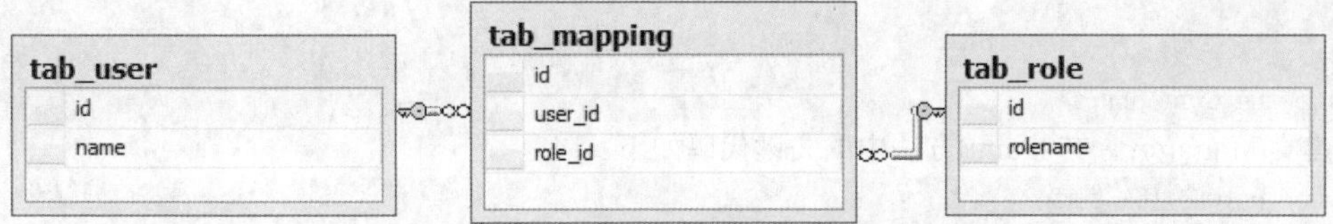

图 11-10　用户表与权限表的表关系

由于多对多关系的表查询对第三个表进行反复查询，在一定程度上会影响系统的性能效率，所以在应用中尽量少使用多对多关系的表结构。

【例 11-5】 建立用户对象与权限对象的多对多关联关系，查询用户“admin”所拥有的权限，以及权限“新闻管理员”被赋予了哪些用户。由于是多对多的关联关系，所以实体对象 User 和 Role 是相互引用的关系，而且需要在实体对象中引入 Set 集合。实体对象 User 中的关键代码如下：

```
public class User {
    private Integer id;                          //唯一性标识
    private String name;                         //用户名称
    private Set<Role> roles;                     //引用的权限实体对象集合
    ……                                           //省略的Getter和Setter方法
}
```

其映射文件 User.hbm.xml 中的关键代码如下：

```
<hibernate-mapping>                                  <!-- User实体对象 -->
    <class name="com.mr.user.User" table="tab_user">
        <id name="id">                               <!-- 主键id -->
            <generator class="native"/>
        </id>
        <property name="name" not-null="true" />     <!-- 用户名称 -->
        <set name="roles" table="tab_mapping">
            <key column="user_id"></key>
        <many-to-many class="com.mr.role.Role" column="role_id"/>
        </set>
    </class>
</hibernate-mapping>
```

在<set>元素中所关联的字段，都是保存多对多的映射关系的第三张表 tab_mapping 中的与其他两个表的关联的外键。

实体对象 Role 的映射文件 Role.hbm.xml 中的关键代码如下：

```
<hibernate-mapping>                                  <!-- Role实体对象 -->
```

```
    <class name="com.mr.role.Role" table="tab_role">
        <id name="id">                                          <!-- 主键id -->
            <generator class="native"/>
        </id>
        <property name="roleName" not-null="true">              <!-- 权限名称 -->
            <column name="rolename"/>
        </property>
        <set name="users" table="tab_mapping">
            <key column="role_id"></key>
            <many-to-many class="com.mr.user.User" column="user_id"/>
        </set>
    </class>
</hibernate-mapping>
```

创建类 Manager，在 main()方法中的关键代码如下：

```
//Hibernate的持久化操作
session = HibernateInitialize.getSession();                          //获取Session
session.beginTransaction();                                          //事务开启
User user = (User)session.get(User.class, new Integer("1"));         //装载用户对象
Set<Role> roles= user.getRoles();                                    //获取权限名称集合
System.out.println(user.getName()+"用户所拥有的权限为：");
for (Iterator<Role> it = roles.iterator(); it.hasNext();) {          //通过迭代输出权限信息
    Role roles2 = (Role) it.next();
    System.out.print(roles2.getRoleName()+"||");
}
Role rol = (Role)session.get(Role.class, new Integer("2"));
Set<User> users = rol.getUsers();                                    //获取用户名称集合
System.out.println(rol.getRoleName()+"权限被赋予用户：");
for (Iterator<User> it = users.iterator(); it.hasNext();) {          //通过迭代输出用户信息
    User users2 = (User) it.next();
    System.out.print(users2.getName()+"||");
}
session.getTransaction().commit();                                   //事务提交
```

运行后，控制台输出的效果如图 11-11 所示。

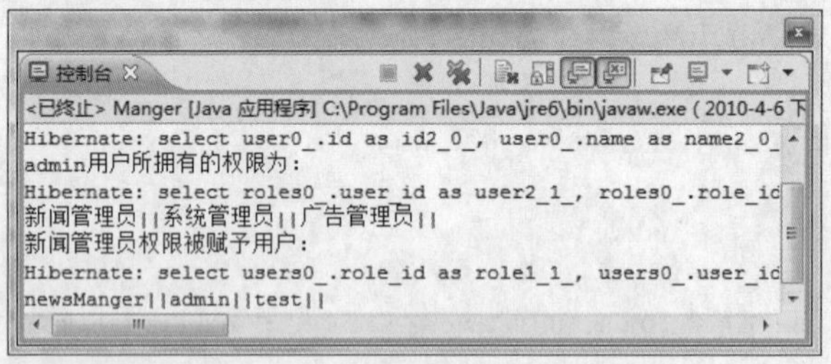

图 11-11　多对多关系查询控制台输出的信息

11.1.7　了解级联操作

了解级联操作

在数据库操作中，常常利用主外键约束来保护数据库数据操作的一致性，例如，在公民表和身份证表的一对一关系中，如果单独删除公民表中的某条公民信息是不被允许的，需要同时删除身份证表中关联的信息，也就是说两个表的操作需要同步进行，在这种情况下就需要 Hibernate 的级联操作。

级联（cascade）操作指的是当主控方执行 save、update 或 delete 操作时，关联对象（被控方）是

否进行同步操作。在映射文件中，通过对 cascade 属性的设置决定是否对关联对象采用级联操作，参数设置详情参见表 11-1。

表 11-1　cascade 属性的参数设置说明

参数	说明
all	所有情况下均采用级联操作
none	默认参数，所有情况下均不采用级联操作
save-update	在执行 save-update 方法时执行级联操作
delete	在执行 delete 方法时执行级联操作

【例 11-6】利用级联操作删除公民表中的信息和其在身份证表中所关联的信息。在公民实体对象的映射文件 People.hbm.xml 中一对一关联关系的设置中设置关联对象的级联操作，关键代码如下：

```
<hibernate-mapping>                                         <!-- 公民信息字段配置信息 -->
        <class name="com.mr.people.People" table="tab_people">
            ……<!—省略的配置信息 -->
        <!-- 一对一映射 -->
        <one-to-one name="idcard" class="com.mr.idcard.IDcard" cascade="delete"/>
    </class>
</hibernate-mapping>
```

创建类 Manager，在 main()方法中利用 Session 的 delete()方法删除装载的公民对象，关键代码如下：

```
Session session = null;                                     // 声明一个Session对象
try {
    // Hibernate的持久化操作
    session = HibernateInitialize.getSession();             // 获取Session
    session.beginTransaction();                             // 事务开启
    //装载公民对象
    People people = (People)session.load(People.class, new Integer("1"));
    session.delete(people);                                 //删除装载的公民对象
    session.getTransaction().commit();                      // 事务提交
} catch (Exception e) {
    e.printStackTrace();
    session.getTransaction().rollback();                    // 事务回滚
} finally {
    HibernateInitialize.closeSession();                     // 关闭Session
}
```

程序运行后，在控制台输出的信息如图 11-12 所示。

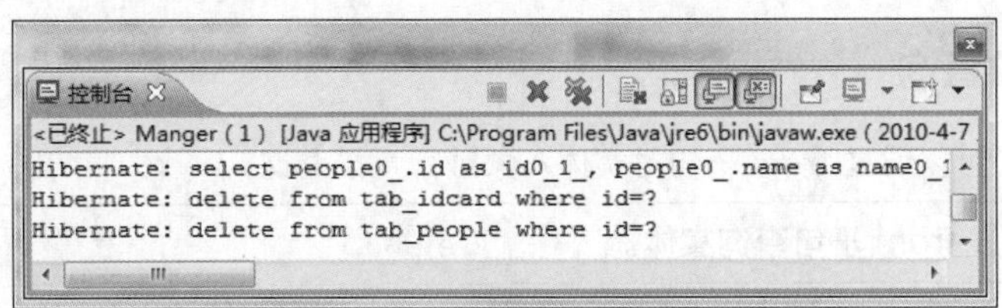

图 11-12　执行删除级联操作控制台输出的信息

在 main()方法中只执行了一次 Session 的 delete()方法，但是从控制台输出的语句可以看出 Hibernate 执行了两次删除的操作，在删除公民表中信息内容的同时也删除了身份证表中关联的信息内容。第一条

SQL 语句是 Hibernate 装载公民实体对象时的 select 语句，第二条与第三条语句是删除装载对象及其关联对象的 delete 语句。

11.2 HQL 检索方式

HQL（Hibernate Query Language）查询语言是完全面向对象的查询语言，它提供了更加面向对象的封装，它可以理解如多态、继承和关联的概念。HQL 看上去与 SQL 语句相似，但它却提供了更加强大的查询功能。它是 Hibernate 官方推荐的查询模式。

11.2.1 了解 HQL 语言

HQL 语句与 SQL 语句是相似的，其基本的使用习惯也与 SQL 是相同的。由于 HQL 是面向对象的查询语言，所以它需要从目标对象中查询信息并返回匹配单个实体对象或多个实体对象的集合，而 SQL 语句是从数据库表中查找指定信息，返回的是单条信息或多个信息的集合。

了解 HQL 语言

HQL 语句是区分大小写的，虽然 SQL 语句并不区分大小写，因为 HQL 是面向对象的查询语句，它的查询目标是实体对象，也就是 Java 类，Java 类是区分大小写的，例如，com.mr.Test 与 com.mr.TeSt 表示的是两个不同的类，所以 HQL 也是区分大小写的。

HQL 的基本语法如下：

```
select "对象.属性名"
from "对象"
where "过滤条件"
group by "对象.属性名"   having "分组条件"
order by "对象.属性名"
```

【例 11-7】 在实际应用中的 HQL 语句：

```
select * from Employee emp where emp.flag='1'
```

该语句等价于：

```
from Employee emp where emp.flag='1'
```

该 HQL 语句是查询过滤从数据库信息返回的实体对象的集合，其过滤的条件为对象属性“flag”为 1 的实体对象。其中 Employee 为实体对象。Hibernate 在 3.0 版本以后可以使用 HQL 执行 update 和 delete 的操作，但是并不推荐使用这种方式。

实体对象查询

11.2.2 实体对象查询

在 HQL 语句中，可以通过 from 子句对实体对象进行直接查询。

【例 11-8】 通过 from 子句查询实体。

```
from Person
```

在大多数的情况下，最好为查询的实体对象指定一个别名，方便在查询语句的其他地方引用实体对象，别名的命名方法如下：

```
from Person per
```

别名的首字母最好小写，这是 HQL 语句的规范写法，与 Java 中变量的命名规则是一致的，避免与语句中的实体对象混淆。

上面的 HQL 语句将查询数据库中实体对象 Person 所对应的所有数据，并以封装好的 Person 对象的集合形式返回。但是上面的语句中有个局限性，它会查询实体对象 Person 映射的所有数据库字段，相当于 SQL 语句中的“Select *”，那么 HQL 是如何获取指定的字段信息呢？在 HQL 中需要通过动态实例化查询来实现这个功能。

例如，通过 from 子句查询自定字段数据：

```
select Person(id,name) from Person per
```

此种查询方式，通过“new”关键字对实体对象动态实例化，将指定的实体对象属性进行重新封装，既不失去数据的封装性，又可提高查询的效率。

在上面的语句中，最好不要使用以下的语句进行查询，例如：
select per.id,per.name from Person per
因为此语句返回并不是原有的对象实体状态，而是一个 object 类型的数组，它破坏了数据原有的封装性。

【例 11-9】 查询 Employee 对象中的所有信息。

通过 HQL 语句查询 Employee 对象的所有信息，关键代码如下：

```
List emplist = new ArrayList();                     // 实例化List信息集合
Session session = null;                             // 实例化session对象
try {
    session = HibernateUtil.getSession();           // 获得session对象
    String hql = "from Employee emp";               // 查询HQL语句
    Query q = session.createQuery(hql);             // 执行查询操作
    emplist = q.list();                             // 将返回的对象转化为List集合
} catch (HibernateException e) {
    e.printStackTrace();
} finally {
    HibernateUtil.closeSession();                   // 关闭session
}
```

当查询结果返回后，显示查询的列表信息，程序运行后的效果如图 11-13 所示。

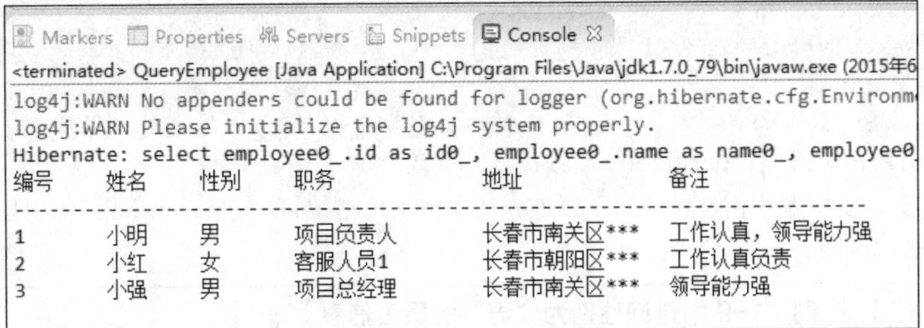

图 11-13 查询 Employee 对象所有信息页面输出效果

11.2.3 条件查询

条件查询在实际的应用中是比较广泛的，通常使用条件查询过滤数据库返回的查询数据，因为一个表中的所有数据并不一定对用户都是有意义的，在应用系统中，需要为用户显示具有价值的信息，所以条件查询在数据查询中占有非常重要的地位，后面讲解的大部分的高级查询也都是基于条件查询的。

条件查询

HQL 的条件查询与 SQL 语句一样都是通过 where 子句实现的。

【例 11-10】 在例 11-9 中，查询性别都为“男”的员工，HQL 语句可以按照如下定义：

```
from Employee emp where emp.sex="男"
```

修改例 11-9 中的 HQL 语句，页面的输出效果如图 11-14 所示：

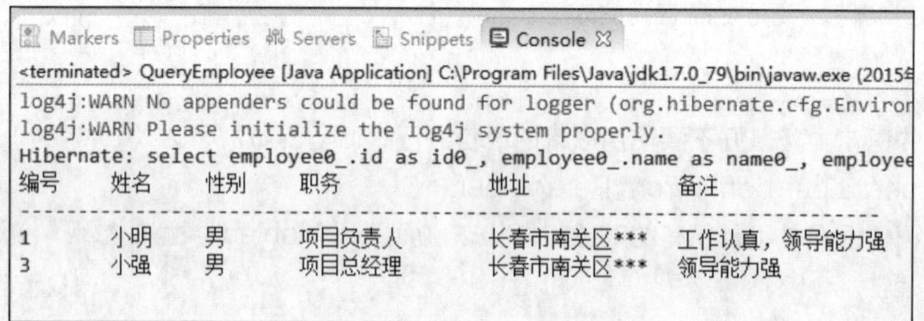

图 11-14 查询性别为“男”的员工信息页面输出效果

11.2.4 HQL 参数绑定机制

参数绑定机制可以使查询语句和参数具体值相互独立，不但可以提高程序的开发效率，还可以有效地防止 SQL 的注入攻击。在 JDBC 中的 PreparedStatement 对象就是通过动态赋值的形式对 SQL 语句的参数进行绑定。在 HQL 中同样提供了动态赋值的功能，分别有两种不同的实现方法。

HQL 参数绑定机制

（1）利用顺序占位符“？”替代具体参数

在 HQL 语句中可以通过顺序占位符“？”替代具体的参数值，利用 Query 对象的 setParameter()方法对其进行赋值，此种操作方式与 JDBC 中的 PreparedStatement 对象的参数绑定方式相似。

【例 11-11】 在例 11-9 中查询性别为“男”的员工信息。

```
session = HibernateUtil.getSession();                          // 获得session对象
String hql = "from Employee emp where emp.sex=?";              // 查询HQL语句
Query q = session.createQuery(hql);                            // 执行查询操作
q.setParameter(0, "男");                                       // 为占位符赋值
emplist = q.list();
```

（2）利用引用占位符“：parameter”替代具体参数

HQL 语句除了支持顺序占位符“？”以外，还支持引用占位符“：parameter”。引用占位符是“:”号与自定义参数名的组合。

【例 11-12】 在例 11-9 中查询性别为“男”的员工信息。

```
session = HibernateUtil.getSession();                          // 获得session对象
```

```
String hql = "from Employee emp where emp.sex=:sex";          // 查询HQL语句
Query q = session.createQuery(hql);                           // 执行查询操作
q.setParameter("sex", "男");                                   // 为引用占位符赋值
emplist = q.list();
```

11.2.5 排序查询

排序查询

在 SQL 中通过 order by 子句和 asc、desc 关键字实现查询结果集的排序操作，asc 是正序排列，desc 是降序排列。在 HQL 查询语言同样提供了此功能，用法与 SQL 语句类似，只是排序的条件参数换成了实体对象的属性。

【例 11-13】 员工信息按照 id 的正序排列：

```
from Employee emp order by emp.id asc
```

11.2.6 聚合函数的应用

聚合函数的应用

在 HQL 查询语言中，支持 SQL 中常用的聚合函数，如 sum、avg、count、max、min 等，其使用方法与 SQL 中基本相同。

【例 11-14】 计算所有的员工 id 的平均值。

```
select avg(emp.id) from Employee emp
```

【例 11-15】 查询所有员工中 id 最小的员工信息。

```
select min(emp.id) from Employee emp
```

11.2.7 分组方法

分组方法

在 HQL 查询语言中，使用 group by 子句进行分组操作，其使用习惯与 SQL 语句相同，在 HQL 中同样可以在 group by 子句中使用 having 语句，但是前提是需要底层数据库的支持，例如，MySQL 数据库就是不支持 having 语句的。

【例 11-16】 分组统计男女员工的人数。

创建类 GroupBy，在 main()方法中利用 HQL 语句统计男女员工的人数，关键代码如下：

```
Session session = null;                            // 实例化session对象
try {
    session = HibernateUtil.getSession();          // 获得session对象
    // 条件查询HQL语句
    String hql = "select emp.sex,count(*) from Employee emp group by emp.sex";      Query q =
session.createQuery(hql);                          // 执行查询操作
    List emplist = q.list();
    Iterator it = emplist.iterator();              //使用迭代器输出返回的对象数组
  while(it.hasNext()) {
        Object[] results = (Object[])it.next();
          System.out.print("员工性别：" + results[0] + "————");
          System.out.println("人数：" + results[1]);
    }
} catch (HibernateException e) {
    e.printStackTrace();
```

```
} finally {
    HibernateUtil.closeSession();                    // 关闭session
}
```

group by 子句与 order by 子句中都不能含有算术表达式，同时分组的条件不能是实体对象本身，例如，group by Employee 是不正确的，除非实体对象的所有属性都是非聚集的。

程序运行后，在控制台输出的信息如图 11-15 所示。

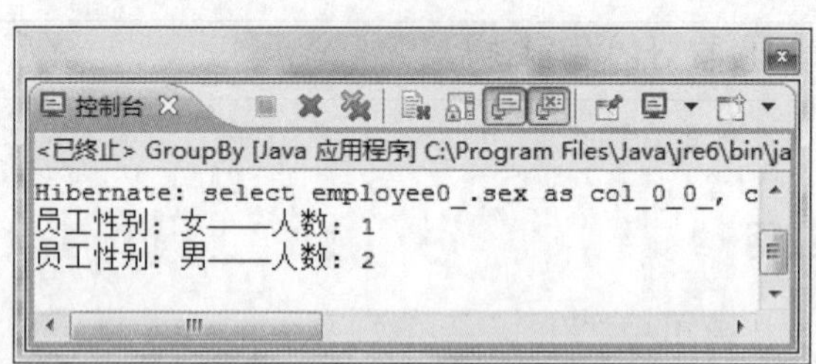

图 11-15　分组统计男女员工的人数

11.2.8　联合查询

联合查询是进行数据库多表操作时必不可少的操作之一，例如，在 SQL 中熟知的连接查询方式：内连接查询（inner join）、左连接查询（left outer join）、右连接查询（right outer join）和全连接查询（full join），在 HQL 查询语句中也支持联合查询的这种方式。

联合查询

例如，公民表与身份证表中一对一映射关系就可以通过 HQL 的左连接的方式获取关联的信息。

【例 11-17】 通过 HQL 的左连接查询获取公民信息和其关联的身份证信息。创建 Servlet，并在 Servlet 中利用左连接查询获取公民信息和其关联的身份证信息，关键代码如下：

```
Session session = null;                                  // 实例化session对象
List<Object[]> list = new ArrayList<Object[]>();
try {
    session = HibernateInitialize.getSession();          // 获得session对象
    session.beginTransaction();                          // 开启事物
    String hql = "select peo.id,peo.name,peo.age,peo.sex,c.idcard_code from People peo left join peo.idcard c";
    Query q = session.createQuery(hql);                  // 执行查询操作
    list = q.list();
    session.getTransaction().commit();                   // 提交事物
} catch (HibernateException e) {
    e.printStackTrace();
    session.getTransaction().rollback();                 // 出错将回滚事物
} finally {
    HibernateInitialize.closeSession();                  // 关闭session
}
```

程序运行后，在页面输出的信息如图 11-16 所示。

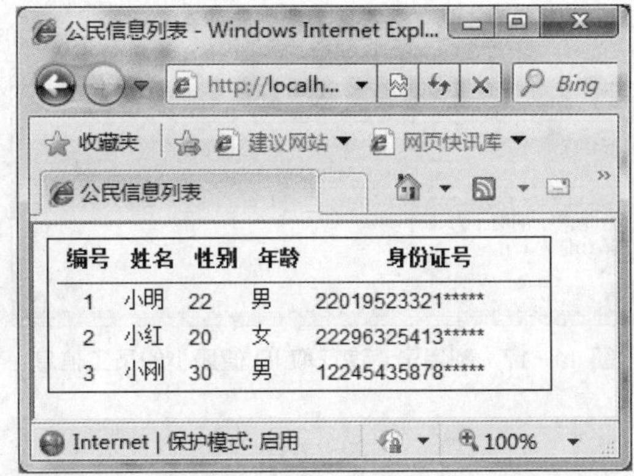

图 11-16　通过连接查询获取公民及身份证信息

11.2.9　子查询

子查询

子查询也是应用比较广泛的查询方式之一，在 HQL 中也支持这种方式，但是前提条件是底层数据库支持子查询。在 HQL 中的一个子查询必须被圆括号()包起来，例如：

```
from Employee emp where emp.age>( select avg(age) from Employee)
```

上面的 HQL 语句是查询大于员工平均年龄的员工信息。

【例 11-18】利用子查询获取 ID 值最小的员工信息，并将结果显示在控制台。创建类 QueryMinID，在 main()方法中的关键代码如下：

```
Session session = null;                                              // 实例化session对象
try {
    session = HibernateUtil.getSession();                            // 获得session对象
    // 条件查询HQL语句
    String hql = "from Employee emp where emp.id= (select min(id) from Employee)";
    Query q = session.createQuery(hql);                              // 执行查询操作
    List<Employee> list = q.list();
   for (Employee emp : list) {                                        // 输出ID值最小的员工信息
            System.out.println("ID值最小的员工为：  " + emp.getName());
            System.out.println("其ID值为：  " + emp.getId());
    }
} catch (HibernateException e) {
    e.printStackTrace();
} finally {
    HibernateUtil.closeSession();                                    // 关闭session
}
```

在 Java 5.0 语法中，提供了更为精简的 for/in 循环，此种方式是对 for 循环的增强，使用过程中只需要通过“for(String s : arr){}”的方式就可以遍历数组或集合中的每一个元素，从而提高了编码的效率。

程序运行后，在控制台输出的信息如图 11-17 所示。

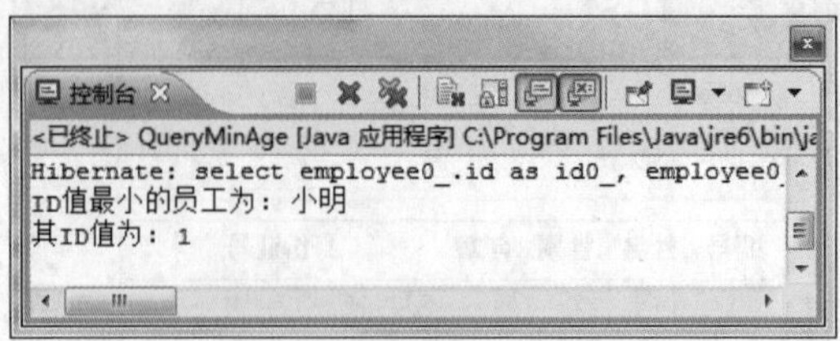

图 11-17 利用子查询获取 ID 值最小的员工信息

小结

本章主要介绍了 Hibernate 中实体对象的关联关系的映射、实体对象的继承关系、HQL 查询语言等。在项目开发过程中，本章内容十分重要，读者需要掌握实体对象关系的建立及映射方法，因为 Hibernate 完完全全以操作对象的方式来操作数据库，同时也要注意 Hibernate 的缓存处理。HQL 查询语言为 Hibernate 官方推荐的标准查询方式，几乎支持除特殊 SQL 扩展外的所有查询功能，需要重点掌握。

当然，Hibernate 框架一些更强大的功能还有待于读者进一步学习、研究。对于其 QBC 查询方式、抓取策略等内容本章并未提及，更多具体应用可查阅 Hibernate 的 API 文档资料。

上机指导

实现查询订单表，按订单的升序显示查询结果。开发步骤如下。

（1）配置开发环境。此过程需要导入 Hibernate 支持类库、数据库驱动包，设置 Hibernate 的配置文件及创建 Hibernate 初始化类。

（2）创建订单表对象的持久化类Order，以及对应的映射文件User.hbm.xml，实现持久化类与数据库表的映射。映射文件User.hbm.xml的关键代码如下：

```
<hibernate-mapping package="com.wgh.model">
    <class name="Order" table="tb_order">                <!-- 定义映射类与映射表 -->
        <id name="id">
            <generator class="native"/>                  <!-- 主键映射 -->
        </id>
        <property name="oName" type="string"/>           <!-- 指定映射属性与数据类型 -->
        <property name="oPrice" type = "integer" />
        <property name="oaddress" type="string"/>
    </class>
</hibernate-mapping>
```

（3）在以 OrderServlet 为名称的 Servlet 中，实现升序排序订单信息，并输出在页面中，关键代码如下：

```
public void doGet(HttpServletRequest request, HttpServletResponse response)
        throws ServletException, IOException {
    Session session = null;
    try {
        // 获取Session
        session = HibernateUtil.getSession();
        session.beginTransaction(); // 开启事务
```

```
            // HQL语句
            String hql = "from Order order by oPrice";
            // 创建Query对象
            Query query = session.createQuery(hql);
            // 获取结果集
            List<Order> list = query.list();
            response.setCharacterEncoding("GBK");
            PrintWriter out=response.getWriter();
            out.println("按订单金额升序排序：<br>");
            for (Order order : list) {
                out.print("姓名：  " + order.getoName() + "\t");
                out.print("订单金额：  " + order.getoPrice()+ "\t");
                out.println("所属地区：  " + order.getOaddress()+"<br>");
            }
            out.flush();
            out.close();
            // 提交事务
            session.getTransaction().commit();
        } catch (Exception e) {
            e.printStackTrace();
            // 出错将回滚事务
            session.getTransaction().rollback();
        } finally {
            // 关闭Session对象
            HibernateUtil.closeSession();
        }
    }
```

运行结果如图 11-18 所示。

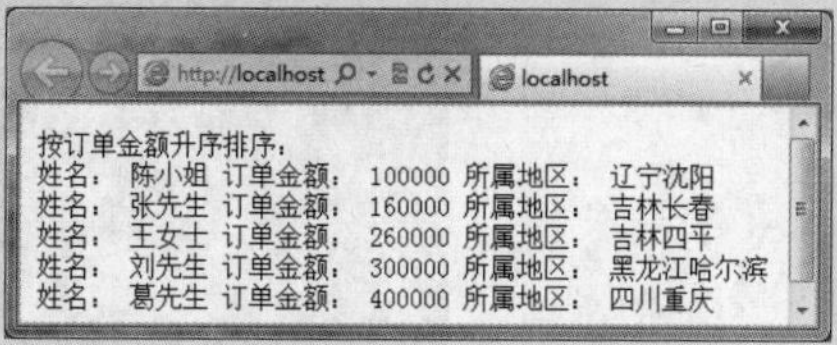

图 11-18　升序排序订单

习 题

1. 什么是一对一映射？什么是多对一映射？什么是多对多映射？请举出实际生活中的例子。
2. Hibernate 如何配置一对一映射？如何配置多对一映射？如何配置多对多映射？
3. 简述 HQL 与 SQL 的不同之处。
4. 如何使用 HQL 进行查询？如何给 HQL 传递参数？

PART12

第12章 Spring框架

本章要点：

- 了解Spring的主要思想与作用
- 掌握Spring IoC
- 了解Spring AOP
- 掌握Spring Bean的使用方法
- 掌握ApplicationContext对象的高级功能
- 了解Spring的持久化操作

■ Spring 翻译成中文是春天的意思，象征着它为 Java 带来了一种全新的编程思想。Spring 是一个轻量级开源框架，其目的是解决企业应用开发的复杂性。该框架的优势是模块化的 IoC 设计模式，使开发人员可以专心开发程序的模块部分。

12.1 Spring 概述

Spring 概述

Spring 是一个开源框架，由 Rod Johnson 创建，从 2003 年年初正式启动。它能够降低开发企业应用程序的复杂性，使用 Spring 替代 EJB 开发企业级应用，而不用担心工作量太大、开发进度难以控制和复杂的测试过程等问题。Spring 简化了企业应用的开发，降低了开发成本，并整合了各种流行框架，它以 IoC 和 AOP（面向切面编程）两种先进的技术为基础完美地简化了企业级开发的复杂度。

12.1.1 Spring 组成

Spring 框架主要由 7 大模块组成，它们提供了企业级开发需要的所有功能。每个模块都可以单独使用，也可以和其他模块组合使用，灵活且方便的部署可以使开发的程序更加简洁灵活。图 12-1 所示是 Spring 的 7 大模块。

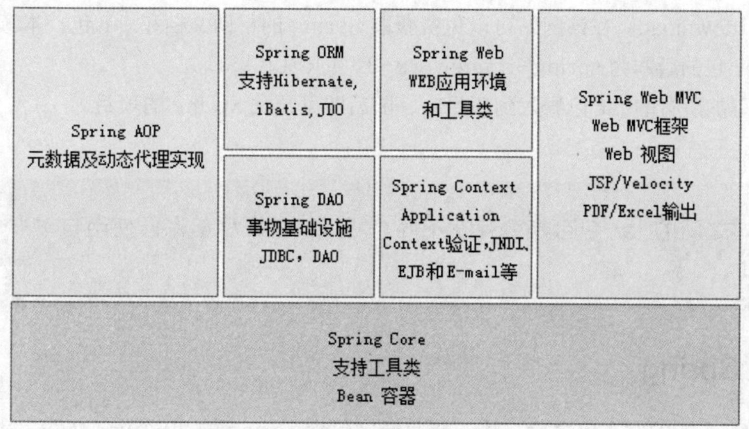

图 12-1 Spring 的 7 大模块

（1）Spring Core 模块

该模块是 Spring 的核心容器，它实现了 IoC 模式和 Spring 框架的基础功能。在模块中包含的最重要的 BeanFactory 类是 Spring 的核心类，负责配置与管理 JavaBean。它采用 Factory 模式实现了 IoC 容器，即依赖注入。

（2）Context 模块

该模块继承 BeanFactory（或者说 Spring 核心）类，并且添加了事件处理、国际化、资源加载、透明加载，以及数据校验等功能。它还提供了框架式的 Bean 的访问方式和很多企业级的功能，如 JNDI 访问、支持 EJB、远程调用、集成模板框架、E-mail 和定时任务调度等。

（3）AOP 模块

Spring 集成了所有 AOP 功能，通过事务管理可以将任意 Spring 管理的对象 AOP 化。Spring 提供了用标准 Java 语言编写的 AOP 框架，其中大部分内容都是根据 AOP 联盟的 API 开发。它使应用程序抛开了 EJB 的复杂性，但拥有传统 EJB 的关键功能。

（4）DAO 模块

该模块提供了 JDBC 的抽象层，简化了数据库厂商的异常错误（不再从 SQLException 继承大批代码），大幅度减少了代码的编写，并且提供了对声明式和编程式事务的支持。

（5）O/R 映射模块

该模块提供了对现有 ORM 框架的支持，各种流行的 ORM 框架已经非常成熟，并且拥有大规模的市场（如 Hibernate）。Spring 没有必要开发新的 ORM 工具，但是为 Hibernate 提供了完美的整合功能，并且支持其他 ORM 工具。

（6）Web 模块

该模块建立在 Spring Context 基础之上，提供了 Servlet 监听器的 Context 和 Web 应用的上下文，为现有的 Web 框架如 JSF、Tapestry 和 Struts 等提供了集成。

（7）MVC 模块

该模块建立在 Spring 核心功能之上，使其拥有 Spring 框架的所有特性，从而能够适应多种多视图、模板技术、国际化和验证服务，实现控制逻辑和业务逻辑的清晰分离。

12.1.2 下载 Spring

在使用 Spring 之前必须首先在 Spring 的官方网站免费下载 Spring 工具包，其网址为 http://www.springsource.org/download。在该网站可以免费获取 Spring 的帮助文档和 jar 包，本章中的所有实例使用的 Spring 的 jar 包的版本为 spring-framework-3.1.1.RELEASE。

将 dist 目录下的所有的 jar 包导入到项目中，随后即可开发 Spring 的项目。

不同版本之间的 jar 包可能会存在不同，所以读者应尽量保证使用与本书一致的 jar 包版本。

12.1.3 配置 Spring

获得并打开 Spring 的发布包之后，其 dist 目录中包含 Spring 的 20 个 jar 文件，其相关功能说明见表 12-1。

表 12-1 Spring 的 jar 包相关功能说明

jar 包的名称	说明
org.springframework.aop-3.1.1.RELEASE.jar	Spring 的 AOP 模块
org.springframework.asm-3.1.1.RELEASE.jar	Spring 独立的 asm 程序，相比 2.5 版本，需要额外的 asm.jar 包
org.springframework.aspects-3.1.1.RELEASE.jar	Spring 提供的对 AspectJ 框架的整合
org.springframework.beans-3.1.1.RELEASE.jar	Spring 的 IoC（依赖注入）的基础实现
org.springframework.context.support-3.1.1.RELEASE.jar	Spring 上下文的扩展支持，用于 MVC 方面

续表

jar 包的名称	说明
org.springframework.context-3.1.1.RELEASE.jar	Spring 的上下文，Spring 提供在基础 IoC 功能上的扩展服务，此外还提供许多企业级服务的支持，如邮件服务、任务调度、JNDI 定位、EJB 集成、远程访问、缓存及各种视图层框架的封装等
org.springframework.core-3.1.1.RELEASE.jar	Spring 的核心模块
org.springframework.expression-3.1.1.RELEASE.jar	Spring 的表达式语言
org.springframework.instrument.tomcat-3.1.1.RELEASE.jar	Spring 对 Tomcat 连接池的支持
org.springframework.instrument-3.1.1.RELEASE.jar	Spring 对服务器的代理接口
org.springframework.jdbc-3.1.1.RELEASE.jar	Spring 的 JDBC 模块
org.springframework.jms-3.1.1.RELEASE.jar	Spring 为简化 JMS API 使用而做的简单封装
org.springframework.orm-3.1.1.RELEASE.jar	Spring 的 ORM 模块，支持 Hibernate 和 JDO 等 ORM 工具
org.springframework.oxm-3.1.1.RELEASE.jar	Spring 对 Object/XMI 的映射的支持，可以让 Java 与 XML 之间来回切换
org.springframework.test-3.1.1.RELEASE.jar	Spring 对 Junit 等测试框架的简单封装
org.springframework.transaction-3.1.1.RELEASE.jar	Spring 为 JDBC、Hibernate、JDO、JPA 等提供的一致的声明式和编程式事务管理
org.springframework.web.portlet-3.1.1.RELEASE.jar	Spring MVC 的增强
org.springframework.web.servlet-3.1.1.RELEASE.jar	Spring 对 Java EE6.0 和 Servlet 3.0 的支持
org.springframework.web.struts-3.1.1.RELEASE.jar	整合 Struts
org.springframework.web-3.1.1.RELEASE.jar	Sping 的 Web 模块，包含 Web application context

除了表 12-1 中给出的这些 jar 包以外，Spring 还需要 commons-logging.jar 和 aopalliance.jar 包的支持。其中，commons-logging.jar 包可以到 http://commons.apache.org/logging/ 网站下载；aopalliance.jar 包可以到 http://sourceforge.net/projects/aopalliance/files/网站下载。

得到这些包以后，我们可以将它们放到应用 Spring 的 Web 项目的 WEB-INF 文件夹下的 lib 文件夹中，Web 服务器启动时会自动加载 lib 中的所有 jar 文件。在使用 Eclipse 开发工具时，我们也可以将这些包配置为一个用户库，然后在需要应用 Spring 的项目中加载这个用户库就可以了。

Spring 的配置结构如图 12-2 所示。

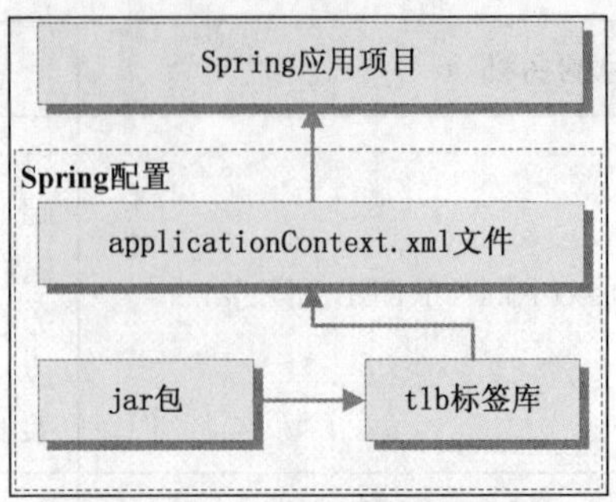

图 12-2　Spring 的配置结构

12.1.4　使用 BeanFactory 管理 Bean

BeanFactory 采用了 Java 经典的工厂模式，通过从 XML 配置文件或属性文件（.properties）中读取 JavaBean 的定义来创建、配置和管理 JavaBean。BeanFactory 有很多实现类，其中 XmlBeanFactory 可以通过流行的 XML 文件格式读取配置信息来加载 JavaBean。BeanFactory 在 Spring 中的作用如图 12-3 所示。

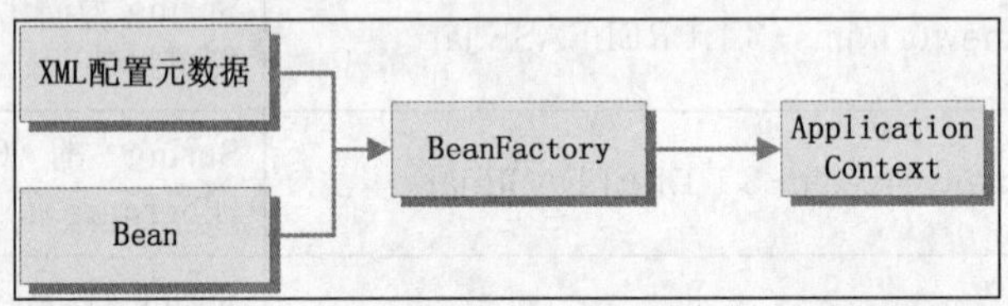

图 12-3　BeanFactory 在 Spring 中的作用

例如，加载 Bean 配置的代码如下：

```
Resource resource = new ClassPathResource("applicationContext.xml"); //加载配置文件
BeanFactory factory = new XmlBeanFactory(resource);
Test   test = (Test) factory.getBean("test");                          //获取Bean
```

ClassPathResource 读取 XML 文件并传参给 XmlBeanFactory，applicationContext.xml 文件的代码如下：

```
<beans
    xmlns="http://www.springframework.org/schema/beans"
    xmlns:xsi="http://www.w3.org/2001/XMLSchema-instance"
    xsi:schemaLocation="http://www.springframework.org/schema/beans
        http://www.springframework.org/schema/beans/spring-beans-3.0.xsd">
    <bean id="test" class="com.mr.test.Test"/>
</beans>
```

在<beans>标签中通过<bean>标签定义 JavaBean 的名称和类型，在程序代码中利用 BeanFactory 的 getBean()方法获取 JavaBean 的实例，并且向上转换为需要的接口类型，这样在容器中开始这个 JavaBean 的生命周期。

BeanFactory 在调用 getBean()方法之前不会实例化任何对象，只有在需要创建 JavaBean 的实例对象时才会为其分配资源空间。这使其更适合物理资源受限制的应用程序，尤其是内存受限制的环境。

Spring 中 Bean 的生命周期包括实例化 JavaBean、初始化 JavaBean、使用 JavaBean 和销毁 JavaBean 共 4 个阶段。

12.1.5 应用 ApllicationContext

BeanFactory 实现了 IoC 控制，所以可以称为“IoC 容器”，而 ApplicationContext 扩展了 BeanFactory 容器并添加了对 I18N（国际化）和生命周期事件的发布监听等更加强大的功能，使之成为 Spring 中强大的企业级 IoC 容器。这个容器提供了对其他框架和 EJB 的集成、远程调用、WebService、任务调度和 JNDI 等企业服务，在 Spring 应用中大多采用 ApplicationContext 容器来开发企业级的程序。

ApplicationContext 不仅提供了 BeanFactory 的所有特性，而且也允许使用更多的声明方式来得到所需的功能。

ApplicationContext 接口有如下 3 个实现类，可以实例化其中任何一个类来创建 Spring 的 ApplicationContext 容器。

1. ClassPathXmlApplicationContext 类

从当前类路径中检索配置文件并加载来创建容器的实例，其语法格式如下：

```
ApplicationContext context=new ClassPathXmlApplicationContext(String config Location);
```

configLocation 参数指定 Spring 配置文件的名称和位置。

2. FileSystemXmlApplicationContext 类

该类不从类路径中获取配置文件，而是通过参数指定配置文件的位置。它可以获取类路径之外的资源，其语法格式如下：

```
ApplicationContext context=new FileSystemXmlApplicationContext(String config Location);
```

3. WebApplicationContext 类

WebApplicationContext 是 Spring 的 Web 应用容器，在 Servlet 中使用该类的方法一是在 Servlet 的 web.xml 文件中配置 Spring 的 ContextLoaderListener 监听器；二是修改 web.xml 配置文件，在其中添加一个 Servlet，定义使用 Spring 的 org.springframework.web.context.Context LoaderServlet 类。

JavaBean 在 ApplicationContext 和 BeanFactory 容器中的生命周期基本相同，如果在 JavaBean 中实现了 ApplicationContextAware 接口，容器会调用 JavaBean 的 setApplicationContext()方法将容器本身注入到 JavaBean 中，使 JavaBean 包含容器的应用。

12.2 Spring IoC

Spring 框架中的各个部分充分使用了依赖注入（Dependency Injection）技术，使得代码中不再有单实例垃圾和麻烦的属性文件，取而代之的是一致和优雅的程序应用代码。

12.2.1 控制反转与依赖注入

控制反转与依赖注入

使程序组件或类之间尽量形成一种松耦合的结构，开发人员在使用类的实例之前需要创建对象的实例。IoC 将创建实例的任务交给 IoC 容器，这样开发应用代码时只需要直接使用类的实例，这就是 IoC 控制反转。通常用一个所谓的好莱坞原则（Don't call me. I will call you，请不要给我打电话，我会打给你）来比喻这种控制反转的关系。Martin Fowler 曾专门写了一篇文章"Inversion of Control Containers and the Dependency Injection pattern"讨论控制反转这个概念，并提出一个更为准确的概念，即"依赖注入"。

依赖注入有以下 3 种实现类型，Spring 支持后两种。

（1）接口注入

该类型基于接口将调用与实现分离，这种依赖注入方式必须实现容器所规定的接口，使程序代码和容器的 API 绑定在一起，这不是理想的依赖注入方式。

（2）Setter 注入

该类型基于 JavaBean 的 Setter 方法为属性赋值，在实际开发中得到了最广泛的应用（其中很大一部分得益于 Spring 框架的影响），如：

```
public class User {
    private String name;
    public String getName() {
        return name;
    }
    public void setName(String name) {
        this.name = name;
    }
}
```

在上述代码中定义了一个字段属性 name，使用 Getter 和 Setter 方法可以为字段属性赋值。

（3）构造器注入

该类型基于构造方法为属性赋值，容器通过调用类的构造方法将其所需的依赖关系注入其中，如：

```
public class User {
    private String name;
    public User(String name){                    //构造器
        this.name=name;                          //为属性赋值
    }
}
```

在上述代码中使用构造方法为属性赋值，这样做的好处是在实例化类对象的同时完成了属性的初始化。

由于在控制反转模式下把对象放入在 XML 文件中定义，所以开发人员实现一个子类更为简单，即只需要修改 XML 文件。而且控制反转颠覆了"使用对象之前必须创建"的传统观念，开发人员不必再关注类是如何创建的，只需从容器中抓取一个类后直接调用即可。

12.2.2 配置 Bean

在 Spring 中无论使用哪种容器，都需要从配置文件中读取 JavaBean 的定义信息，然后根据定义信息创建 JavaBean 的实例对象并注入其依赖的属性。由此可见，Spring 中所谓的配置主要是对 JavaBean 的定义和依赖关系而言，JavaBean 的配置也针对配置文件。

配置 Bean

要在 Spring IoC 容器中获取一个 bean，首先要在配置文件中的<beans>元素中配置一个子元素<bean>，Spring 的控制反转机制会根据<bean>元素的配置来实例化这个 bean 实例。

如配置一个简单的 JavaBean：

```
<bean id="test" class="com.mr.Test"/>
```

其中 id 属性为 bean 的名称，class 属性为对应的类名，这样通过 BeanFactory 容器的 getBean("test")方法即可获取该类的实例。

12.2.3 Setter 注入

Setter 注入

一个简单的 JavaBean 的最明显规则是一个私有属性对应 Setter 和 Getter 方法，以封装属性。既然 JavaBean 有 Setter 方法来设置 Bean 的属性，Spring 就会有相应的支持。配置文件中的<property>元素可以为 JavaBean 的 Setter 方法传参，即通过 Setter 方法为属性赋值。

【例 12-1】 通过 Spring 的赋值为用户 JavaBean 的属性赋值。

首先创建用户的 JavaBean，关键代码如下：

```
public class User {
    private String name;                                    //用户姓名
    private Integer age;                                    //年龄
    private String sex;                                     //性别
    ......                                                  //省略的Setter和Getter方法
}
```

在 Spring 的配置文件 applicationContext.xml 中配置该 JavaBean，关键代码如下：

```
<!-- User Bean -->
<bean name="user" class="com.mr.user.User">
    <property name="name">
        <value>无语</value>
    </property>
    <property name="age">
        <value>30</value>
    </property>
    <property name="sex">
        <value>女</value>
    </property>
</bean>
```

在上面的代码中，<value>标签用于为 name 属性赋值，这是一个普通的赋值标签。直接在成对的<value>标签中放入数值或其他赋值标签，Spring 会把这个标签提供的属性值注入到指定的 JavaBean 中。

如果 JavaBean 的某个属性是 List 集合或数组类型，则需要使用<list>标签为 List 集合或数组类型的每一个元素赋值。

创建名称为 ManagerServlet 的 Servlet，在其 doGet()方法中，首先装载配置文件并获取 Bean，然后通过 Bean 对象的相应 get×××()方法获取并输出用户信息，关键代码如下：

```
ApplicationContext factory=new ClassPathXmlApplicationContext("applicationContext.xml"); //装载配置文件
User user = (User) factory.getBean("user");                 //获取Bean
System.out.println("用户姓名——"+user.getName());            //输出用户的姓名
System.out.println("用户年龄——"+user.getAge());             //输出用户的年龄
System.out.println("用户性别——"+user.getSex());             //输出用户的性别
```

程序运行后，控制台输出的信息如图 12-4 所示。

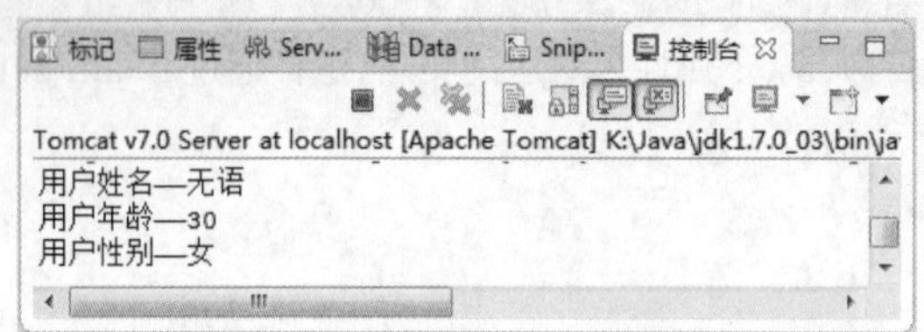

图 12-4　控制台输出的信息

12.2.4　构造器注入

构造器注入

在类被实例化时，其构造方法被调用并且只能调用一次，所以构造器被常用于类的初始化操作。<constructor-arg>是<bean>元素的子元素，通过<constructor-arg>元素的<value>子元素可以为构造方法传参。

【例 12-2】 通过 Spring 的构造器注入为用户 JavaBean 的属性赋值。在用户 JavaBean 中创建构造方法，代码如下：

```
public class User {
    private String name;                                   //用户姓名
    private Integer age;                                   //年龄
    private String sex;                                    //性别
    //构造方法
    public User(String name,Integer age,String sex){
        this.name=name;
        this.age=age;
        this.sex=sex;
    }
    //输出JavaBean的属性值方法
    public void printInfo(){
        System.out.println("用户姓名——"+name);          //输出用户的姓名
        System.out.println("用户年龄——"+age);           //输出用户的年龄
        System.out.println("用户性别——"+sex);           //输出用户的性别
    }
}
```

在 Spring 的配置文件 applicationContext.xml 中通过<constructor-arg>元素为 JavaBean 的属性赋值，关键代码如下：

```
<!-- User Bean -->
<bean name="user" class="com.mr.user.User">
    <constructor-arg>
        <value>无语</value>
    </constructor-arg>
    <constructor-arg>
        <value>30</value>
    </constructor-arg>
    <constructor-arg>
        <value>女</value>
    </constructor-arg>
</bean>
```

容器通过多个<constructor-arg>标签为构造方法传参，如果标签的赋值顺序与构造方法中参数的顺序或类型不同，程序会产生异常，可以使用<constructor-arg>元素的“index”属性和“type”属性解决此类问题。

index 属性用于指定当前<constructor-arg>标签为构造方法的哪个参数赋值；type 属性用于指定参数类型以确定要为构造方法的哪个参数赋值，当需要赋值的属性在构造方法中没有相同的类型时，可以使用这个参数。

创建名称为 ManagerServlet 的 Servlet，在其 doGet()方法中，首先装载配置文件并获取 Bean，然后调用 Bean 对象的 printinfo 方法输出用户信息，关键代码如下：

```
//装载配置文件
ApplicationContext factory=new ClassPathXmlApplicationContext("applicationContext.xml");
//获取Bean
User user = (User) factory.getBean("user");
user.printInfo();
```

程序运行后，控制台输出的信息如图 12-5 所示。

图 12-5 控制台输出的信息

由于大量的构造器参数，特别是当某些属性可选时可能使程序的效率低下，因此通常情况下，Spring 开发团队提倡使用 Setter 注入，这也是目前应用开发中最常使用的注入方式。

构造器注入方式也有优点，它一次性将所有的依赖注入。即在程序未完全初始化的状态下，注入对象不会被调用；此外对象也不可能再次被重新注入。对于注入类型的选择并没有硬性的规定，对于那些没有源代码的第三方类或者没有提供 Setter 方法的遗留代码，只能选择构造器注入方式实现依赖注入。

12.2.5 引用其他 Bean

引用其他 Bean 和创建匿名内部 JavaBean

Spring 利用 IoC 将 JavaBean 所需要的属性注入其中，不需要编写程序代码来初始化 JavaBean 的属性，使程序代码整洁且规范化。主要是降低了 JavaBean 之间的耦合度，Spring 开发的项目中的 JavaBean 不需要修改任何代码即可应用到其他程序中，在 Spring 中可以通过配置文件使用<ref>元素引用其他 JavaBean 的实例对象。

【例 12-3】将 User 对象注入到 Spring 的控制器 Manager 中，并在控制器中执行 User 的 printInfo() 方法。在控制器 Manager 中注入 User 对象，关键代码如下：

```
public class Manager extends AbstractController {
    private User user;                          //注入User对象
```

```
    public User getUser() {
        return user;
    }
    public void setUser(User user) {
        this.user = user;
    }
protected ModelAndView handleRequestInternal(HttpServletRequest arg0,
        HttpServletResponse arg1) throws Exception {
        user.printInfo();                              //执行User中的信息打印方法
        return null;
    }
}
```

在上面的代码中，Manager 类继承自 AbstractController 控制器，该控制器是 Spring 中最基本的控制器，所有的 Spring 控制器都继承该控制器，它提供了诸如缓存支持和 mimetype 设置这样的功能。当一个类从 AbstractController 继承时，需要实现 handleRequestInternal()抽象方法，该方法用来实现自己的逻辑，并返回一个 ModelAndView 对象，在本例中返回一个 null。

如果在控制器中返回一个 ModelAndView 对象，那么该对象需要在 Spring 的配置文件 applicationContext.xml 中配置。

在 Spring 的配置文件 applicationContext.xml 中设置 JavaBean 的注入，关键代码如下：

```
<!-- 注入JavaBean -->
<bean name="/main.do" class="com.mr.main.Manager">
    <property name="user">
        <ref local="user"/>
    </property>
</bean>
```

在 web.xml 文件中配置自动加载 applicationContext.xml 文件，在项目启动时 Spring 的配置信息自动加载到程序中，所以在调用 JavaBean 时不再需要实例化 BeanFactory 对象。

```
<!--设置自动加载配置文件-->
<servlet>
    <servlet-name>dispatcherServlet</servlet-name>
    <servlet-class>org.springframework.web.servlet.DispatcherServlet</servlet-class>
    <init-param>
        <param-name>contextConfigLocation</param-name>
        <param-value>/WEB-INF/applicationContext.xml</param-value>
    </init-param>
    <load-on-startup>1</load-on-startup>
</servlet>
<servlet-mapping>
    <servlet-name>dispatcherServlet</servlet-name>
    <url-pattern>*.do</url-pattern>
</servlet-mapping>
```

程序运行，在 IE 浏览器中单击“执行 JavaBean 的注入”超链接，在控制台将显示图 12-6 所示的内容。

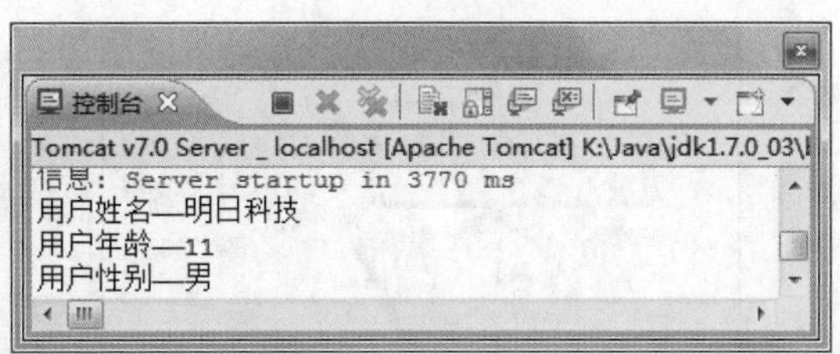

图 12-6　控制台输出的信息

12.2.6　创建匿名内部 JavaBean

在编程中经常遇到匿名的内部类，在 Spring 中需要匿名内部类的地方直接用<bean>标签定义一个内部类即可。如果要使这个内部类匿名，可以不指定<bean>标签的 id 或 name 属性，如下面这段代码：

```
<!--定义学生匿名内部类-->
<bean id="school" class="School">
    <property name="student">
        <bean class="Student"/>
    </property>
</bean>
```

代码中定义了匿名的 Student 类，并将这个匿名内部类赋给了 School 类的实例对象。

12.3　AOP 概述

Spring AOP 是继 Spring IoC 之后的 Spring 框架的又一大特性，也是该框架的核心内容。AOP 是一种思想，所有符合该思想的技术都可以是看作 AOP 的实现。Spring AOP 建立在 Java 的代理机制之上，Spring 框架已经基本实现了 AOP 的思想。在众多的 AOP 实现技术中，Spring AOP 做得最好，也是最为成熟的。

Spring AOP 的接口实现了 AOP 联盟（Alliance）定制标准化接口，这就意味着它已经走向了标准化，将得到更快的发展。

AOP 联盟由多个团体组成，这些团体致力于各个 Java AOP 子项目的开发。它们与 Spring 有相同的信念，即让 AOP 使开发复杂的企业级应用变得更简单，且脉络更清晰；同时它们也在很保守地为 AOP 制定标准化的统一接口，使得不同的 AOP 技术之间相互兼容。

12.3.1　AOP 术语

Spring AOP 实现基于 Java 的代理机制，从 JDK1.3 开始就支持代理功能，但是性能成为一个很大问题，为此出现了 CGLIB 代理机制。它可以生成字节码，所以其性能会高于 JDK 代理。Spring 支持这两种代理方式。但是随着 JVM（Java 虚拟机）性能的不断提高，这两种代理性能的差距会越来越小。

AOP 术语

Spring AOP 的有关术语如下。

（1）切面（Aspect）

切面是对象操作过程中的截面，如图 12-7 所示。

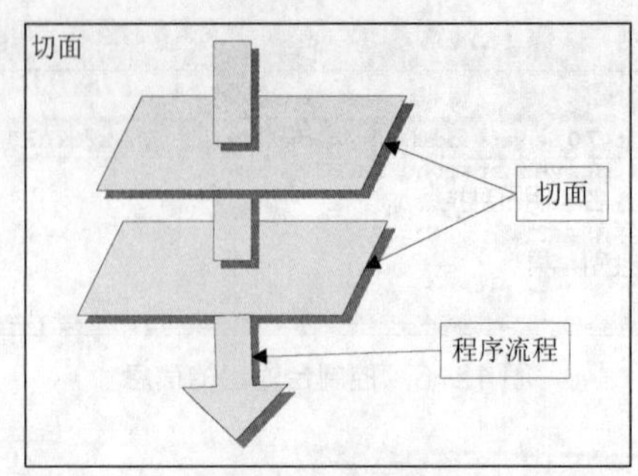

图 12-7 切面

如图 12-7 所示，由于平行四边拦截了程序流程，所以 Spring 形象将其称为“切面”。所谓的“面向切面编程”正是指如此，本书后面提到的“切面”即指这个“平行四边形”。

实际上“切面”是一段程序代码，这段代码将被“植入”到程序流程中。

（2）连接点（Join Point）

对象操作过程中的某个阶段点，如图 12-8 所示。

在程序流程上的任意一点都可以是连接点。

它实际上是对象的一个操作，如对象调用某个方法、读写对象的实例或者某个方法抛出了异常等。

（3）切入点（Pointcut）

切入点是连接点的集合，如图 12-9 所示。

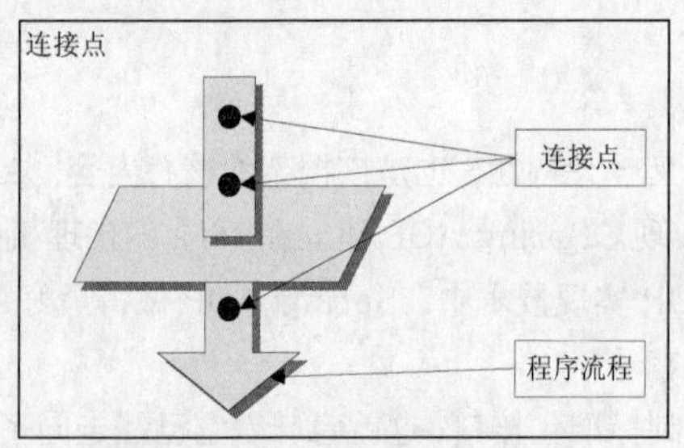

图 12-8 连接点

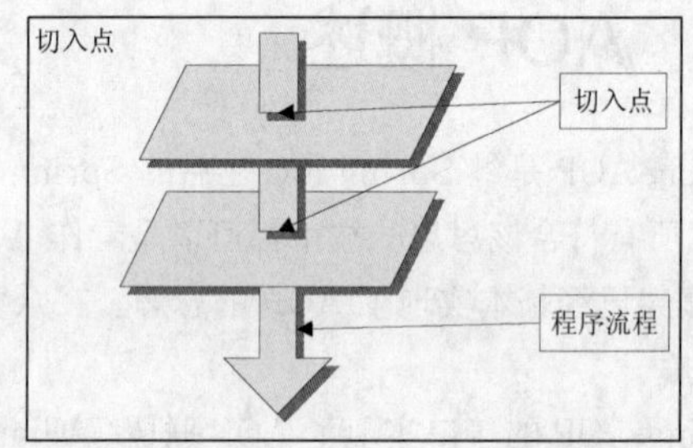

图 12-9 切入点

如图 12-9 所示，切面与程序流程的“交叉点”即程序的切入点，确切地说，它是“切面注入”到程序中的位置，即“切面”是通过切入点被“注入”的。在程序中可以有多个切入点。

（4）通知（Advice）

通知是某个切入点被横切后所采取的处理逻辑，即在“切入点”处拦截程序后通过通知来执行切面，如图 12-10 所示。

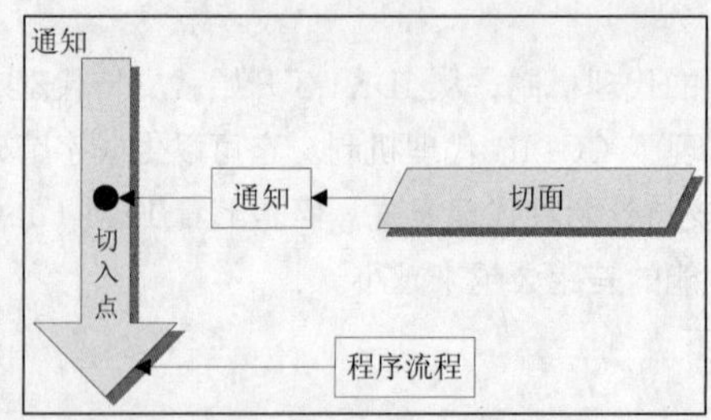

图 12-10 通知

（5）目标对象（Target）

所有被通知的对象（也可以理解为被代理的对象）都是目标对象。目标对象及其属性改变、行为调用和方法传参的变化被 AOP 所关注，AOP 会注意目标对象的变动，并随时准备向目标对象“注入切面”。

（6）织入（Weaving）

织入是将切面功能应用到目标对象的过程，有代理工厂并创建一个代理对象，这个代理可以为目标对象执行切面功能。

AOP 的织入方式有 3 种，即编译时期（Compile time）织入、类加载时期（Classload time）织入和执行期（Runtime）织入。Spring AOP 一般多见于最后一种。

（7）引入（Introduction）

对一个已编译的类（class），在运行时期动态地向其中加载属性和方法。

12.3.2 AOP 的简单实现

下例讲解 Spring AOP 简单实例的实现过程，以说明 AOP 编程的特点。

【例 12-4】 利用 Spring AOP 使日志输出与方法分离，以在调用目标方法之前执行日志输出。首先创建类 Target，它是被代理的目标对象。其中有一个 execute()方法可以专注自己的职能，使用 AOP 对 execute()方法输出日志，在执行该方法前输出日志。目标对象的代码如下：

```
public class Target {
    //程序执行的方法
    public void execute(String name){
        System.out.println("程序开始执行：" + name);   //输出信息
    }
}
```

AOP 的简单实现

通知可以拦截目标对象的 execute()方法，并执行日志输出，创建通知的代码如下：

```
public class LoggerExecute implements MethodInterceptor {
    public Object invoke(MethodInvocation invocation) throws Throwable {
        before();                                //执行前置通知
    invocation.proceed();                        //proceed()方法是执行目标对象的execute()方法
        return null;
    }
    //前置通知，before()方法在invocation.proceed()之前执行，用于输出提示信息
   private void before() {
        System.out.println("程序开始执行！");
    }
}
```

使用 AOP 的功能必须创建代理，代码如下：

```
public class Manger {
    //创建代理
    public static void main(String[] args) {
        Target target = new Target();                        //创建目标对象
        ProxyFactory di=new ProxyFactory();
        di.addAdvice(new LoggerExecute());
        di.setTarget(target);
```

```
        Target proxy=(Target)di.getProxy();
        proxy.execute(" AOP的简单实现");                    //代理执行execute()方法
    }
}
```

程序运行后，在控制台输出的信息如图 12-11 所示。

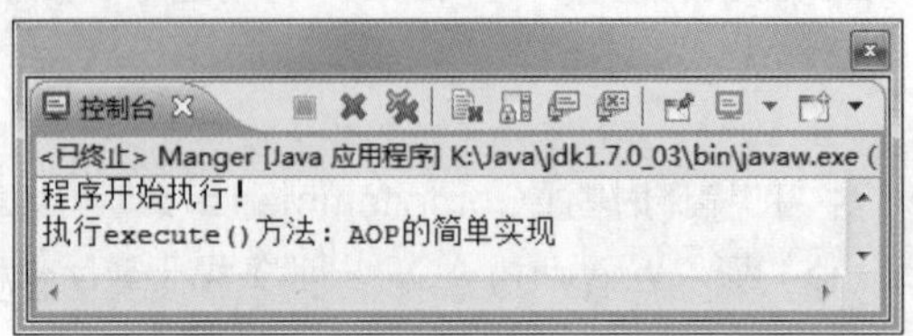

图 12-11　控制台输出的信息

12.4　Spring 的切入点

Spring 的切入点

Spring 的切入点（Pointcut）是 Spring AOP 比较重要的概念，它表示注入切面的位置。根据切入点织入的位置不同，Spring 提供了 3 种类型的切入点，即静态切入点、动态切入点和自定义切入点。

12.4.1　静态与动态切入点

静态与动态切入点需要在程序中选择使用。

（1）静态切入点

静态切入点可以为对象的方法签名，如在某个对象中调用了 execute()方法时，这个方法即静态切入点。静态切入点需要在配置文件中指定，关键配置如下：

```
<bean id="pointcutAdvisor"
    class="org.springframework.aop.support.RegexpMethodPointcutAdvisor">
    <property name="advice">
        <ref bean="MyAdvisor" />            <!-- 指定通知 -->
    </property>
    <property name="patterns">
        <list>
          <value>.*getConn*.</value><!-- 指定所有以getConn开头的方法名都是切入点 -->
            <value>.*closeConn*.</value>
        </list>
    </property>
</bean>
```

在上面的代码中，正则表达式“.*getConn*.”表示所有以 getConn 开头的方法都是切入点；正则表达式“.*closeConn*.”表示所有以 closeConn 开头的方法都是切入点。

正则表达式由数学家 Stephen Kleene 于 1956 年提出，用其可以匹配一些指定的表达式，而不是列出每一个表达式的具体写法。

由于静态切入点只在代理创建时执行一次，然后缓存结果，下一次调用时直接从缓存中读取即可，所以在性能上要远高于动态切入点。第一次将静态切入点织入切面时，首先会计算切入点的位置，它通过反射在程序运行时获得调用的方法名。如果这个方法名是定义的切入点，则织入切面，然后缓存第一次计算结果，以后不需要再次计算，这样使用静态切入点的程序性能会好很多。

虽然使用静态切入点的性能会高一些，但是当需要通知的目标对象的类型多于一种，而且需要织入的方法很多时，使用静态切入点编程会很烦琐，而且使用静态切入不是很灵活且降低性能，这时可以选用动态切入点。

（2）动态切入点

静态切入点只能应用在相对不变的位置，而动态切入点可应用在相对变化的位置，如方法的参数上。由于在程序运行过程中传递的参数是变化的，所以切入点也随之变化，它会根据不同的参数来织入不同的切面。由于每次织入都要重新计算切入点的位置，而且结果不能缓存，所以动态切入点比静态切入点的性能要低得多。但是它能够随着程序中参数的变化而织入不同的切面，所以比静态切入点要灵活得多。

在程序中可以选择使用静态切入点和动态切入点，当程序对性能要求很高且相对注入不是很复杂时可以选用静态切入点；当程序对性能要求不是很高且注入比较复杂时可以使用动态切入点。

12.4.2 深入静态切入点

静态切入点在某个方法名上织入切面，所以在织入程序代码前要匹配方法名，即判断当前正在调用的方法是不是已经定义的静态切入点。如果是，说明方法匹配成功并织入切面；否则匹配失败，不织入切面。这个匹配过程由 Spring 自动实现，不需要编程的干预。

实际上 Spring 使用 boolean matches(Method，Class)方法来匹配切入点，并利用 method.getName()方法反射取得正在运行的方法名。在 boolean matches(Method，Class)方法中，Method 是 java.lang.reflect.Method 类型，method.getName()利用反射取得正在运行的方法名。Class 是目标对象的类型。该方法在 AOP 创建代理时被调用并返回结果，true 表示将切面织入；false 则不织入。静态切入点的匹配过程的代码如下：

```
<!-- 深入静态切入点 -->
<bean id=" pointcutAdvisor "
      class="org.springframework.aop.support.RegexpMethodPointcutAdvisor">
      <property name="patterns">
            <list>
                  <value>.*execute.*</value>        <!-- 指定切入点 -->
            </list>
      </property>
</bean>
```

matches()方法匹配成功后的代码如下：

```
public bollean matches(Method method, Class targetClass){
      return(method.getName().equals("execute"));                //匹配切入点成功
}
```

12.4.3 深入切入点底层

掌握 Spring 切入点底层将有助于更加深刻地理解切入点。

Pointcut 接口是切入点的定义接口，用其来规定可切入的连接点的属性。通过扩展此接口可以处理其他类型的连接点，如域等（但是这样做很罕见）。定义切入点接口的代码如下：

```
public interface Pointcut {
    ClassFilter getClassFilter();
    MethodMatcher getMethodMatcher();
}
```

使用 ClassFilter 接口来匹配目标类，代码如下：

```
public interface ClassFilter {
    boolean matches(Class class);
}
```

可以看到，在 ClassFilter 接口中定义了 matches()方法，即与目标类匹配。其中 class 代表被检测的 Class 实例，该实例是应用切入点的目标对象。如果返回 true，表示目标对象可以被应用切入点；否则不可以应用切入点。

使用 MethodMatcher 接口来匹配目标类的方法或方法的参数，代码如下：

```
public interface MethodMatcher {
    boolean matches(Method m,Class targetClass);
    boolean isRuntime();
    boolean matches(Method m,Class targetClass,Object[] args);
}
```

Spring 执行静态切入点还是动态切入点取决于 isRuntime()方法的返回值。在匹配切入点之前 Spring 会调用 isRuntime()方法。如果返回 false，则执行静态切入点；否则执行动态切入点。

12.4.4 Spring 中的其他切入点

Spring 提供了丰富的切入点供用户选择使用，目的是使切面灵活地注入到程序中的所需位置。例如，使用流程切入点可以根据当前调用堆栈中的类和方法来实施切入。Spring 常见的切入点见表 12-2。

表 12-2 Spring 常见的切入点

切入点实现类	说明
org.springframework.aop.support.JdkRegexpMethodPointcut	JDK 正则表达式方法切入点
org.springframework.aop.support.NameMatchMethodPointcut	名称匹配器方法切入点
org.springframework.aop.support.StaticMethodMatcherPointcut	静态方法匹配器切入点
org.springframework.aop.support.ControlFlowPointcut	流程切入点
org.springframework.aop.support.DynamicMethodMatcherPointcut	动态方法匹配器切入点

如果 Spring 提供的切入点无法满足开发需求，可以自定义切入点。Spring 提供的切入点很多，可以选择一个继承它并重载 matches 方法，也可以直接继承 Pointcut 接口并且重载 getClassFilter()方法和 getMethodMatcher()方法，这样可以编写切入点的实现。

12.5 Aspect 对 AOP 的支持

Aspect 即 Spring 中所说的切面，它是对象操作过程中的截面，在 AOP 中是一个非常重要的概念。

Aspect 对 AOP 的支持

12.5.1 Aspect 概述

Aspect 是对系统中的对象操作过程中截面逻辑进行模块化封装的 AOP 概念实体，通常情况下可以包含多个切入点和通知。

AspectJ 是 Spring 框架 2.0 版本之后增加的新特性，Spring 使用了 AspectJ 提供的一个库来完成切入点的解析和匹配。但是 AOP 在运行时仍旧是纯粹的 Spring AOP，它并不依赖于 AspectJ 的编译器或者织入器，在底层中使用的仍然是 Spring 2.0 之前的实现体系。
使用 AspectJ 需要在应用程序的 classpath 中引入 org.springframework.aspects-3.1.1.RELEASE.jar，这个 Jar 包可以在 Spring 的发布包的 dist 目录中找到。

例如，以 AspectJ 形式定义的 Aspect，代码如下：

```
aspect AjStyleAspect
{
    //切入点定义
    pointcut query(): call(public * get*(…));
    pointcut delete(): execution(public void delete(…));
    ...
    //通知
    before():query(){…}
    after returnint:delete(){…}
    ...
}
```

在 Spring 的 2.0 版本之后，可以通过使用@AspectJ 的注解并结合 POJO 的方式来实现 Aspect。

12.5.2 Spring 中的 Aspect

最初在 Spring 中没有完全明确的 Aspect 概念，只是在 Spring 中的 Aspect 的实现和特性有所特殊而已，而 Advisor 就是 Spring 中的 Aspect。

Advisor 是切入点的配置器，它能将 Adivce（通知）注入程序中的切入点的位置，并可以直接编程实现 Advisor，也可以通过 XML 来配置切入点和 Advisor。由于 Spring 的切入点的多样性，而 Advisor 是为各种切入点而设计的配置器，因此相应的 Advisor 也有很多。

在Spring中的Advisor的实现体系由两个分支家族构成，即PointcutAdvisor和IntroductionAdvisor家族。家族的每个分支下都含有多个类和接口，其体系结构如图 12-12 所示。

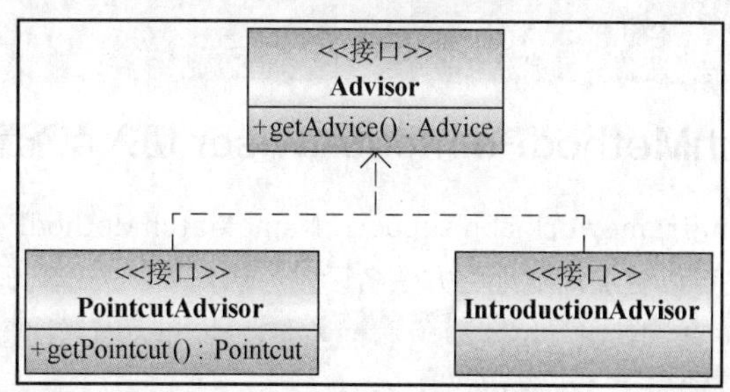

图 12-12　Advisor 的体系结构

在 Spring 中常用的两个 Advisor 都是 PointcutAdvisor 家族中的子民，它们是 DefaultPointcutAdvisor 和 NameMatchMethodPointcutAdvisor。

12.5.3 DefaultPointcutAdvisor 切入点配置器

DefaultPointcutAdvisor 是位于 org.springframework.aop.support.DefaultPointcutAdvisor 包下的

默认切入点通知者，它可以把一个通知配给一个切入点。使用之前首先要创建一个切入点和通知。

首先创建一个通知，这个通知可以自定义，关键代码如下：

```
public TestAdvice implements MethodInterceptor {
    public Object invoke(MethodInvocation mi) throws Throwable {
        Object Val=mi.proceed();
        return Val;
    }
}
```

然后创建自定义切入点，Spring 提供很多种类型的切入点，可以选择一个继承它并且分别重写 matches ()和 getClassFilter()方法，实现自己定义的切入点。关键代码如下：

```
public class TestStaticPointcut extends StaticMethodMatcherPointcut {
    public boolean matches (Method method Class targetClass){
        return (“targetMethod”.equals(method.getName()));
        }
        public ClassFilter getClassFilter() {
            return new ClassFilter() {
                public boolean matches(Class clazz) {
                    return (clazz==targetClass.class);
                }
            };
        }
}
```

分别创建一个通知和切入点的实例，关键代码如下：

```
Pointcut pointcut=new TestStaticPointcut ();                //创建一个切入点
Advice advice=new TestAdvice ();                            //创建一个通知
```

如果使用 SpringAOP 的切面注入功能，需要创建 AOP 代理。通过 Spring 的代理工厂来实现，代码如下：

```
Target target =new Target();                                //创建一个目标对象的实例
ProxyFactory proxy= new ProxyFactory();
proxy.setTarget(target);                                    //target为目标对象
//前面已经对"advisor"做了配置，现在需要将"advisor"设置在代理工厂里
proxy.setAdivsor(advisor);
Target proxy = (Target) proxy.getProxy();
Proxy.……//此处省略的是代理调用目标对象的方法，目的是实施拦截注入通知
```

12.5.4 NameMatchMethodPointcutAdvisor 切入点配置器

此配置器位于 org.springframework.aop.support..NameMatchMethodPointcutAdvisor 包中，是方法名切入点通知者，使用它可以更加简洁地将方法名设置为切入点。关键代码如下：

```
NameMatchMethodPointcutAdvisor advice=new NameMatchMethodPointcutAdvisor(new TestAdvice());
advice.addMethodName(“targetMethod1name”);
advice.addMethodName(“targetMethod2name”);
advice.addMethodName(“targetMethod3name”);
advice.addMethodName(“targetMethod3name”);
……  //可以继续添加方法的名称
……  //省略创建代理，可以参考12.3节创建AOP代理
```

在上面的代码中，new TestAdvice()为一个通知；advice.addMethodName("targetMethod1name")方法的 targetMethod1name 参数是一个方法名称，advice.addMethodName("targetMethod1name")表示

将 targetMethod1name()方法添加为切入点。

当程序调用 targetMethod1()方法时会执行通知（TestAdvice）。

12.6 Spring 持久化

在 Spring 中，关于数据持久化的服务主要是支持数据访问对象（DAO）和数据库 JDBC，其中数据访问对象是实际开发过程中应用比较广泛的技术。

12.6.1 DAO 模式

DAO（Data Access Object，数据访问对象）描述了一个应用中 DAO 的角色，它提供了读写数据库中数据的一种方法。通过接口提供对外服务，程序的其他模块通过这些接口来访问数据库。这样会有很多好处，首先由于服务对象不再和特定的接口实现绑定在一起，使其易于测试，因为它提供的是一种服务，在不需要连接数据库的条件下即可进行单元测试，极大地提高了开发效率；其次通过使用与持久化技术无关的方法访问数据库，在应用程序的设计和使用上都有很大的灵活性，对于系统性能和应用上也是一个飞跃。

DAO 模式

DAO 的主要作用是将持久性相关的问题与一般的业务规则和工作流隔离开来，它为定义业务层可以访问的持久性操作引入了一个接口，并且隐藏了实现的具体细节。该接口的功能将依赖于采用的持久性技术而改变，但是 DAO 接口可以基本上保持不变。

DAO 属于 O/R Mapping 技术的一种，在该技术发布之前开发人员需要直接借助 JDBC 和 SQL 来完成与数据库的通信；在发布之后，开发人员能够使用 DAO 或其他不同的 DAO 框架来实现与 RDBMS（关系数据库管理系统）的交互。借助于 O/R Mapping 技术，开发人员能够将对象属性映射到数据表的字段，并将对象映射到 RDBMS 中，这些 Mapping 技术能够为应用自动创建高效的 SQL 语句等；除此之外，O/R Mapping 技术还提供了延迟加载和缓存等高级特征，而 DAO 是 O/R Mapping 技术的一种实现，因此使用 DAO 能够大量节省开发时间，并减少代码量和开发的成本。

12.6.2 Spring 的 DAO 理念

Spring 提供了一套抽象的 DAO 类供开发人员扩展，这有利于以统一的方式操作各种 DAO 技术，如 JDO 和 JDBC 等。这些抽象的 DAO 类提供了设置数据源及相关辅助信息的方法，而其中的一些方法与具体 DAO 技术相关。目前 Spring DAO 提供了如下抽象类。

Spring 的 DAO 理念

① JdbcDaoSupport：JDBC DAO 抽象类，开发人员需要为其设置数据源（DataSource），通过子类能够获得 JdbcTemplate 来访问数据库。

② HibernateDaoSupport：Hibernate DAO 抽象类，开发人员需要为其配置 Hibernate SessionFactory，通过其子类能够获得 Hibernate 实现。

③ JdoDaoSupport：Spring 为 JDO 提供的 DAO 抽象类，开发人员需要为它配置 PersistenceManager Factory，通过其子类能够获得 JdoTemplate。

在使用 Spring 的 DAO 框架存取数据库时，无需接触使用特定的数据库技术，通过一个数据存取接口来操作即可。

【例 12-5】 在 Spring 中利用 DAO 模式在 tb_user 表中添加数据。

实例中 DAO 模式实现的示意如图 12-13 所示。

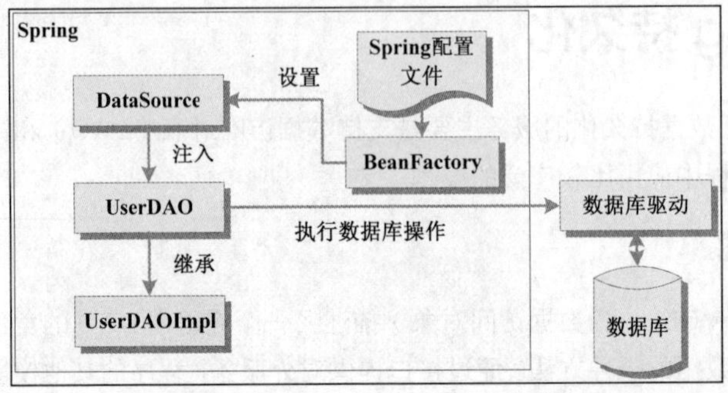

图 12-13 DAO 模式实现的示意

定义一个实体类对象 User，然后在类中定义对应数据表字段的属性，关键代码如下：

```
public class User {
    private Integer id;                    //唯一标识
    private String name;                   //姓名
    private Integer age;                   //年龄
    private String sex;                    //性别
    ……                                     //省略的Setter和Getter方法
}
```

创建接口 UserDAOImpl，并定义用来执行数据添加的 insert()方法。该方法使用的参数是 User 实体对象，代码如下：

```
public interface UserDAOImpl {
    public void inserUser(User user);                //添加用户信息的方法
}
```

编写实现这个 DAO 接口的 UserDAO 类，并在其中实现接口中定义的方法。首先定义一个用于操作数据库的数据源对象 DataSource，通过它创建一个数据库连接对象以建立与数据库的连接，这个数据源对象在 Spring 中提供了 javax.sql.DataSource 接口的实现，只需在 Spring 的配置文件中完成相关配置即可。这个类中实现了接口的抽象方法 insert()，通过这个方法访问数据库，关键代码如下：

```
public class UserDAO implements UserDAOImpl {
    private DataSource dataSource;                          //注入DataSource
    public DataSource getDataSource() {
        return dataSource;
    }
    public void setDataSource(DataSource dataSource) {
        this.dataSource = dataSource;
    }
    //向数据表tb_user中添加数据
    public void inserUser(User user) {
        String name = user.getName();                       //获取姓名
        Integer age = user.getAge();                        //获取年龄
        String sex = user.getSex();                         //获取性别
        Connection conn = null;                             //定义Connection
        Statement stmt = null;                              //定义Statement
```

```
        try {
            conn = dataSource.getConnection();                              //获取数据库连接
            stmt = conn.createStatement();
            stmt.execute("INSERT INTO tb_user (name,age,sex) "
                + "VALUES('"+name+"','" + age + "','" + sex + "')");      //添加数据的SQL语句
        } catch (SQLException e) {
            e.printStackTrace();
        }
        ......                                                              //省略的代码
    }
```

编写 Spring 的配置文件 applicationContext.xml，在其中首先定义一个 JavaBean 名为“DataSource”的数据源，它是 Spring 中的 DriverManagerDataSource 类的实例，然后再配置前面编写完的 userDAO 类，并且注入其 DataSource 属性值，配置代码如下：

```
<!-- 配置数据源 -->
<bean id="dataSource" class="org.springframework.jdbc.datasource.DriverManagerDataSource">
    <property name="driverClassName">
        <value>com.mysql.jdbc.Driver</value>
    </property>
    <property name="url">
        <value>jdbc:mysql://localhost:3306/db_database16</value>
    </property>
    <property name="username">
        <value>root</value>
    </property>
    <property name="password">
        <value>111</value>
    </property>
</bean>
<!-- 为UserDAO注入数据源 -->
<bean id="userDAO" class="com.mr.dao.UserDAO">
    <property name="dataSource">
        <ref local="dataSource"/>
    </property>
</bean>
```

创建类 Manger，其 main()方法中的关键代码如下：

```
//装载配置文件
ApplicationContext factory = new ClassPathXmlApplicationContext("applicationContext.xml");
User user = new User();                                         //实例化User对象
user.setName("张三");                                           //设置姓名
user.setAge(new Integer(30));                                   //设置年龄
user.setSex("男");                                              //设置性别
UserDAO userDAO = (UserDAO) factory.getBean("userDAO");         //获取UserDAO
userDAO.inserUser(user);                                        //执行添加方法
System.out.println("数据添加成功!!!");
```

运行程序后，数据表 tb_user 中添加的数据如图 12-14 所示。

	id	name	age	sex
▶	1	明日	30	男

图 12-14　tb_user 表中添加的数据

12.6.3 事务管理

事务管理

Spring 中的事务基于 AOP 实现，而 Spring 的 AOP 以方法为单位，所以 Spring 的事务属性是对事务应用的方法的策略描述。这些属性为传播行为、隔离级别、只读和超时属性。

事务管理在应用程序中至关重要，它是一系列任务组成的工作单元，其中的所有任务必须同时执行。而且只有两种可能的执行结果，即全部成功和全部失败。

事务的管理通常分为如下两种方式。

（1）编程式事务管理

在 Spring 中主要有两种编程式事务的实现方法，分别使用 PlatformTransactionManager 接口的事务管理器或 TransactionTemplate 实现。二者各有优缺点，推荐使用后者实现方式，因其符合 Spring 的模板模式。

TransactionTemplate 模板和 Spring 的其他模板一样封装了打开和关闭资源等常用重复代码，在编写程序时只需完成需要的业务代码即可。

【例 12-6】 利用 TransactionTemplate 实现 Spring 编程式事务管理。首先需要在 Spring 的配置文件中声明事务管理器和 TransactionTemplate，关键代码如下：

```
<!-- 定义TransactionTemplate模板 -->
<bean id="transactionTemplate" class="org.springframework.transaction.support. TransactionTemplate">
    <property name="transactionManager">
        <ref bean="transactionManager"/>
    </property>
    <property name="propagationBehaviorName">
    <!-- 限定事务的传播行为规定当前方法必须运行在事务中，如果没有事务，则创建一个。一个新的事务和
方法一同开始，随着方法的返回或抛出异常而终止-->
        <value>PROPAGATION_REQUIRED</value>
    </property>
</bean>
<!-- 定义事务管理器 -->
<bean id="transactionManager"
    class="org.springframework.jdbc.datasource.DataSourceTransactionManager">
    <property name="dataSource">
        <ref bean="dataSource" />
    </property>
</bean>
```

创建类 TransactionExample 定义添加数据的方法，在方法中执行两次添加数据库操作并用事务保护操作，关键代码如下：

```
public class TransactionExample {
    DataSource dataSource;                                  //注入数据源
    PlatformTransactionManager transactionManager;          //注入事务管理器
    TransactionTemplate transactionTemplate;                //注入TransactionTemplate模板
```

```
    ......                                          //省略的Setter和Getter方法
    public void transactionOperation() {
        transactionTemplate.execute(new TransactionCallback() {
            public Object doInTransaction(TransactionStatus status) {
                //获得数据库连接
                Connection conn = DataSourceUtils.getConnection(dataSource);
                try {
                    Statement stmt = conn.createStatement();
                    //执行两次添加方法
                    stmt.execute("insert into tb_user(name,age,sex) values('小强','26','男')");
                    stmt.execute("insert into tb_user(name,age,sex) values('小红','22','女')");
                    System.out.println("操作执行成功！");
                } catch (Exception e) {
                    transactionManager.rollback(status);   //事务回滚
                    System.out.println("操作执行失败，事务回滚！");
                    System.out.println("原因："+e.getMessage());
                }
                return null;
            }
        });
    }
}
```

在上面的代码中，以匿名类的方式定义 TransactionCallback 接口的实现来处理事务管理。

创建类 Manger，其 main()方法中的代码如下：

```
//装载配置文件
ApplicationContext factory = new ClassPathXmlApplicationContext("applicationContext.xml");
//获取TransactionExample
TransactionExample transactionExample = (TransactionExample) factory.getBean ("transactionExample");
// 执行添加方法
transactionExample.transactionOperation();
```

为了测试事务是否配置正确，在 transactionOperation()方法中执行两次添加操作的语句之间添加两句代码制造人为的异常。即当第一条操作语句执行成功后，第二条语句因为程序的异常无法执行成功。这种情况下如果事务成功回滚，说明事务配置成功，添加的代码如下：

```
int a=0;            //制造异常测试事务是否配置成功
a=9/a;
```

程序执行后，控制台输出的信息如图 12-15 所示，数据表 tb_user 中没有插入数据。

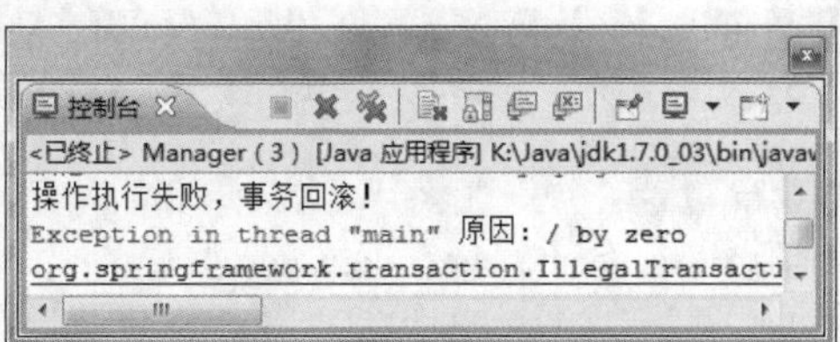

图 12-15　控制台输出的信息

（2）声明式事务管理

声明式事务不涉及组建依赖关系，它通过 AOP 实现事务管理，在使用声明式事务时不需编写任何代码即可实现基于容器的事务管理。Spring 提供了一些可供选择的辅助类，它们简化了传统的数据库操作流程。在一定程度上节省了工作量，提高了编码效率，所以推荐使用声明式事务。

在 Spring 中常用 TransactionProxyFactoryBean 完成声明式事务管理。

使用 TransactionProxyFactoryBean 需要注入所依赖的事务管理器，并设置代理的目标对象、代理对象的生成方式和事务属性。代理对象是在目标对象上生成的包含事物和 AOP 切面的新对象，它可以赋给目标的引用来替代目标对象以支持事务或 AOP 提供的切面功能。

【例 12-7】利用 TransactionProxyFactoryBean 实现 Spring 声明式事务管理。在配置文件中定义数据源 DataSource 和事务管理器，该管理器被注入到 TransactionProxyFactoryBean 中，设置代理对象和事务属性。这里的目标对象的定义以内部类方式定义，配置文件中的关键代码如下：

```
<!-- 定义TransactionProxy -->
<bean id="transactionProxy"
    class="org.springframework.transaction.interceptor.TransactionProxyFactoryBean">
    <property name="transactionManager">
        <ref local="transactionManager" />
    </property>
    <property name="target">
            <!--以内部类的形式指定代理的目标对象-->
        <bean id="addDAO" class="com.mr.dao.AddDAO">
            <property name="dataSource">
                <ref local="dataSource" />
            </property>
        </bean>
    </property>
    <property name="proxyTargetClass" value="true" />
    <property name="transactionAttributes">
        <props>
            <!--通过正则表达式匹配事务性方法，并指定方法的事务属性，即代理对象中只要是以add开
头的方法名必须运行在事务中-->
            <prop key="add*">PROPAGATION_REQUIRED</prop>
        </props>
    </property>
</bean>
```

编写操作数据库的 AddDAO 类，在该类的 addUser()方法中执行了两次数据插入操作。这个方法在配置 TransactionProxyFactoryBean 时被定义为事务性方法，并指定了事务属性，所以方法中的所有数据库操作都被当作一个事务处理。该类中的代码如下：

```
public class AddDAO extends JdbcDaoSupport {
    //添加用户的方法
    public void addUser(User user){
        //执行添加方法的sql语句
        String sql="insert into tb_user (name,age,sex) values('" +
                user.getName() + "','" + user.getAge()+ "','" + user.getSex()+ "')";
        //执行两次添加方法
        getJdbcTemplate().execute(sql);
        getJdbcTemplate().execute(sql);
    }
}
```

创建类 Manger，其 main()方法中的代码如下：

```
ApplicationContext factory = new ClassPathXmlApplicationContext("applicationContext.xml");   //装载配置
```

文件

```
AddDAO addDAO = (AddDAO)factory.getBean("transactionProxy");    //获取AddDAO
User user = new User();                                         //实例化User实体对象
user.setName("张三");                                            //设置姓名
user.setAge(30);                                                //设置年龄
user.setSex("男");                                               //设置性别
addDAO.addUser(user);                                           //执行数据库添加方法
```

可以延用例 12-6 中制造程序异常的方法测试配置的事务。

12.6.4 应用 JdbcTemplate 操作数据库

JdbcTemplate 类是 Spring 的核心类之一，可以在 org.springframework.jdbc.core 包中找到。该类在内部已经处理数据库资源的建立和释放，并可以避免一些常见的错误，如关闭连接及抛出异常等，因此使用 JdbcTemplate 类简化了编写 JDBC 时所需的基础代码。

应用 JdbcTemplate
操作数据库

JdbcTemplate 类可以直接通过数据源的引用实例化，然后在服务中使用，也可以通过依赖注入的方式在 ApplicationContext 中产生并作为 JavaBean 的引用给服务使用。

JdbcTemplate 类运行了核心的 JDBC 工作流程，如应用程序要创建和执行 Statement 对象，只需在代码中提供 SQL 语句。该类可以执行 SQL 中的查询、更新或者调用存储过程等操作，并且生成结果集的迭代数据。它还可以捕捉 JDBC 的异常并转换为 org.springframework.dao 包中定义并能够提供更多信息的异常处理体系。

JdbcTemplate 类中提供了接口来方便访问和处理数据库中的数据，这些方法提供了基本的选项用于执行查询和更新数据库操作。JdbcTemplate 类提供了很多重载的方法用于数据查询和更新，提高了程序的灵活性。表 12-3 所示为 JdbcTemplate 中常用的数据查询方法。

表 12-3　JdbcTemplate 中常用的数据查询方法

方法名称	说明
int QueryForInt(String sql)	返回查询的数量，通常是聚合函数数值
int QueryForInt(String sql,Object[] args)	
long QueryForLong(String sql)	返回查询的信息数量
long QueryForLong(String sql,Object[] args)	
Object queryforObject(string sql,Class requiredType)	返回满足条件的查询对象
Object queryforObject(string sql,Class requiredType, Object[] args)	
List queryForList(String sql)	返回满足条件的对象 List 集合
List queryForList(String sql,Object[] args)	

sql 参数指定查询条件的语句，requiredType 指定返回对象的类型，args 指定查询语句的条件参数。

【例 12-8】利用 JdbcTemplate 在数据表 tb_user 添加用户信息。在配置文件 applicationContext.xml 中配置 JdbcTemplate 和数据源，关键代码如下：

```
<!-- 配置jdbcTemplate -->
<bean id="jdbcTemplate" class="org.springframework.jdbc.core.JdbcTemplate">
    <property name="dataSource">
        <ref local="dataSource"/>
    </property>
</bean>
```

创建类 AddUser 获取 JdbcTemplate 对象，并利用其 update()方法执行数据库的添加操作，其 main()方法中的关键代码如下：

```
DriverManagerDataSource ds = null;
JdbcTemplate jtl = null;
//获取配置文件
ApplicationContext factory = new ClassPathXmlApplicationContext("applicationContext.xml");
jtl =(JdbcTemplate)factory.getBean("jdbcTemplate");                //获取JdbcTemplate
String sql = "insert into tb_user(name,age,sex) values ('小明','23','男')";
jtl.update(sql);                                                   //执行添加操作
```

程序运行后，tb_user 表中添加的数据如图 12-16 所示。

JdbcTemplate 类实现了很多方法的重载特征，在实例中使用了其写入数据的常用方法 update(String)。

id	name	age	sex
10	小明	23	男

图 12-16　tb_user 表中添加的数据

12.6.5　与 Hibernate 整合

在 Spring 中整合 Hibernate 4 时，已经不再提供 HibenateTemplate 和 HibernateDaoSupport 类了，而只有一个称为 LocalSessionFactoryBean 的 SessionFactoryBean，通过它可以实现基于注解或是 XML 文件来配置映射文件。

与 Hibernate 整合

Hibernate 的连接和事务管理等从建立 SessionFactory 类开始，该类在应用程序中通常只存在一个实例。因而其底层的 DataSource 可以使用 Spring 的 IoC 注入，之后注入 SessionFactory 到依赖的对象之中。

在应用的整个生命周期中只要保存一个 SessionFactory 实例即可。

在 Spring 中配置 SessionFactory 对象通过实例化 LocalSessionFactoryBean 类来完成，为了让该对象获取连接的后台数据库的信息，需要创建一个 hibernate.properties 文件，在该文件中指定数据库连接所需的信息。hibernate.properties 文件的具体代码如下：

```
#数据库驱动
hibernate.connection.driver_class = com.mysql.jdbc.Driver
#数据库连接的URL
hibernate.connection.url = jdbc:mysql://localhost:3306/test
#用户名
hibernate.connection.username = root
```

```
#密码
hibernate.connection.password = 123456
```

在Spring的配置文件中，引入hibernate.properties文件并配置数据源dataSource，具体代码如下：

```
<!-- 引入配置文件 -->
<bean
    class="org.springframework.beans.factory.config.PropertyPlaceholderConfigurer">
    <property name="locations">
        <value>classpath:hibernate.properties</value>
    </property>
</bean>
<bean id="dataSource"
    class="org.springframework.jdbc.datasource.DriverManagerDataSource">
    <property name="driverClassName" value="${hibernate.connection.driver_class}" />
    <property name="url" value="${hibernate.connection.url}" />
    <property name="username" value="${hibernate.connection.username}" />
    <property name="password" value="${hibernate.connection.password}" />
</bean>
```

通过一个LocalSessionFactoryBean配置Hibernate，通过Hibernate的多个属性可以控制其行为。其中最重要的是mappingResources属性，通过其value值指定Hibernate使用的映射文件，代码如下：

```
<bean id="sessionFactory"
    class="org.springframework.orm.hibernate4.LocalSessionFactoryBean">
    <property name="dataSource">
        <ref bean="dataSource" />
    </property>
    <property name="hibernateProperties">
        <props>
            <!-- 数据库连接方言 -->
            <prop key="hibernate.dialect">org.hibernate.dialect.MySQLDialect</prop>
            <!-- 在控制台输出SQL语句 -->
            <prop key="hibernate.show_sql">true</prop>
            <!-- 格式化控制台输出的SQL语句 -->
            <prop key="hibernate.format_sql">true</prop>
        </props>
    </property>
    <!--Hibernate映射文件 -->
    <property name="mappingResources">
        <list>
            <value>com/mr/user/User.hbm.xml</value>
        </list>
    </property>
</bean>
```

配置完成之后即可使用Spring提供的支持Hibernate的类，如被称为LocalSessionFactoryBean的SessionFactoryBean可以实现Hibernate的大部分功能，为开发实际项目带来了方便。

整合Spring与Hibernate在tb_user表中添加信息

12.6.6 整合Spring与Hibernate在tb_user表中添加信息

该实例主要演示在Spring中使用Hibernate框架完成数据持久化。它主要通过以下方法来实现：首先通过在applicationContext.xml文件中配置的LocalSessionFactoryBean

类的 SessionFactoryBean 来定义 Hibernate 的 SessionFactory，然后创建一个 DAO 类文件，在该文件中编写完成数据库操作的方法。

【例 12-9】 整合 Spring 与 Hibernate 在 tb_user 表中添加信息。首先创建 Spring 的配置文件 applicationContext.xml，用于配置 LocalSessionFactoryBean。

编写一个执行数据库操作的 DAO 类文件 UserDAO，在该类中，首先定义一个 SessionFactory 属性，并为该属性添加对应的 Setter 和 Getter 方法，然后定义一个获取 Session 对象的方法 getSession()，最后再定义一个保存用户信息的方法，在该方法中调用 Session 对象的 save()方法保存用户信息。UserDAO 类的关键代码如下：

```
public class UserDAO {
    private SessionFactory sessionFactory;              // 定义SessionFactory属性
    // 保存用户的方法
    public void insert(User user) {
        this.getSession().save(user);
    }
    /**
     * 获取Session对象
     */
    protected Session getSession() {
        return sessionFactory.openSession();
    }
    public SessionFactory getSessionFactory() {
        return sessionFactory;
    }
    public void setSessionFactory(SessionFactory sessionFactory) {
        this.sessionFactory = sessionFactory;
    }
}
```

将 UserDAO 类配置到 Spring 的配置文件中，代码如下：

```
<!-- 注入SessionFactory -->
<bean id="userDAO" class="com.mr.dao.UserDAO">
    <property name="sessionFactory">
    <ref local="sessionFactory" />
    </property>
</bean>
```

创建类 AddUser，在其中调用添加用户的方法，其 main()方法中的关键代码如下：

```
//添加用户信息
public static void main(String[] args) {
    ApplicationContext factory = new ClassPathXmlApplicationContext("applicationContext.xml");//获取配置文件
    UserDAO userDAO = (UserDAO)factory.getBean("userDAO");      //获取UserDAO
    User user = new User();                                      //实例化User对象
    user.setName("Spring与Hibernate整合");                       //设置姓名
    user.setAge(20);                                             //设置年龄
    user.setSex("男");                                           //设置性别
    userDAO.insert(user);                                        //执行用户添加的方法
    System.out.println("添加成功！");
}
```

程序运行后，在 tb_user 表中添加的数据如图 12-17 所示。

id	name	age	sex
12	Spring与Hibernate整合	20	男

图 12-17　tb_user 表中添加的数据

小 结

本章首先介绍了 Spring 框架核心技术 IoC、AOP、Bean 的相关知识，以及对 Bean 的配置与装载；然后讲解了 Spring 提供的资源获取、国际化等功能；最后介绍了 Spring 对数据持久层的支持。通过本章的学习，读者应该掌握 Spring 的核心技术。

上机指导

利用 DAO 模式向商品信息表中添加数据。在 Spring 中利用 DAO 模式向商品信息表中添加数据。

开发步骤如下。

（1）设计商品库存表tb_goods，其结构如图12-18所示。

id	name	price	type
1	方便面	1.5	食品
2	面包	2.5	食品
3	牛奶	2	饮品
4	矿泉水	1	饮品

图 12-18　数据表 tb_goods 结构

（2）创建名称为 GoodsInfo 的 JavaBean 类，用于封装商品信息。GoodsInfo 类的关键代码如下：

```
public class GoodsInfo {
    private int id;              //商品编号
    private String name;         //商品名称
    private float price;         //商品价格
    private String type;         //商品类别
    ……                           //省略了setter和getter方法
}
```

（3）创建操作商品信息的接口 GoodsDAO，并定义添加商品信息的 addGoods()方法，参数类型为 GoodsInfo 实体对象，代码如下：

```
public interface GoodsDAO {
    public void addGoods(GoodsInfo goods);          //添加商品信息的方法
}
```

（4）编写实现这个 DAO 接口的 GoodsDaoImpl 类，并在这个类中实现接口中定义的方法。定义一个用于操作数据库的数据源对象 DataSource，通过它创建一个数据库连接对象，建立与数据库的连接，这个数据源对象在 Spring 中提供了 javax.sql.DataSource 接口的实现，只需在 Spring 的配置文件中进行相关的配置就可以，稍后会讲到关于 Spring 的配置文件。这个类中实现了接口的 addGoods()方法，通过这个方法访问数据库，关键代码如下：

```
public class GoodsDaoImpl implements GoodsDao {
```

```
        private DataSource dataSource;                    //注入DataSource
        public DataSource getDataSource() {
            return dataSource;
        }
        public void setDataSource(DataSource dataSource) {
            this.dataSource = dataSource;
        }
        public void addGoods(GoodsInfo goods) {
            Connection conn=null;
            PreparedStatement stmt=null;
            try{
                conn = dataSource.getConnection();          //获取数据库连接
                //插入商品信息的SQL语句
                String sql = "insert into tb_goods(name,price,type) values(?,?,?);";
                stmt = conn.prepareStatement(sql);          //创建预编译对象
                stmt.setString(1, goods.getName());         //为商品名称赋值
                stmt.setFloat(2, goods.getPrice());         //为商品价格赋值
                stmt.setString(3, goods.getType());         //为商品类别赋值
                stmt.executeUpdate();                       //编译执行，更新数据库
            }catch(Exception ex){
                ex.printStackTrace();
            }
            ……                                              //省略了其他代码
    }
}
```

（5）编写 Spring 的配置文件 applicationContext.xml，在这个配置文件中首先定义一个 JavaBean 名称为 DataSource 的数据源，它是 Spring 中的 DriverManagerDataSource 类的实例，然后再配置前面编写完的 GoodsDaoImpl 类，并且注入它的 DataSource 属性值，其具体的配置代码如下：

```
<!-- 配置数据源 -->
<bean id="dataSource"
    class="org.springframework.jdbc.datasource.DriverManagerDataSource">
    <property name="driverClassName">
        <value>com.mysql.jdbc.Driver</value>
    </property>
    <property name="url">
        <value>jdbc:mysql://localhost:3306/db_database16
        </value>
    </property>
    <property name="username">
        <value>root</value>
    </property>
    <property name="password">
        <value>111</value>
    </property>
</bean>
<!-- 为GoodsDaoImpl注入数据源 -->
<bean id="goodsDao" class="com.lh.dao.impl.GoodsDaoImpl">
    <property name="dataSource">
        <ref local="dataSource"/>
```

```
        </property>
    </bean>
</beans>
```

（6）创建添加商品信息的表单页 index.jsp，设置表单提交到 save.jsp 处理页。

（7）创建 save.jsp 页，关键代码如下：

```
<%
    String name = request.getParameter("name");                    //获取商品名称
    String price = request.getParameter("price");                  //获取商品价格
    String type = request.getParameter("type");                    //获取商品类别
    GoodsInfo goods = new GoodsInfo();                              //创建商品的JavaBean
    goods.setName(name);                                            //添加商品名称
    goods.setPrice(Float.parseFloat(price));                        //添加商品价格
    goods.setType(type);                                            //添加商品类别
    ApplicationContext              factory              =              new
ClassPathXmlApplicationContext("applicationContext.xml");
    GoodsDaoImpl dao = (GoodsDaoImpl)factory.getBean("goodsDao");          //获取Bean的实例
    dao.addGoods(goods);                                                   //调用方法添加商
品信息
%>
```

运行本实例，在页面的表单中输入商品信息，如图 12-19 所示，单击“添加到数据库”按钮，即可将该数据添加到数据表 tb_goods 中。

图 12-19　填写商品信息

习 题

1. 什么是 IoC 注入？如何使用 Spring 框架进行注入？
2. Spring 如何加载配置文件？配置文件有哪些标签？
3. 什么是 AOP？
4. Spring 框架为项目开发提供了哪些优势？

PART13

第13章 Spring与Struts 2、Hibernate框架的整合

本章要点：

- 了解框架整合的优缺点
- 了解SSH2框架的结构
- 掌握SSH2框架搭建的入口点
- 掌握Spring、Struts 2、Hibernate框架之间的调用关系

■ 不同的框架有其独特特性和用途，利用框架的优势将多个框架整合起来，可以发挥出框架的最大用途。这一章将介绍初学者的必学课程——SSH2 框架整合。

13.1 框架整合的优势

框架整合的优势

如果不使用任何框架，单纯使用 Servlet 技术和 JDBC 技术，甚至只用 JSP 技术同样可以实现 Java Web 的项目开发，但这样的项目代码量大，代码之间耦合性极强，如果需要调整某一功能，出于连锁反应，可能要修改所有的源码文件。这样的项目维护起来存在极大的风险隐患。

使用框架可以省去很多烦琐、重复的代码操作，又大大降低了代码之间的耦合性。使用各种框架来搭建 Web 项目已是当今程序开发的主流。

1. Struts 2 与 Hibernate 整合的特点

Struts 2 实现了 MVC 模式，简化了原有的 Servlet 开发。Hibernate 简化了持久层的开发，强大的事务处理，简单明了的关系映射使项目避开了复杂的 SQL 语句。

优点：极大提高了开发效率，控制层与持久层透明化，整个项目的结构十分清晰。

缺点：Struts 2 与 Hibernate 虽然有各自的反射机制，但是很多方法还是需要互相穿插使用，使得项目代码有一定的耦合性。如果项目需要增加新的需求，可能需要改动很多源码文件。

2. Spring 与 Struts 2 整合的特点

Spring 框架的出现让很多项目开发步入了一个新的台阶：依赖注入，将整个项目分散式的管理。

优点：不仅提高各模块之间的内聚，又极大降低了代码间的耦合性。在写完所有类对象和事务的接口方法之后，几乎只需配置 Spring 就可以完成对事务的控制。

缺点：持久层略显薄弱。虽然 Spring 有对 JDBC 集成的功能，但在开发效率和处理持久化事务的能力上，还是不如其他框架。

3. Spring 与 Hibernate 整合的特点

Hibernate 可以与 Spring MVC 框架整合开发 Java Web 项目。

优点：实现了 MVC 设计模式，代码耦合性低，复杂的数据关系维护起来很容易。

缺点：Spring MVC 依赖 Servlet 技术，很多功能需要通过 JSP 实现。

13.2 SSH2 架构分析

SSH2 架构分析

Struts 2 提供了表现层的解决方案，Hibernate 提供了持久层的解决方案，Sping 将所有模块整合到了一起，提高了各模块的内聚性，通过 IoC 容器来管理数据、业务和服务管理等对象之间的依赖关系，达到对象之间的完全解耦，其结构图如图 13-1 所示。

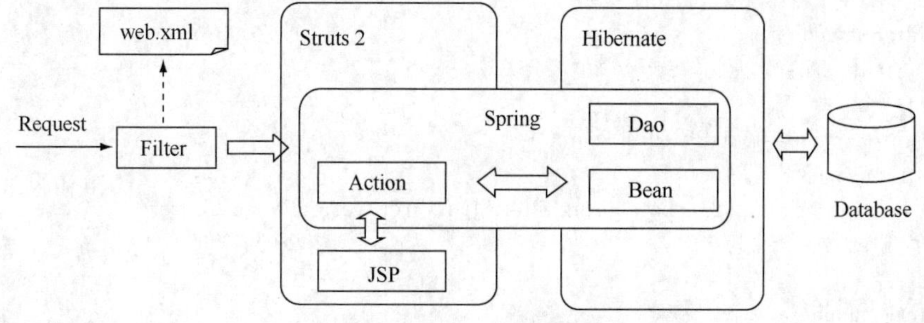

图 13-1　SSH2 框架结构图

13.3 开始构建 SSH2

我们通过本节来构建天下淘商城项目框架。

13.3.1 配置 web.xml

配置 web.xml

任何 MVC 框架都需要与 Servlet 应用整合，而 Servlet 则必须在 web.xml 文件中进行配置。web.xml 的配置文件是项目的基本配置文件，通过该文件设置实例化 Spring 容器、过滤器、配置 Struts 2 及设置程序默认执行的操作，也就是 SSH2 框架的入口点，其关键代码如下：

```
<?xml version="1.0" encoding="UTF-8"?>
<web-app xmlns:xsi="http://www.w3.org/2001/XMLSchema-instance"
    xmlns="http://java.sun.com/xml/ns/javaee"
    xmlns:web="http://java.sun.com/xml/ns/javaee/web-app_2_19.xsd"
    xsi:schemaLocation="http://java.sun.com/xml/ns/javaee
    http://java.sun.com/xml/ns/javaee/web-app_2_19.xsd"
    id="WebApp_ID" version="2.5">
    <display-name>Shop</display-name>
    <!-- 对Spring容器进行实例化，无此句Spring框架会失效 -->
    <listener>
    <listener-class>
        org.springframework.web.context.ContextLoaderListener
    </listener-class>
    </listener>
    <context-param>
    <param-name>contextConfigLocation</param-name>
    <param-value>classpath:applicationContext-*.xml</param-value>
    </context-param>
    <!-- OpenSessionInViewFilter过滤器 -->
    <filter>
    <filter-name>openSessionInViewFilter</filter-name>
    <filter-class>
        org.springframework.orm.hibernate3.support.OpenSessionInViewFilter
    </filter-class>
    </filter>
    <filter-mapping>
    <filter-name>openSessionInViewFilter</filter-name>
    <url-pattern>/*</url-pattern>
    </filter-mapping>
    <!—Struts 2配置，无此句Struts 2框架会失效 -->
    <filter>
      <filter-name>struts2</filter-name>
      <filter-class>
        org.apache.struts2.dispatcher.ng.filter.StrutsPrepareAndExecuteFilter
      </filter-class>
   </filter>
   <filter-mapping>
      <filter-name>struts2</filter-name>
```

```
        <url-pattern>/*</url-pattern>
    </filter-mapping>
    <!-- 设置程序的默认欢迎页面-->
    <welcome-file-list>
    <welcome-file>index.jsp</welcome-file>
    </welcome-file-list>
</web-app>
```

13.3.2 配置 Spring

配置 Spring

利用Spring加载Hibernate的配置文件及Session管理类，所以在配置Spring的时候，只需要配置Spring的核心配置文件applicationContext-common.xml，其代码如下：

```
<?xml version="1.0" encoding="UTF-8"?>
<beans xmlns="http://www.springframework.org/schema/beans"
    xmlns:xsi="http://www.w3.org/2001/XMLSchema-instance"
    xmlns:context="http://www.springframework.org/schema/context"
    xmlns:aop="http://www.springframework.org/schema/aop"
    xmlns:tx="http://www.springframework.org/schema/tx"
    xsi:schemaLocation="http://www.springframework.org/schema/beans
        http://www.springframework.org/schema/beans/spring-beans-2.19.xsd
        http://www.springframework.org/schema/context
    http://www.springframework.org/schema/context/spring-context-2.19.xsd
        http://www.springframework.org/schema/aop
    http://www.springframework.org/schema/aop/spring-aop-2.19.xsd
        http://www.springframework.org/schema/tx
    http://www.springframework.org/schema/tx/spring-tx-2.19.xsd">
    <context:annotation-config/>
    <context:component-scan base-package="com.lyq"/>
    <!-- 配置sessionFactory -->
    <bean id="sessionFactory"
        class="org.springframework.orm.hibernate3.LocalSessionFactoryBean">
        <property name="configLocation">
            <value>classpath:hibernate.cfg.xml</value>
        </property>
    </bean>
    <!-- 配置事务管理器 -->
    <bean id="transactionManager"
        class="org.springframework.orm.hibernate3.HibernateTransactionManager">
        <property name="sessionFactory">
            <ref bean="sessionFactory" />
        </property>
    </bean>
    <tx:annotation-driven transaction-manager="transactionManager" />
    <!-- 定义Hibernate模板对象 -->
    <bean id="hibernateTemplate" class="org.springframework.orm.hibernate3.HibernateTemplate">
        <property name="sessionFactory" ref="sessionFactory"/>
    </bean>
</beans>
```

13.3.3 配置 Struts 2

配置 Struts 2

struts.xml 文件是 Struts 2 重要的配置文件，通过对该文件的配置实现程序的 Action 与用户请求之间的映射、视图映射等重要的配置信息。在项目的 ClassPath 下创建 struts.xml 文件，其配置代码如下：

```
<?xml version="1.0" encoding="UTF-8"?>
<!DOCTYPE struts PUBLIC
      "-//Apache Software Foundation//DTD Struts Configuration 2.1//EN"
      "http://struts.apache.org/dtds/struts-2.1.dtd" >
<struts>
      <!-- 前后台公共视图的映射 -->
      <include file="com/lyq/action/struts-default.xml" />
      <!-- 后台管理的Struts 2配置文件 -->
      <include file="com/lyq/action/struts-admin.xml" />
      <!-- 前台管理的Struts 2配置文件 -->
      <include file="com/lyq/action/struts-front.xml" />
</struts>
```

为了便于程序的维护和管理，将前后台的 Struts 2 配置文件进行分开处理，然后通过 include 标签加载在系统默认加载的 Struts 2 配置文件中。在此将 Struts 2 配置文件分为 3 个部分，struts-default.xml 文件为前后台公共的视图映射配置文件，其代码如下：

```
<?xml version="1.0" encoding="UTF-8" ?>
<!DOCTYPE struts PUBLIC
      "-//Apache Software Foundation//DTD Struts Configuration 2.1//EN"
      "http://struts.apache.org/dtds/struts-2.1.dtd">
<struts>
      <!-- OGNL可以使用静态方法 -->
      <constant name="struts.ognl.allowStaticMethodAccess" value="true"/>
      <package name="shop-default" abstract="true" extends="struts-default">
            <global-results>
            <!-- 错误页面 -->
               <result name="error">/WEB-INF/pages/common/show_error.jsp</result>
               <!-- 程序主页面 -->
               <result name="index" type="redirectAction">index</result>
               <!-- 后台管理主页面 -->
               <result name="manager">/WEB-INF/pages/admin/main.jsp</result>
               <!--会员注册 -->
               <result name="reg">/WEB-INF/pages/user/customer_reg.jsp</result>
               <!--会员登录-->
            <result name="customerLogin">
                  /WEB-INF/pages/user/customer_login.jsp
            </result>
               <!--管理员登录-->
               <result name="userLogin">
                  /WEB-INF/pages/admin/user/user_login.jsp
            </result>
         </global-results>
            <global-exception-mappings>
            <exception-mapping result="error" exception="com.lyq.util.AppException">
            </exception-mapping>
```

```
            </global-exception-mappings>
        </package>
    </struts>
```

后台管理的 Struts 2 配置文件 struts-admin.xml 主要负责后台用户请求的 Action 和视图映射，其代码如下：

```
    <?xml version="1.0" encoding="UTF-8"?>
    <!DOCTYPE struts PUBLIC
        "-//Apache Software Foundation//DTD Struts Configuration 2.1//EN"
        "http://struts.apache.org/dtds/struts-2.1.dtd" >
    <struts>
        <!-- 后台管理 -->
        <package name="shop.admin" namespace="/admin" extends="shop-default">
            <!-- 配置拦截器 -->
            <interceptors>
                <!-- 验证用户登录的拦截器 -->
                <interceptor name="loginInterceptor" class="com.lyq.action.interceptor.UserLoginInterceptor"/>
                <!-- 创建拦截器栈，实现多层过滤 -->
                <interceptor-stack name="adminDefaultStack">
                    <interceptor-ref name="loginInterceptor"/>
                <interceptor-ref name="defaultStack"/>
                </interceptor-stack>
            </interceptors>
            <action name="admin_*" class="indexAction" method="{1}">
                <result name="top">/WEB-INF/pages/admin/top.jsp</result>
              <result name="left">/WEB-INF/pages/admin/left.jsp</result>
              <result name="right">/WEB-INF/pages/admin/right.jsp</result>
              <interceptor-ref name="adminDefaultStack"/>
           </action>
        </package>
        <package name="shop.admin.user" namespace="/admin/user" extends="shop-default">
            <action name="user_*" method="{1}" class="userAction"></action>
        </package>
        <!-- 类别管理 -->
        <package name="shop.admin.category" namespace="/admin/product" extends="shop.admin">
            <action name="category_*" method="{1}" class="productCategoryAction">
                <result name="list">
                    /WEB-INF/pages/admin/product/category_list.jsp
                </result>
                <result name="input">
                    /WEB-INF/pages/admin/product/category_add.jsp
                </result>
                <result name="edit">
                /WEB-INF/pages/admin/product/category_edit.jsp
                </result>
                <interceptor-ref name="adminDefaultStack"/>
           </action>
        </package>
        <!-- 商品管理 -->
        <package name="shop.admin.product" namespace="/admin/product" extends="shop.admin">
            <action name="product_*" method="{1}" class="productAction">
```

```
                <result name="list">
                /WEB-INF/pages/admin/product/product_list.jsp
                </result>
                <result name="input">
                    /WEB-INF/pages/admin/product/product_add.jsp
                </result>
                <result name="edit">
                    /WEB-INF/pages/admin/product/product_edit.jsp
                </result>
                <interceptor-ref name="adminDefaultStack"/>
            </action>
        </package>
        <!-- 订单管理 -->
        <package name="shop.admin.order" namespace="/admin/product" extends="shop.admin">
            <action name="order_*" method="{1}" class="orderAction">
                <result name="list">
                    /WEB-INF/pages/admin/order/order_list.jsp
                </result>
                <result name="select">
                    /WEB-INF/pages/admin/order/order_select.jsp
                </result>
                <result name="query">
                    /WEB-INF/pages/admin/order/order_query.jsp
                </result>
                <result name="update">
                    /WEB-INF/pages/admin/order/order_update_success.jsp
                </result>
                <result name="input">/WEB-INF/pages/order/order_add.jsp</result>
                <interceptor-ref name="adminDefaultStack"/>
            </action>
        </package>
    </struts>
```

前台管理的 Struts 2 配置文件 struts-front.xml 主要负责前台用户请求的 Action 和视图映射，其代码如下：

```
    <?xml version="1.0" encoding="UTF-8"?>
    <!DOCTYPE struts PUBLIC
        "-//Apache Software Foundation//DTD Struts Configuration 2.1//EN"
        "http://struts.apache.org/dtds/struts-2.1.dtd" >
    <struts>
        <!-- 前台登录 -->
        <package name="shop.front" extends="shop-default">
            <!-- 配置拦截器 -->
            <interceptors>
                <!-- 验证用户登录的拦截器 -->
                <interceptor name="loginInterceptor" class="com.lyq.action.interceptor.
CustomerLoginInteceptor"/>
                <interceptor-stack name="customerDefaultStack">
                    <interceptor-ref name="loginInterceptor"/>
                <interceptor-ref name="defaultStack"/>
                </interceptor-stack>
```

```
            </interceptors>
            <action name="index" class="indexAction">
              <result>/WEB-INF/pages/index.jsp</result>
          </action>
      </package>
      <!-- 消费者Action -->
      <package name="shop.customer" extends="shop-default" namespace="/customer">
            <action name="customer_*" method="{1}" class="customerAction">
            <result name="input">/WEB-INF/pages/user/customer_reg.jsp</result>
            </action>

      </package>
      <!-- 商品Action -->
      <package name="shop.product" extends="shop-default" namespace="/product">
            <action name="product_*" class="productAction" method="{1}">
                <result name="list">/WEB-INF/pages/product/product_list.jsp</result>
                <result name="select">
                      /WEB-INF/pages/product/product_select.jsp
                </result>
                <result name="clickList">
                      /WEB-INF/pages/product/product_click_list.jsp
                </result>
                <result name="findList">
                      /WEB-INF/pages/product/product_find_list.jsp
                </result>
            </action>
      </package>
      <!-- 购物车Action -->
      <package name="shop.cart" extends="shop.front" namespace="/product">
            <action name="cart_*" class="cartAction" method="{1}">
                <result name="list">/WEB-INF/pages/cart/cart_list.jsp</result>
                <interceptor-ref name="customerDefaultStack"/>
            </action>
      </package>
      <!-- 订单Action -->
      <package name="shop.order" extends="shop.front" namespace="/product">
            <action name="order_*" class="orderAction" method="{1}">
                <result name="add">/WEB-INF/pages/order/order_add.jsp</result>
                <result name="confirm">
                      /WEB-INF/pages/order/order_confirm.jsp
                </result>
                <result name="list" >/WEB-INF/pages/order/order_list.jsp</result>
                <result name="error">/WEB-INF/pages/order/order_error.jsp</result>
                <result name="input">/WEB-INF/pages/order/order_add.jsp</result>
                <interceptor-ref name="customerDefaultStack"/>
             </action>
      </package>
  </struts>
```

Struts 2 与 Struts 1 是完全两个不同的开发框架，除其核心控制器不同以外，还有其他的几个不同点。

（1）命名空间的不同

在 Struts2 中的 Filter 默认的扩展名为“.action”，这是在 default.properties 文件的“struts.action.extension”属性中定义的；而 Struts 1 中则通过<init-pattern>属性来配置。Struts 1 与 Struts 2 两个框架的命名空间不一样，因此 Struts 1 和 Struts 2 可以在同一个 Web 应用系统中无障碍的共存。

（2）设置系统属性的不同

Struts 2 的配置信息中不需要通过<init-param>来设置系统的属性，它并不是取消了这些属性，而是使用 default.properties 文件作为默认的配置选项文件，并可以通过“struts.properties”的文件设置不同的属性值来覆盖默认文件的值实现自己的配置。

（3）映射文件名的配置参数的不同

在 Struts 2 中没有提供映射文件名的配置参数，取而代之的是默认配置文件“struts.xml”。

13.3.4 配置 Hibernate

Hibernate 配置文件主要用于配置数据库连接和 Hibernate 运行时所需的各种属性，这个配置文件位于应用程序或 Web 程序的类文件夹 classes 中。Hibernate 配置文件支持两种形式，一种是 XML 格式的配置文件，另一种是 Java 属性文件格式的配置文件，采用“键=值”的形式。建议采用 XML 格式的配置文件。

配置 Hibernate

在 Hibernate 的配置文件中配置连接的数据库的连接信息，数据库方言及打印 SQL 语句等属性，其关键代码如下：

```
<?xml version="1.0" encoding="UTF-8"?>
<!DOCTYPE hibernate-configuration PUBLIC
        "-//Hibernate/Hibernate Configuration DTD 3.0//EN"
        "http://hibernate.sourceforge.net/hibernate-configuration-3.0.dtd" >
<hibernate-configuration>
        <session-factory>
            <!-- 数据库方言 -->
            <property name="hibernate.dialect">
                org.hibernate.dialect.MySQLDialect
            </property>
            <!-- 数据库驱动 -->
            <property name="hibernate.connection.driver_class">
                com.mysql.jdbc.Driver
            </property>
            <!-- 数据库连接信息 -->
            <property name="hibernate.connection.url">
            jdbc:mysql://localhost:3306/db_database24</property>
            <property name="hibernate.connection.username">root</property>
            <property name="hibernate.connection.password">111</property>
            <!-- 打印SQL语句 -->
            <property name="hibernate.show_sql">true</property>
            <!-- 不格式化SQL语句 -->
            <property name="hibernate.format_sql">false</property>
            <!-- 为Session指定一个自定义策略 -->
            <property name="hibernate.current_session_context_class">
                thread
            </property>
            <!-- C3P0 JDBC连接池 -->
```

```
            <property name="hibernate.c3p0.max_size">20</property>
            <property name="hibernate.c3p0.min_size">5</property>
            <property name="hibernate.c3p0.timeout">120</property>
            <property name="hibernate.c3p0.max_statements">100</property>
            <property name="hibernate.c3p0.idle_test_period">120</property>
            <property name="hibernate.c3p0.acquire_increment">2</property>
            <property name="hibernate.c3p0.validate">true</property>
            <!-- 映射文件 -->
            <mapping resource="com/lyq/model/user/User.hbm.xml"/>
            ……<!—省略的映射文件 -->
        </session-factory>
    </hibernate-configuration>
```

C3P0 是一个随 Hibernate 一同分发的开发的 JDBC 连接池，它位于 Hibernate 源文件的 lib 目录下。如果在配置文件中设置了 hibernate.c3p0.*的相关属性，Hibernate 将会使用 C3P0ConnectionProvider 来缓存 JDBC 连接。

13.4 实现 MVC 编码

13.4.1 JSP 完成视图层

天下淘商城项目使用 JSP 来实现前台的 Web 网页，整个项目共计 30 多个 JSP 文件。在这一节我们来介绍一下商城首页——index.jsp。

【例 13-1】 编写天下淘商城的首页 JSP 文件。

```
    <%@ page language="java" contentType="text/html; charset=UTF-8"
        pageEncoding="UTF-8"%>
    <!DOCTYPE html PUBLIC "-//W3C//DTD HTML 4.01 Transitional//EN" "http://www.w3.org/TR/html4/
loose.dtd">
    <html>
    <head>
    <meta http-equiv="Content-Type" content="text/html; charset=UTF-8">
    <title>首页</title>
    <STYLE type="text/css">
    </STYLE>
    <SCRIPT type="text/javascript">
        if (self != top) {
            top.location = self.location;
        }
    </SCRIPT>
    </head>
    <body>
    <%@include file="/WEB-INF/pages/common/head.jsp"%>
    <div id="box">
    <div id="left">
    <div id="left_s01"><s:a action="customer_login" namespace="/customer"><img
        src="${context_path}/css/images/index_23.gif" class="imgx5" /></s:a>
```

```
        <s:a action="customer_reg" namespace="/customer"><img
        src="${context_path}/css/images/index_26.gif" class="imgx5" /></s:a><img
        src="${context_path}/css/images/index_27.gif" /></div>
    <div id="left_s02"><img
        src="${context_path}/css/images/index_25.gif" width="489" height="245"
        class="imgz5" /></div>
    <!-- 类别 -->
    <s:iterator value="categories">
    <div id="left_x">
    <div id="left122">
    <table style="float: left;height: auto;width: 678px; vertical-align: middle; ">
       <tr>
         <td class="word14" style="width: 22px; padding-left: 10px;">
            <s:property value="name"/>
         </td>
          <td style="padding-bottom: 3px;">
                <div id="left122_y">
                    <!-- 二级 -->
                    <s:if test="!children.isEmpty">
                        <s:iterator value="children">
                            <div  style="white-space:nowrap;  width:  28%;float:  left;  margin-top:  5px;
margin-bottom: 5px; margin-left: 26px;">
                               <b style="color: #990000;"><s:property value="name" escape="false"/></b>
                               <!-- 三级 -->
                               <s:if test="!children.isEmpty">
                                   <span>
                                   <s:iterator value="children">
                                       <s:a action="product_getByCategoryId" namespace="/product">
                                           <s:param name="category.id" value="id"></s:param>
                                           <s:property value="name" escape="false"/>
                                       </s:a>
                                   </s:iterator>
                                  </span>
                              </s:if>
                          </div>
                      </s:iterator>
                  </s:if>
              </div>
         </td>
       </tr>
    </table>
    </div>
    </div>
    </s:iterator>
    </div>
    <div id="right">
    <!-- 商品排行 -->
    <div id="rqpgb">
    <table width="195" border="0" cellpadding="0"
        cellspacing="0">
        <tr>
```

```
            <td width="195" height="31"><img
                src="${context_path}/css/images/index_28.gif" width="195" height="29" /></td>
        </tr>
        <tr>
            <td height="5"></td>
        </tr>
        <tr>
            <td valign="top">
                <s:action name="product_findByClick" namespace="/product" executeResult="true"></s:action>
            </td>
        </tr>
</table>
</div>
<!-- 推荐商品 -->
<div id="xpss">
<table width="195" border="0" cellpadding="0"
    cellspacing="0">
    <tr>
        <td width="195" height="31"><img
            src="${context_path}/css/images/08.gif" width="195" height="29" /></td>
    </tr>
    <tr>
        <td height="5"></td>
    </tr>
    <tr>
        <td valign="top">
            <s:action name="product_findByCommend" namespace="/product" executeResult="true"></s:action>
        </td>
    </tr>
</table>
</div>
<!-- 热销商品 -->
<div id="rxsp">
<table width="195" border="0" cellpadding="0"
    cellspacing="0">
    <tr>
        <td width="195" height="31"><img
            src="${context_path}/css/images/index_47.gif" width="195" height="29" /></td>
    </tr>
    <tr>
        <td height="5"></td>
    </tr>
    <tr>
        <td valign="top">
        <s:action name="product_findBySellCount" namespace="/product" executeResult="true"></s:action>
        </td>
    </tr>
</table>
</div>
<div id="sckf"></div>
</div>
```

```
<div id="foot"></div>
</div>
</body>
</html>
```

天下淘商城首页效果图如图 13-2 所示。

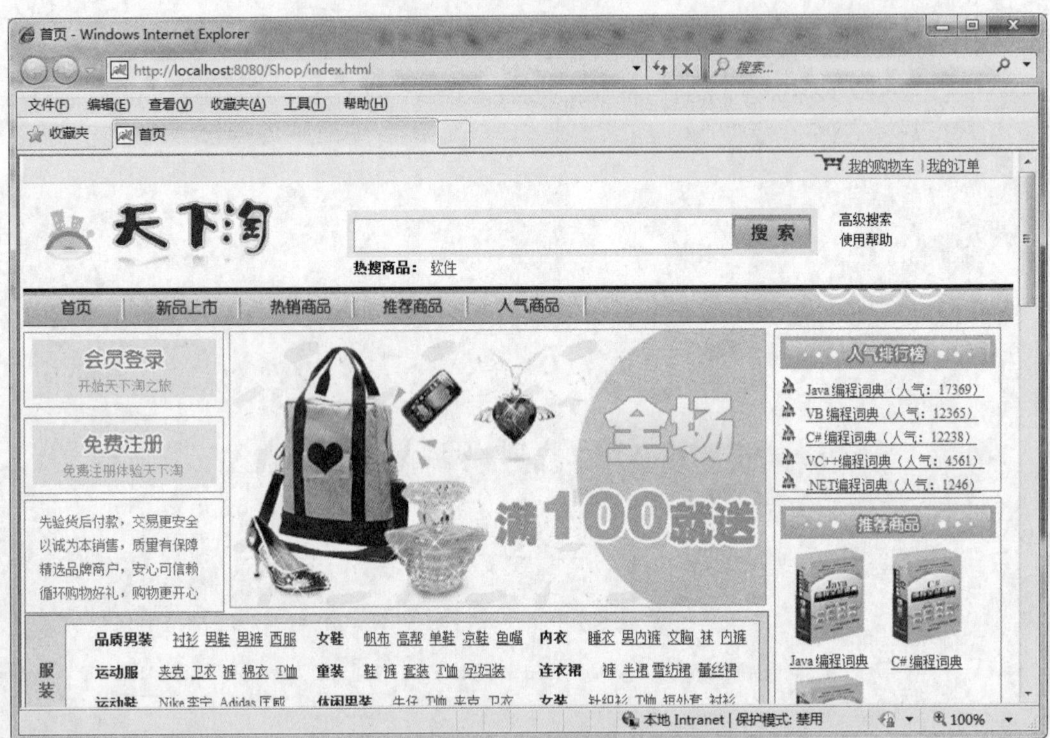

图 13-2　天下淘商城首页效果图

13.4.2　Struts 2 完成控制层

【例 13-2】 编写天下淘商城的首页 Action 文件。

创建基本 Action 对象 BaseAction，作为其他所有 Action 的父类，代码如下：

```
import java.util.HashSet;
import java.util.Map;
import java.util.Set;
import org.apache.struts2.interceptor.ApplicationAware;
import org.apache.struts2.interceptor.RequestAware;
import org.apache.struts2.interceptor.SessionAware;
import org.springframework.beans.factory.annotation.Autowired;
import com.lyq.dao.order.OrderDao;
import com.lyq.dao.product.ProductCategoryDao;
import com.lyq.dao.product.ProductDao;
import com.lyq.dao.product.UploadFileDao;
import com.lyq.dao.user.CustomerDao;
import com.lyq.dao.user.UserDao;
import com.lyq.model.order.OrderItem;
```

```
import com.lyq.model.user.Customer;
import com.lyq.model.user.User;
import com.opensymphony.xwork2.ActionSupport;
public class BaseAction extends ActionSupport implements RequestAware,
        SessionAware, ApplicationAware {
    private static final long serialVersionUID = 1L;
    protected Integer id;
    protected Integer[] ids;
    protected int pageNo = 1;
    protected int pageSize = 3;

    public static final String LIST = "list";
    public static final String EDIT = "edit";
    public static final String ADD = "add";
    public static final String SELECT = "select";
    public static final String QUERY = "query";
    public static final String LEFT = "left";
    public static final String RIGHT = "right";
    public static final String INDEX = "index";
    public static final String MAIN = "main";
    public static final String MANAGER = "manager";
    public static final String TOP = "top";
    public static final String REG = "reg";
    public static final String USER_LOGIN = "userLogin";
    public static final String CUSTOMER_LOGIN = "customerLogin";
    public static final String LOGOUT = "logout";
    // 获取用户id
    // 获取用户对象
    public Customer getLoginCustomer(){
        if(session.get("customer") != null){
            return (Customer) session.get("customer");
        }
        return null;
    }
    // 获取管理员id
    // 获取管理员对象
    public User getLoginUser(){
        if(session.get("admin") != null){
            return (User) session.get("admin");
        }
        return null;
    }
    // 从session中取出购物车
    @SuppressWarnings("unchecked")
    protected Set<OrderItem> getCart(){
        Object obj = session.get("cart");
        if(obj == null){
            return new HashSet<OrderItem>();
        }else{
            return (Set<OrderItem>) obj;
        }
```

```
    }

    // 注入Dao
    @Autowired
    protected ProductCategoryDao categoryDao;
    @Autowired
    protected ProductDao productDao;
    @Autowired
    protected OrderDao orderDao;
    @Autowired
    protected UserDao userDao;
    @Autowired
    protected CustomerDao customerDao;
    @Autowired
    protected UploadFileDao uploadFileDao;

    // Map类型的request
    protected Map<String, Object> request;
    // Map类型的session
    protected Map<String, Object> session;
    // Map类型的application
    protected Map<String, Object> application;

    @Override
    public void setRequest(Map<String, Object> request) {
        // 获取Map类型的request赋值
        this.request = request;
    }
    @Override
    public void setApplication(Map<String, Object> application) {
        // 获取Map类型的application赋值
        this.application = application;
    }
    @Override
    public void setSession(Map<String, Object> session) {
        // 获取Map类型的session赋值
        this.session = session;
    }

    // 处理方法
    public String index() throws Exception {
        return INDEX;
    }
    public String manager() throws Exception {
        return MANAGER;
    }
    public String main() throws Exception {
        return MAIN;
    }
    public String add() throws Exception {
        return ADD;
```

```
    }
    public String select() throws Exception {
        return SELECT;
    }
    public String execute() throws Exception {
        return SUCCESS;
    }
    public String top() throws Exception {
        return TOP;
    }
    public String left() throws Exception {
        return LEFT;
    }
    public String right() throws Exception {
        return RIGHT;
    }
    public String reg() throws Exception{
        return REG;
    }
    public String query() throws Exception{
        return QUERY;
    }
    // getter和setter方法
    public Integer[] getIds() {
        return ids;
    }
    public void setIds(Integer[] ids) {
        this.ids = ids;
    }
    public int getPageNo() {
        return pageNo;
    }
    public void setPageNo(int pageNo) {
        this.pageNo = pageNo;
    }
    public Integer getId() {
        return id;
    }
    public void setId(Integer id) {
        this.id = id;
    }
}
```

创建商城首页的 Action 类 IndexAction，用于将首页的商品分类，代码如下：

```
import java.util.List;
import org.springframework.context.annotation.Scope;
import org.springframework.stereotype.Controller;
import com.lyq.model.product.ProductCategory;
import com.lyq.model.product.ProductInfo;
@Scope("prototype")
@Controller("indexAction")
public class IndexAction extends BaseAction {
```

```
    private static final long serialVersionUID = 1L;
    @Override
    public String execute() throws Exception {
        // 查询所有类别
        String where = "where parent is null";
        categories = categoryDao.find(-1, -1, where, null).getList();
        // 查询推荐的商品
        product_commend = productDao.findCommend();
        // 查询销量最高的商品
        product_sellCount = productDao.findSellCount();
        // 查询人气高的商品
        product_clickcount = productDao.findClickcount();
        return SUCCESS;
    }
    // 所有类别
    private List<ProductCategory> categories;
    // 推荐商品
    private List<ProductInfo> product_commend;
    // 销售最好的商品
    private List<ProductInfo> product_sellCount;
    // 人气最高的商品
    private List<ProductInfo> product_clickcount;
    public List<ProductCategory> getCategories() {
        return categories;
    }
    public void setCategories(List<ProductCategory> categories) {
        this.categories = categories;
    }
    public List<ProductInfo> getProduct_commend() {
        return product_commend;
    }
    public void setProduct_commend(List<ProductInfo> productCommend) {
        product_commend = productCommend;
    }
    public List<ProductInfo> getProduct_sellCount() {
        return product_sellCount;
    }
    public void setProduct_sellCount(List<ProductInfo> productSellCount) {
        product_sellCount = productSellCount;
    }
    public List<ProductInfo> getProduct_clickcount() {
        return product_clickcount;
    }
    public void setProduct_clickcount(List<ProductInfo> productClickcount) {
        product_clickcount = productClickcount;
    }
}
```

13.4.3 Hibernate 完成数据封装

创建天下淘商城商品的实体类 ProductInfo，代码如下：

```
import java.io.Serializable;
import java.util.Date;
import com.lyq.model.Sex;
public class ProductInfo implements Serializable {
    private static final long serialVersionUID = 1L;
    private Integer id;// 商品编号
    private String name;// 商品名称
    private String description;// 商品说明
    private Date createTime = new Date();// 上架时间
    private Float baseprice;// 商品采购价格
    private Float marketprice;// 现在市场价格
    private Float sellprice;// 商城销售价格
    private Sex sexrequest;// 所属性别
    private Boolean commend = false;// 是否是推荐商品（默认值为false）
    private Integer clickcount = 1;// 访问量（统计受欢迎的程度）
    private Integer sellCount = 0;// 销售数量（统计热销商品）
    private ProductCategory category;// 所属类别
    private UploadFile uploadFile;// 上传文件
    public Integer getId() {
        return id;
    }
    public void setId(Integer id) {
        this.id = id;
    }
    public String getName() {
        return name;
    }
    public void setName(String name) {
        this.name = name;
    }
    public String getDescription() {
        return description;
    }
    public void setDescription(String description) {
        this.description = description;
    }
    public Date getCreateTime() {
        return createTime;
    }
    public void setCreateTime(Date createTime) {
        this.createTime = createTime;
    }
    public Float getBaseprice() {
        return baseprice;
    }
    public void setBaseprice(Float baseprice) {
        this.baseprice = baseprice;
    }
    public Float getMarketprice() {
        return marketprice;
    }
```

```
    public void setMarketprice(Float marketprice) {
        this.marketprice = marketprice;
    }
    public Float getSellprice() {
        return sellprice;
    }
    public void setSellprice(Float sellprice) {
        this.sellprice = sellprice;
    }
    public Sex getSexrequest() {
        return sexrequest;
    }
    public void setSexrequest(Sex sexrequest) {
        this.sexrequest = sexrequest;
    }
    public Boolean getCommend() {
        return commend;
    }
    public void setCommend(Boolean commend) {
        this.commend = commend;
    }
    public Integer getClickcount() {
        return clickcount;
    }
    public void setClickcount(Integer clickcount) {
        this.clickcount = clickcount;
    }
    public Integer getSellCount() {
        return sellCount;
    }
    public void setSellCount(Integer sellCount) {
        this.sellCount = sellCount;
    }
    public ProductCategory getCategory() {
        return category;
    }
    public void setCategory(ProductCategory category) {
        this.category = category;
    }
    public UploadFile getUploadFile() {
        return uploadFile;
    }
    public void setUploadFile(UploadFile uploadFile) {
        this.uploadFile = uploadFile;
    }
}
```

创建商品类的映射文件，代码如下：

```
<?xml version="1.0" encoding="UTF-8"?>
<!DOCTYPE hibernate-mapping PUBLIC
    "-//Hibernate/Hibernate Mapping DTD 3.0//EN"
    "http://hibernate.sourceforge.net/hibernate-mapping-3.0.dtd" >
<hibernate-mapping package="com.lyq.model.product">
    <class name="ProductInfo" table="tb_productInfo">
```

```
        <!-- 主键 -->
            <id name="id">
                <generator class="native"/><!-- 主键自增类型 -->
            </id>
            <property name="name" not-null="true" length="100"/>
            <property name="description" type="text"/>
            <property name="createTime"/>
            <property name="baseprice"/>
            <property name="marketprice"/>
            <property name="sellprice"/>
            <property name="sexrequest" type="com.lyq.util.hibernate.SexType" length="5"/>
            <property name="commend"/>
            <property name="clickcount"/>
            <property name="sellCount"/>
            <!-- 多对一映射类别 -->
            <many-to-one name="category" column="categoryId"/>
            <!-- 多对一映射上传文件 -->
            <many-to-one name="uploadFile" unique="true" cascade="all" lazy="false"/>
        </class>
    </hibernate-mapping>
```

13.5 SSH2 实例程序部署

1. 自动部署

在 Eclipse 中，在项目上单击鼠标右键，在"Run As"菜单中选择"Run on Server"，自动向服务器部署该项目，等服务器启动完毕，即可访问项目页面了。

2. 手动部署

手动部署就是通过导出 WAR 包的方式将项目直接部署到 Tomcat 中。

（1）在 Eclipse 中，单击鼠标右键选中 Shop 项目，选择"Export..."，在弹出的窗口中，选择"Web→WAR file"，单击"Next"按钮，如图 13-3 所示。

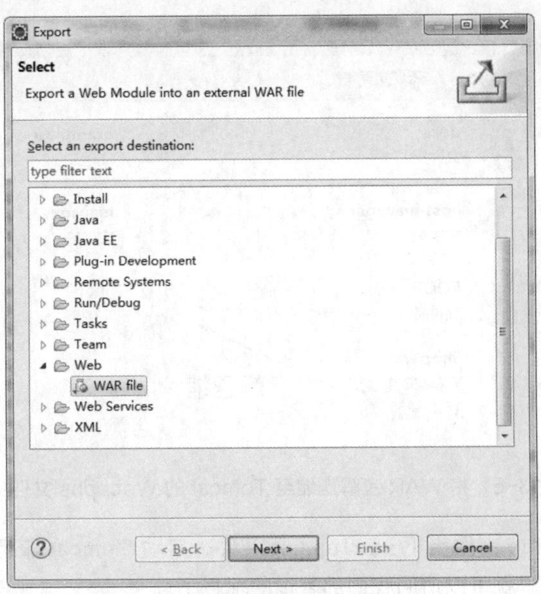

图 13-3 选择导出 WAR 包的界面

（2）在生成界面点击“Browse...”按钮选择生成 WAR 包的地址，然后单击“Finish”按钮，如图 13-4 所示。

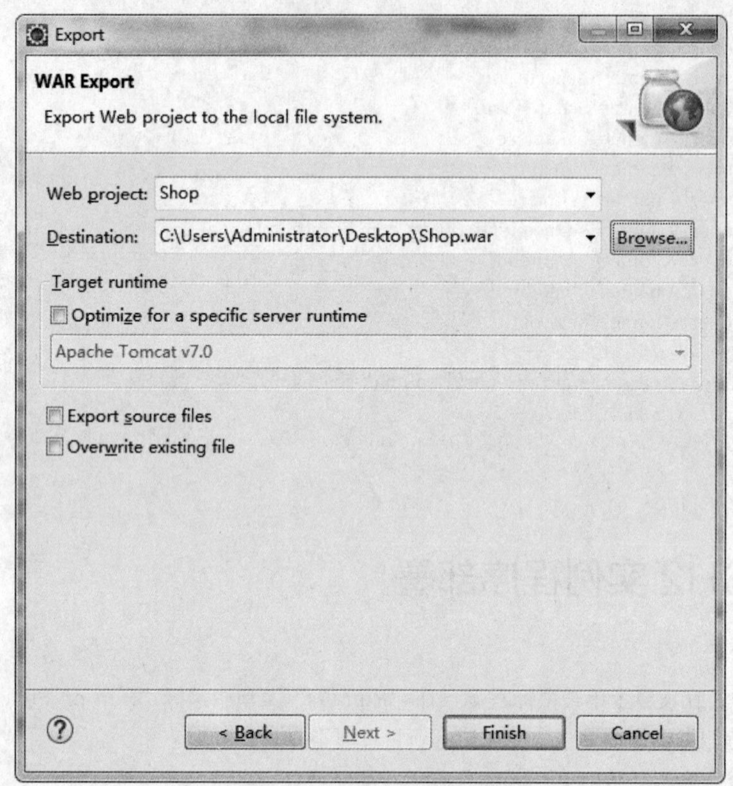

图 13-4　生成 WAR 包界面

（3）将生成好的 WAR 包拷贝到 Tomcat 的 Webapps 文件夹下，使用压缩软件解压缩到当前文件夹，如图 13-5 所示。

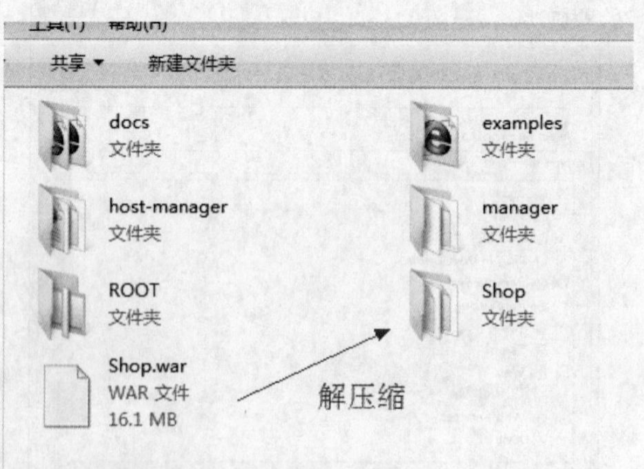

图 13-5　将 WAR 包解压缩至 Tomcat 的 Webapps 文件夹下

（4）运行 Tomcat 的 bin 文件夹下 startup.bat 文件，启动 Tomcat 服务器。正常启动之后，如图 13-6 所示，直接在浏览器里就可以访问我们部署过的项目了。

图 13-6　启动 Tomcat 的命令行界面

小　结

本章我们介绍了 Struts 2、Spring 和 Hibernate 框架的优缺点，然后分析了 SSH2 的结构。Web 项目的入口点是 web.xml 文件，通过对 web.xml 进行配置，我们可以开启 Spring 框架和 Struts 2 框架的功能，然后通过配置 Spring，可以将 Hibernate 框架功能添加到项目中，同时将数据库接口类的实例反射给 Action 进行使用。

上机指导

使用 SSH2 框架搭建用户注册界面。

开发步骤如下。

（1）创建一个 Web 项目，命名为 SSH2Test，并在数据中执行脚本：

```
USE test;
DROP TABLE IF EXISTS `t_user`;
CREATE TABLE `t_user` (
  `id` int(11) NOT NULL AUTO_INCREMENT,
  `username` varchar(45) NOT NULL,
  `password` varchar(45) NOT NULL,
  `phone` varchar(45) NOT NULL,
  `email` varchar(45) NOT NULL,
  PRIMARY KEY (`id`)
);
```

（2）设置 web.xml 文件如下：

```
<?xml version="1.0" encoding="UTF-8"?>
<web-app xmlns:xsi="http://www.w3.org/2001/XMLSchema-instance"
      xmlns="http://java.sun.com/xml/ns/javaee" xmlns:web="http://java.sun.com/xml/ns/
```

```
javaee/web-app_2_5.xsd"
          xsi:schemaLocation="http://java.sun.com/xml/ns/javaee
http://java.sun.com/xml/ns/javaee/web-app_2_5.xsd"
          id="WebApp_ID" version="2.5">
          <display-name>Shop</display-name>
          <!-- 对Spring容器进行实例化 -->
          <listener>
          <listener-class>org.springframework.web.context.ContextLoaderListener</listener-class>
          </listener>
          <context-param>
              <param-name>contextConfigLocation</param-name>
              <param-value>classpath:applicationContext.xml</param-value>
          </context-param>
          <!-- Struts 2配置 -->
          <filter>
            <filter-name>struts2</filter-name>
            <filter-class>org.apache.struts2.dispatcher.ng.filter.StrutsPrepareAndExecuteFilter
</filter-class>
          </filter>
          <filter-mapping>
            <filter-name>struts2</filter-name>
            <url-pattern>/*</url-pattern>
          </filter-mapping>
            <!-- 设置程序的默认欢迎页面-->
            <welcome-file-list>
                 <welcome-file>index.jsp</welcome-file>
          </welcome-file-list>
     </web-app>
```

（3）配置 struts.xml 文件如下：

```
     <struts>
          <package name="default" namespace="/" extends="struts-default">
              <action name="UserAction_*" method="{1}"  class="com.mr.action.UserAction">
                   <result name="success">result.jsp </result>
                   <result name="error">error.jsp</result>
                   <result name="input">index.jsp</result>
              </action>
          </package>
     </struts>
```

（4）配置 applicationContext.xml 文件如下：

```
     <?xml version="1.0" encoding="UTF-8"?>
     <beans xmlns="http://www.springframework.org/schema/beans"
          xmlns:xsi="http://www.w3.org/2001/XMLSchema-instance"
          xsi:schemaLocation="http://www.springframework.org/schema/beans
http://www.springframework.org/schema/beans/spring-beans-2.5.xsd">
          <!-- 引入配置文件 -->
          <bean
     class="org.springframework.beans.factory.config.PropertyPlaceholderConfigurer">
              <property name="locations">
                    <value>classpath:hibernate.properties</value>
                </property>
```

```
	</bean>

	<bean id="dataSource"
		class="org.springframework.jdbc.datasource.DriverManagerDataSource">
		<property name="driverClassName" value="${hibernate.connection.driver_class}" />
		<property name="url" value="${hibernate.connection.url}" />
		<property name="username" value="${hibernate.connection.username}" />
		<property name="password" value="${hibernate.connection.password}" />
	</bean>
	<!-- 定义Hibernate的sessionFactory -->
	<bean id="sessionFactory"
		class="org.springframework.orm.hibernate3.LocalSessionFactoryBean">
		<property name="dataSource">
			<ref bean="dataSource" />
		</property>
		<property name="hibernateProperties">
			<props>
				<!-- 数据库连接方言 -->
				<prop key="hibernate.dialect">org.hibernate.dialect.MySQLDialect</prop>
				<!-- 在控制台输出SQL语句 -->
				<prop key="hibernate.show_sql">false</prop>
				<!-- 格式化控制台输出的SQL语句 -->
				<prop key="hibernate.format_sql">false</prop>
			</props>
		</property>
		<!--Hibernate映射文件 -->
		<property name="mappingResources">
			<list>
				<value>com/mr/user/User.hbm.xml</value>
			</list>
		</property>
	</bean>
	<!-- 注入SessionFactory -->
	<bean id="userDAO" class="com.mr.dao.UserDAO">
		<property name="sessionFactory">
			<ref local="sessionFactory" />
		</property>
	</bean>
</beans>
```

（5）配置 hibernate.properties 文件如下：

```
hibernate.connection.driver_class = com.mysql.jdbc.Driver
hibernate.connection.url = jdbc:mysql://localhost:3306/test
hibernate.connection.username = root
hibernate.connection.password = 123456
```

（6）编写前台页面，index.jsp 代码如下：

```
<%@ page language="java" import="java.util.*" pageEncoding="UTF-8"%>
<%@ taglib prefix="s" uri="/struts-tags"%>
<html>
<head>
<title>校验用户注册信息</title>
```

```
    </head>
    <body>
        <s:form method="post" action="UserAction_add" id="form">
            <table>
                <tr>
                    <td colspan="2" align="center">用户注册</td>
                </tr>
                <tr>

                </tr>
                <tr>
                    <td><s:textfield name="user.username" label="用户名" id="username_id">
</s:textfield></td>
                </tr>
                <tr>

                    <td><s:password name="user.password" label="密码" id="pwd1_id">
</s:password></td>
                </tr>
                <tr>
                    <td><s:password name="repassword" label="再次输入密码" id="pwd2_id">
</s:password></td>
                </tr>
                <tr>
                    <td><s:textfield name="user.phone" label="电话" id="phone_id">
</s:textfield></td>
                </tr>
                <tr>
                    <td><s:textfield name="user.email" label="邮箱" id="email_id">
</s:textfield></td>
                </tr>
                <tr>
                    <s:submit value="提交"></s:submit>
                </tr>
            </table>
        </s:form>
        <div style="color: red;">
            <s:fielderror />
        </div>
    </body>
    </html>
    result.hsp 和 error.jsp 只输出一行字即可。
    <html>
    <head>
    </head>
    <body>
    注册失败！（或注册成功！）
    </body>
    </html>
```

（7）创建持久类和持久类配置文件如下：

```
public class User {
    private Integer id;
    private String username;
    private String password;
    private String phone;
    private String email;

    /*此处省略get()和set()方法*/
}
```

配置文件 User.hbm.xml 关键代码如下：

```
<hibernate-mapping>
     <class name="com.mr.user.User" table="t_user">
          <!-- id值 -->
          <id name="id" column="id" type="int">
          <generator class="native"/>
      </id>
     <property name="username" type="string" length="45">
          <column name="username"/>
      </property>
      <property name="password" type="string" length="45">
          <column name="password"/>
      </property>
      <property name="phone" type="string" length="45">
          <column name="phone"/>
      </property>
      <property name="email" type="string" length="45">
          <column name="email"/>
      </property>
      </class>
</hibernate-mapping>
```

（8）创建 DAO 接口实现类，其代码如下：

```
public class UserDAO {
    private SessionFactory sessionFactory;
    public void insert(User user) throws Exception {
        this.getSession().save(user);
    }

    protected Session getSession() {
        return sessionFactory.openSession();
    }

    public SessionFactory getSessionFactory() {
        return sessionFactory;
    }

    public void setSessionFactory(SessionFactory sessionFactory) {
        this.sessionFactory = sessionFactory;
    }
}
```

（9）创建 Action 类，其核心代码如下：

```
public class UserAction extends ActionSupport {
    UserDAO userDAO;
    User user;
    String repassword;
    public String add() {
        try {
            if (user != null) {

                userDAO.insert(user);// 执行用户添加的方法
                return "success";
            } else {
                return "error";
            }
        } catch (Exception e) {
            e.printStackTrace();
            return "error";
        }

    }
    public void validate() {
            if (user == null) {
            System.out.println("user为空");
        } else {
            if (user.getUsername() == null
                    || user.getUsername().trim().equals("")) {
                addFieldError("", "用户名不能为空");
            }
            if (user.getPassword() == null
                    || user.getPassword().trim().equals("")) {
                addFieldError("", "密码不能为空");
            }
            if (user.getEmail() == null || user.getEmail().trim().equals("")) {
                addFieldError("", "邮箱不能为空");
            }
            if (user.getPhone() == null || user.getPhone().trim().equals("")) {
                addFieldError("", "电话不能为空");
            }
            if (!user.getPassword().equals(repassword)) {
                addFieldError("", "两次密码输入不一致");
            }
            String regex = "(13[0-9]|(15[012356789])|18[056789])[0-9]{8}";
            if (!user.getPhone().matches(regex)) {
                addFieldError("", "请输入有效电话号码");
            }
            regex = "\\w+@\\w+(\\.\\w{2,3})*\\.\\w{2,3}";
            if (!user.getEmail().matches(regex)) {
                addFieldError("", "邮箱格式不正确");
            }
        }
    }
```

```
/*此处省略若干get()和set()方法*/
}
```

（10）将项目部署到Tomcat服务器中运行，效果如图13-7所示。

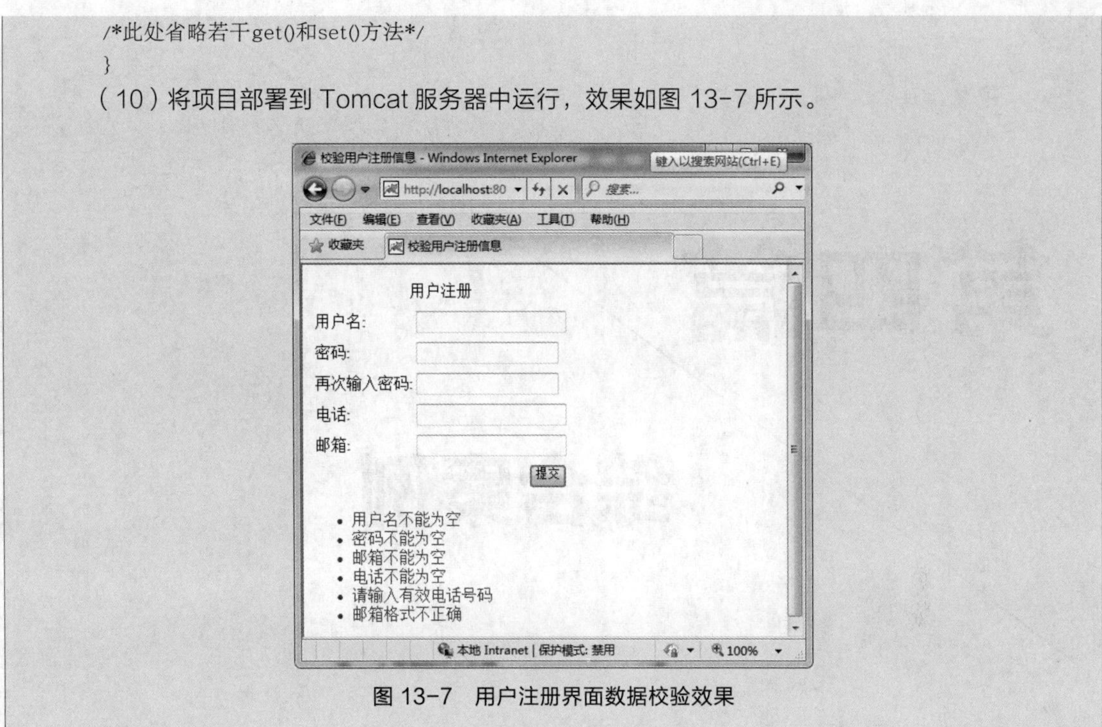

图13-7　用户注册界面数据校验效果

习题

1. 为什么要使用SSH2框架开发项目？
2. 如何在Web项目中添加Spring框架？
3. 如何在Web项目中添加Struts 2框架？
4. 如何在项目中添加Hibernate框架？
5. 如何把项目部署到Tomcat中？

第四篇

综合案例

PART14

第14章 天下淘网络商城

本章要点：

- 了解网上商城的核心业务
- 网站开发的基本流程
- SSH2的整合
- MVC的开发模式
- 支持无限级别树生成的算法
- 发布配置Tomcat服务器

■ 喜欢网上购物的读者一定登录过淘宝，也一定被网页上琳琅满目的商品所吸引，忍不住拍一个自己喜爱的商品。如今也有越来越多的人加入到网购的行列，做网上店铺的老板，做新时代的购物潮人，你是否也想过开发一个自己的网上商城？在接下来的内容中我们将一起进入天下淘网络商城开发的旅程。

14.1 开发背景

近年来，随着 Internet 的迅速崛起，互联网用户的爆炸式增长及互联网对传统行业的冲击让其成为了人们快速获取、发布和传递信息的重要渠道，于是电子商务逐渐流行起来，越来越多的商家在网上建起网上商城，向消费者展示出一种全新的购物理念，同时也有越来越多的网友加入到了网上购物的行列。阿里巴巴旗下的淘宝的成功，展现了电子商务网站强大的生命力和电子商务网站更加光明的未来。

天下淘商城网站
使用说明

笔者充分利用 Internet 这个平台，实现一种全新的购物方式——网上购物，其目的是方便广大网友购物，让网友足不出户就可以逛商城买商品，为此构建天下淘商城系统。

14.2 系统分析

14.2.1 需求分析

天下淘商城系统是基于 B/S 模式的电子商务网站，用于满足不同人群的购物需求，笔者通过对现有的商务网站的考察和研究，从经营者和消费者的角度出发，以高效管理、满足消费者需求为原则，要求本系统满足以下要求。

① 统一友好的操作界面，具有良好的用户体验。

② 商品分类详尽，可按不同类别查看商品信息。

③ 推荐产品、人气商品及热销产品的展示。

④ 会员信息的注册及验证。

⑤ 用户可通过关键字搜索指定的产品信息。

⑥ 用户可通过购物车一次购买多件商品。

⑦ 实现收银台的功能，用户选择商品后可以在线提交订单。

⑧ 提供简单的安全模型，用户必须先登录，才允许购买商品。

⑨ 用户可查看自己的订单信息。

⑩ 设计网站后台，管理网站的各项基本数据。

⑪ 系统运行安全稳定、响应及时。

14.2.2 可行性分析

在正式开发系统之前，首先需要对天下淘商城的技术、操作和经济成本 3 个方面进行可行性分析。

1. 技术可行性

本系统采用 MVC 设计模式，使用当前最流行的 Struts 2+Spring+Hibernate 框架进行开发，在前台用 JSP 进行页面开发和管理用户界面，利用轻巧的 JavaScript 库——jQuery 处理页面的 JavaScript 脚本，使开发更加高效，提示信息更加完善，界面友好，具有较强的亲和力。后台采用 MySQL 数据库，MySQL 小巧高效的特点足以满足系统的性能要求。本系统使用当前主流的 Java 开源开发工具 Eclipse

和 Tomcat 服务器进行程序开发和发布，它们是完全免费的，可以节约开发成本。本系统采用的技术和开发环境在实际开发中应用非常广泛，充分说明本系统在技术方面可行。

2. 操作可行性

天下淘商城主要面向的是喜欢网购的网友，只要天下淘商城的用户会一些简单的计算机操作，就可以进行网上购物，不需要用户具有较高的计算机专业知识，而且对于网站基本信息的维护也是十分简单，管理员可以在任何一台可以上网的机器上对网站进行维护。网站的简单易用性充分说明了天下淘商城的操作可行性。

3. 经济成本可行性

在实际的销售运营过程中，产品的宣传受到限制，采购商或顾客只能通过上门咨询、电话沟通等方式进行各种产品信息的获取，而且时间与物理的局限性严重影响了产品的销售，并且在无形中提高了产品的销售成本。本系统完全可以改变这种现状，以少量的时间和资金建立企业商务网络，以此来使企业与消费者之间的经济活动变得更加灵活、主动。

系统中应用的开发工具及技术框架都是免费的，这无疑为网站的成本再一次压缩了空间。从成本可行性分析来看，该系统充分体现了将产品利益最大化的企业原则。

14.3 系统设计

14.3.1 功能结构图

天下淘商城系统分为前台和后台两个部分的操作。前台主要有两大功能，分别是展示产品信息的各种浏览操作和会员用户购买商品的操作，当会员成功登录后，就可以使用购物车进行网上购物。天下淘商城前台功能结构图如图 14-1 所示。

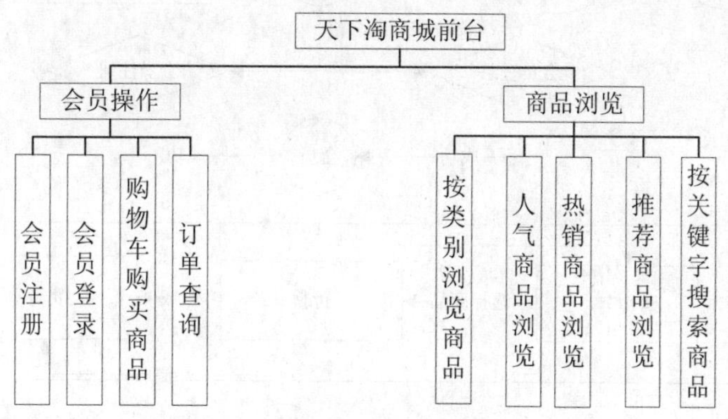

图 14-1 天下淘商城系统前台功能结构图

后台的主要功能是当管理员成功登录后台后，管理员可以对网站的基本信息进行维护。例如，管理员可以对商品的类别进行管理，如可以删除和添加产品的类别；如可以对商品信息进行维护；如可以添加、删除、修改和查询产品信息，并上传产品的相关图片；如可以对会员的订单进行集中管理；可以对订单信息进行自定义的条件查询并修改制定的产品信息等。天下淘商城后台功能结构图如图 14-2 所示。

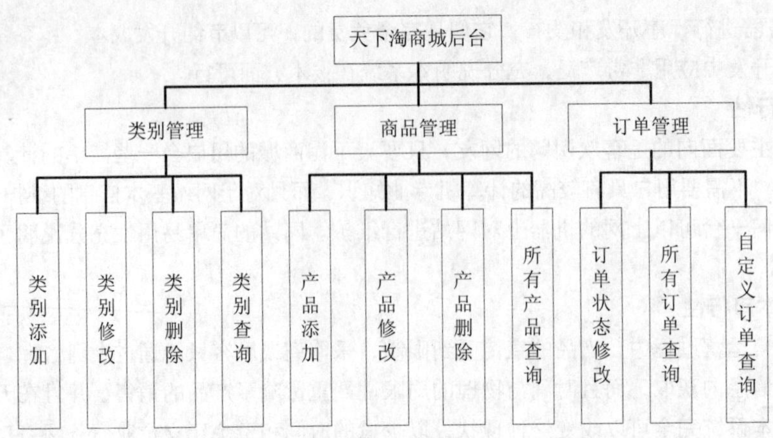

图 14-2　天下淘商城系统后台功能结构图

14.3.2　系统流程图

在天下淘商城中，只有会员才允许进行购物操作，所以初次登录网站的游客如果想进行购物操作，必须注册为天下淘商城的会员。成功注册为会员后，会员可以使用购物车选择自己需要的商品，在确认订单付款后，系统将自动生成此次交易的订单基本信息。网站基本信息的维护由网站管理员负责，由管理员负责对商品信息、商品类别信息及订单信息进行维护，关于订单的维护只能修改订单的状态，并不能修改订单的基本信息，因为订单确认之后就是用户与商家之间交易的凭证，第三方无权修改。

天下淘商城的系统流程图如图 14-3 所示。

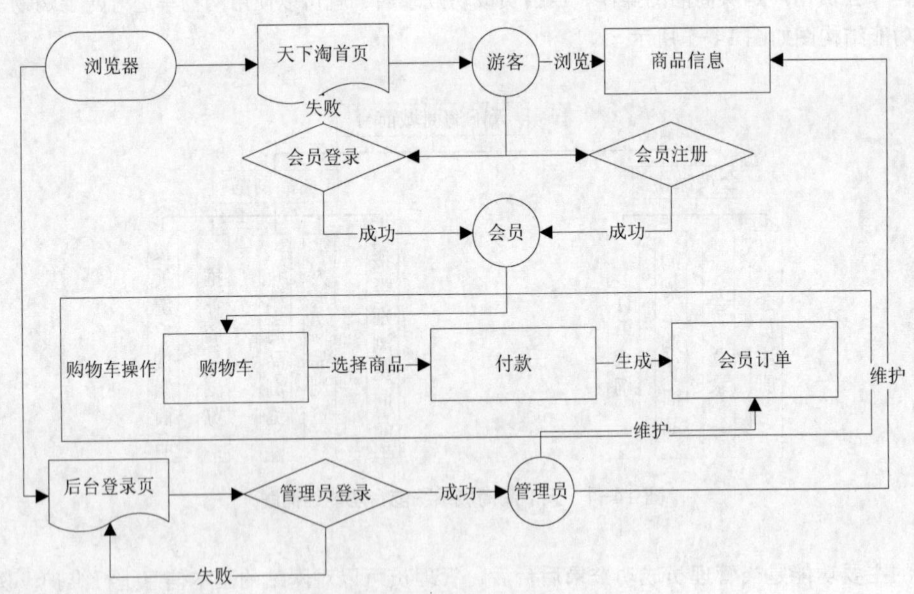

图 14-3　天下淘商城系统流程图

14.3.3　开发环境

在进行天下淘商城网站开发时，需要具备以下开发环境。

服务器端：

操作系统：Windows 2003 或者更高版本的服务器操作系统。

Web 服务器：Tomcat6.0 或 6.0 以上版本。

Java 开发包：JDK1.5 以上。

数据库：MySQL。

客户端：

浏览器：IE6.0 或者更高版本的浏览器。

分辨率：最低要求为 800×600 像素。

14.3.4 文件夹组织结构

在编写代码之前，可以把系统中可能用到的文件夹先创建出来（例如，创建一个名为 images 的文件夹，用于保存网站中所使用的图片），这样不但可以方便以后的开发工作，也可以规范网站的整体架构。本系统的文件夹组织结构如图 14-4 所示。

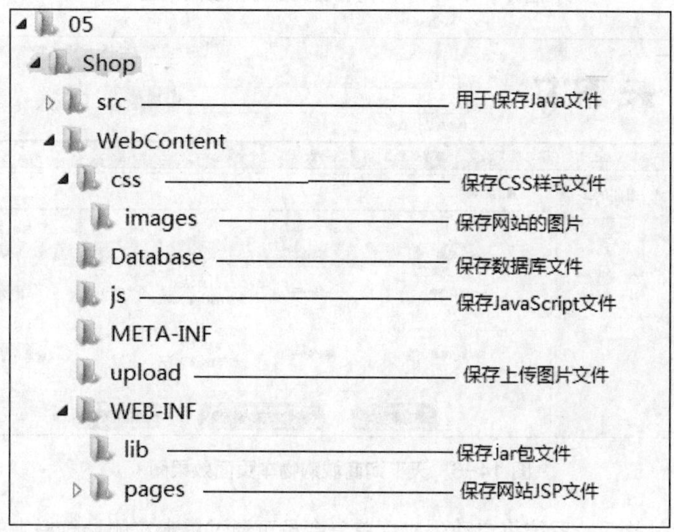

图 14-4 天下淘购物网文件夹组织结构

14.3.5 系统预览

系统预览将以用户交易为例，列出几个关键的页面。商品交易是天下淘商城的核心模块之一，通过该预览的展示，读者可以对天下淘商城有个基本的了解，同时读者也可以在本书配套资源中对本程序的源程序进行查看。

用户在地址栏中输入天下淘商城的域名，就可以进入到天下淘商城。首页将商品的类别信息分类展现给用户，并在首页展示部分的人气商品、推荐商品、热销商品及上市新品。首页部分效果如图 14-5 所示。

如果用户为会员，其登录后就可以直接进行产品的选购。当用户在商品信息详细页面中单击“直接购买”超链接，就会将该商品放入购物车中，同时用户也可以使用购物车选购多种商品，购物车同时可以保存多件会员采购的商品信息，图 14-6 所示为用户选购多件产品的效果。

图 14-5　天下淘商城首页部分页面效果图

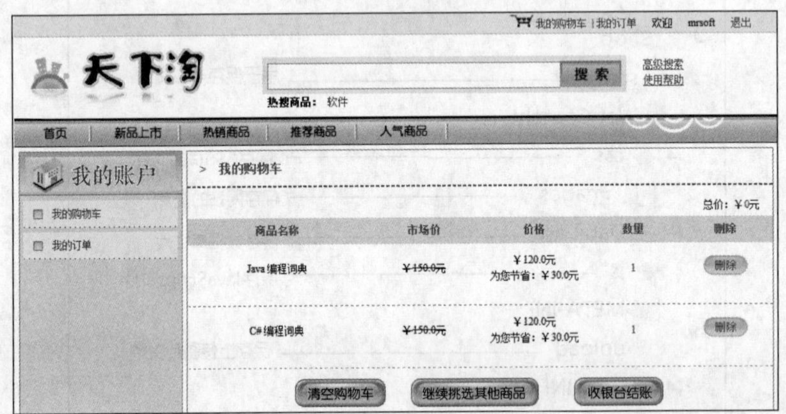

图 14-6　天下淘商城购物车页面效果图

当用户到收银台付款后，系统将自动生成订单，会员可通过单击左侧导航栏中的“我的订单”超链接查看自己的订单信息，如图 14-7 所示。

图 14-7　天下淘商城会员订单信息效果图

14.4 数据库设计

整个应用系统的运行离不开数据库的支持。数据库可以说是应用系统的灵魂，没有了数据库的支撑，系统只能说是一个空架子，它将很难完成与用户之间的交互。由此可见，数据库在系统中占有十分重要的地位。本系统采用的是 MySQL 数据库，通过 Hibernate 实现系统的持久化操作。

本节将根据天下淘商城网站的核心实体类分别设计对应的 E-R 图和数据表。

14.4.1 数据库概念设计

数据库概念化设计，就是将现实世界中的对象以 E-R 图的形式展现出来。本节将对程序所应用到的核心实体对象设计对应的 E-R 图。

会员信息表 tb_customer 的 E-R 图如图 14-8 所示。

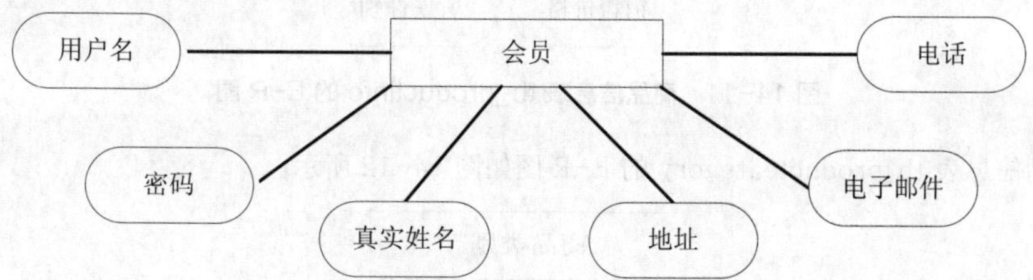

图 14-8 会员信息表 tb_customer 的 E-R 图

订单信息表 tb_order 的 E-R 图如图 14-9 所示。

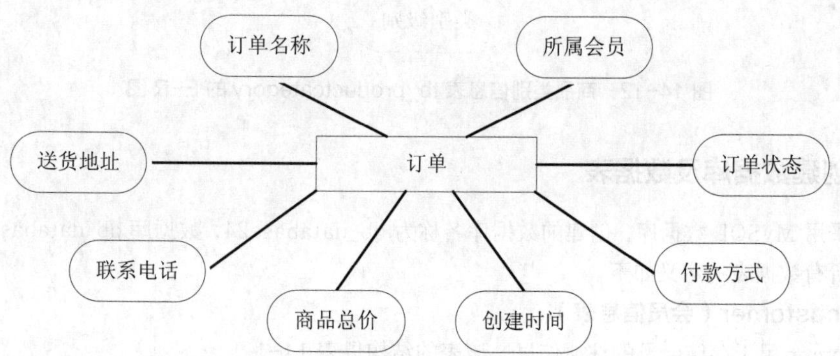

图 14-9 订单信息表 tb_order 的 E-R 图

订单条目信息表 tb_orderitem 的 E-R 图如图 14-10 所示。

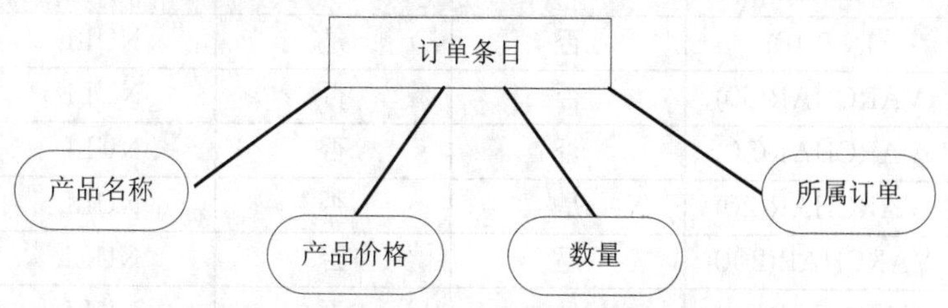

图 14-10 订单条目信息表 tb_orderitem 的 E-R 图

商品信息表 tb_productinfo 的 E-R 图如图 14-11 所示。

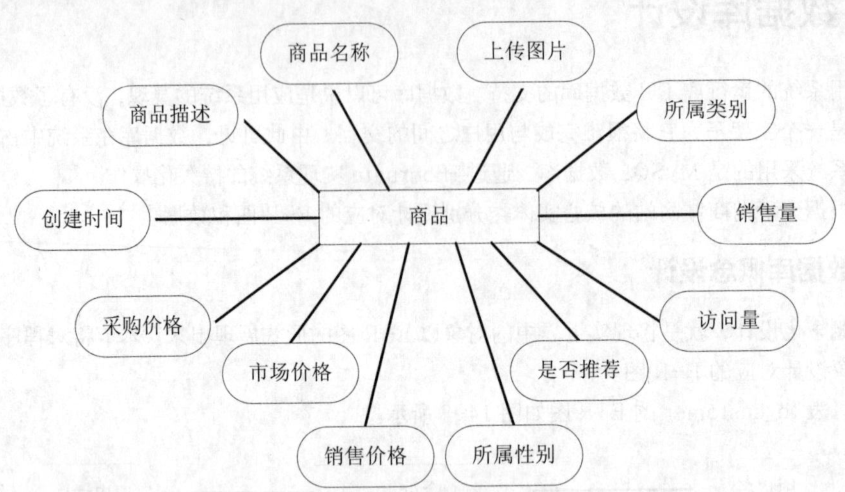

图 14-11　商品信息表 tb_productinfo 的 E-R 图

商品类别信息表 tb_productcategory 的 E-R 图如图 14-12 所示。

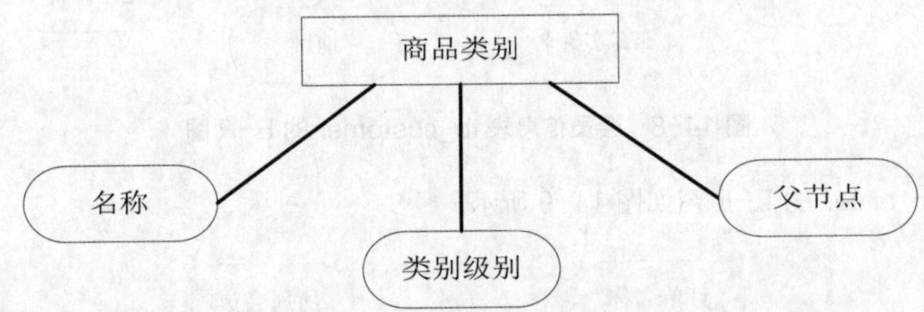

图 14-12　商品类别信息表 tb_productcategory 的 E-R 图

14.4.2　创建数据库及数据表

本系统采用 MySQL 数据库，创建的数据库名称为 db_database24，数据库 db_database24 中包含 7 张数据表。所有数据表的定义如下。

1. tb_customer（会员信息表）

tb_customer 用于存储会员的注册信息，该表的结构见表 14-1。

表 14-1　tb_customer 信息表的表结构

字段名	数据类型	是否为空	是否主键	默认值	说明
id	INT(10)	否	是	NULL	系统自动编号
username	VARCHAR(50)	否	否	NULL	会员名称
password	VARCHAR(50)	否	否	NULL	登录密码
realname	VARCHAR(20)	是	否	NULL	真实姓名
address	VARCHAR(200)	是	否	NULL	地址
email	VARCHAR(50)	是	否	NULL	电子邮件
mobile	VARCHAR(11)	是	否	NULL	电话号码

2. tb_order（订单信息表）

tb_order 用于存储会员的订单信息，该表的结构见表 14-2。

表 14-2　tb_order 信息表的表结构

字段名	数据类型	是否为空	是否主键	默认值	说明
id	INT(10)	否	是	NULL	系统自动编号
name	VARCHAR(50)	否	否	NULL	订单名称
address	VARCHAR(200)	否	否	NULL	送货地址
mobile	VARCHAR(11)	否	否	NULL	电话
totalPrice	FLOAT	是	否	NULL	采购价格
createTime	DATETIME	是	否	NULL	创建时间
paymentWay	VARCHAR(15)	是	否	NULL	支付方式
orderState	VARCHAR(10)	是	否	NULL	订单状态
customerId	INT(11)	是	否	NULL	会员 ID

3. tb_orderitem（订单条目信息表）

tb_orderitem 用于存储会员订单的条目信息，该表的结构见表 14-3。

表 14-3　tb_orderitem 信息表的表结构

字段名	数据类型	是否为空	是否主键	默认值	说明
id	INT(10)	否	是	NULL	系统自动编号
productId	INT(11)	否	否	NULL	商品 ID
productName	VARCHAR(200)	否	否	NULL	商品名称
productPrice	FLOAT	否	否	NULL	商品价格
amount	INT(11)	是	否	NULL	商品数量
orderId	VARCHAR(30)	是	否	NULL	订单 ID

4. tb_productinfo（商品信息表）

tb_productinfo 用于存储商品信息，该表的结构见表 14-4。

表 14-4　tb_productinfo 信息表的表结构

字段名	数据类型	是否为空	是否主键	默认值	说明
id	INT(10)	否	是	NULL	系统自动编号
name	VARCHAR(100)	否	否	NULL	商品名称
description	TEXT	是	否	NULL	商品描述
createTime	DATETIME	是	否	NULL	创建时间
baseprice	FLOAT	是	否	NULL	采购价格
marketprice	FLOAT	是	否	NULL	市场价格
sellprice	FLOAT	是	否	NULL	销售价格
sexrequest	VARCHAR(5)	是	否	NULL	所属性别
commend	BIT(1)	是	否	NULL	是否推荐
clickcount	INT(11)	是	否	NULL	浏览量

续表

字段名	数据类型	是否为空	是否主键	默认值	说明
sellCount	INT(11)	是	否	NULL	销售量
categoryId	INT(11)	是	否	NULL	商品类别 ID
uploadFile	INT(11)	是	否	NULL	上传文件 ID

5. tb_productcategory（商品类别信息表）

tb_productcategory 用于存储商品的类别信息，该表的结构见表 14-5。

表 14-5　tb_productcategory 信息表的表结构

字段名	数据类型	是否为空	是否主键	默认值	说明
id	INT(10)	否	是	NULL	系统自动编号
name	VARCHAR(50)	否	否	NULL	类别名称
level	INT(11)	是	否	NULL	类别级别
pid	INT(11)	是	否	NULL	父节点类别 ID

6. tb_user（管理员信息表）

tb_user 用于存储网站后台管理员信息，该表的结构见表 14-6。

表 14-6　tb_user 信息表的表结构

字段名	数据类型	是否为空	是否主键	默认值	说明
id	INT(10)	否	是	NULL	系统自动编号
username	VARCHAR(50)	否	否	NULL	用户名
password	VARCHAR(50)	否	否	NULL	登录密码

7. tb_uploadfile（上传文件信息表）

tb_uploadfile 用于存储上传文件的路径信息，该表的结构见表 14-7。

表 14-7　tb_uploadfile 信息表的表结构

字段名	数据类型	是否为空	是否主键	默认值	说明
id	INT(10)	否	是	NULL	系统自动编号
path	VARCHAR(255)	否	是	NULL	文件路径信息

14.5　公共模块的设计

在项目中经常会有一些公共类，例如，Hibernate 的初始化类，一些自定义的字符串处理方法。抽取系统中公共模块更加有利于代码重用，同时也能提高程序的开发效率，在进行正式开发时首先要进行的就是公共模块的编写。下面介绍天下淘商城的公共类。

14.5.1　泛型工具类

Hibernate 提供了高效的对象到关系型数据库的持久化服务，通过面向对象的思想进行数据持久化的操作。Hibernate 的操作对象就是数据表所对应的实体对象。为了将一些公用的持久化方法提取出来，首先需要实现获取实体对象的类型方法，在本应用中通过自定义创建一个泛型工具类 GenericsUtils 来达到此目的，其代码如下：

```
public class GenericsUtils {
    @SuppressWarnings("unchecked")
    public static Class getGenericType(Class clazz){
    Type genType = clazz.getGenericSuperclass();              //得到泛型父类
    Type[] types = ((ParameterizedType) genType).getActualTypeArguments();
    if (!(types[0] instanceof Class)) {
        return Object.class;
      }
    return (Class) types[0];
    }
    // 获取对象的类名称
    @SuppressWarnings("unchecked")
    public static String getGenericName(Class clazz){
    return clazz.getSimpleName();
    }
}
```

14.5.2 数据持久化类

在本应用中利用 DAO 模式实现数据库基本操作方法的封装，数据库中最为基本的操作就是增、删、改、查，据此自定义数据库操作的公共方法。由控制器负责获取请求参数并控制转发，由 DAOSupport 类组织 SQL 语句。

根据自定义的数据库操作的公共方法，创建接口 BaseDao<T>，关键代码如下：

```
public interface BaseDao<T> {
    //基本数据库操作方法
    public void save(Object obj);                         //保存数据
    public void saveOrUpdate(Object obj);                 //保存或修改数据
    public void update(Object obj);                       //修改数据
    public void delete(Serializable ... ids);             //删除数据
    public T get(Serializable entityId);                  //加载实体对象
    public T load(Serializable entityId);                 //加载实体对象
    public Object uniqueResult(String hql, Object[] queryParams);//使用hql语句操作
}
```

创建类 DaoSupport，该类继承 BaseDao<T>接口，在类中实现接口中自定义的方法，其关键代码如下：

```
public abstract class DaoSupport<T> implements BaseDao<T>{
    //泛型的类型
    protected Class<T> entityClass = GenericsUtils.getGenericType(this.getClass());
    @Autowired
    protected HibernateTemplate template;                          // Hibernate模板
    public HibernateTemplate getTemplate() {
        return template;
    }
    // 删除指定的对象信息
    public void delete(Serializable ... ids) {
        for (Serializable id : ids) {                              //遍历标识参数
            T t = (T) getTemplate().load(this.entityClass, id);    //加载指定对象
```

```
            getTemplate().delete(t);                              //执行删除操作
        }
    }
    //利用get()方法加载对象，获取对象的详细信息
    @Transactional(propagation=Propagation.NOT_SUPPORTED,readOnly=true)
    public T get(Serializable entityId) {
        return (T) getTemplate().get(this.entityClass, entityId);       //加载指定对象
    }
    //利用load()方法加载对象，获取对象的详细信息
    @Transactional(propagation=Propagation.NOT_SUPPORTED,readOnly=true)
    public T load(Serializable entityId) {
        return (T) getTemplate().load(this.entityClass, entityId);      //加载指定对象
    }
    //利用save()方法保存对象的详细信息
    public void save(Object obj) {
        getTemplate().save(obj);
    }
    // 保存或修改信息
    public void saveOrUpdate(Object obj) {
        getTemplate().saveOrUpdate(obj);
    }
    //利用update()方法修改对象的详细信息
    public void update(Object obj) {
        getTemplate().update(obj);
    }
}
```

14.5.3 分页操作

分页查询是 Java Web 开发中十分常用的技术。在数据库量非常大的情况下，不适合将所有数据显示到一个页面之中，这样既给查看带来不便，又占用程序及数据库的资源。此时就需要对数据进行分页查询。本系统应用 Hibernate 的 find 方法实现数据分页的操作，将分页的方法封装在创建类 DaoSupport 中。下面将介绍 Hibernate 分页实现的方法。

1. 分页实体对象

定义分页的实体对象，封装分页基本属性信息和在分页过程中使用的获取页码的方法。

```
public class PageModel<T> {
    private int totalRecords;                           //总记录数
    private List<T> list;                               //结果集
    private int pageNo;                                 //当前页
    private int pageSize;                               //每页显示多少条
    // 取得第一页
    public int getTopPageNo() {
    return 1;
    }
    //取得上一页
    public int getPreviousPageNo() {
    if (pageNo <= 1) {
    return 1;
    }
    return pageNo -1;
```

```
    }
    // 取得下一页
    public int getNextPageNo() {
    if (pageNo >= getTotalPages()) {                          //如果当前页大于页码
    return getTotalPages() == 0 ? 1 : getTotalPages();                //返回最后一页
    }
    return pageNo + 1;
    }
    // 取得最后一页
    public int getBottomPageNo() {
    //如果总页数为0返回1,反之返回总页数
    return getTotalPages() == 0 ? 1 : getTotalPages();
    }
    // 取得总页数
    public int getTotalPages() {
    return (totalRecords + pageSize - 1) / pageSize;
    }
    ......          //省略的Setter和Getter方法
}
```

在页面的实体对象中，封装了几个重要的页码获取方法，即获取第一页、上一页、下一页、最后一页及总页数的方法。

在取得上一页页码的方法 getPreviousPageNo()中，如果当前页的页码数为首页，那么上一页返回的页码数为 1。

在获取最后一页的方法 getBottomPageNo()中，通过三目运算符进行选择判断返回的页码，如果总页数为 0 则返回 1，反之返回总页面数。当数据库中没有任何信息的时候，总页数为 0。

2. 实现自定义分页方法

在公共接口中定义几种不同的分页方法，这些方法定义使用了相同的分页方法，不同的参数。自定义分页方法关键代码如下：

```
public interface BaseDao<T> {
    ......                                                    //基本数据库操作方法
    //分页操作
    public long getCount();                                   //获取总信息数
    public PageModel<T> find(int pageNo, int maxResult);      //普通分页操作
    //搜索信息分页方法
    public PageModel<T> find(int pageNo, int maxResult,String where, Object[] queryParams);
    //按指定条件排序分页方法
    public PageModel<T> find(int pageNo, int maxResult,Map<String, String> orderby);
    //按指定条件分页和排序的分页方法
    public PageModel<T> find(String where, Object[] queryParams,
            Map<String, String> orderby, int pageNo, int maxResult);
}
```

14.5.4 字符串工具类

StringUitl 类中主要实现了字符串与其他数据类型的转换，例如，将日期时间型数据转换为指定格式的字符串，处理订单号码的生成及验证字符串和浮点数的有效性。该类中声明的所有方法都是静态方法，以便在其他类中可以通过 StringUitl 类名直接调用。

1. 日期格式转换方法

在方法中通过 new Date()方法获取当前的系统时间，通过 SimpleDateFormat 的 format()方法将日期格式为指定的日期格式。该方法主要是在操作数据库的时候作为一个有效字段使用，例如，订单的创建日期等，其代码如下：

```
public static String getStringTime(){
    Date date = new Date();                         //获取当前系统时间
SimpleDateFormat sdf = new SimpleDateFormat("yyyyMMddHHmmssSSSS");//设置格式化格式
    return sdf.format(date);                        //返回格式化后的时间
}
```

2. 订单号生成方法

为了确保每个订单号码的唯一性，用 StringBuffer 对象将当前系统时间和随机生成的 3 位数字拼接的字符串作为订单号，其代码如下：

```
public static String createOrderId(){
    StringBuffer sb = new StringBuffer();           //定义字符串对象
    sb.append(getStringTime());                     //向字符串对象中添加当前系统时间
    for (int i = 0; i < 3; i++) {                   //随机生成3位数
    sb.append(random.nextInt(9));                   //将随机生成的数字添加到字符串对象中
    }
    return sb.toString();                           //返回字符串
}
```

14.5.5 实体映射

由于本程序中使用了 Hibernate 框架，所以需要创建实体对象并通过 Hibernate 的映射文件将实体对象与数据库中相应的数据表进行关联。在天下淘商城中有 5 个主要的实体对象，分别是会员实体对象、订单实体对象、订单条目实体对象、商品实体对象及商品类别实体对象。

1. 实体对象总体设计

实体对象是 Hibernate 中非常重要的一个环节，因为 Hibernate 只有通过映射文件建立实体对象与数据库数据表之间的关系，才能进行系统的持久化操作。在天下淘商城网站中主要实体对象及其关系如图 14-13 所示。

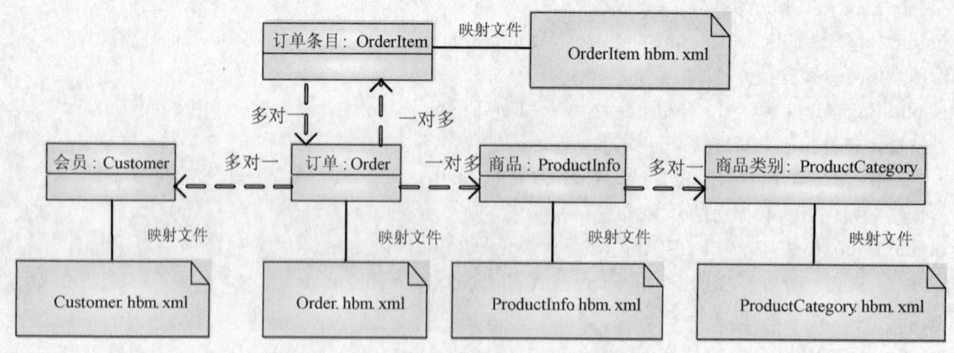

图 14-13　天下淘商城主要实体对象及其关系

从图 14-13 中可以看到，该项目主要有 5 个实体对象，分别是会员实体对象 Customer 类、订单实体对象 Order 类、订单条目实体对象 OrderItem 类、商品实体对象 ProductInfo 类和商品类别实体对象 ProductCategory 类。

从图 4-13 中可以看到会员与订单是一对多的关系，一个会员可以对应多张订单，但是每张订单只能对应一个会员；订单条目与订单为多队一的关系，一张订单中可以包含多个订单条目，但是每个订单条目只能对应一张订单；订单与产品是一对多关系，一张订单可以对应多个商品；商品与商品类别是多对一关系，多件商品可以对应一个商品类别。

其中的“*.hbm.xml”文件为实体对象的 Hibernate 映射文件。

2. 会员信息

Customer 类为会员信息实体类，用于封装会员的注册信息，其关键代码如下：

```
public class Customer implements Serializable{
    private Integer id;                                    // 用户编号
    private String username;                               // 用户名
    private String password;                               // 密码
    private String realname;                               // 真实姓名
    private String email;                                  // 邮箱
    private String address;                                // 住址
    private String mobile;                                 // 手机
    ……                                                     //省略的Setter和Getter方法
}
```

创建会员信息实体类的映射文件 Customer.hbm.xml，在映射文件中配置会员实体类属性与数据表 tb_customer 响应字段的关联，并声明用户编号的主键生成策略为自动增长。配置文件中的关键代码如下：

```
<?xml version="1.0" encoding="UTF-8"?>
<!DOCTYPE hibernate-mapping PUBLIC
    "-//Hibernate/Hibernate Mapping DTD 3.0//EN"
    "http://hibernate.sourceforge.net/hibernate-mapping-3.0.dtd" >
<hibernate-mapping package="com.lyq.model.user">
    <class name="Customer" table="tb_customer">
    <id name="id">
    <generator class="native"/>
    </id>
    <property name="username" not-null="true" length="50"/>
    <property name="password" not-null="true" length="50"/>
    <property name="realname" length="20"/>
    <property name="address" length="200"/>
    <property name="email" length="50"/>
    <property name="mobile" length="11"/>
    </class>
</hibernate-mapping>
```

3. 订单信息

Order 类为订单信息实体类，用户封装订单的基本信息，但是不包括详细的订购信息，其关键代码如下：

```
public class Order implements Serializable {
    private String orderId;                                // 订单编号(手动分配)
    private Customer customer;                             // 所属用户
    private String name;                                   // 收货人姓名
    private String address;                                // 收货人住址
    private String mobile;                                 // 收货人手机
    private Set<OrderItem> orderItems;                     // 所买商品
    private Float totalPrice;                              // 总额
    private PaymentWay paymentWay;                         // 支付方式
```

```
    private OrderState orderState;                          // 订单状态
    private Date createTime = new Date();                   // 创建时间
    ……                                                      // 省略的Setter和Getter方法
}
```

创建订单信息实体类的映射文件 Order.hbm.xml，在映射文件中配置订单实体类属性与数据表 tb_order 字段的关联，声明主键 orderId 的主键生成策略为手动分配，并配置订单与会员的多对一关系、订单与订单项的一对多关系，其关键代码如下：

```
<?xml version="1.0" encoding="UTF-8"?>
<!DOCTYPE hibernate-mapping PUBLIC
        "-//Hibernate/Hibernate Mapping DTD 3.0//EN"
        "http://hibernate.sourceforge.net/hibernate-mapping-3.0.dtd" >
<hibernate-mapping package="com.lyq.model.order">
        <class name="Order" table="tb_order">
        <id name="orderId" type="string" length="30">
        <generator class="assigned"/>
        </id>
        <property name="name" not-null="true" length="50"/>
        <property name="address" not-null="true" length="200"/>
        <property name="mobile" not-null="true" length="11"/>
        <property name="totalPrice"/>
        <property name="createTime" />
        <property name="paymentWay" type="com.lyq.util.hibernate.PaymentWayType" length="15"/>
        <property name="orderState" type="com.lyq.util.hibernate.OrderStateType" length="10"/>
        <!-- 多对一映射用户 -->
        <many-to-one name="customer" column="customerId"/>
        <!-- 映射订单项 -->
        <set name="orderItems" inverse="true" lazy="extra" cascade="all">
        <key column="orderId"/>
        <one-to-many class="OrderItem"/>
        </set>
        </class>
</hibernate-mapping>
```

4. 订单条目信息

OrderItem 类为订单条目的实体对象，用于封装一个订单中的一条详细商品采购信息，其关键代码如下：

```
public class OrderItem implements Serializable{
    private Integer id;                             // 商品条目编号
    private Integer productId;                      // 商品Id
    private String productName;                     // 商品名称
    private Float productMarketprice;               // 市场价格
    private Float productPrice;                     // 商品销售价格
    private Integer amount=1;                       // 购买数量
    private Order order;                            // 所属订单
    ……                                              // 省略的Setter和Getter方法
}
```

创建订单条目信息实体类的映射文件 OrderItem.hbm.xml，在映射文件中配置订单条目实体类属性与数据表 tb_orderitem 字段的关联，声明主键 id 的主键生成策略为自动增长，并配置订单条目与订单的多对一关系，其关键代码如下：

```
<?xml version="1.0" encoding="UTF-8"?>
```

```
<!DOCTYPE hibernate-mapping PUBLIC
    "-//Hibernate/Hibernate Mapping DTD 3.0//EN"
    "http://hibernate.sourceforge.net/hibernate-mapping-3.0.dtd" >
<hibernate-mapping package="com.lyq.model.order">
    <class name="OrderItem" table="tb_orderItem">
    <id name="id">
    <generator class="native"/>
    </id>
    <property name="productId" not-null="true"/>
    <property name="productName" not-null="true" length="200"/>
    <property name="productPrice" not-null="true"/>
    <property name="amount"/>
    <!-- 多对一映射订单 -->
    <many-to-one name="order" column="orderId"/>
    </class>
</hibernate-mapping>
```

5. 商品信息

ProductInfo 类为商品信息实体类，主要用户封装商品相关的基本信息，它是整个系统中最为重要的一个实体对象，也是应用最多的一个实体对象，整个网站的业务流程都以商品为核心进行展开，其关键代码如下：

```
public class ProductInfo implements Serializable {
    private Integer id;                              // 商品编号
    private String name;                             // 商品名称
    private String description;                      // 商品说明
    private Date createTime = new Date();            // 上架时间
    private Float baseprice;                         // 商品采购价格
    private Float marketprice;                       // 现在市场价格
    private Float sellprice;                         // 商城销售价格
    private Sex sexrequest  ;                        // 所属性别
    private Boolean commend = false;                 // 是否是推荐商品（默认值为false）
    private Integer clickcount = 1;                  // 访问量（统计受欢迎的程度）
    private Integer sellCount = 0;                   // 销售数量（统计热销商品）
    private ProductCategory category;                // 所属类别
    private UploadFile uploadFile;                   // 上传文件
    ……                                               //省略的Setter和Getter方法
}
```

创建商品信息实体类的映射文件 ProductInfo.hbm.xml，在映射文件中配置商品实体类属性与数据表 tb_productinfo 字段的关联，并声明其主键 id 的生成策略为自动增长，并配置商品与商品类别多对一关联关系、商品与商品上传文件的多对一关联关系，其关键代码如下：

```
<?xml version="1.0" encoding="UTF-8"?>
<!DOCTYPE hibernate-mapping PUBLIC
    "-//Hibernate/Hibernate Mapping DTD 3.0//EN"
    "http://hibernate.sourceforge.net/hibernate-mapping-3.0.dtd" >
<hibernate-mapping package="com.lyq.model.product">
    <class name="ProductInfo" table="tb_productInfo">
    <id name="id">
    <generator class="native"/>
    </id>
    <property name="name" not-null="true" length="100"/>
```

```
        <property name="description" type="text"/>
        <property name="createTime"/>
        <property name="baseprice"/>
        <property name="marketprice"/>
        <property name="sellprice"/>
        <property name="sexrequest" type="com.lyq.util.hibernate.SexType" length="5"/>
        <property name="commend"/>
        <property name="clickcount"/>
        <property name="sellCount"/>
        <!-- 多对一映射类别 -->
        <many-to-one name="category" column="categoryId"/>
        <!-- 多对一映射上传文件 -->
        <many-to-one name="uploadFile" unique="true" cascade="all" lazy="false"/>
        </class>
</hibernate-mapping>
```

6. 商品类别信息

ProductCategory 类为商品类别的实体对象，主要用户封装商品类别的基本信息，其关键代码如下：

```
public class ProductCategory implements Serializable {
    private Integer id;                                    // 类别编号
    private String name;                                   // 类别名称
    private int level = 1;                                 // 层次
    private Set<ProductCategory> children;                 // 子产品类别
    private ProductCategory parent;                        // 父类别
    private Set<ProductInfo> products = new TreeSet<ProductInfo>(); // 包含商品
    ......                                                         //省略的Setter和Getter方法
}
```

创建商品类别信息实体类的映射文件 ProductCategory.hbm.xml，在映射文件中配置商品类别实体类属性与数据表 tb_productcategory 字段的关联，并配置商品类别与商品的一对多的关联关系、商品类别与其父节点多对一的关联关系、商品类别与其子节点一对多的关联关系，其关键代码如下：

```
<?xml version="1.0" encoding="UTF-8"?>
<!DOCTYPE hibernate-mapping PUBLIC
        "-//Hibernate/Hibernate Mapping DTD 3.0//EN"
        "http://hibernate.sourceforge.net/hibernate-mapping-3.0.dtd" >
<hibernate-mapping package="com.lyq.model.product">
        <class name="ProductCategory" table="tb_productCategory">
        <id name="id">
        <generator class="native"/>
        </id>
        <property name="name" not-null="true" length="50"/>
        <property name="level"/>
        <!-- 映射包含的商品集合 -->
        <set name="products" inverse="true" lazy="extra">
        <key column="categoryId"/>
        <one-to-many class="ProductInfo" />
        </set>
        <!-- 映射父节点 -->
        <many-to-one name="parent" column="pid"/>
        <!-- 映射子节点 -->
        <set name="children" inverse="true" lazy="extra" cascade="all" order-by="id">
        <key column="pid"/>
```

```
        <one-to-many class="ProductCategory"/>
        </set>
        </class>
</hibernate-mapping>
```

14.6 登录注册模块设计

如果要提高网站的安全性，防止非法用户进入网站，可以让用户进入网站前先进行注册，注册成功的用户才可以通过购物车购买商品。用户注册在大多数网站中都是不可缺少的功能，也是用户参与网站活动最为直接的桥梁。通过用户注册，可以有效地对用户信息进行采集，并将合法的用户信息保存到指定的数据表中。通常情况下，当用户注册操作完毕，将直接登录该网站。

14.6.1 模块概述

由于天下淘商城分为前台和后台两个部分，所以登录也分为前台登录和后台登录两个部分功能，前台的登录针对的是在天下淘商城注册的会员，后台登录主要针对的是网站管理员，而注册模块主要针对的就是前台想进行购物的游客，如图 14-14 所示。

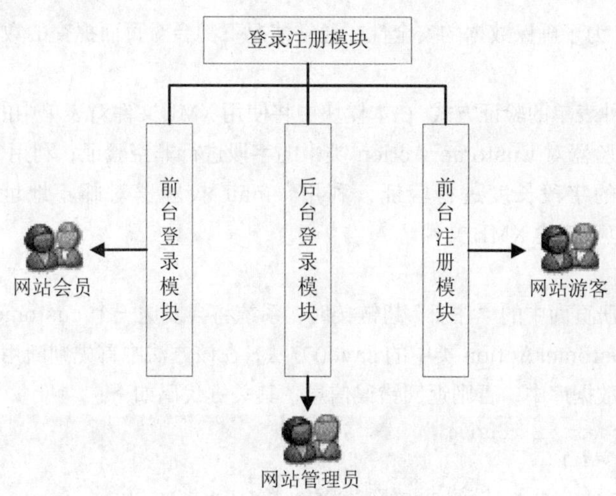

图 14-14 登录注册模块框架图

14.6.2 注册模块的实现

本模块使用的数据表：tb_customer 表。

在安全注册与登录操作过程中，主要是将表单内容进行严格的校验，这样可以提高网站的安全性，防止非法用户进入网站。

在本模块中，用户注册页面为 customer_reg.jsp，如图 14-15 所示。用户注册主要包括用户名、密码、确认密码、邮箱地址、住址及手机号码 6 个表单控件。其中，用户名要求 5～32 个字符，密码表单与确认密码表单必须一致；邮箱地址表单必须是正确的地址，这里通过 Struts 2 的校验器进行校验；住址与手机号码两个表单主要是在用户购买商品生成订单时直接获取相关的送货信息，方便用户的操作。

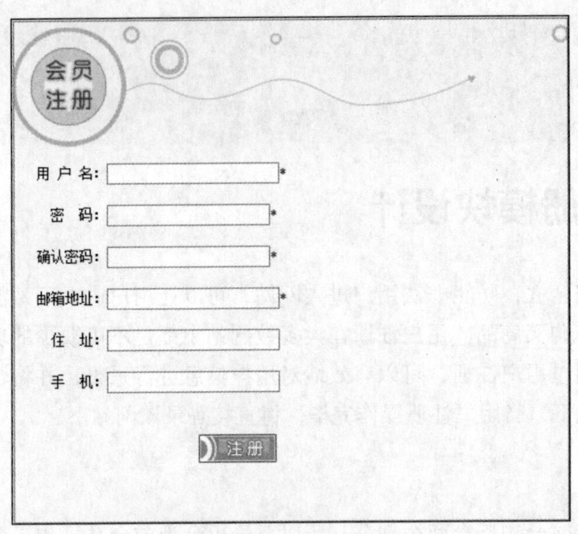

图 14-15 会员注册页面

当用户成功注册信息后，就可以进行登录操作，并在天下淘商城中购买商品。

1. 表单验证

在 Web 开发之中，为了确保数据的安全性，通常情况下都会对页面提交的数据进行统一验证，从而保障数据的合法性。

在 Struts 2 中有两种表单的验证方式，在本模块中将使用 XML 文件对表单中的信息进行合法性验证，利用 requiredstring 校验器对 CustomerAction 类中的字段进行非空验证；利用 stringlength 校验器对 CustomerAction 类中的字段长度进行验证，利用 email 校验器对邮箱地址的格式进行验证，在 CustomerAction 类的包下新建 XML 文件。

2. 保存注册信息

当用户单击会员注册页面中的“注册”超链接时，系统将会发送一个 customer_reg.html 的 URL 请求，该请求将会执行 CustomerAction 类中的 save()方法，在该方法中首先判断用户名是否可用，如果可用就将注册信息保存在数据库中，否则返回错误信息，其关键代码如下：

```
public String save() throws Exception{
    //判断用户名是否可用
    boolean unique = customerDao.isUnique(customer.getUsername());
    if(unique){                                          //如果用户名可用
    customerDao.save(customer);                          //保存注册信息
    return CUSTOMER_LOGIN;                               //返回会员登录页面
    }else{
    throw new AppException("此用户名不可用");             //否则返回页面错误信息
    }
}
```

验证用户名是否唯一：isUnique()方法将以注册的用户名为查询条件，如果返回的结果集中的 List 的长度为大于 0 则返回 false，否则返回 true。

14.6.3 登录模块的实现

为了系统安全的考虑，登录是必不可少的一个模块，登录模块中前台与后台的登录功能实现的方式是基本相同的，其流程图如图 14-16 所示。

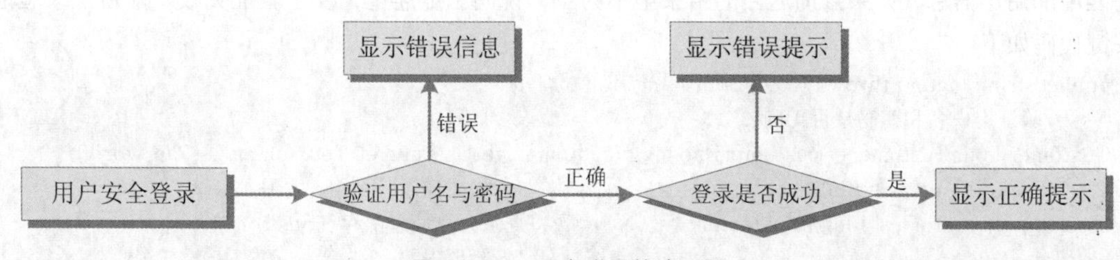

图 14-16　用户登录的流程图

前台与后台的登录验证方法基本是一致的，只是用户登录成功后在 Session 中保存的对象信息不同，前台登录保存的是登录的会员信息，而后台登录保存的是登录的网站管理员的基本信息。前台会员登录页面如图 14-17 所示，后台管理员登录页面如图 14-18 所示。

图 14-17　前台会员登录页面

图 14-18　后台管理员登录页面

前台与后台的登录页面代码的实现方式是相同的，这里仅以前台登录页面为例，其关键代码如下：

```
<s:fielderror></s:fielderror>
<s:form action="customer_logon" namespace="/customer" method="post">
    <table width="100%" height="94" border="0" cellpadding="0" cellspacing="0">
      <tr>
          <td width="70" height="35" align="right">会员名：</td>
          <td width="121" align="left">
          <s:textfield name="username" cssClass="bian" size="18"></s:textfield></td>
      </tr>
      <tr>
          <td height="35" align="right">密　码：</td>
          <td align="left">
          <s:password name="password" cssClass="bian" size="18"></s:password></td>
      </tr>
      <tr>
          <td height="24" colspan="2" align="center">
          <s:submit value="登　录" type="image"
          src="%{context_path}/css/images/dl_06.gif"></s:submit>
          <s:a action="customer_reg" namespace="/customer">
          <img src="${context_path}/css/images/dl_08.gif" width="68" height="24" /></s:a></td>
      </tr>
    </table>
</s:form>
```

在登录验证的过程中，通过页面中获取的用户填写的用户名和密码作为查询条件，在用户表中查找条件匹配的用户信息，如果查询返回的结果集不为空，说明验证通过，反之验证失败。前台登录验证方法关键代码如下：

```
public String logon() throws Exception{
    //验证用户名和密码是否正确
Customer loginCustomer = customerDao.login(customer.getUsername(), customer.getPassword());
    if(loginCustomer != null){                              //如果通过验证
session.put("customer", loginCustomer);              //将登录会员信息保存在Session中
    }else{                                                  //验证失败
    addFieldError("", "用户名或密码不正确！");             //返回错误信息
    return CUSTOMER_LOGIN;                                  //返回会员登录页面
    }
    return INDEX;                                           //返回网站首页
}
```

验证用户名和密码：login()方法将以用户输入的用户名和密码作为查询条件，如果返回的会员对象不为空，则说明通过系统的验证。

后台登录验证方法关键代码如下：

```
public String logon() throws Exception{
    //验证用户名和密码
    User loginUser = userDao.login(user.getUsername(), user.getPassword());
    if(loginUser != null){                          //通过验证
    session.put("admin", loginUser);                //将管理员信息保存在Session对象中
    }else{
    addFieldError("", "用户名或密码不正确！");     //返回错误提示信息
    return USER_LOGIN;                              //返回后台登录页面
    }
    return MANAGER;                                 //返回后台管理页面
}
```

前后台公共的 login()方法以用户名和密码作为查询条件，并返回查询的用户对象，其关键代码如下：

```
public User login(String username, String password) {
    if(username != null && password != null){                           //如果用户名和密码不为空
        String where = "where username=? and password=?";               //设置查询条件
        Object[] queryParams = {username, password};                    //设置参数对象数组
        List<User> list = find(-1, -1, where, queryParams).getList();  //执行查询方法
        if(list != null && list.size() > 0){                            //如果List集合不为空
            return list.get(0);                                         //返回List中的第一个存储对象
        }
    }
 return null;                                                           //返回空值
}
```

在登录的验证方法中，读者可能会有疑问，为什么 find()的结果集要返回一个 List 集合，在数据库设计中已经保证了用户名的唯一性（在数据表中将用户名作为表的主键），所以查询结果只能返回一个 Object 对象，但是为了程序健壮性的考虑，返回 List 集合更加有利于程序的扩展，降低程序出错的概率。

项目中管理员的登录界面地址为：
http://localhost:8080/Shop/admin/user/user_logon.html

14.7 前台商品信息查询模块设计

商品是天下淘商城的灵魂，只有好的商品展示及丰富的商品信息才能吸引顾客的眼球，提高网站的关注度，这也是为企业创造效益的决定性因素，所以天下淘商城的前台商品展示在整个系统中占有非常重要的地位。

14.7.1 模块概述

根据前台的页面设计将前台商品信息查询模块划分为 5 个模块，主要包括商品分类查询、人气商品查询、热销商品查询、推荐商品查询及商品模糊查询，如图 14-19 所示。

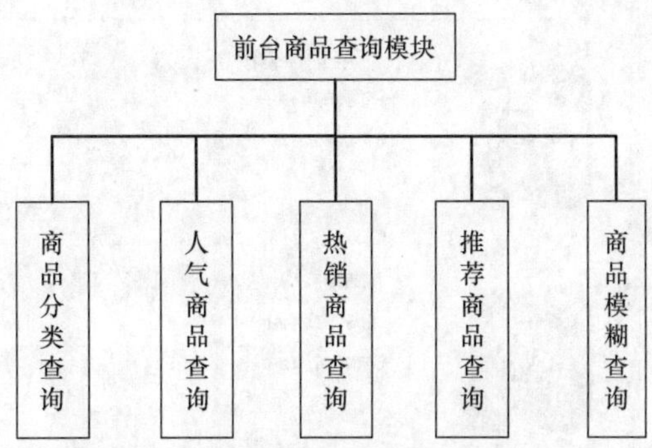

图 14-19 前台商品信息查询模块框架图

14.7.2 前台商品信息查询模块技术分析

本模块使用的数据表：tb_productcategory 表。

在前台的首页商品展示中，首先展现给用户的就是商品类别的分级显示，方便用户按类别对商品进行查询，同时也能体现出天下淘商城产品种类的丰富多样。

实现商品类别的分级查询需要查询所有的一级节点，通过公共模块持久化类中封装的 find()方法实现该功能，在首页的 Action 请求 IndexAction 的 execute()方法中，调用封装的 find()方法，其关键代码如下：

```
public String execute() throws Exception {
    String where = "where parent is null";          // 查询所有类别
    categories = categoryDao.find(-1, -1, where, null).getList();
    ......                                            //省略的Setter和Getter方法
}
```

在 find()方法中含有 4 个参数，其中“-1”参数分别代表是当前页数和每页显示的记录数，根据这两个参数，“where”参数代表的是查询条件，“null”参数代表是数据排序的条件参数。find()方法会根据提供的两个“-1”参数执行以下代码：

```
// 如果maxResult<0，则查询所有
if(maxResult < 0 && pageNo < 0){
    list = query.list();                 //将查询结果转化为List对象
}
```

14.7.3 商品搜索的实现

本模块使用的数据表：tb_productinfo 表。

在天下淘商城中主要实现普通搜索，在对数据表的简单搜索中，当搜索表单中没有输入任何数据时，单击“搜索”按钮后，可以对数据表中的所有内容进行查询；当在关键字文本框中输入要搜索的内容，单击“搜索”按钮后，可以按关键字内容查询数据表中所有的内容。该功能方便了用户对商品信息的查找，用户可以在首页的文本输入框中输入关键字搜索指定的商品信息，如图 14-20 所示。

图 14-20 商品搜索的效果

商品搜索的方法封装在 ProductAction 类中，通过 HQL 的 like 条件语句实现商品的模糊查询功能，其关键代码如下：

```
public String findByName() throws Exception {
    if(product.getName() != null){
        String where = "where name like ?";                         //查询的条件语句
        Object[] queryParams = {"%" + product.getName() + "%"};     //为参数赋值
        //执行查询方法
        pageModel = productDao.find(pageNo, pageSize, where, queryParams );
    }
    return LIST;                                                    //返回列表首页
}
```

在商品的列表页面中，通过 Struts 2 的<s:iterator>标签遍历返回的商品 List 集合，其关键代码如下：

```
<s:iterator value="pageModel.list">
    <ul>
        <li>
```

```
        <table border="0" width="100%" cellpadding="0" cellspacing="0">
            <tr>
                <td rowspan="5" width="160">
                    <s:a action="product_select" namespace="/product">
                    <s:param name="id" value="id"></s:param>
                    <img width="150" height="150"src="<s:property
                value="#request.get('javax.servlet.forward.context_path')"/>
                    /upload/
                <s:property value="uploadFile.path"/>">
                </s:a></td>
            </tr>
            <tr bgcolor="#f2eec9">
                <td align="right" width="90">商品名称：</td>
                <td><s:a action="product_select" namespace="/product">
                    <s:param name="id" value="id"></s:param>
                    <s:property value="name" />
                </s:a></td>
            </tr>
            <tr>
                <td align="right" width="90">市场价格：</td>
                <td><font style="text-decoration: line-through;">
                <s:property value="marketprice" /> </font></td>
            </tr>
            <tr bgcolor="#f2eec9">
                <td align="right" width="90">天下淘价格：</td>
                <td><s:property value="sellprice" />
                    <s:if test="sellprice <= marketprice">
                    <font color="red">节省
                    <s:property value="marketprice-sellprice" /></font>
                </s:if></td>
            </tr>
            <tr>
                <td colspan="2" align="right">
                    <s:a action="product_select" namespace="/product">
                    <s:param name="id" value="id"></s:param>
                    <img src="${context_path}/css/images/gm_06.gif" width="136"
                        height="32" />
                </s:a></td>
            </tr>
        </table>
        </li>
    </ul>
</ s:iterator >
```

14.7.4 前台商品其他查询的实现

本模块使用的数据表：tb_productinfo 表。

人气商品推荐模块（见图 14-21）、推荐商品模块（见图 14-22）、热销商品模块（见图 14-23）3 个查询方式的实现方式基本相同，都是通过条件语句进行排序查询，只不过查询的条件不同。

图 14-21　人气商品模块

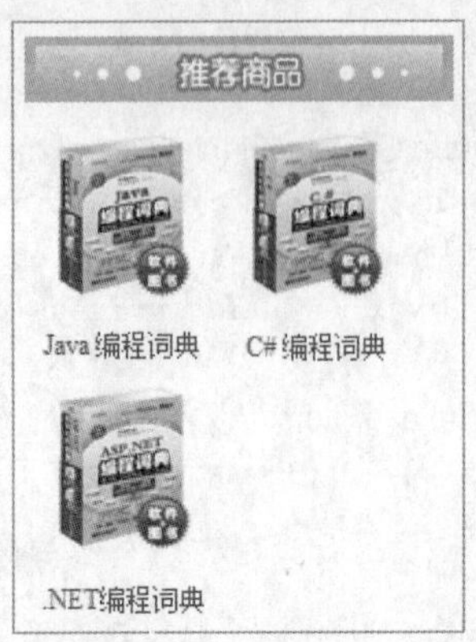

图 14-22　推荐商品模块

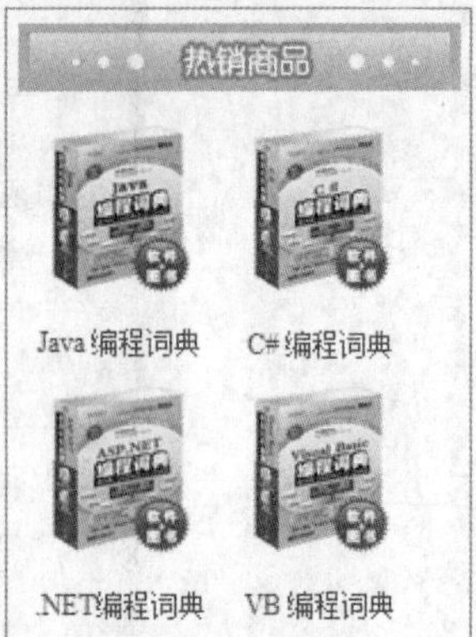

图 14-23　热销商品模块

1. 人气商品模块的实现

人气商品的定义是按照商品的浏览量最多进行定义的，系统将筛选出商品中浏览量最多的几件商品进行展示。商品结果集中的信息将按照商品浏览量进行倒序排列，其实现的方法封装在 ProductAction 类中，其关键代码如下：

```
public String findByClick() throws Exception{
    Map<String, String> orderby = new HashMap<String, String>();    //定义Map集合
    orderby.put("clickcount", "desc");                                //为Map集合赋值
    pageModel = productDao.find(1, 8, orderby );                      //执行查找方法
    return "clickList";                                               //返回product_click_list.jsp页面
}
```

在调用的 find()方法中使用了 3 个参数，前两个参数设置显示了起始位置和显示记录数，最后一个参数是商品信息排序的条件，程序最终返回到 product_click_list.jsp 页面。代码如下：

```
<s:set var="context_path"
    value="#request.get('javax.servlet.forward.context_path')"></s:set >
<table width="193" height="23" border="0" cellpadding="0" cellspacing="0">
    <s:iterator value="pageModel.list">
    <tr>
    <td width="187" valign="middle">
    <img src="${context_path}/css/images/h_32.gif" width="20" height="17" />
    <s:a action="product_select" namespace="/product">
    <s:param name="id" value="id"></s:param>
    <s:property value="name"/>（人气：
    <span class="red"><s:property value="clickcount"/></span>）
    </s:a>
    </td>
    </tr>
</s:iterator>
</table>
```

2. 推荐商品和热销商品模块的实现

推荐商品和热销商品模块的实现与商品搜索模块的实现比较类似，都是通过 HQL 的排序语句实现的，推荐商品为商品推荐字段 commend 为 true 的商品，并且按商品销量的倒序排列，其实现的关键代码如下：

```
public String findByCommend() throws Exception{
    Map<String, String> orderby = new HashMap<String, String>();    //定义Map集合
```

```
        orderby.put("sellCount", "desc");                             //为Map集合赋值
        String where = "where commend = ?";                           //设置条件语句
        Object[] queryParams = {true};                                //设置参数值
        //执行查询方法
        pageModel = productDao.find(where, queryParams, orderby, pageNo, pageSize);
        return "findList";                                            //返回推荐商品页面
}
```

热销商品为销售量较多的商品，只需按照商品销量的倒序进行排列即可，并以分页的方式取出前 6 条信息，其实现的关键代码如下：

```
public String findBySellCount() throws Exception{
        Map<String, String> orderby = new HashMap<String, String>();  //定义Map集合
        orderby.put("sellCount", "desc");                             //为Map集合赋值
        pageModel = productDao.find(1, 6, orderby );                  //执行查询方法
        return "findList";                                            //返回热销商品页面
}
```

两个模块在页面中展示的信息方式相同，仅以推荐产品为例，其代码如下：

```
<s:set var="context_path"
        value="#request.get('javax.servlet.forward.context_path')"></s:set>
<div style="width: 195px;">
        <s:iterator value="pageModel.list">
        <div style="float: left; width:45%; text-align: center;">
        <s:a action="product_select" namespace="/product">
        <s:param name="id" value="id"></s:param>
        <img width="90" height="90" border="1" src="<s:propert value="%{context_path}"/>
            /upload/<s:property value="uploadFile.path"/>">
        <p style="width: 80px;"><s:property value="name"/></p>
        </s:a>
        </div>
        </s:iterator>
</div>
```

在 Struts 2 的前台 Action 配置文件 struts-front.xml 中，配置前台商品管理模块的 Action 及视图映射关系，关键代码如下：

```
<!-- 商品Action -->
<package name="shop.product" extends="shop-default" namespace="/product">
        <action name="product_*" class="productAction" method="{1}">
        <result name="list">/WEB-INF/pages/product/product_list.jsp</result>
        <result name="select">/WEB-INF/pages/product/product_select.jsp</result>
        <result name="clickList">
            /WEB-INF/pages/product/product_click_list.jsp
        </result>
        <result name="findList">/WEB-INF/pages/product/product_find_list.jsp</result>
        </action>
</package>
```

14.8 购物车模块设计

购物车是商务网站中必不可少的功能，购物车的设计很大程度上会决定网站是否受到用户的关注。商务网站中的购物车会将用户选购的未结算的商品保存一段时间，防止错误操作或意外发生时购物车中

的商品丢失，方便了用户的使用。因此在天下淘商城中购物车也是必不可少的一个模块。

14.8.1 模块概述

天下淘商城购物车实现的主要功能包括添加选购的新商品、自动更新商品数量、清空购物车、自动调整商品总价格及生成订单信息等。本模块实现的购物车的功能结构如图 14-24 所示。

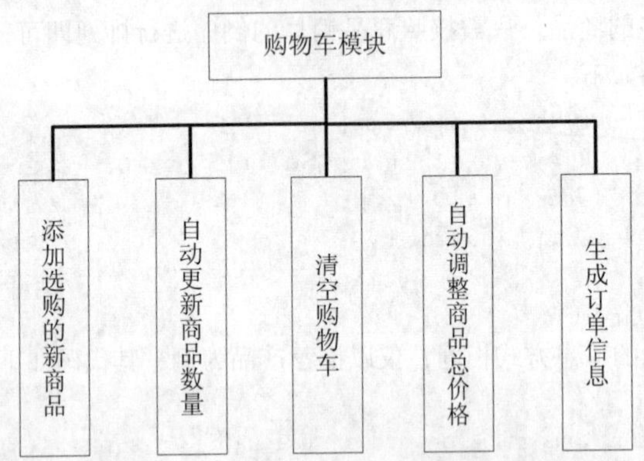

图 14-24 购物车模块的功能结构图

如果用户需要选购商品，必须登录，否则用户无法使用购物车功能。当用户进入购物车后，可以进行结算、清空购物车及继续选购等操作。当用户进入结算操作后，需要填写订单信息，并选择支付方式，当用户确认支付时系统会生成相应的订单信息。其功能流程图如图 14-25 所示。

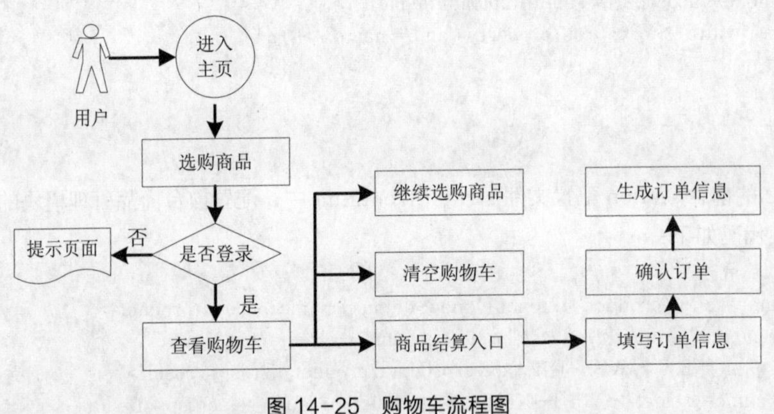

图 14-25 购物车流程图

14.8.2 购物车模块技术分析

在开发时一定要注意，有时购物车中没有任何的商品采购信息，当用户确认订单的时候，系统同样会生成一个消费金额为 0.0 元且无任何订单条目的订单信息，在系统中该信息是没有任何意义的，而且有可能导致系统不可预知的错误，为了避免这种情况的发生，需要修改前台订单的保存方法，即 OrderAction 类中的 save()方法，判断购物车对象是否为空，如果为空返回错误信息的提示页面，不进行任何的后续操作。在 save()方法中添加以下代码：

```
public String save() throws Exception {
    ......                                          //省略的代码
    Set<OrderItem> cart = getCart();                //获取购物车
```

```
    if(cart.isEmpty()){                              //判断条目信息是否为空
    return ERROR;                                    //返回订单信息错误提示页面
    }
    ……                                               //省略的代码
}
```

创建前台订单错误的提示页面 order_error.jsp，当用户误操作导致系统生成的错误订单信息将不会保存到数据库中，而是跳转到错误提示页面。

14.8.3 购物车基本功能的实现

本模块使用的数据表：tb_productinfo 表和 tb_orderitem 表。

购物车的基本功能包括向购物车中添加商品、清空购物车及删除购物车中指定的商品订单条目信息 3 项功能。购物车的功能是基于 Session 变量实现的，Session 充当了一个临时信息存储平台，当 Session 失效后，其保存的购物车信息也将全部丢失。其效果图如图 14-26 所示。

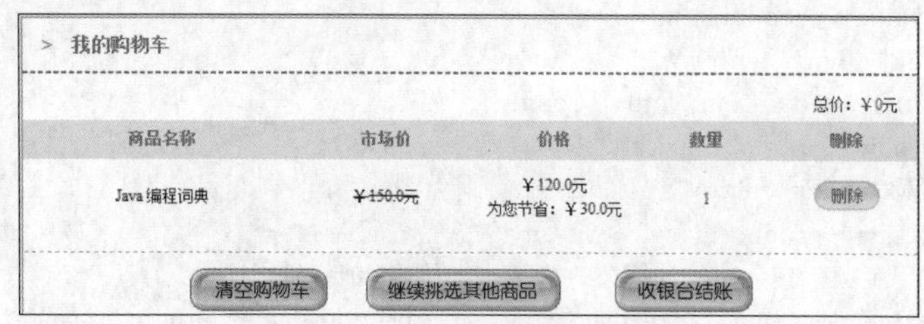

图 14-26 购物车内的商品信息

1. 向购物车添加商品

购物车的主要工作就是保存用户的商品购买信息，当登录会员浏览商品详细信息，并单击页面上的“立即购买”超链接时，系统就会将该商品放入购物车内。

在本系统中，将购物车的信息保存在 Session 变量中，其保存的是商品的购买信息，也就是订单的条目信息。所以在向购物车添加商品时，首先要获取商品 ID 进行判断，如果购物车中存在相同的 ID 值，就修改该商品的数量，自动加 1；如果购物车中无相同 ID，则向购物车中添加新的商品购买信息，向购物车添加商品信息的方法封装在 CartAction 类中，其关键代码如下：

```
public String add() throws Exception {
    if(productId != null && productId > 0){
    Set<OrderItem> cart = getCart();                 //获取购物车
    // 标记添加的商品是否是同一件商品
    boolean same = false;                            //定义same布尔变量
    for (OrderItem item : cart) {                    //遍历购物车中的信息
    if(item.getProductId() == productId){
        // 购买相同的商品，更新数量
        item.setAmount(item.getAmount() + 1);
        same = true;                                 //设置same变量为“true”
        }
    }
    // 不是同一件商品
    if(!same){
    OrderItem item = new OrderItem();                //实例化订单条目信息实体对象
    ProductInfo pro = productDao.load(productId);    //加载商品对象
    item.setProductId(pro.getId());                  //设置ID
```

```
    item.setProductName(pro.getName());                          //设置商品名称
    item.setProductPrice(pro.getSellprice());                    //设置商品销售价格
    item.setProductMarketprice(pro.getMarketprice());            //设置商品市场价格
    cart.add(item);                                              //将信息添加到购物车中
    }
    session.put("cart", cart);                                   //将购物车保存在Session对象中
    }
    return LIST;
}
```

程序运行结束后将返回订单条目信息的列表页面，即 cart_list.jsp，代码如下：

```
//遍历Session对象：通过Struts 2的<s:iterator>标签遍历Session对象中存放的订单条目信息
<s:iterator value="#session.cart">
    <s:set value="%{#sumall +productPrice*amount}" var="sumall" />
    ……<!-- 省略的布局代码 -->
    <td width="213" height="30" align="center">
    <s:property value="productName" /></td>
    <td width="130" align="center">
    <span style="text-decoration: line-through;"> ¥
    <s:property value="productMarketprice" />元</span></td>
    <td width="130" align="center">¥
    <s:property value="productPrice" />元<br>为您节省：¥
//计算"为您节省"金额：其金额的计算公式为（市场价格-销售价格）
    <s:propertyvalue="productMarketprice*amount - productPrice*amount" />元</td>
    <td width="104" align="center" class="red">
        <s:property value="amount" /></td>
    <td width="111" align="center"><s:a action="cart_delete" namespace="/product">
        <s:param name="productId" value="productId"></s:param>
        <img src="${context_path}/css/images/zh03_03.gif" width="52" height="23" />
    </s:a></td>
    ……<!-- 省略的布局代码 -->
</s:iterator >
```

2. 删除购物车中指定商品订单条目信息

当用户想删除购物车中的某个商品的订单条目信息时，可以单击信息后的"删除"超链接，就会自动清除该商品的订单条目信息。实现该方法的关键代码如下：

```
public String delete() throws Exception {
    Set<OrderItem> cart = getCart();                    // 获取购物车
    // 此处使用Iterator，否则出现java.util.ConcurrentModificationException
    Iterator<OrderItem> it = cart.iterator();
    while(it.hasNext()){                                //使用迭代器遍历商品订单条目信息
    OrderItem item = it.next();
    if(item.getProductId() == productId){
    it.remove();                                        //移除商品订单条目信息
    }
    }
    session.put("cart", cart);                          //将清空后的信息重新放入Session中
    return LIST;                                        //返回购物车页面
}
```

3. 清空购物车

清空购物车的实现较为简单，由于信息是暂时存放于 Session 对象中，所以用户在执行清空购物车操

作时，直接清空 Session 对象即可。当用户单击购物车页面中的“清空购物车”超链接时，系统会向服务器发送一个 cart_clear.html 的 URL 请求，该请求执行的是 CartAction 类中的 clear()方法。

```
public String clear() throws Exception {
    session.remove("cart");                              //移除信息
    return LIST;                                         //返回订单列表页面
}
```

4. 查找购物信息

当用户登录后，可以单击首页顶部的“购物车”链接，查看自己的购物车的相关信息。

当用户单击“购物车”超链接后，系统会发送一个 cart_list.html 的 URL 请求，该请求执行的是 CartAction 中的 list()方法，实现该方法的关键代码如下：

```
public String list() throws Exception {
    return LIST;                                         //返回购物车页面
}
```

在购物车页面中是通过 Struts 2 的<s:iterator>标签遍历 Session 对象中购物车的相关信息的，在程序模块中并不需要执行任何的操作，只需要返回购物车页面即可。

在 Struts 2 的前台 Action 配置文件 struts-front.xml 中，配置购物车管理模块的 Action 及视图映射关系，关键代码如下：

```
<!-- 购物车Action -->
<package name="shop.cart" extends="shop.front" namespace="/product">
     <action name="cart_*" class="cartAction" method="{1}">
     <result name="list">/WEB-INF/pages/cart/cart_list.jsp</result>
     <interceptor-ref name="customerDefaultStack"/>
     </action>
</package>
```

14.8.4 订单相关功能的实现

本模块使用的数据表：tb_order 表。

要为选购的商品进行结算，就需要先生成一个订单。订单信息中包括收货人信息、送货方式、支付方式、购买的商品及订单总价格，当用户在购物车中单击“收银台结账”超链接后，将进入到订单填写的页面，其中包含了订单的基本信息，例如，收货人姓名、收货人地址、收货人电话及支付方式，该页面为 order_add.jsp，如图 14-27 所示。下面介绍实现过程。

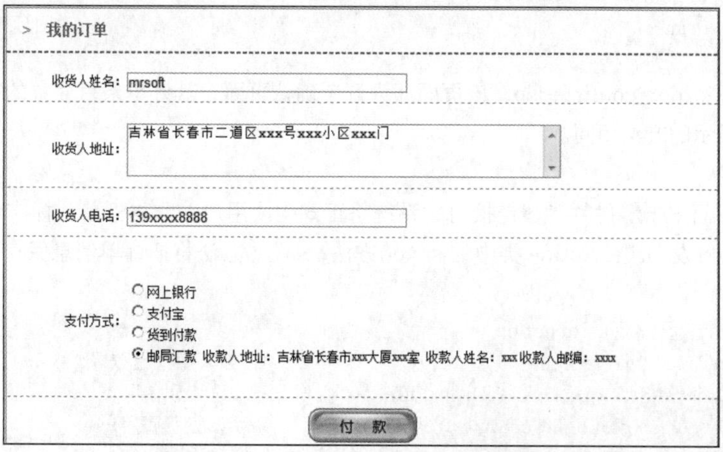

图 14-27　天下淘商城订单信息添加页面

1. 下订单操作

当用户单击购物车“收银台结账”超链接时，系统将发送一个 order_add.html 的 URL 请求，该请求执行的是 OrderAction 类中的 add()方法，通过该方法将用户的基本信息从 Session 对象中取出，添加到订单表单中指定的位置，并跳转到“我的订单”页面，其关键代码如下：

```
public String add() throws Exception {
    order.setName(getLoginCustomer().getUsername());                //设置收货人姓名
    order.setAddress(getLoginCustomer().getAddress());              //设置收货人地址
    order.setMobile(getLoginCustomer().getMobile());                //设置收货人电话
    return ADD;                                                     //返回我的订单页面
}
```

2. 订单确认

在我的订单页面单击“付款”超链接，如图 14-28 所示，将进入订单确认的页面，在该页面将显示订单的条目信息，也就是用户购买商品的信息清单，以便用户进行确认。

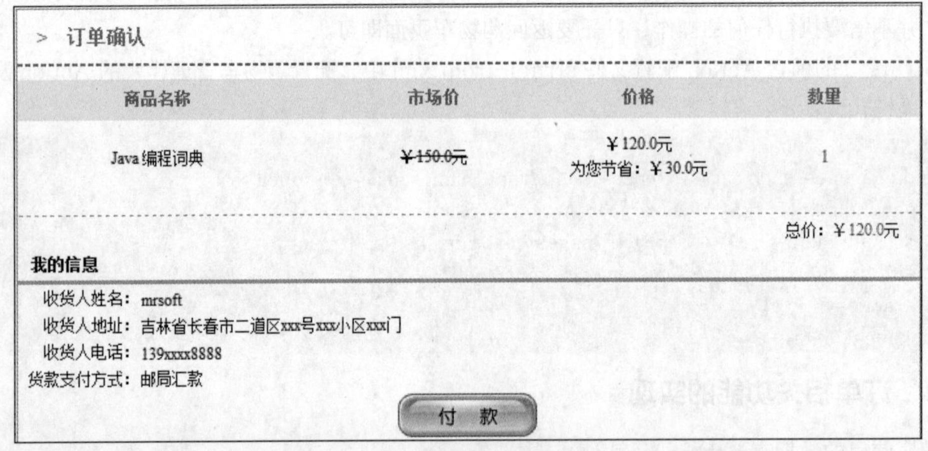

图 14-28 订单确认页面

当用户单击我的订单页面中的“付款”超链接时，系统将发送一个 order_ confirm.html 的 URL 请求，该请求执行的是 OrderAction 类中的 confirm()方法，该方法中只是实现的页面的跳转操作，其关键代码如下：

```
public String confirm() throws Exception {
    return "confirm";                                               //返回订单确认页面
}
```

该方法将返回 order_confirm.jsp，该页面即为订单确认页面，其订单条目信息的显示与购物车页面中订单条目信息显示的方法相同。

3. 订单保存

在订单确认页面单击“付款”超链接时，系统将正式生成用户的购物订单，标志着正式的交易开始进行，该链接将会触发 OrderAction 类中的 save()方法，save()方法将把订单信息保存到数据库，其关键代码如下：

```
public String save() throws Exception {
    if(getLoginCustomer() != null){                             //如果用户已登录
    order.setOrderId(StringUitl.createOrderId());               // 设置订单号
    order.setCustomer(getLoginCustomer());                      // 设置所属用户
    Set<OrderItem> cart = getCart();                            // 获取购物车
```

```
        // 依次将更新订单项中的商品的销售数量
        for(OrderItem item : cart){                                    //遍历购物车中的订单条目信息
        Integer productId = item.getProductId();                        //获取商品ID
        ProductInfo product = productDao.load(productId);                        //装载商品对象
        //更新商品销售数量
        product.setSellCount(product.getSellCount() + item.getAmount());
        productDao.update(product);                                     //修改商品信息
        }
        order.setOrderItems(cart);                                      // 设置订单项
        order.setOrderState(OrderState.DELIVERED);                      // 设置订单状态
        float totalPrice = 0f;                                          // 计算总额的变量
        for (OrderItem orderItem : cart) {                              //遍历购物车中的订单条目信息
        //商品单价*商品数量
        totalPrice += orderItem.getProductPrice() * orderItem.getAmount();
        }
        order.setTotalPrice(totalPrice);                                //设置订单的总价格
        orderDao.save(order);                                           //保存订单信息
        session.remove("cart");                                         //清空购物车
    }
        return findByCustomer();                                        //返回消费者订单查询的方法
    }
```

执行 save()方法后将返回订单查询的方法 findByCustomer()，在该方法中将以登录用户的 ID 为查询条件，查询该用户的所有订单信息，其关键代码如下：

```
    public String findByCustomer() throws Exception {
        if(getLoginCustomer() != null){                                    //如果用户已登录
        String where = "where customer.id = ?";                            //将用户ID设置为查询条件
        Object[] queryParams = {getLoginCustomer().getId()};               //创建对象数组
        //创建Map集合
        Map<String, String> orderby = new HashMap<String, String>(1);
        orderby.put("createTime", "desc");                                 //设置排序条件及方式
        //执行查询方法
        pageModel = orderDao.find(where, queryParams, orderby , pageNo, pageSize);
        }
        return LIST;                                                       //返回订单列表页面
    }
```

该方法将返回用户的订单列表页面 order_list.jsp。

在 Struts 2 的前台 Action 配置文件 struts-front.xml 中，配置前台订单管理模块的 Action 及视图映射关系，关键代码如下：

```
    <!-- 订单Action -->
    <package name="shop.order" extends="shop.front" namespace="/product">
        <action name="order_*" class="orderAction" method="{1}">
        <result name="add">/WEB-INF/pages/order/order_add.jsp</result>
        <result name="confirm">/WEB-INF/pages/order/order_confirm.jsp</result>
        <result name="list">/WEB-INF/pages/order/order_list.jsp</result>
        <result name="error">/WEB-INF/pages/order/order_error.jsp</result>
        <interceptor-ref name="customerDefaultStack"/>
        </action>
    </package>
```

14.9 后台商品管理模块设计

商品是天下淘商城的灵魂，如何管理好琳琅满目的商品信息也是天下淘商城后台管理的一个难题。良好后台商品管理机制是一个商务网站的基石，如果没有商品信息维护，商务网站将没有意义。

14.9.1 模块概述

根据商务网站的基本要求，天下淘商城网站的商品管理模块主要实现商品信息查询、修改商品信息、删除商品信息及添加商品信息等功能。后台商品管理模块的框架图如图 14-29 所示。

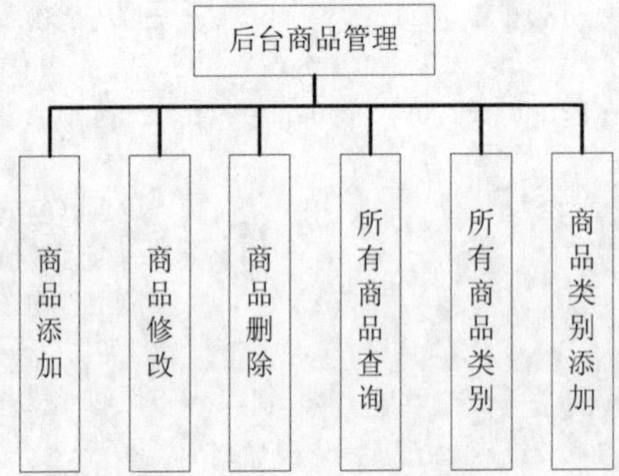

图 14-29 后台商品管理模块框架图

14.9.2 后台商品管理

解决 Struts 2 的乱码问题可以在 struts.properties 文件进行以下配置：

struts.i18n.encoding=UTF-8

“struts.i18n.encoding”用来设置 Web 的默认编码方式。天下淘商城使用了 UTF-8 作为默认的编码方式，虽然该方法可以有效解决表单的中文乱码问题，但是该模式要求表单的 method 属性必须为 post。由于 Struts 2 中的 form 表单标签默认的 method 属性就为 post，所以不必再进行额外的设置。如果页面中的表单没有使用 Struts 2 的表单标签，需要在表单中指定 method 的属性值。

14.9.3 商品管理功能的实现

本模块使用的数据表：tb_productinfo 表。

在商品管理的基本模块中，包括商品的查询、修改、删除及添加等功能。

1. 后台商品查询

在天下淘商城的后台管理页面中，单击左侧导航栏中的“查看所有商品”超链接，显示所有商品查询页面的运行效果如图 14-30 所示。

ID	商品名称	所属类别	采购价格	销售价格	是否推荐	适应性别	编辑	删除
1	Java编程词典	软件	98.0	120.0	true	男		✕
2	C#编程词典	软件	98.0	120.0	true	男		✕
3	.NET编程词典	软件	98.0	120.0	true	男		✕

首页 上一页 [1] 下一页 尾页

图 14-30 后台商品信息列表页面

后台商品列表页面实现的关键代码如下：

```
< table width="693" height="29" border="0" class="word01">
    <tr>
    <td width="37" height="27" align="center">ID</td>
    <td width="120" align="center">商品名称</td>
    <td width="78" align="center">所属类别</td>
    <td width="79" align="center">采购价格</td>
    <td width="79" align="center">销售价格</td>
    <td width="79" align="center">是否推荐</td>
    <td width="79" align="center">适应性别</td>
    <td width="52" align="center">编辑</td>
    <td width="52" align="center">删除</td>
    </tr>
</table>
</div>
<div id="right_mid">
<div id="tiao">
<table width="693" height="29" border="0">
    <s:iterator value="pageModel.list">
    <tr>
    <td width="37" height="27" align="center"><s:property value="id" /></td>
    <td width="120" align="center"><s:a action="product_edit" namespace="/admin/product">
    <s:param name="id" value="id"></s:param><s:property value="name" /></s:a></td>
    <td width="78" align="center"><s:property value="category.name" /></td>
    <td width="79" align="center"><s:property value="baseprice" /></td>
    <td width="79" align="center"><s:property value="sellprice" /></td>
    <td width="79" align="center"><s:property value="commend" /></td>
    <td width="79" align="center"><s:property value="sexrequest.name" /></td>
    <td width="52" align="center"><s:a action="product_edit" namespace="/admin/product">
    <s:param name="id" value="id"></s:param>
    <img src="${context_path}/css/images/rz_119.gif" width="21" height="16" /></s:a></td>
    <td width="52" align="center"><s:a action="product_del" namespace="/admin/product">
    <s:param name="id" value="id"></s:param>
    <img src="${context_path}/css/images/rz_17.gif" width="15"height="16" /></s:a></td>
    </tr>
    </s:iterator>
</table>
```

当用户单击该链接时，系统将会发送一个 product_list.html 的 URL 请求，该请求执行的是 ProductAction 类中的 list()方法。ProductAction 类继承了 BaseAction 类和 ModelDriven 接口，其关键代码如下：

```
public String list() throws Exception{
pageModel = productDao.find(pageNo, pageSize);          //调用公共的查询方法
    return LIST;                                        //返回后台商品列表页面
}
```

当用户单击列表中的商品名称超链接或是列表中的“ ”图标，将进入商品信息的编辑页面，如图 14-31 所示，在该页面可以对商品的信息进行修改，该操作触发的是商品详细信息的查找方法，ProductAction 类中的 edit()方法，该方法将以商品的 ID 值作为查询条件，其关键代码如下：

```
public String edit() throws Exception{
    this.product = productDao.get(product.getId());            //执行封装的查询方法
    createCategoryTree();                                      //生成商品的类别树
```

```
        return EDIT;                                              //返回商品信息编辑页面
    }
```

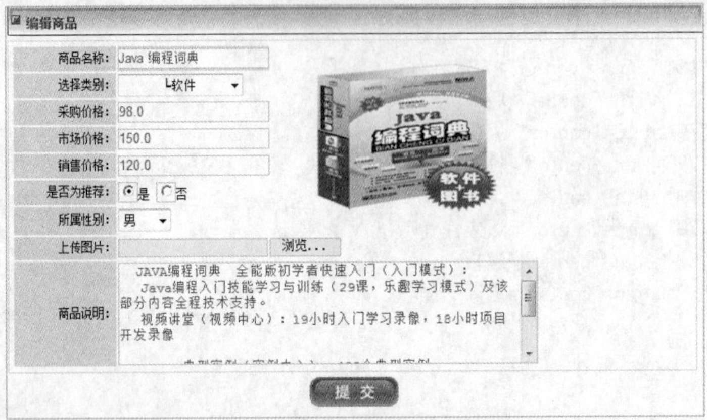

图 14-31　商品信息编辑页面

商品编辑页面与商品添加页面的实现代码是基本相同的，区别是在编辑页面中需要显示查询到的商品信息。商品编辑页面的关键代码如下：

```
<table width="685" height="24" border="0">
    <tr>
    <td width="119" height="22" bgcolor="#c6e8ff" align="right">商品名称：</td>
    <td width="119" height="22" bgcolor="#c6e8ff" align="right">
    <s:textfield name="name"></s:textfield></td>
    <td rowspan="7">
    <img width="270" height="180" border="1" src="<s:property
    value="#request.get('javax.servlet.forward.context_path')"/>
    /upload/<s:property value="uploadFile.path"/>"></td>
    </tr>
    <tr>
    <td width="119" height="22" bgcolor="#c6e8ff" align="right">选择类别：</td>
    <td colspan="2">
    <s:select name="category.id" list="map" value="category.id"></s:select></td>
    </tr>
    <tr>
    <td width="119" height="22" bgcolor="#c6e8ff" align="right">采购价格：</td>
    <td colspan="2"><s:textfield name="baseprice"></s:textfield></td>
    </tr>
    <tr>
    <td width="119" height="22" bgcolor="#c6e8ff" align="right">市场价格：</td>
    <td colspan="2"><s:textfield name="marketprice"></s:textfield></td>
    </tr>
    <tr>
    <td width="119" height="22" bgcolor="#c6e8ff" align="right">销售价格：</td>
    <td colspan="2"><s:textfield name="sellprice"></s:textfield></td>
    </tr>
    <tr>
    <td width="119" height="22" bgcolor="#c6e8ff" align="right">是否为推荐：</td>
    <td colspan="2">
    <s:radio name="commend" list="#{'true':'是','false':'否'}" value="commend"></s:radio></td>
```

```
        </tr>
        <tr>
        <td width="119" height="22" bgcolor="#c6e8ff" align="right">所属性别：</td>
        <td colspan="2">
        <s:select name="sexrequest" list="@com.lyq.model.Sex@getValues()"
        value="sexrequest.getName()"></s:select></td>
        </tr>
        <tr>
        <td width="119" height="22" bgcolor="#c6e8ff" align="right">上传图片：</td>
        <td colspan="2"><s:file id="file" name="file"></s:file></td>
        </tr>
        <tr>
        <td width="119" height="22" bgcolor="#c6e8ff" align="right">商品说明：</td>
        <td colspan="2"><s:textarea name="description" cols="50" rows="6"></s:textarea></td>
        </tr>
</table>
```

2. 商品修改

当用户编辑完商品信息，单击页面的“提交”超链接，系统将会把用户修改后的信息保存到数据库中，该操作会发送一个 product_save.html 的 URL 请求，它会调用 ProductAction 类中的 save()方法。save()方法包括图片的上传和向数据表中添加数据的操作，其具体的实现代码如下：

```
public String save() throws Exception{
    if(file != null ){                                          //如果文件路径不为空
    //获取服务器的绝对路径
String path = ServletActionContext.getServletContext().getRealPath("/upload");
    File dir = new File(path);
    if(!dir.exists()){                                          //如果文件夹不存在
    dir.mkdir();                                                //创建文件夹
    }
    String fileName = StringUitl.getStringTime() + ".jpg";     //自定义图片名称
    FileInputStream fis = null;                                 //输入流
    FileOutputStream fos = null;                                //输出流
    try {
    fis = new FileInputStream(file);                            //根据上传文件创建InputStream实例
    //创建写入服务器地址的输出流对象
    fos = new FileOutputStream(new File(dir,fileName));
    byte[] bs = new byte[1024 * 4];                             //创建字节数组实例
    int len = -1;
    while((len = fis.read(bs)) != -1){                          //循环读取文件
        fos.write(bs, 0, len);                                  //向指定的文件夹中写数据
        }
    UploadFile uploadFile = new UploadFile();                   //实例化对象
    uploadFile.setPath(fileName);                               //设置文件名称
    product.setUploadFile(uploadFile);                          //设置上传路径
    } catch (Exception e) {
    e.printStackTrace();
    }finally{
    fos.flush();
    fos.close();
    fis.close();
    }
```

```
        }
        //如果商品类别和商品类别ID不为空，则保存商品类别信息
        if(product.getCategory() != null && product.getCategory().getId() != null){
        product.setCategory(categoryDao.load(product.getCategory().getId()));
        }
        //如果上传文件和上传文件ID不为空，则保存文件的上传路径信息
        if(product.getUploadFile() != null && product.getUploadFile().getId() != null){
        product.setUploadFile(uploadFileDao.load(product.getUploadFile().getId()));
        }
    productDao.saveOrUpdate(product);                    //保存商品信息
        return list();                                   //返回商品的查询方法
    }
```

文件的上传是网络中应用最为广泛的一种技术，在 Web 应用中实现文件上传需要通过 form 表单实现，此时表单必须以 POST 方式提交（Struts 2 标签的 form 表单默认提交方式为 POST），并且必须设置“enctype ="multipart/form-data"”属性，在表单中需要实现一个或多个文件选择框供用户选择文件。当提交表单后，选择的文件内容会通过流的方式进行传递，在接收表单的 Servlet 或 JSP 页面中获取该流并将流中的数据读到一个字节数组中，此时字节数组中存储了表单请求中的内容，其中包括了所有上传文件的内容，因此还需要从中分离出每个文件自己的内容，最后将分离出的这些文件写到磁盘中，完成上传操作。需要注意的是，在进行分离的过程中，操作的内容是以字节形式存在的。

3. 商品删除

当用户单击列表中的“✖”图标，将执行商品信息的删除操作，该操作将会向系统发送一个 product_del.html 的 URL 请求，它将触发 ProductAction 类中的 del()方法，该方法将以商品的 ID 为参数，执行持久化类中封装的 delete()方法。delete()方法中调用的是 Hibernate 的 Session 对象中的 delete()方法，其关键代码如下：

```
    public String del() throws Exception{
        productDao.delete(product.getId());          //执行删除操作
        return list();                               //返回商品列表查找方法
    }
```

4. 商品添加

当用户单击后台管理页面左侧导航栏中的“商品添加”超链接时，将会进入商品添加的页面，如图 14-32 所示。

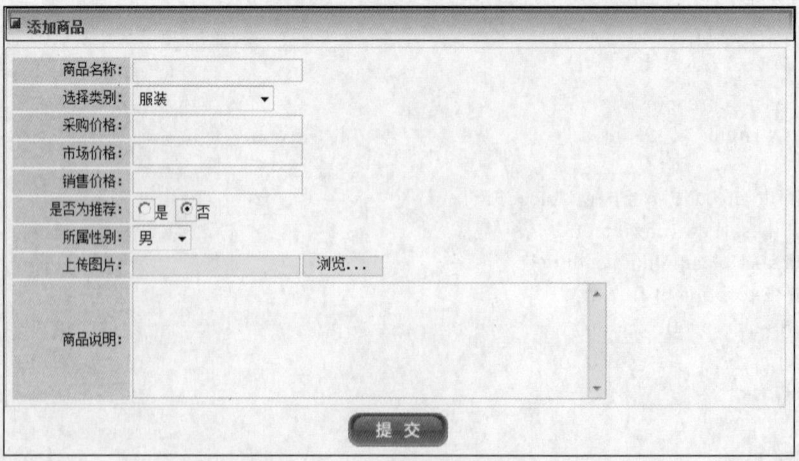

图 14-32　商品的添加页面

用户编辑完商品信息，单击页面中的“提交”超链接，该操作将会向系统发送一个 product_save.html 的 URL 请求，它与商品修改触发的是一个方法，都是 ProductAction 类中的 save()方法。

在 Struts 2 的后台 Action 配置文件 struts-admin.xml 中，配置商品管理模块的 Action 及视图映射关系，关键代码如下：

```
<!-- 商品管理 -->
<package name="shop.admin.product" namespace="/admin/product" extends="shop.admin">
    <action name="product_*" method="{1}" class="productAction">
    <result name="list">/WEB-INF/pages/admin/product/product_list.jsp</result>
    <result name="input">/WEB-INF/pages/admin/product/product_add.jsp</result>
    <result name="edit">/WEB-INF/pages/admin/product/product_edit.jsp</result>
    <interceptor-ref name="adminDefaultStack"/>
    </action>
</package>
```

14.9.4 商品类别管理功能的实现

本模块使用的数据表：tb_productinfo 表。

商品类别的维护中主要包括商品类别的查询、修改、删除及添加。

1. 商品类别查询

商品类别在后台中分为两种，分别是商品类别树形下拉框的查询及商品类别列表信息的查询。商品类别树形下拉框查询的实现较为复杂一些，通过迭代的方式遍历所有的节点。

在后台的商品类别查询中，通过树形下拉框的形式展现给用户，如图 14-33 所示。

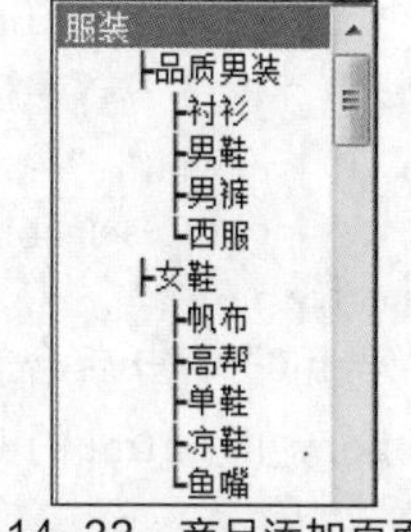

图 14-33　商品添加页面中的商品类别树形下拉框

在进入商品页面的 edit()方法中，调用了 createCategoryTree()方法来创建商品类别树，其关键代码如下：

```
private void createCategoryTree(){
String where = "where level=1";                              //查询一级节点
    //执行查询方法
    PageModel<ProductCategory> pageModel = categoryDao.find(-1, -1,where ,null);
    List<ProductCategory> allCategorys = pageModel.getList();
    map = new LinkedHashMap<Integer, String>();               //创建新的集合
    for(ProductCategory category : allCategorys){             //遍历所有的一级节点
setNodeMap(map,category,false);                               //将其子节点添加到集合中
    }
}
```

在 setNodeMap()方法中，首先判断节点是否为空，如果节点为空则停止遍历，程序中根据获取的节点级别为类别名称添加字符串和空格，用以生成渐进的树形结构，将拼接后的节点放入 Map 集合中，并获取其子节点重新调用 setNodeMap()方法，直到遍历的节点为空为止，其关键代码如下：

```
private void setNodeMap(Map<Integer, String> map,ProductCategory node,boolean flag){
    if (node == null) {                                 //如果节点为空
    return;                                             //返回空，结束程序运行
    }
    int level = node.getLevel();                        //获取节点级别
    StringBuffer sb = new StringBuffer();               //定义字符串对象
    if (level > 1) {                                    //如果不是根节点
    for (int i = 0; i < level; i++) {
```

```
        sb.append("  ");                                            //添加空格
        }
        sb.append(flag ? "├" : "└");                                //如果为末节点添加"└"，反之添加"├"
        }
        map.put(node.getId(), sb.append(node.getName()).toString());  //将节点添加到集合中
        Set<ProductCategory> children = node.getChildren();          //获取其子节点
        // 包含子类别
        if(children != null && children.size() > 0){               //如果节点不为空
        int i = 0;
        // 遍历子类别
        for (ProductCategory child : children) {
        boolean b = true;
        if(i == children.size()-1){                                  //如果子节点长度减1为i,说明为末节点
            b = false;                                               //设置布尔常量为false
            }
        setNodeMap(map,child,b);                                     //重新调用该方法
        }
        }
}
```

在商品添加页面中，通过<s:select>标签将商品类别树显示在下拉框中，其关键代码如下：

```
<tr>
    <td width="119" height="22" bgcolor="#c6e8ff" align="right">选择类别：</td>
    <td><s:select list="map" name="category.id"></s:select></td>
</tr>
```

当用户单击后台管理页面左侧导航栏中的“查询所有类别”超链接时，会向系统发送一个 category_list.html 的 URL 请求，它将会触发 ProductCategoryAction 类中的 list()方法，其关键代码如下：

```
public String list() throws Exception{
    Object[] params = null;                                          //对象数组为空
    String where;                                                    //查询条件变量
    if(pid != null && pid > 0 ){                                     //如果有父节点
    where = "where parent.id =?";                                    //执行查询条件
    params = new Integer[]{pid};                                     //设置参数值
    }else{
    where = "where parent is null";                                  //查询根节点
    }
    pageModel = categoryDao.find(pageNo,pageSize,where,params);      //执行封装的查询方法
    return LIST;                                                     //返回后台类别列表页面
}
```

该方法将返回后台的商品类别列表页面，如图 14-34 所示。

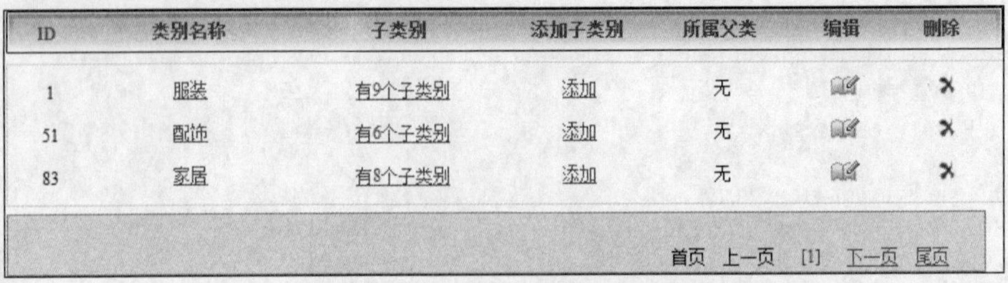

ID	类别名称	子类别	添加子类别	所属父类	编辑	删除
1	服装	有9个子类别	添加	无		✕
51	配饰	有6个子类别	添加	无		✕
83	家居	有8个子类别	添加	无		✕

首页 上一页 [1] 下一页 尾页

图 14-34 后台商品类别信息列表

2. 商品类别添加

单击导航栏中“添加商品类别”或是商品类别列表页面中的“添加”超链接时，会进入到商品类别的添加页面，如图 14-35 所示。

图 14-35　商品类别添加页面

在类别名称中输入类别名称后，单击“提交”超链接，将会触发 ProductCategoryAction 类中的 save()方法，在 save()方法首先判断该节点的父节点参数是否存在，如果存在则先设置其父节点属性，然后再保存商品类别信息，其关键代码如下：

```
public String save() throws Exception{
    if(pid != null && pid > 0 ){                          //如果有父节点
    category.setParent(categoryDao.load(pid));            //设置其父节点
    }
    categoryDao.saveOrUpdate(category);                   //添加类别信息
    return list();                                        //返回类别列表的查找方法
}
```

3. 商品类别修改

当网站管理员单击商品类别列表中“ ”超链接时，将进入商品类别修改的页面，如图 14-36 所示。

图 14-36　商品类别修改页面

修改商品类别信息完毕后，单击页面中的“提交”超链接，其触发的也是商品类别添加中 ProductCategoryAction 类的 save()方法。

4. 商品类别删除

当用户单击商品类别列表中的“ ”图标，将执行商品类别信息的删除操作，该操作将会向系统发送一个 category_del.html 的 URL 请求，它将触发 ProductCategoryAction 类中的 del()方法，该方法将以商品类别的 ID 为参数，执行持久化类中封装的 delete()方法，删除指定的信息，其关键代码如下：

```
public String del() throws Exception{
    if(category.getId() != null && category.getId() > 0){        //判断是否获得ID参数
    categoryDao.delete(category.getId());                        //执行删除操作
    }
    return list();                                               //返回商品类别列表的查找方法
}
```

在商品类别管理中添加、修改及删除的操作实现都较为简单，商品类别信息的查询方法支持无限级的树形分级查询。

在 Struts 2 的后台 Action 配置文件 struts-admin.xml 中，配置商品类别管理模块的 Action 及视图映射关系，关键代码如下：

```
<!-- 类别管理 -->
<package name="shop.admin.category" namespace="/admin/product" extends="shop.admin">
    <action name="category_*" method="{1}" class="productCategoryAction">
    <result name="list">/WEB-INF/pages/admin/product/category_list.jsp</result>
    <result name="input">/WEB-INF/pages/admin/product/category_add.jsp</result>
    <result name="edit">/WEB-INF/pages/admin/product/category_edit.jsp</result>
    <interceptor-ref name="adminDefaultStack"/>
    </action>
</package>
```

14.10 后台订单管理模块的设计

网站管理员可以对会员的订单进行维护，但这种维护只能修改订单的状态，并不能修改订单中的任何信息。因为当用户确认订单时该订单就已经生效，它相当于用户与商家交易的一个契约，是用户与商家之间的一个交易凭证，所以不能进行任何的修改。

14.10.1 模块概述

在后台的订单管理模块中，主要分为两个基本模块，分别是订单的查询和订单状态的修改，其中订单的查询又可分为订单的全部查询和用户自定义的条件查询，框架模块图如图 14-37 所示。

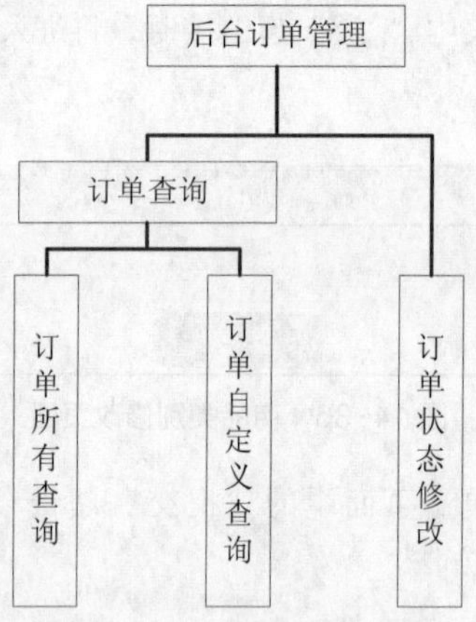

图 14-37　订单管理模块框架图

14.10.2 后台订单管理模块技术分析

当用户在订单列表页面中单击“更新订单状态”按钮时，将会弹出提示对话框，让用户选择修改的状态信息， 在订单列表页面中通过模态窗体的形式弹出该对话框，为更新按钮绑定触发事件的关键代码如下：

```
<td width="150" align="center">
<s:url action="order_select" namespace="/admin/product" var="order_select">
    <s:param name="orderId" value="orderId"></s:param></s:url>
<input type="button" value="更新订单状态"
    onclick="openWindow('${order_select}',350,150);">
</td>
```

在弹出的子窗体中，如果是模态的，子窗体不关闭将无法进行主窗体的任何操作；如果是非模态的，子窗体不关闭同样可以进行主窗体的操作。

根据页面中的代码可知，Action 请求 order_select 跳转的页面为 order_select.jsp，也就是弹出的模态窗体。

当用户在弹出的模块窗体中单击该页面，将会向系统发送一个 order_update.html 的 URL 请求，该请求触发的是 OrderAction 类中的 update()方法，其关键代码如下：

```
public String update() throws Exception {
    OrderState orderState = order.getOrderState();          //获取设置的订单状态
    order = orderDao.load(order.getOrderId());              //装载订单对象
    order.setOrderState(orderState);                        //设置的订单状态
    orderDao.update(order);                                 //修改订单状态
    return "update";                                        //返回订单状态修改成功页面
}
```

当订单状态修改成功后，会弹出订单信息修改成功的提示对话框，通过 JavaScript 对该窗体进行设置，该窗体 3 秒后自动关闭，并刷新主页面。

在订单更新成功的页面中，设置窗体自动关闭的 JavaScript 关键代码如下：

```
<script type="text/javascript">
    function closewindow(){
    if(window.opener){
    window.opener.location.reload(true);            //刷新父窗体
    window.close();                                 //关闭提示窗体
    }
}
function clock(){
    i = i -1;
    if(i > 0){                                      //如果i大于0
    setTimeout("clock();",1000);                    //1秒后重新调用clock()方法
    }else{
    closewindow();                                  //调用关闭窗体方法
    }
}
    var i = 3;                                      //设置i值
    clock();                                        //页面加载后自动调用clock()
</script>
```

在上述程序中通过量 i 来设置窗体自动的关闭时间。在 clock()方法中，当 i 的值为零时调用关闭窗体的方法，并且通过 setTimeout()方法设置方法调用时间，参数“1000”的单位为毫秒。

14.10.3 后台订单查询的实现

本模块使用的数据表：tb_order 表。

在后台订单的查询中，分为订单所有查询和订单的自定义条件查询。在订单的自定义查询中，用户可以根据设定不同的查询条件查询订单的指定信息。在本应用程序中，两者调用的都是同一个查询方法。

在管理页面左侧导航栏中单击“查看订单”超链接时，将进入订单状态管理页面，如图 14-38 所示。

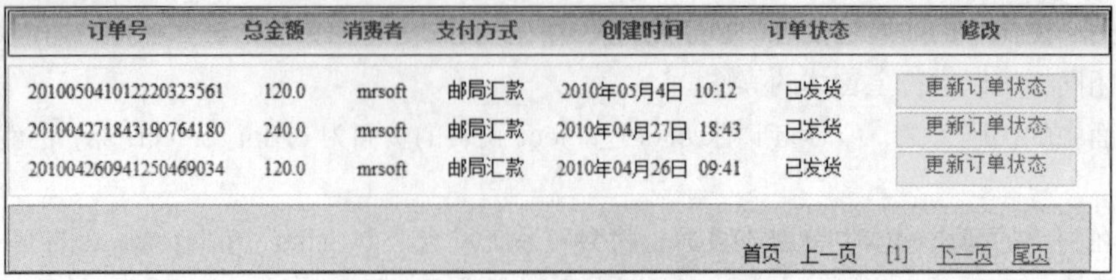

订单号	总金额	消费者	支付方式	创建时间	订单状态	修改
201005041012220323561	120.0	mrsoft	邮局汇款	2010年05月4日 10:12	已发货	更新订单状态
201004271843190764180	240.0	mrsoft	邮局汇款	2010年04月27日 18:43	已发货	更新订单状态
201004260941250469034	120.0	mrsoft	邮局汇款	2010年04月26日 09:41	已发货	更新订单状态

首页 上一页 [1] 下一页 尾页

图 14-38 订单状态管理页面

当用户单击左侧导航栏中的“订单查询”超链接时，将会进入订单查询条件的自定义页面，如图 14-39 所示。

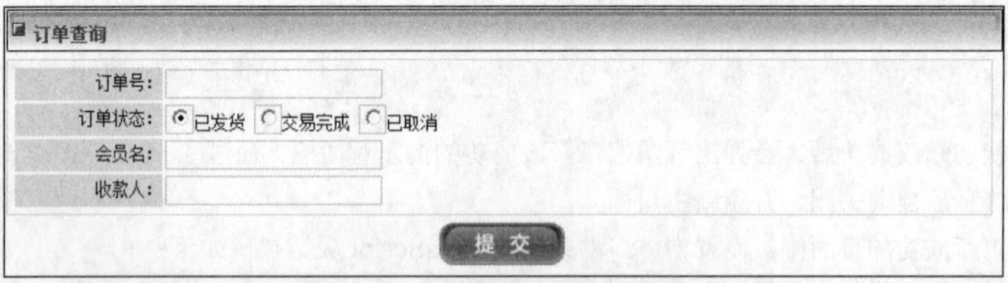

订单查询

订单号:	
订单状态:	⦿已发货 ○交易完成 ○已取消
会员名:	
收款人:	

提 交

图 14-39 订单查询条件的自定义页面

当用户单击导航栏中的“查看订单”超链接或单击订单查询条件的自定义页面中的“提交”超链接时，都会向系统发送一个 order_list.html 的 URL 请求，该请求触发的是 OrderAction 中的 list()方法，其关键代码如下：

```
public String list() throws Exception {
    Map<String, String> orderby = new HashMap<String, String>(1);  //定义Map集合
    orderby.put("createTime", "desc");                              //设置按创建时间倒序排列
    StringBuffer whereBuffer = new StringBuffer("");                //创建字符串对象
    List<Object> params = new ArrayList<Object>();
    //如果订单号不为空
    if(order.getOrderId() != null && order.getOrderId().length() > 0){
    whereBuffer.append("orderId = ?");                              //以订单号为查询条件
    params.add(order.getOrderId());                                 //设置参数
    }
    if(order.getOrderState() != null){                              //如果订单状态不为空
    if(params.size() > 0) whereBuffer.append(" and ");              //增加查询条件
    whereBuffer.append("orderState = ?");                           //设置订单状态为查询条件
    params.add(order.getOrderState());                              //设置参数
    }
    if(order.getCustomer() != null && order.getCustomer().getUsername() != null
    && order.getCustomer().getUsername().length() > 0){            //如果会员名不为空
    if(params.size() > 0) whereBuffer.append(" and ");              //增加查询条件
    whereBuffer.append("customer.username = ?");                    //设置会员名为查询条件
    params.add(order.getCustomer().getUsername());                  //设置参数
    }
    if(order.getName() != null && order.getName().length()>0){      //如果收款人姓名不为空
    if(params.size() > 0) whereBuffer.append(" and ");              //增加查询条件
    whereBuffer.append("name = ?");                                 //设置收款人姓名为查询条件
    params.add(order.getName());                                    //设置参数
    }
```

```
    //如果whereBuffer为空则查询条件为空，否则以whereBuffer为查询条件
    String where = whereBuffer.length()>0 ? "where "+whereBuffer.toString() : "";
    //执行查询方法
    pageModel = orderDao.find(where, params.toArray(), orderby, pageNo, pageSize);      return LIST;
                                                                        //返回后台订单列表
}
```

“查看订单”超链接并没有为 list()方法传递任何的参数，所以最后传给 find()方法的 where 查询条件字符串为空，find()方法将会从数据库中查询所有的订单信息并按创建时间的倒序输出。

list()方法将会返回后台的订单信息列表页面，在该页面利用 Struts 2 的<s:iterator>方法遍历输出返回结果集中的信息即可。后台订单信息列表页面的关键代码如下：

```
<table width="693" height="29" border="0" class="word01">
    <tr>
    <td width="140" align="center">订单号</td>
    <td width="60" align="center">总金额</td>
    <td width="63" align="center">消费者</td>
    <td width="70" align="center">支付方式</td>
    <td width="140" align="center">创建时间</td>
    <td width="70" align="center">订单状态</td>
    <td width="150" align="center">修改</td>
    </tr>
</ table >
<table width="693" height="29" border="0">
    <s:iterator value="pageModel.list">
    <tr>
    <td width="140" align="center"><s:property value="orderId" /></td>
    <td width="60" align="center"><s:property value="totalPrice" /></td>
    <td width="63" align="center"><s:property value="customer.username" /></td>
    <td width="70" align="center"><s:property value="paymentWay.getName()" /></td>
    <td width="140" align="center">
        <s:date name="createTime" format="yyyy年MM月d日  HH:mm" /></td>
    <td width="70" align="center"><s:property value="orderState.getName()" /></td>
    <td width="150" align="center">
    <s:url action="order_select" namespace="/admin/product" ar="order_select">
    <s:param name="orderId" value="orderId"></s:param>
    </s:url> <input type="button" value="更新订单状态"
                    onclick="openWindow('${order_select}',350,150);"></td>
    </tr>
    </s:iterator>
</table>
```

14.11 开发技巧与难点分析

从网站的安全性考虑，用户在没有登录或是 Session 失效的时候是不允许进行购物和后台维护的，一般客户端的 Session 是有时间限制的（根据服务器中的配置决定，一般为 20 分钟），如果超出时间限制，系统就会报出现空指针的异常信息，出现这种情况的原因是系统从 Session 中取得的信息为空，即获取的用户登录信息为空，空值造成了这种情况的发生。

这个问题可以通过 Struts 2 的拦截器来解决，根据拦截器判断 Session 是否为空，并根据判断结果执行不同的操作。

拦截器（Interceptor）是 Struts 2 框架中一个非常重要的核心对象，它可以动态增强 Action 对象的功能。通过对登录拦截器的配置，如果会员的 Session 失效后，用户将无法使用购物车功能，除非重新登录；如果管理员 Session 失效后，将无法进入后台进行操作，没有直接登录的用户在地址栏中直接输入 URL 地址也将被拦截器拦截，并返回系统的登录页面，这样很大程度地提升了系统的安全性。

拦截器动态地作用于 Action 与 Result 之间，它可以动态地对 Action 及 Result 进行增强（在 Action 与 Result 加入新功能）。当客户端发送请求时，会被 Struts 2 的的过滤器所拦截，此时 Struts 2 对请求持有控制权，Struts 2 会创建 Action 的代理对象，并通过一系列的拦截器对请求进行处理，最后再交给指定的 Action 进行处理。拦截器实现的核心思想是 AOP（Aspect Oriented Progamming）面向切面编程。

首先创建会员登录拦截器 CustomerLoginInteceptor，其关键代码如下：

```
public String intercept(ActionInvocation invocation) throws Exception {
    ActionContext context = invocation.getInvocationContext();          // 获取ActionContext
    Map<String, Object> session = context.getSession()                   // 获取Map类型的session
    if(session.get("customer") != null){                                 // 判断用户是否登录
    return invocation.invoke();                                          // 调用执行方法
    }
    return BaseAction.CUSTOMER_LOGIN;                                    // 返回登录
}
```

在前台的 Struts 2 的配置文件中配置该拦截器，其关键代码如下：

```
<package name="shop.front" extends="shop-default">
<!-- 配置拦截器 -->
<interceptors>
    <!-- 验证用户登录的拦截器 -->
    <interceptor name="loginInterceptor" class="com.lyq.action.interceptor.CustomerLoginInteceptor"/>
    <interceptor-stack name="customerDefaultStack">
        <interceptor-ref name="loginInterceptor"/>
        <interceptor-ref name="defaultStack"/>
        </interceptor-stack>
    </interceptors>
    <action name="index" class="indexAction">
        <result>/WEB-INF/pages/index.jsp</result>
     </action>
</package>
```

通常情况下，拦截器对象实现的功能比较单一，它类似于 Action 对象的一个插件，为 Action 对象动态地织入新的功能。

系统后台拦截器的配置与前台类似，这里就不再进行详细的说明。